先进能源智能电网技术丛书

智能电网规划与运行的评估理论与应用

严　正　著

科　学　出　版　社

北　京

内 容 简 介

首先，本书对智能电网的新特征以及智能电网评估研究现状进行了阐述，并提出了传统评估方法的局限性与智能电网评估的新问题。然后，第 2～5 章对智能电网规划与评估理论的数学基础进行了系统介绍，包括经典评估理论与方法、经典规划理论与方法、评估理论与方法的扩展以及规划理论与方法的扩展。在第 6～15 章，围绕智能电网的规划、运行和控制，介绍了基于传统和扩展的数学理论的智能电网规划与评估分析的模型与方法，包括智能电网技术效率评估、技术进步评估、动态评估、智能变电站技术成熟度评估、黑启动恢复方案评估、电磁环网运行方案评估、电动汽车充电决策方案评估以及智能电网下的电力负荷预测、不确定条件下的源-网-荷协调规划、大数据相关技术用于智能电网评估。书中提供了大量实例，既包含智能电网技术、经济分析与评估的宏观问题，也涉及智能电网环境下先进技术在规划与运行控制应用中的相关具体问题。

本书可供电力和能源领域相关的科研人员和工程技术人员参考使用，也可作为相关高校高年级学生和研究生的专业参考书。

图书在版编目(CIP)数据

智能电网规划与运行的评估理论与应用 / 严正著.
—北京：科学出版社，2017.7
(先进能源智能电网技术丛书)
ISBN 978-7-03-053617-4

Ⅰ. ①智… Ⅱ. ①严… Ⅲ. ①智能控制–电网–电力系统规划–评估 ②智能控制–电网–运行–评估 Ⅳ. ①TM76

中国版本图书馆 CIP 数据核字(2017)第 132483 号

责任编辑：王艳丽
责任印制：谭宏宇/封面设计：殷 靓

科 学 出 版 社 出版
北京东黄城根北街 16 号
邮政编码：100717
http：//www.sciencep.com
南京展望文化发展有限公司排版
上海叶大印务发展有限公司印刷
科学出版社发行 各地新华书店经销

*

2017 年 7 月第 一 版 开本：787×1092 1/16
2017 年 7 月第一次印刷 印张：18 插页：1
字数：405 000

定价：108.00 元

(如有印装质量问题，我社负责调换)

先进能源智能电网技术丛书
编辑委员会

序

当今人类社会面临能源安全和气候变化的严峻挑战，传统能源发展方式难以为继，随着间歇式能源大规模利用、大规模电动车接入、各种分布式能源即插即用要求和智能用户互动的发展，再加上互联网＋智慧能源、能源互联网（或综合能源网）等技术的蓬勃兴起，推动了能源清洁化、低碳化、智能化的发展。在能源需求增速放缓、环境约束强化、碳排放限制承诺的新形势下，习近平主席于2014年提出了推动能源消费、供给、技术和体制四大革命及全方位加强国际合作的我国能源长期发展战略。作为能源产业链的重要环节，电网已成为国家能源综合运输体系的重要组成部分，也是实现国家能源战略思路和布局的重要平台。实现电网的安全稳定运行、提供高效优质清洁的电力供应，是全面建设小康社会和构建社会主义和谐社会的基本前提和重要保障。

电力系统技术革命作为能源革命的重要组成部分，其现阶段的核心是智能电网建设。智能电网是在传统电力系统基础上，集成新能源、新材料、新设备和先进传感技术、信息技术、控制技术、储能技术等而构成的新一代电力系统，可实现电力发、输、配、用、储过程中的全方位感知、数字化管理、智能化决策、互动化交易。2014年下半年，中央财经领导小组提出了能源革命、创新驱动发展的战略方向，指出了怎样解决使用新能源尤其是可再生能源所需要的智能电网问题是能源领域面临的关键问题之一。

放眼全球，智能电网已经成为全球电网发展和科技进步的重要标志，欧美等发达国家已将其上升为国家战略。我国也非常重视智能电网的发展，近五年来，党和国家领导人在历次政府工作报告中都强调了建设智能电网的重要性，国务院、国家发改委数次发文明确要加强智能电网建设，产业界、科技界也积极行动致力于在一些方向上起到引领作用。在“十二五”期间，国家科技部安排了近十二亿元智能电网专项资金，设置了九项科技重点任务，包括大规模间歇式新能源并网技术、支撑电动汽车发展的电网技术、大规模储能系统、智能配用电技术、大电网智能运行与控制、智能输变电技术与装备、电网信息与通信技术、柔性输变电技术与装备和智能电网集成综合示范，先后设立“863”计划重大项目2项、主题项目5项、支撑计划重大项目2项、支撑计划重点项目5项，总课题数合计84个。国家发展和改革委员会、国家能源局、工业和信息化部、国家自然科学基金委员会、教育部等部委也在各个方面安排相关产业基金、重大示范工程和研究开发（实验）中心，国家电网公司、中国南方电网有限公司也制定了一系列相关标准，有力地促进了中国智能电网的发展，在大规模远距离输电、可再生能源并网、大电网安全控制等智能电网关键技术、装备和示范应用方面已经具有较强的国际竞争力。

国家能源智能电网（上海）研发中心也是在此背景下于2009年由国家能源局批准建立，总投资2.8亿元，包括国家能源局、教育部、上海市政府、国家电网公司和上海交通大学的建设资金，下设新能源接入、智能输配电、智能配用电、电力系统规划、电力系统运行五个研究所。在“十二五”期间，国家能源智能电网（上海）研发中心面向国家重大需求和国际技术前沿，参与国家级重大科研项目六十余项，攻克了一系列重大核心技术，取得了系列科技成果。为了使这些优秀的科研成果和技术能够更好地服务于广大的专业研究人员，并促进智能电网学科的持续健康发展，科学出版社联合国家能源智能电网（上海）研发中心共同策划组织了这套“先进能源智能电网技术丛书”。丛书中每本书的选择标准都要求作者在该领域内具有长期深厚的科学研究基础和工程实践经验，主持或参与智能电网领域的国家“863”计划、“973”计划以及其他国家重大相关项目，或者所著图书为其在已有科研或教学成果的基础上高水平的原创性总结，或者是相关领域国外经典专著的翻译。

“十三五”期间，我国要实施智能电网重大工程，设立智能电网重点专项，继续在提高清洁能源比例、促进环保减排、提升能效、推动技术创新、带动相关产业发展以及支撑国家新型城镇化建设等方面发挥重大作用。随着全球能源互联网、互联网＋智慧能源、能源互联网及新一轮电力体制改革的强力推动，智能电网的内涵、外延不断深化，“先进能源智能电网技术丛书”后续还会推出一些有价值的著作，希望本丛书的出版对相关领域的科研工作者、生产管理人员有所帮助，以不辜负这个伟大的时代。

江秀臣

2015.8.30 于上海

前　言

智能电网建设作为一项长期艰巨复杂的系统工程，涉及技术领域宽泛、环节众多，量化评估先进技术在电网智能化进程中取得的成效是一项极具挑战但有现实意义的工作。在当前智能电网中新技术大规模应用的时代背景下，研究并分析适应于电网智能化建设和发展的技术先进性评估方法，不仅能够分析智能电网运行中所处的状态，而且可以评判智能电网未来规划建设的合理性，为智能电网中技术发展的价值评估提供一定的参考。

随着智能电网的建设不断深入，新技术将在电力系统各领域中得到更加广泛的应用与发展，这也将是智能电网发展的必然趋势。然而，在现有的成果中，尚未形成针对智能电网评估的理论体系，同时已有的研究成果多为仅从单一角度分析智能电网技术的应用效果，评估体系缺乏关联性与全面性，并且智能电网技术评估与分析的方法也很不完善。因此，系统地阐述智能电网评估的概念，并与各领域的智能电网技术相结合，提出不同视角下的智能电网的评估方法体系，将其应用于智能电网规划与运行的分析中，解决先进技术对智能电网建设影响的评估问题，具有极大的理论意义和工程实用价值。

本书主要介绍智能电网规划、运行、控制中的评估理论、方法及其应用效果。全书在内容上分为两个方面：首先是深化研究规划与评估理论、方法，期望形成一个更加科学、完备的基础理论体系，达到基础性、通用性、体系性的目标，为智能电网相关评估应用提供新的理论基础与数学工具。其次是探究基于提出的理论体系的智能电网相关领域的评估应用研究。在继承已有理论的基础上，开拓新的理论研究，将其应用到智能电网规划、运行、控制的评估与技术经济分析中，初步形成了智能电网规划与运行评估分析的方法体系，实现了“理论-方法-工具”三者紧密互动与融合，为评估理论与应用研究提供了有效的研究工具与分析思路。

第 1 章“绪论”阐述智能电网的基本特征、内涵、覆盖领域，以及评估理论应用于智能电网各领域的研究现状，产生新问题之后，分基础和应用两个部分进入主体内容。基础篇(第 2～5 章)是本书的基础理论部分，系统地介绍本书研究智能电网规划与评估理论的数学基础，包括经典评估理论与方法、评估方法的理论拓展、经典规划理论与方法，以及近年来规划理论的最新研究成果。应用篇(第 6～13 章)是本书的方法分析与应用部分，围绕智能电网的规划、运行和控制主要领域，介绍基于传统和扩展的数学理论的智能电网规划与评估分析的模型与方法，书中提供了大量实例，既包含智能电网技术经济分析与评估的宏观层面问题，也涉及智能电网环境下先进技术在规划与运行控制应用中的相关具体问题。

本书以解决智能电网规划与评估的理论方法为出发点，围绕当前电力系统相关领域的评估研究中存在的问题、新的现象及研究热点，在总结现有模型、方法的特点与不足的基础上，突破传统思维定势，提出了具有一般变革与创新性的方法论，能够从整体上把握评估理论体系的脉络，重点解决评估在规划、运行与控制领域的基本理论问题与关键性技术。

本书在撰写过程中还参考了其他学者应用相关评估理论进行电力系统评估分析的许多专著，在此向这些学者表示衷心的感谢。本书部分研究工作先后得到了国家高技术研究发展计划(2012AA050803)、国家自然科学基金(No. 51377103)、高等学校博士学科点专项科研基金(20120073110020)的资助，特此致谢。

本书是我们近年来科学研究工作的总结，部分内容取材于本课题组所培养的韩冬、徐潇源、许少伦博士，李磊、张良、张道天硕士，以及周云、李亦言、孙凯华等的学术论文或学位论文。本课题组的孙云涛、倪兆瑞等协助校对了本书的初稿。

清华大学康重庆教授、西安交通大学别朝红教授，以及华北电力大学谭忠富教授在百忙之中审阅了全书的初稿并提出许多宝贵意见，在此深表感谢。上海交通大学电气工程系和国家能源(上海)智能电网研发中心为本书的撰写提供了良好的条件，在此一并表示感谢。

作者希望本书能够起到抛砖引玉的作用，能为智能电网研究人员提供一些参考，推动我国智能电网评估理论向更高水平发展。尽管在本书的编写过程中已经对结构脉络、体系安排、素材选择与文字描述竭尽全力、精益求精，但限于作者水平有限，书中难免存在不足之处，真诚期待读者批评和指正。

作　者
2016 年 9 月于上海交通大学

目　录

第1章

绪　论

1.1　智能电网特征

智能电网是现代电网的建设目标和发展方向，是保障国家能源安全、实现低碳经济的重要手段[1]。智能电网中先进技术是支撑电网朝着智能化发展的核心要素。与传统电网相比，先进技术赋予智能电网的智能化属性是新一代电网的典型特征，体现了现代电网的核心价值与功能特性[2]。

智能化是电网未来发展的侧重点与聚焦点，同时也为新一代智能电网在规划、运行和控制上的经济性、安全性、可靠性、环保性以及适应性等多个方面提出更高的要求与标准[3,4]。现有的研究主要集中在传统电网下电力系统规划的经济性和可靠性方面，对于智能电网环境下，无论是经济上、安全上还是技术适应性方面，开展的研究相对较少。

先进的智能电网技术主要是指电力系统中发电、输电、变电、配电、用电、调度环节所采用的新技术和新设备，具体为一次侧的各电网环节中应用节能减排和使电网安全优化运行的技术，以及支撑电网高效灵活运行的二次侧技术和控制中心技术，包括量测技术、通信技术、信息集成处理技术、电力电子技术、控制决策技术等[5]。技术为智能电网带来的积极效益一般体现为提高电网管理大容量间歇式能源发电能力，降低电网运行的经济成本，强化电网安全可靠运行的能力，实现与用户灵活高效互动，以及节能减排带来的社会效益。评估先进技术对智能电网规划、运行和控制的影响，不仅能够反映电网智能化的水平，还可以衡量智能化带来的经济社会效益。然而，智能电网是一项建设周期长、技术难度高、投资规模大的系统性综合工程，定量地评估先进技术在智能电网建设过程中的实施效果通常较为困难[6]。因此，为了保证智能电网建设能够健康、科学、有序地推进，开展智能电网规划和运行中的技术先进性评估研究，是一项十分重要的课题。

技术先进性，从经济管理学的角度来看，是指工程项目中选择的技术设备可以展现其所能够发挥的最先进的成果效益，在技术水平、优化性能、智能化程度、降低成本、节能环保、新技术普及等诸多方面具有技术上的先进特征和优势。对于现代电力系统及能源工业领域，技术先进性是指智能电网技术应用在电网各环节中，并为电网带来积极影响所表现出的特性[7]，通常以技术进步、技术效率、技术效益等技术经济指标作为其衡量标准。开展关于智能电网技术先进性的评估方法研究，从宏观的技术经济分析的视角，研究用于描述智能电网规划与运行中的技术先进性特点的评估指标，为智能电网规划决策提供科学、精准，以及面向电网实际运行的评估依据，是具有重要理论价值与现实意义的工作。

智能电网在未来发展的过程中，必将经历和面临各种新技术对电网带来的效益与冲击，如大规模可再生能源接入电网、分布式电源即插即入、多样化的负荷需求等。智能电网技术为电网智能化发展带来红利的同时，也将更多的不确定因素引入电网的规划、运行与控制领域。从微观角度，分析未来不确定因素下的新技术对智能电网规划与运行的影响，量化评估技术先进性与不确定因素之间的相互关系，可以精准把握智能电网在规划与运行上的新技术投入强度和力度。因此，研究与智能电网技术相适应的电力系统规划的评估方法具有理论意义和实用价值。

随着智能电网的建设不断深入，新技术将在电力系统各领域中得到更加广泛的应用与发展，这也将是智能电网发展的必然趋势。然而，在现有的成果中，尚未形成针对智能电网技术先进性评估的理论体系，同时已有的研究成果多为仅从单一角度分析智能电网技术的应用效果，评估体系缺乏关联性与全面性，并且智能电网技术评估与分析的方法也很不完善。因此，系统地阐述技术先进性的概念，并与各领域的智能电网技术相结合，提出不同视角下的智能电网技术先进性的评估方法体系，并将其应用于智能电网规划与运行的分析中，解决先进技术对智能电网建设影响的评估问题，具有极大的理论意义和工程实用价值。

1.2 国内外智能电网规划与评估研究现状

电力系统技术经济评价主要涵盖电力工业的经济效益分析、综合评价分析、方案比较分析等方面。其中，综合评价分析是当前智能电网环境下关于电力系统技术经济评估领域的热点问题。美国能源部(Department of Energy, DOE)于2010年率先提出了适用于美国智能电网技术经济分析的综合评价指标体系框架，基于六项主要功能特性的评价指标体系用于评估美国智能电网的技术水平与发展程度[8]。美国另一电力科研机构——电力科学研究院(Electric Power Research Institute, EPRI)也发布了用于测算智能电网示范项目成本收益的评价指标体系[9]。反观欧洲智能电网评估研究，欧洲输电商联盟也设计了支持新能源和分布式能源发展的欧洲智能电网综合评价指标体系[10]，用于评估分析智能电网推进过程中带来的效益与影响。随后，IBM公司从战略发展的角度提出了智能电网成熟度模型，倡导以成熟度的理念从8个主要方面评估智能电网建设所处的等级阶段[11]。相比于国外研究，我国的智能电网正处于全面建设与引领提升相结合的发展阶段，对于其综合评价研究，与国外先进经验相比，也开展了一些关于智能电网建设和发展的综合评价研究，包括示范工程综合评价体系和智能电网指标体系与综合评价理论研究[12,13]，为智能电网在整体建设水平和示范工程实施效果等方面的评估提供了参考依据。

纵观国内外相关研究,本章从综合评价模型与方法两个主要方面,对现有研究做出总结与梳理。

1.2.1 综合评价模型

本章从多属性的评价指标体系、关键技术领域评估和成本效益综合分析三个主要方面,总结与分析现有电力系统中的技术经济综合评价模型。

1. 多属性多指标综合评价模型

指标是评价的标准与尺度,用于反映多种因素影响下评价对象所展现出来的不同属性。多属性多指标的综合评价模型适用于电力系统技术经济发展的整体水平与建设成效的综合评判研究,其意义在于为系统规划的决策者与管理者提供宏观战略层面的评价结果,反映电力系统技术应用在规划目标、内涵属性、功能特性等方面的综合实施效果。现有的电力系统技术经济分析的综合评价指标体系大多采用基于层次分析的递阶层次结构[14,15],该类指标体系架构具有以下特点。

(1) 通过分析电网技术发展的规划目标与技术基本特性、影响要素之间的对应关系,设计出技术影响下的目标-要素-指标相互耦合的评价指标体系。通过阐述该评价体系中各指标的功能属性与内涵定义,进而可以明确其应用场景和评估效果。

(2) 基于层次分析的递阶层次结构具有强大的可兼容性。无论是定性还是定量类别的评价指标,通过对不同类别指标量化和标准化的处理,均可以实现客观、有效评估。

(3) 该类结构的评价指标体系要求各指标之间关系相互解耦,并具有"去相关性"的特点。具体含义是指通过指标优化策略,如主成分分析[16]、因子分析[17]、聚类分析[18]等,剔除指标数据体系内各评价指标间的相关性,减少指标信息的交叉重叠,使评价过程具有客观性、简洁性和可操作性。

2. 关键技术领域评估模型

由于技术可以应用在电力系统的不同领域,除了需要对电力系统整体的技术经济特性做出综合评价外,还需要结合决策者的关注点,对特定的电网环节和技术领域进行专门的评估研究。

电力系统一般可以划分为发电、输电、变电、配电、用电、调度环节。目前针对某一环节开展的综合评估研究,典型研究有:文献[19]提出了配电网规划的综合评价指标体系,该指标体系涵盖了"抗大面积停电能力"、"输电网与配电网供电匹配度"、"电网可扩展裕度"等多类属性的评价指标,其特点表现为更加突出了配电网规划与运行之间的协调性;对于电网中某一特定技术领域的综合评价研究,文献[20]从可靠性、经济性、市场运营和环保性建立了微电网规划的评价指标体系,用于对微电网结构设计及运行方式效果进行综合评估;文献[21]提出并设计了一种电网黑启动方案的评价指标体系,通过对火电机组状态进行综合评价,为黑启动决策提供了有益参考。基于指标体系建立综合评价模型的研究思路不仅能够实现对特定领域与环节的技术实施效果进行有效评估,而且能够进一步对其中相关因素之间的作用关系进行深入分析。

3. 成本效益综合评估模型

投资与技术是电力系统技术经济分析的关注点,也是电力系统规划与建设的支撑点。成本效益分析概念的产生是用于评估工程项目是否具有推广价值,将其应用于电网技术

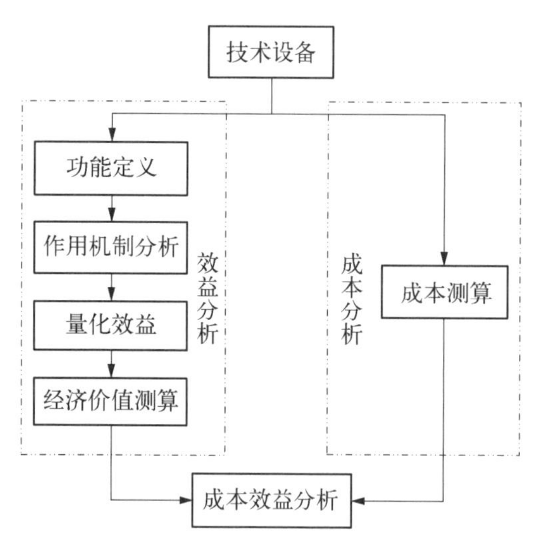

图 1.1 成本效益分析流程示意图

经济评估中，可以从经济性的角度衡量电力系统中技术与资本投入后带来的效果。成本效益综合评估主要分析思路是针对某一关键技术，明确技术应用过程中产生的成本，并进行量化测算；根据该技术在工程中发挥的物理作用，分析其作用机制，获取效益的经济价值测算结果，进而完成成本效益的比较分析。具体分析过程如图 1.1 所示。关于电网中成本效益分析的评估研究，典型的研究成果有：文献[22]通过建立用户侧响应的能量管理优化模型，评价出含有智能家居的能量管理系统在其技术实施过程中，具有降低用电成本和碳减排的经济效益与环保价值；文献[23]从技术成熟度的角度，建立了智能电网环境下输电网的投资决策评估模型，能够分析技术发展不同阶段下电网投资规划方案的经济性。

1.2.2 综合评价方法

从经济管理学的角度，评价方法是基于一定的权重对各评价指标进行综合处理的数学分析技术。权重系数的确定是评价方法的主要任务，不仅决定着综合评价结果的优劣，而且影响着评价模型的有效性。本章按照现有评价方法的分类方式[24]，从三个主要方面总结并分析电力系统评估研究中的理论方法。

1. 基于功能驱动的综合评价方法

该类方法是基于主观赋权的思想，通过判别指标之间的相对重要程度来确定权重的方法，其中最具代表性的方法为层次分析法。文献[25]提出了一种采用层次分析法的配电网中远端受控开关的优化配置策略，通过设计可靠性指标，结合决策者的主观意愿，评估了受控开关在不同方案中的配置效果。文献[26]同样采用了层次分析法，设计了一种基于价格响应的用户侧需求响应机制，用于评估多决策影响下需求响应实施后的综合效果。可见，层次分析法作为一种贴近决策者思想的方法，在电力系统综合评估研究中已得到了广泛的应用。究其原因，具有以下显著的特点。

(1) 以经验知识直接表达出决策者的主观信息，突出决策者的判断力与意愿。

(2) 对评价指标之间的逻辑关系实现定性分析，并以量化形式表达出来。

(3) 具有良好的可操作性，评价过程简便，易于实现。

2. 基于差异驱动的综合评价方法

该类评价方法是指利用观测数据所提供的样本信息，根据其分布特征来确定指标权重系数，其本质为客观赋权法。此类方法的主要机理是通过分析各指标在样本总体中的变异程度来确定权重系数，以此来度量某一指标对其他指标的影响程度。典型的客观评价方法为熵权法，熵能够表示出系统的无序程度，可以用于反映评价个体之间的差异性。将熵理论应用于评价方法中形成了关于辨识指标差异特性的赋权方法，通过将权重信息与指标数据信息的融合，获得能够体现个体差异特性的综合评价结果。文献[27]提出了配电网规划的动态评估模型，其建模思路是根据各指标在评价周期内所含信息量的大小，采用熵权法对指标进行赋权，并通过系统动力学模型模拟了权重的变化规律。近年来反熵权法作为一种新的客观赋权法也得到了发展，文献[6]采用了反熵权法对智能电网的绿色高效特性进行评估，研究结果表明反熵权法对特殊状态下的指标数据分布的差异性能够有效识别。可见，基于差异驱动的综合评价方法能够反映电力系统综合评价研究中评价对象之间的差异特性，并对促进电力系统发展的均衡性(各指标之间差异程度)与协调性(各指标数值与理想目标的差距)起到积极作用。然而，由于该类方法在指标权重赋值上较为依赖样本数据信息，因此在对智能电网进行综合评价研究中，需要针对指标信息的具体形式，采用合理的综合评价方法实现科学、有效评估。

3. 具有综合集成特征的评价方法

该类方法是综合了主观评价和客观评价两种评估思想的组合评价方法。应用组合评价法的效果是能够实现指标赋权结果兼具主观信息与客观信息。对于任一指标权重，如何合理分配主观和客观信息的影响比例，是组合评价法需要解决的关键问题。

采用组合评价方法对电力系统进行综合评价的典型的研究有：文献[28]提出了一种基于最优组合权重的电能质量灰色综合评价方法，通过矩估计理论实现了主客观权重的有机组合；文献[29]采用了主成分分析和层次分析法对电能质量进行综合评价，主要研究思路是通过主成分分析将指标规模降维处理，获得了去相关的指标体系，再应用层次分析法进行指标赋权，最终获得评估分析结果。

1.3 传统电力系统规划与评估的方法

针对电力系统规划方案的评估研究主要有经济性评估、可靠性评估、安全性评估，以及考虑不确定因素影响的规划方案的适应性综合评估[30]。传统电力系统规划模式下，对电力系统规划方案的评估最初是基于经济因素考量的评估。一般是指在电力系统规划过程中，根据规划方案中各种新建或者扩容的系统建设项目所需的成本，比较不同方案之间的差异，从而确定在以经济为基本导向情况下的最优规划方案。常用的经济评价方法有投资回收期法、年总费用最小法、净现值法和等年值法等。文献[31]提出的经济性评价方法为在传统规划模式下考虑资金动态流动特性的一种评估方式。该评估方法的特点是简单、易于操作，但计算形式较为粗略，无法考虑规划方案中更为精细化的因素。文献[32]在提出的电网规划方案的评估方法的基础上加入了敏感性分析，使评估内容具有完备性。文献[33]针对电网规划的过程，计及了经济成本的不确定因素，使得规划中的技术评估研究能够全面地考虑经济因素的影响变化。同时，该类评估方法具有定量评估的特性。电力系统规划方案的安全性评估也是技术评估领域的研究热点，以安全性作为规划方案评估的关键指标，评判规划方案是否可行并具有较强的适应性。

文献[34]、[35]等均为在电网可靠性评估方面做出的深入研究。电力系统的可靠性一般是指电力系统按照可接受的质量标准以及所需的数量能够不间断向电力系统提供电力供应的能力量度。对电力系统可靠性评价主要是以负荷能否达到充分的电力供应为满足依据。采用的指标主要有概率指标、频率指标、时间指标和期望值指标。在电力系统规划中，可靠性评价是对未来时间的预测，不可能以确切的量来表示，一般采用概率量来表示。常用的可靠性评估方法主要有模拟法及解析法两大类。解析法是指将元件或系统的寿命周期在假定条件下进行合理抽象，然后建立可靠性数学模型，经过数值计算得到各可靠性的指标值。模拟法通常是将系统中每个元件的概率参数在计算机上以随机数表示，建立相应的概率模型或随机过程，通过对模型中随机过程的观测或抽样检测来获取待求参数的数学统计特征，最终得到可靠性指标的近似结果。在电力系统规划或改造的过程中，通过可靠性分析计算达到可靠性评估的目的，不仅可以发现安全上存在的薄弱环节，还可以得到对未来可能将要采取的提高供电可靠性的措施实施后的效果，并比较分析技术实施前后可靠性的提高程度，实现对不同规划方案之间在可靠性方面的定量评判，为最后的电力系统规划方案提供更为科学、可靠的决策依据[36]。

电力系统规划方案的适应性评估主要解决不确定因素影响下的规划方案是否能够适应经济性、安全性等方面的要求。常用的分析评估方法为蒙特卡罗模拟法。例如，电力系统规划方案在电力市场环境下适应性的评估研究中，该方法使得对负荷不确定性以及各机组的报价策略的不确定性进行模拟成为可能，进而实现对此类不确定因素影响下的规划方案开展适应性评估研究[37]。尽管该方法具有简单、易操作的特性，但电力系统规划通常是一个相当复杂的系统工程，蒙特卡罗模拟法需要大量的模拟计算，在大系统分析评估时常常会出现“时间灾”等计算规模的限制问题，无法达到工程计算的合理需求。因此，在不确定因素较为复杂的环境下，对电力系统规划方案进行综合、全面、科学、合理的评估变得更加困难与复杂，亟需提出一种准确反映不确定因素影响特点的电力系统规划方案的评估理论与方案，以适应智能电网发展的前进步伐。开展复杂不确定因素影响下的电力系统规划方案的适应性评价研究，有助于电力规划决策者及时发现在依据现有规划模式形成的电力系统规划方案面临不确定因素影响存在的薄弱环节，进而可以指导和调整下一步的系统规划工作。同时，也可以在现有的电力系统规划方案的基础上，明确其适应未来电网智能化发展过程中应该注意的问题，对智能电网环境下电力系统规划、运行规则的制定与改进提供参考意见。

先进技术是推动电网朝着信息化、自动化、互动化发展的重要因素。从技术进步和技术效率的角度，分析技术在能源工业领域的实施效果是国内外当前的主要研究思路。经济管理学认为，技术效率反映的是生产单元在固定的投入要素下获得最大产出的能力；而技术进步表示技术对经济增长的贡献，体现为技术对生产单元的经济促进效应。针对电网技术进步的分析与评估，文献[38]提出了基于柯布-道格拉斯生产函数理论的智能电网技术评价方法，通过定义技术对经济收益的贡献程度指标，反映电网智能化的发展水平。在电力系统技术效率评价的研究方面，两种评价方法，即数据包络法(data envelopment analysis，DEA)和随机前沿方法(stochastic frontier model，SFM)是技术效率评估的常用方法。文献[39]采用集成的DEA方法评估配电网的技术效率与规模效率。文献[40]和[41]也采用DEA方法分别对尼泊尔水电生产企业和德国输配电系统进行了技术效率的分析与评估。文献[42]～[47]均采用SFM方法对各国家的电力工业(包括的领域有发电侧、电网侧与用户侧)进行技术生产效率评价研究。其中，文献[42]评估了不同能源结构下的发电企业电力生产的技术效率;文献[44]从电网侧评估了土耳其配电网的技术效率;文献[46]以技术效率为评价指标评估了日本电力市场化改革带来的技术效益;文献[47]采用SFM评估了用户侧电动汽车的充电效率。可见SFM在电力工业的技术效率评价中得到了较为广泛的应用。

技术的分配效率是指某个生产单元在投入要素价格信息和技术水平固定时,合理配置各种生产要素的能力[48]。近年来,也有一些针对电力系统分配效率的评估研究,用来反映系统资源优化配置的能力和效率。文献[49]采用具有影子价格特性的成本函数分析了1975~1990年美国电力行业硫化物排放技术的配置效率。文献[50]采用非参数估计模型分析了在充分竞争的市场环境下土耳其公共和私有配电公司的技术效率、规模效率以及分配效率。文献[51]分别采用DEA和SFM对比分析了2001~2004年风电企业运行中的生产效率,并获得了不同效率对经济效益的影响效果分布规律。针对智能电网中的先进技术,结合经济管理学中的相关理论和方法,提出行之有效的技术评价方法,研究并建立反映智能电网技术先进性的技术效率、技术进步和配置效率评估模型,将为智能电网技术评估问题的解决提供一种新的思路。

智能电网技术发展具有不确定性、复杂性、多样性,必将影响着电力系统规划各个领域与环节。分析先进技术在电力系统规划中产生的经济社会效益,以及对电网运行控制的影响已成为智能电网规划与评估研究中的热点问题。随着智能电网建设的不断深化,众多新兴技术在实践应用过程中将受到各种复杂因素的影响,这也将使得电力系统规划面临的不确定因素日益增多。为了使智能电网技术得到合理的使用,规避其不确定性对电网带来的风险,需要在问题建模和模型求解方面着重研究考虑先进技术影响的电力系统规划相关问题。对于电力系统规划问题,新技术将影响电网的各个环节。例如,新的发电技术包括可再生能源和改善的传统能源发电技术,对电网的影响表现在提高机组运行效率、减少全网的碳排放、促进绿色能源发展等方面。还有实现能源合理利用的用户侧响应的负荷技术,近年来开展的需求响应项目,建立了容量、主能量以及辅助服务不同类型的市场交易模式,项目实施结果表明,需求响应技术具有减小高峰负荷、实现系统负荷转移的能力。值得一提的是用户侧另一种关键技术——电动汽车并网,电动汽车可看成是一种可移动的分布式的储能装置,不仅具有电力负荷的用电特征,在其将富余的电能倒送给电网时,参与电力市场交易实现系统优化运行,能源合理利用时,还具有小型分布式电源的发电特性。针对智能电网技术对电力系统规划影响的评估研究,文献[52]通过分析需求侧管理技术在电力系统规划中的实施效果,表明该技术具有能够降低系统规划与运行成本的经济价值。文献[53]~[57]分别研究了在市场环境与非市场环境下含有可再生能源的智能电网电源扩展规划的新问题与新模型。分布式电源作为智能配电网领域的典型技术,文献[58]通过建立一种多目标的电力系统模糊规划模型,分析分布式电源技术对系统规划在经济、技术、环境方面的不同影响。

面对智能电网规划中技术应用带来的越来越多的不确定因素,研究不确定因素影响的智能电网规划模型和方法,评估技术规划方案的适应性能力,使新形势下的电力系统规划方案更具有鲁棒性和可行性。对于传统电力系统,不确定因素通常表现为系统负荷预测、电价的波动、投资运行成本、元件的有效性等[59]。这些不确定因素将对电力系统可用发电容量带来消极的影响,威胁着电力系统安全稳定可靠的运行。目前,针对不确定因素的建模研究已得到了广泛的关注，常用的建模方法有概率统计法、模糊分析法、信息间隙决策理论、鲁棒优化、区间分析等[60]。其中，概率统计法主要包括蒙特卡罗仿真以及数学统计模型分析法，这类方法已成熟地应用于考虑不确定因素的电源及电网扩展规划建模研究中。信息间隙决策理论与鲁棒优化方法是近年来发展起来的新方法，其应用环境为不确定信息无法获取或者部分已知的条件下，传统的随机规划方法在系统建模时输入信息不可知。模糊数学理论作为一种处理不确定因素的有效工具，较多地用于电力系统规划模型的研究中。文献[61]提出了基于模糊理论的多目标电网动态规划模型，考虑投资成本和可靠性指标以及 N-1 安全校核之间协调性，形成最优规划方案。文献[62]应用模糊数学理论处理不确定因素，建立了以模糊供电成本极小化为目标的电网扩展规划模型，并采用模糊潮流方法进行系统的安全校核和网络损耗分析与计算。文献[63]提出了计及负荷预测和机组输出功率不确定性的模糊直流潮流计算方法，并以此作为电网规划的理论基础，解决多目标优化和综合评价的规划问题。另外，风险作为度量不确定因素影响的一种指标，也被用于电力系统规划的建模中分析不确定因素带来的恶劣影响。文献[64]和[65]设计了不同的风险指标评估源-网扩展规划时不确定因素对系统可靠性的潜在威胁。

对于电力系统各种规划问题的求解，也是目前面临的重大技术挑战。从数学上讲，电源或电网扩展规划通常可以表述成一个混合整数规划问题，该问题通常具有高维、非凸、随机性强的特点。常用的求解方法主要有分支定界法[66]、割平面法[67]、Benders 分解法[68]、启发式算法[69]等。然而，考虑智能电网技术的电力系统规划问题将使得这些特点产生的求解问题更加突出。

尽管目前有众多的不确定因素建模技术应用于电力系统规划研究中，但是由于智能电网技术带来不确定因素自身的复杂性与多样性，在准确刻画其不同状态下的数学特征时，传统的建模方法面临着各种形式的技术挑战，如数据信息难以获取等。因此，智能电网环境下考虑不确定因素影响的电力系统规划与评估问题，无论是问题建模还是模型求解等方面，仍然需要进一步深入研究。

1.4 智能电网规划与评估的新问题

智能电网区别于传统电网的典型特征是新技术广泛应用于电网运行的各个领域中，凭借其先进性特征的优势，电网在经济性、安全性、可靠性、绿色性等方面的性能属性得到有效提升。然而，现有关于智能电网技术评价的研究中，对技术发展优势和技术成果先进性的描述与评价存在许多不足之处，制约着新技术在其应用过程中实现协调、均衡、可持续发展。本节首先借鉴管理学上关于技术先进性的概念，定义了智能电网中的技术先进性内涵。其次，通过界定技术评估与技术先进性评估的概念，进一步阐述了智能电网技术先进性评估特点及相关评价方法的应用准则。最后，根据智能电网技术表现出来的显著特征，对智能电网技术先进性进行分解，得到描述智能电网技术先进特征的主要切入点，并提炼出智能电网技术先进性评估的基本问题，形成具有系统性的理论体系。

技术先进性一般认为工程中配置与选择的技术设备能够反映目前科学技术先进成果，在技术性能、结构优化、自动化程度、低碳经济、操作条件、新技术应用等诸多方面具有技术上的先进特征，并在时效性方面能够满足技术的发展要求[70]。从此概念的定义上看，可以总结出技术先进性应体现在满足时效性的条件下工程中规划投入的技术能够展现出最佳的技术效益。而对于这种技术效益的描述，可以认为是技术性能的改善、自动化程度的提升、新技术的普及、经济性与环保性有效促进等，不一而足。

在智能电网中，技术性能的改善表现为技术进步特征，自动化程度的提升通常表现为电网运行效率的高效性，新技术的普及带来技术效益的同时，也会由于其尚处于不成熟的应用阶段而产生不确定的影响，所以技术先进性也要求技术本身对所处的环境具有适应性。除此之外，技术先进性还应体现在低碳经济环境下实现电网优化运行，节能减排所表现出的经济性、环保性、安全性等特征。由此分析，可以进一步定义智能电网的技术先进性，即智能电网技术在电网各环节的应用过程中，依据智能电网经济性、安全性、绿色性、高效性、适应性的发展原则，从技术进步、技术效率、技术性能、技术效益等方面表现出的积极影响和作用效果。

不同学科、不同领域对技术先进性的描述呈现不唯一性，针对这一问题，需要结合智能电网目标发展属性及技术发展特点，从多个角度阐述智能电网技术先进性的含义，这说明了技术先进性的内涵具有多样性与丰富性。根据技术先进性反映在不同的侧重点上，可以将智能电网中的技术先进性分为以下几类。

(1) 技术进步性。由于先进技术大规模地应用于智能电网建设中，电网的技术进步是指投入的先进技术对经济产出效益的贡献程度，体现的是技术应用对智能电网经济性发展的促进作用。

(2) 技术高效率性。电力系统的高效性主要是指电网运用多种策略、多种技术，实现优化资产利用，提高运行效率。智能电网的高效率性体现为先进技术在电网智能化推进过程中起到的提升电力生产能力和资源优化配置能力的作用。

(3) 技术高效益性。智能电网中先进技术在电网规划、运行与控制中表现出来的经济、社会效益以及提升电网运行中物理性能的效益。由此技术带来的不同程度、不同方面的高效益在一定程度上也体现为技术的先进性特征。

(4) 技术强适应性。智能电网作为技术应用环境呈现出来的特征为多样性，这种多样性表现为新技术应用，原有技术的运行方式更迭促使不确定因素对电网带来一定程度上的冲击。技术先进性要求智能电网技术对所处的环境具有一定程度的“免疫”，展现出技术本身对所处环境的适应性。

技术评估概念最初是由美国未来学家丹尼尔·贝尔提出来的，其含义为充分评价和估计技术的性能，产生的经济效益，以及技术对社会、环境、生态等各个方面可能带来的影响。主要应用环境为在技术实施之前对其进行合理、有效、科学的评估，全面分析技术应用过程中产生的积极和消极的影响。对于技术先进性评估，文献[71]认为是指工程中所采用的技术与现有的常规技术相比较，在节约经济成本、改善技术性能、提高技术水平、低碳环保等方面是否具有更为显著的效果，以及是否符合技术在其工程领域中的发展趋势。如果采用的技术能够达到这些技术评估要求，则认为技术具有先进性。在智能电网中，技术先进性评估是指识别一定条件下新技术在电网规划与运行中表现出来的广义上的技术效益。这种广义上的技术效益，代表着先进技术为实现电网智能带来的诸多方面的影响，涵盖了技术进步、技术效率、技术性能、经济效益、社会效益等方面。

目前国内外关于技术先进性评估的研究文献较少，本章针对相关学科以及电力系统中已有研究，总结出常用的技术先进性评估方法，比较分析如下。

1）决策分析理论

决策分析理论中用于技术先进性评估的最为典型的方法为层次分析法。该方法最初由学者 Saaty 提出，用于决策评价中对定性事件作量化分析的一种简便而有效的评估方法。层次分析法的特点是可以将决策者对复杂系统的决策过程量化处理，算法实现过程中需要数据少，计算简便，可用来解决多目标、多层次的决策问题。应用层次分析法进行决策评估分析时，首先需要将问题层次化，根据问题的性质和预期实现的目标，将问题分解为不同类型的组成要素，并按照各因素之间的相互耦合影响以及隶属关系实现不同层次上的要素聚合，进而形成一个层次分析的结构模型。

层次分析法主要应用于电力系统规划与评估的决策分析领域。文献[72]将层次分析法和德尔菲法用于电网的技术现状评估中，研究结果表明文献中建立的评估模型能够较好地反映城市电网现存的技术问题。文献[73]针对层次分析法在电力系统决策中的应用现状，综述分析了该方法在系统负荷预测、电源和电网规划决策综合评判等方面的应用前景，并指出了层次分析法在应用过程中需要着重注意和解决的关键技术问题。

总之，决策分析理论在处理多元化、多交叉性的复杂系统的技术评判研究上具有综合不同因素并结合主观分析做出正确判断的能力。

2）灰色理论

灰色理论最初是由我国学者邓聚龙于 1982 年提出的，该理论的研究对象是灰色系统。理论中“灰色”的含义包括“数据量少”和“信息不确定”，换句话说，即为研究对象在经验、信息和数据等方面存在缺失或不完备情况[74]。灰色系统的特点是介于白色系统和黑色系统之间，表现为一部分信息明确，另一部分信息不明确。对于未知信息，灰色理论在建模过程中主要采用灰色概率、灰色期望等方式进行数学描述，从而实现在技术评价过程中对不明确的信息进行定量分析。

灰色理论在电力系统评价中的应用主要集中在可靠性评估。文献[75]在电力系统可靠性分析中综合处理了随机信息、灰色信息以及未确知信息，建立了较为合理的可靠性评估模型，研究结果表明应用灰色理论等方法在可靠性评估过程中可有效降低计算量和复杂性。

灰色理论用于电力系统技术评估研究中，其应用环境一般为“小样本、少信息量”的系统。

3）模糊理论

模糊性是主客体之间活动所产生的客观特征。模糊概念、模糊推断以及模糊评估等是把握事物发展规律的一条有效途径，也是电力系统中关于技术评价和技术先进性评估的常用方法。

文献[76]综合考虑了多种定性与定量信息因素，建立了基于模糊区间层次分析的电网改造项目的综合后评估模型，研究结果表明采用模糊理论能够有效降低常规电网后评价方法的主观性。文献[77]提出了一种基于模糊函数的电力系统在线安全性评估方法，通过建立元件的模糊隶属度函数,形成综合输出的全局模糊评价指标,其特点是能够连续地量化评估电力系统的安全状态。

应用模糊理论进行电力系统技术先进性评估研究,可以针对研究对象的模糊属性,结合决策者的认知不确定性,形成符合客观特性的技术先进性的量化评估结果。

以上为电力系统技术评价与技术先进性评估的典型方法,在智能电网环境中,需要结合新形势下电网先进技术的新特点与技术评估中出现的新问题,提出适应于智能电网特征的技术先进性评估方法,形成较为完整的理论架构和方法体系。

评价指标是技术先进性评估的基础,是分析与评价智能电网技术先进性的落脚点。智能电网技术先进性可以理解为智能电网通过引入先进的量测技术、控制技术、信息技术等,使电网整体性能在规划、运行中获得优化及提升,从而可以更好地推动智能电网安全、可靠、经济、高效、绿色运行的领先性程度。为准确评判技术的先进性特征,在相关指标设计上需要注意以下两点。

(1) 评估的核心是技术。智能电网作为具有先进形态的现代电网,与传统电网的根本区别在于技术的革新与创新,使得新技术引入后带来了电网更优的运行效果。因此,针对技术先进性的指标设计,需要以智能电网中所采用的技术为核心和出发点,围绕技术带来的影响和先进特征作为衡量标尺。

(2) 评估标准是技术作用效果。一个智能电网整体的技术水平是否先进,以其最终的运行效果和作用影响作为评判标准。不仅考虑到引进的技术是否新颖,同时还要将其技术性能以及对电网带来的效益纳入考量范围。智能电网的发展目标是满足电网安全可靠、经济高效、低碳高效地运行,针对一些并不成熟的新技术,若无法达到智能电网的发展诉求与规划目标,则认为其对智能电网的技术先进性具有负面作用。

针对智能电网的技术先进性评价指标,其意义可从宏观层面和微观层面进行阐述。在宏观层面上,通过评价智能电网的技术先进性,可以掌握智能电网的技术发展总体情况,为智能电网建设工作的进一步开展提供科学指导和战略规划;在微观层面上,对智能电网进行技术先进性评价,可以使技术在应用过程中明确自身定位以及优劣之处,对已有技术今后运行工作的开展以及新技术的引进有着指导性意义。

在设计智能电网技术先进性评价指标体系的过程中,需要遵循以下几点原则。

(1) 系统性原则。智能电网技术先进性评价指标体系是一个复杂的系统,系统性原则包括整体性、层次性和相关性。对智能电网技术领域进行测度的指标体系实际是智能电网诉求方面发展水平的集合,各个指标应该围绕这一共同主题和核心,指标之间协调互补,相互之间具有内在联系,并尽可能地去除信息上的相关和重叠,最后,指标的组合应该具有严密的逻辑关系和层次结构。

(2) 功能性原则。根据研究的目的不同,指标的功能可分为六类:描述类、解释类、评估类、监测类、预警类以及决策类。描述功能表示指标体系能对评价对象的状态进行正确的描述;解释功能表示指标体系能对评价对象上某现象产生的原因进行解释;评估功能表示指标体系能对不同对象间的差距进行比较,从而做出排序;监测功能表示指标体系可以对评价对象的发展过程进行全方位的监测;预警功能表示指标体系能够对评价对象在发展过程中已经存在或即将出现的问题进行提示;决策功能表示指标体系能够针对不同的方案,提出决策性建议。

(3) 科学性原则。智能电网技术先进性指标设计需要建立在科学基础之上,指标概念必须明确且具有一定的科学内涵,指标体系内的每个指标均能够度量和反映智能电网相关技术的发展水平。

(4) 可操作性原则。可操作性原则包括指标可获得与可量化。在建立指标体系时,要考虑到相关指标是否能够被度量,指标的收集是否简单可行,参考利用统计部门公开资料中具有代表性的综合指标。为了得到定量的评价结果,也要注意指标能够尽可能具备可量化的特性。此外,可操作性也表明指标应当尽量简明,能够通过直接简单的方式进行计算,或可从相关材料中直接获取。

需要指出的是,智能电网技术先进性内涵阐述不仅限于以上四类,随着电网在管理和运行上的机制变革、先进技术全面深入的应用,以及电力市场化改革的不断推进,智能电网技术先进性的范畴将得到进一步诠释,并得到新的发展。

智能电网环境下现有的新技术从发电侧来看,主要有可再生能源发电及并网技术、化石能源机组洁净及高效技术、储能技术;对于电网侧,先进技术主要包括降低损耗的输配电技术、高级量测技术、微电网技术、分布式电源接入技术等;在用户侧环节,出现的新技术涵盖需求侧管理技术、电动汽车接入技术、智能家居等[78]。

通过对智能电网技术先进性内涵阐述与分类标准可以看出,智能电网技术先进性评估方法与电力系统中现有的新技术是内在统一的。通过明确各种新技术与智能电网技术先进性特征之间的关联关系,进而将其应用于电网规划与运行中实现对技术发展状况的量化评估,并使之形成系统的理论体系。

根据本章的分析,智能电网技术先进性评估问题贯穿于电网规划、运行和管理的各个主要环节,包括规划方案的技术先进性评估、运行方式的技术先进性评估和管理机制的技术先进性评估等研究内容,如图 1.2 所示。

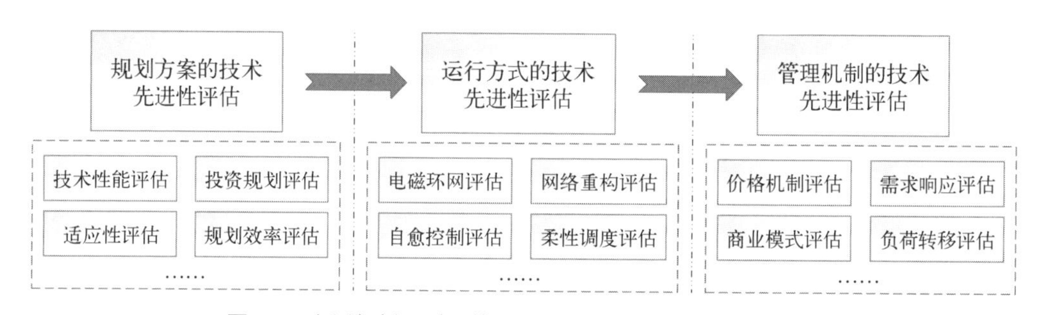

图 1.2 电网规划、运行、管理过程中技术先进性评估的应用

智能电网技术先进性评估应用于电网规划环节中,可以针对规划方案在经济性、高效性、安全性、适应性等方面开展技术效果评估,反映出智能电网规划方案在这些功能属性和发展诉求方面的先进技术建设成效和存在的问题。同时,还可以对规划方案在技术效率、技术实现性能、技术成熟度等方面开展技术先进性评价,使其满足来自不同层次、不同领域对智能电网规划的要求。

针对智能电网运行环节中的技术先进性评估,由于新技术在电网运行方式上将会带来革新式的改变,包括实现电网自愈功能、具有柔性特征的智能化调度、基于大数据技术的信息物理融合系统等[79],评估先进技术对电网运行方式带来创新性的影响以及产生的技术效益和增值效益同样具有一定的理论意义和实践参考价值。

管理机制一直被认为是技术发展的有力支撑，对管理机制进行技术先进性评估，可以发掘技术实施的环境背景对技术发展、技术水平的发挥程度起到的影响和作用。市场化作为管理机制中的重要手段之一，评估各种技术管理方式（如价格响应机制、商业化创新模式、负荷管理机制等）在管理机制体系中的技术先进性特征，有助于提高电力资产利用效率，提升智能电网运行的优化特性。

由此可见，本章提出的智能电网技术先进性评估方法与现有电力系统中的新技术是内在统一的。同时，本章提出的智能电网技术先进性的概念、内涵、特征分类方式，拓展了技术先进性在电力系统技术评估的研究和应用领域，建立了针对不同侧重点的技术先进性评估模型并将其应用于电力系统规划环节中，形成了较为完整的智能电网技术先进性评估及应用的理论体系。

参考文献

[1] 肖世杰.构建中国智能电网技术思考[J].电力系统自动化，2009，33(9)：1-4.

[2] 陈树勇，宋书芳，李兰欣，等.智能电网技术综述[J].电网技术，2009，33(8)：1-7.

[3] 余贻鑫，栾文鹏.智能电网述评[J].中国电机工程学报，2009，29(34)：1-8.

[4] 李同智.灵活互动智能用电的技术内涵及发展方向[J].电力系统自动化，2012，36(2)：11-17.

[5] 何光宇，孙英云.智能电网基础[M].北京：中国电力出版社，2010.

[6] 张海瑞，韩冬，刘玉娇，等.基于反熵权法的智能电网评价[J].电力系统保护与控制，2012，40(11)：24-19.

[7] 张道天，严正，韩冬，等.采用灰色聚类方法的智能变电站技术先进性评价[J].电网技术，2014，38(7)：1724-1730.

[8] U.S. Department of Energy. Smart grid characteristics, values, and metrics [R]. Washington DC: U.S. DOE, 2009.

[9] U. S. EPRI. Methodological approach for estimating the benefits and costs of smart grid demonstration projects [R]. Palo Alto: U. S. EPRI, 2010.

[10] European Commission. European technology platform smart grids: vision and strategy for Europe's electricity networks of the future [R]. Brussels: European Commission, 2010.

[11] Software Engineering Institute of CMU. Smart grid maturity model — SGMM model definition [R]. Pittsburgh: Carnegie Mellon University, 2011.

[12] 张健，蒲天骄，王伟，等.智能电网示范工程综合评价指标体系[J].电网技术，2011，35(6)：5-9.

[13] 王智冬，李晖，李隽，等.智能电网的评估指标体系[J].电网技术，2009，33(17)：14-18.

[14] Lin C C, Yang C H, Shyua J Z. A comparison of innovation policy in the smart grid industry across the pacific: China and the USA [J]. Energy Policy, 2013, 57: 119-132.

[15] Iskin I, Daim T, Kayakutlu G, et al. Exploring renewable energy pricing with analytic network process-comparing a developed and a developing economy [J]. Energy Economics, 2012, 34(4): 882-891.

[16] 聂宏展，聂耸，乔怡，等.基于主成分分析法的输电网规划方案综合决策[J].电网技术，2010，34(6)：134-138.

[17] 汤昶烽，卫志农，李志杰，等.基于因子分析和支持向量机的电网故障风险评估[J].电网技术，2013，37(4)：1039-1044.

[18] 高新华，严正.基于主成分聚类分析的智能电网建设综合评价[J].电网技术，2013，37(8)：2238－2243.

[19] 肖峻，崔艳妍，王建民，等.配电网规划的综合评价指标体系与方法[J].电力系统自动化，2008，32(15)：36－40.

[20] 杨琦，马世英，唐晓骏，等.微电网规划评价指标体系构建与应用[J].电力系统自动化，2012，36(9)：13－17.

[21] 赵达维，刘天琪，李兴源，等.电网黑启动方案评价指标体系及应用[J].电力系统自动化，2012，36(21)：7－12.

[22] Erol-Kantarci M，Mouftah H T. Wireless sensor Networks for cost-efficient residential energy management in the smart grid [J]. IEEE Transactions on Smart Grid，2011，2(2)：314－325.

[23] 熊浩清，张晓华，孟远景，等.基于技术成熟度理论的智能输电网多阶段投资决策模型[J].电网技术，2011，35(7)：1－5.

[24] 郭亚军.综合评价理论、方法及应用[M].北京：科学出版社，2007.

[25] Bernardon D P，Sperandio M，Garcia V J，et al. AHP decision-making algorithm to allocate remotely controlled switches in distribution networks [J]. IEEE Transactions on Power Delivery，2011，26(3)：1884－1892.

[26] Kim D M，Kim J O. Design of emergency demand response analytic hierarchy process [J]. IEEE Transactions on Smart Grid，2012，3(2)：635－644.

[27] 顾洁，秦玥，包海龙，等.基于熵权与系统动力学的配电网规划动态综合评价[J].电力系统保护与控制，2013，41(1)：76－83.

[28] 沈阳武，彭晓涛，施通勤，等.基于最优组合权重的电能质量灰色综合评价方法[J].电力系统自动化，2012，36(10)：67－73.

[29] Zhou H，Yang H G. Application of Weighted principal component analysis in comprehensive evaluation for power quality [C]//Power Engineering and Automation Conference (PEAM)，2011 IEEE. Wuhan，2011：369－372.

[30] 康重庆，夏清，徐玮.电力系统不确定性分析[M].北京：科学出版社，2011.

[31] 胡安泰，肖峻，罗凤章.经济评估在电网规划中的应用[J].供用电，2005，22(3)：9－11.

[32] 贺静，韦钢，张一尘，等.电网规划方案经济评估方法研究[J].华东电力，2004，32(7)：1－4.

[33] Siddiqi S N，Baughman M L. Value-based transmission planning and the effects of network models [J]. IEEE Transactions on Power Systems，1995，10(4)：1835－1842.

[34] 郑望其，程林，孙元章.2005年南方电网可靠性充裕度评估[J].电网技术，2004，28(19)：5－8.

[35] 王韶，周家启.计及输电线路相关停运的大电网可靠性评估[J].重庆大学学报：自然科学版，2005，28(3)：30－34.

[36] 程浩忠.电力系统规划[M].2版.北京：中国电力出版社，2014.

[37] 周安石.基于市场机制的电力系统规划理论研究[D].北京：清华大学博士学位论文，2005.

[38] 韩冬，严正，刘玉娇.采用柯布-道格拉斯生产函数的智能技术评价方法[J].中国电机工程学报，2012，32(1)：71－77.

[39] Lo F Y，Chien C F，Lin J T. A DEA study to evaluate the relative efficiency and investigate the district reorganization of the Taiwan power company [J]. IEEE Transactions on Power Systems，2001，6(1)：170－178.

[40] Jha D K，Shrestha R. Measuring efficiency of hydropower plants in Nepal using data envelopment analysis [J].IEEE Transactions on Power Systems，2006，21(4)：1502－1511.

[41] Dte. Price cap regulation in the electricity sector [R].Hague：Netherland Electricity Regulatory

Service, 1999.

[42] Barros C P, Peypoch N. The determinants of cost efficiency of hydroelectric generating plants: a random frontier approach [J]. Energy Policy, 2007, 35(9): 4463 - 4470.

[43] Ruggiero J. A comparison of DEA and the stochastic frontier model using panel data [J]. International Transactions in Operational Research, 2015, 34(1): 83 - 94.

[44] Barros C P, Autunes O S. Performance assessment of Portuguese wind farms: ownership and managerial efficiency [J]. Energy Policy, 2011, 39(6): 3055 - 3063.

[45] Lee M. The effect of sulfur regulations on the U.S. electric power industry: a generalized cost approach [J]. Energy Economics, 2002, 24(5): 491 - 508.

[46] Bagdadioglu N, Price C M W, Weyman-Jones T G. Efficiency and ownership in electricity distribution: a nonparametric model of the Turkish experience [J]. Energy Economics, 1996, 18 (1 - 2): 1 - 23.

[47] Lglesias G, Castellanos P, Seijas A. Measurement of productive efficiency with frontier methods: a case study for wind farms [J]. Energy Economics, 2010, 32(5): 1199 - 1208.

[48] Antunes C H, Martins A G, Brito I S. A multiple objective mixed integer linear programming model for power generation expansion planning [J]. Energy, 2004, 29(4): 613 - 627.

[49] Palmintier B, Webster M. Impact of unit commitment constraints on generation expansion planning with renewables [C]//The Proccessings of IEEE Power and Energy Society General Meeting. San Diego, 2011: 1 - 7.

[50] Kamalinia S, Shahidehpour M. Generation expansion planning in wind-thermal power systems [J]. IET Generation Transmission & Distribution, 2010, 4(8): 940 - 951.

[51] Unsihuay-Vila C, Marangaon-Lima J W, de Souza A C Z, et al. Multistage expansion planning of generation and interconnections with sustainable energy development criteria: A multiobjective model [J]. International Journal of Electrical Power & Energy Systems, 2011, 33(2): 258 - 270.

[52] Aghaei J, Akbari M A, Boosta A, et al. Integrated renewable-conventional generation expansion planning using multiobjective framework [J]. IET Generation Transmission & Distribution, 2012, 6(8): 773 - 784.

[53] Hemmati R, Hooshmand R A, Khodabakhshian A. Reliability constrained generation expansion planning with consideration of wind farms uncertainties in deregulated electricity market [J]. Energy Conversion and Management, 2013, 76: 517 - 526.

[54] Zangeneh A, Jadid S, Rahimi-Kian A. A fuzzy environmental-technical-economic model for distributed generation planning [J]. Energy, 2011, 36(5): 3437 - 3445.

[55] Hemmati R, Hooshmand R A, Khodabakhshian A. Comprehensive review of generation and transmission expansion planning [J]. IET Generation Transmission & Distribution, 2013, 7(9): 955 - 964.

[56] Soroudi A, Amraee T. Decision making under uncertainty in energy systems: State of the art [J]. Renewable and Sustainable Energy Reviews, 2013, 28: 376 - 384.

[57] 徐向军,高芳,陈章潮.基于模糊理论的电网动态规划法[J].上海交通大学学报,1996,30(12): 91 - 96.

[58] 张焰,陈章潮,谈伟.不确定性的电网规划方法研究[J].电网技术,1999,23(3): 15 - 18,22.

[59] 张焰,陈章潮.电网规划中的模糊潮流计算[J].电力系统自动化,1998,22(3): 20 - 22.

[60] Álvarez López J, Ponnambalam K, Quintana V H. Generation and transmission expansion under risk using stochastic programming [J]. IEEE Transactions on Power Systems, 2007, 22(3):

1369 - 1378.

[61] Karaki S H, Chaaban F B, Al-Nakhl N, et al. Power generation expansion planning with environmental consideration for Lebanon [J]. International Journal of Electrical Power & Energy Systems, 2002, 24(8): 611 - 619.

[62] Garver L L. Power generation scheduling by integer programming: development of theory [J]. AIEE Transactions, 1962, 81: 730 - 735.

[63] Gomory R E. Outline of an algorithm for integer solutions to linear problem [J]. Bulletin of the American Mathematical Society, 1958, 64(5): 275 - 278.

[64] Cote G, Laughton M. Decomposition techniques in power system planning: the Benders partitioning method [J]. Electric Power and Energy Systems, 1979, 1(1): 57 - 64.

[65] Holland J H. Adaption in Natural and Artificial Systems [M]. Ann Arbor: The University of Michigan Press, 1975.

[66] 许树柏.实用决策方法——层次分析法[M].天津：天津大学出版社,1988.

[67] 牛东晓.火电厂选址最优决策中的灰色层次分析法[J].电网技术,1994,(6): 27 - 31.

[68] 董张卓,焦建林,孙启宏.用层次分析法安排电力系统事故后火电机组恢复的次序[J].电网技术,1997,(6): 48 - 51.

[69] Farghal S A, Kandil M S, Elmitwally A. Quantifying electric power quality via fuzzy modelling and analytic hierarchy processing [J]. IEEE Proceedings of Generation, Transmission and Distribution, 2002, 149(1): 44 - 49.

[70] 吴丹,程浩忠,奚珣,等.基于模糊层次分析法的年最大电力负荷预测[J].电力系统及其自动化学报,2007,19(1): 55 - 58.

[71] 郝海,踪家峰.系统分析与评价方法[M].北京：经济科学出版社,2007.

[72] 赵炳臣,许树柏,金生.层次分析法：一种简易的新决策方法[M].北京：科学出版社, 1986.

[73] 张炳江.层次分析法及其应用案例[M].北京：电子工业出版社,2014.

[74] Charnes A, Cooper W W, Rhodes E. Measuring the efficiency of decision making units [J]. European Journal of Operational Research, 1978, 2(78): 429 - 444.

[75] 杜栋,庞庆华,吴炎.现代综合评价方法与案例精选[M].北京：清华大学出版社,2008.

[76] 魏权龄.评价相对有效性的数据包络分析模型：DEA 和网络 DEA[M].北京：中国人民大学出版社,2012.

[77] 李从东,李亚斌,戴庆辉.DEA 方法在火力发电厂及其机组效率评价中的应用[J].现代电力,2004,21(4): 1 - 5.

[78] 赵莎莎,吕智林,吴杰康,等.基于数据包络分析和云模型的火电厂效率评价方法[J].电网技术,2012,36(4): 184 - 189.

[79] 张东霞,苗新,刘丽平,等.智能电网大数据技术发展研究[J].中国电机工程学报,2015,35(1): 2 - 12.

第2章

经典评估理论及方法

2.1 层次分析法

2.1.1 层次分析法概述

层次分析法[1](analytic hierarchy process，AHP)，是匹兹堡大学Saaty教授于20世纪70年代中期提出的一种定性与定量相结合的决策分析方法，为复杂的社会、经济以及科学管理领域中的问题提供了一种新的、简洁的和实用的决策方法。在电力系统的发、输、变、配、用等环节的方案优选、综合评估和可行性判断等问题中，层次分析法得到了广泛的关注，如在发电选址[2]、机组恢复次序安排[3]、电能质量评估[4]、电力负荷预测[5]等具体问题中的应用。

一般系统决策过程中都涉及多个因素(指标)，若仅靠决策者的定性分析或逻辑判断直接比较，则在实际问题的决策中会遇到困难。决策者常常需要权衡各个因素的实际大小，协调各个因素的实际意义。因此，实际中经常将多个因素的比较简化为两两因素的比较，得出整体的比较结果[6]。

层次分析法即采用了这样的思路，首先，将问题层次化，根据问题的性质和要达到的总目标，将问题分解为不同的组成因素，并按照因素间的相互关联影响以及隶属关系将因素按不同层次聚集组合，形成一个多层次的分析结构模型，并最终把系统分析归结为最低层(供决策的方案、措施等)相对于最高层(总目标)的相对重要性权值的确定或相对优劣次序的排序问题[7]。其次，层次分析法引导决策者通过一系列成对比较来得到各个方案或者措施在某一个准则之下的相对重要度的量度，构成判断矩阵，然后可通过重要度计算得到这些方案或者措施在该准则之下的优先度排序[2]。

层次分析法的优点包括以下几个[1]。

(1) 适用性。运用层次分析法决策的过程中，输入的信息主要是决策者的选择和判断，充分反映了决策者对决策的认知能力，使决策者与决策分析者能够相互沟通。多数情况下，决策者可以直接应用层次分析法进行决策，增加了适用性。

(2) 简明性。层次分析法将决策者的思维过程系统化、数学化和模型化,易于计算,便于被决策者掌握和计算。

(3) 实用性。定性和定量分析相结合,且分析需要的定量数据不多,能够处理许多通常最优化技术无法解决的包含定性分析的实际问题。

(4) 系统性。层次分析法将处理问题的对象视为系统,按照分解、比较、判断和综合的思维方式进行决策,是一种重要的系统分析工具。

层次分析法的不足包括以下几个[1,7]。

(1) 层次分析法仅能从已知方案中选优,不能生成更优的方案。应用 AHP 时,对决策的各种方案事先需要有较为明确的规定。

(2) 层次分析法决策过程中,人的主观判断、选择和偏好对整个过程的影响很大,可能造成决策失误,使结果难以让所有决策者接受。

(3) 层次分析法中的比较、判断及结果的计算过程均比较粗糙,不适用于精度要求较高的问题。尽管层次分析法在应用中尚存在不足,但由于其简单、实用,仍被视为多目标决策的优先方法,在本节的后续部分,将依次介绍层次分析法的 4 个主要步骤,即:① 层次结构模型建立;② 判断矩阵构造;③ 一致性检验;④ 重要度计算。

2.1.2 层次结构模型建立

应用层次分析法决策问题时,首先要把问题条理化、层次化,建立一个层次结构模型进行分析。图 2.1 是参考机组恢复次序安排问题中的机组启动的层次模型。

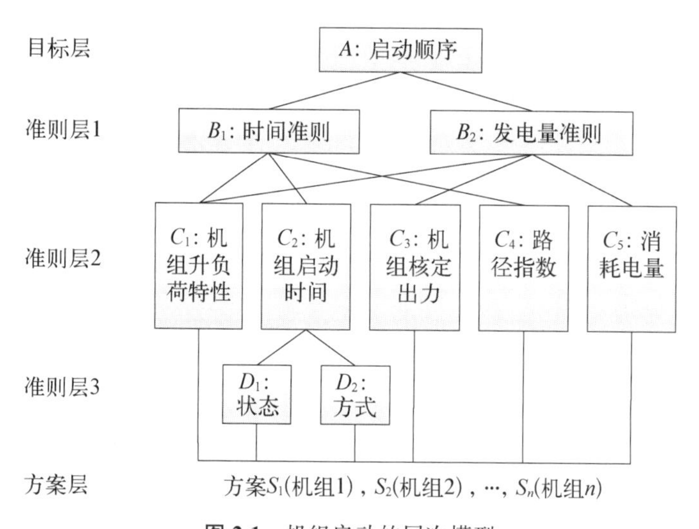

图 2.1 机组启动的层次模型

一般地,运用层次分析法将决策问题转换为层次结构模型进行分析时,层次分析模型主要可以分为以下三个层次[8]。

(1) 最高层,即目标层。表示决策的目的、要解决的问题,即层次分析要达到的总目标。如图 2.1 中决策的目的是电力系统事故恢复过程中的“机组启动顺序”。

(2) 中间层,即准则层。表示考虑的因素、决策的准则,即采取的方案所涉及问题的中间环节,可以包括若干子准则层,如图 2.1 中准则层包括准则层 1～3,准则层 2 是准则层 1 的子准则层。

(3) 最低层,即方案层。表示决策时的备选方案,如图 2.1 中不同的机组构成了方案层。

在层次结构模型中,用作用线标明上一层次因素同下一层次因素之间的联系。如果某个因素与下一层次中所有因素均有联系,则称这个因素与下一层次存在完全层次关系。如图 2.1 中目标层因素 A 同准则层 1 因素的联系即属于完全层次关系。而经常存在不完全的层次关系,即某个因素仅与下一层次中的部分因素有联系。如图 2.1 中,准则层 1 因素 B_1 和 B_2 同准则层 2 因素关系即为不完全层次关系。层次之间可以建立子层次,子层次从属于主层次中某个因素,它的因素与下一层次的因素有联系,但不形成独立层次,如图 2.1 子层次因素 D_1 和 D_2 从属于准则层 2 中的 C_2 因素。

2.1.3　判断矩阵构造

层次结构模型中确定了上下层次因素间的隶属关系,作为层次分析法定性和定量分析相结合的关键,通过两两比较,人们对每一层次中各因素的相对重要性给出了定性判断。利用层次分析法评价尺度将给出的定性相对重要性定量化,可以构造出判断矩阵。判断矩阵表示针对上一层次因素,本层次与之有关因素直接相对重要性的比较。判断矩阵是层次分析法的基本信息,也是后续重要度计算的重要依据[9]。

假定上一层次的因素 B_k 作为准则,对下一层次元素 $C_1, C_2, \cdots, C_n$ 有支配关系,我们的目的是在准则 B_k 下按它们的相对重要性赋予 $C_1, C_2, \cdots, C_n$ 相应的权重用于重要度计算。表 2.1 为 AHP 评价尺度,作为因素间两两比较时依据的统一比较基准。通过 n 个元素间的两两比较,可以得到判断矩阵 $\boldsymbol{C}=(C_{ij})_{n\times n}$。其中,$C_{ij}$ 表示因素 i 相对于因素 j 的重要度。一般来说,因素间相对重要度的赋值可以由决策者直接提供,或者由决策者通过技术咨询获得,如通过熟悉问题的专家独立地给出。

表 2.1　AHP 评价尺度

尺　度	判断矩阵 C_{ij} 取值	
	定　义	解　释
1	因素 i 和因素 j 相比,两者相同重要(equal)	对于目标两个因素的贡献是等同的
3	因素 i 和因素 j 相比,因素 i 稍微重要(marginally strong)	经验和判断稍微偏爱一个因素
5	因素 i 和因素 j 相比,因素 i 相当重要(strong)	经验和判断相当偏爱一个因素
7	因素 i 和因素 j 相比,因素 i 明显重要(very strong)	一个因素明显受到偏爱
9	因素 i 和因素 j 相比,因素 i 极端重要(extremely strong)	对一个因素的偏爱程度是极端的
2, 4, 6, 8	表示上述相邻判断的中间值	
上述数值的倒数	若因素 i 和因素 j 的重要性之比为 C_{ij},则因素 j 与因素 i 的重要性之比为 $C_{ji}=1/C_{ij}$	

构造的判断矩阵可取如下形式:

B_k	C_1	C_2	…	C_n
C_1	C_{11}	C_{12}	…	C_{1n}
C_2	C_{21}	C_{22}	…	C_{2n}
⋮	⋮	⋮		⋮
C_n	C_{n1}	C_{n2}	…	C_{nn}

判断矩阵 **C** 具有如下性质：

(1) $C_{ij} > 0$。

(2) $C_{ij} = 1/C_{ji} (i \neq j)$。

(3) $C_{ij} = 1$ $(i = j = 1, 2, \cdots, n)$。

如对图 2.1 机组启动的层次模型中准则层 1 中的因素 B_1，准则层 2 中的因素 C_1、C_2 和 C_4 间的相对重要程度来自对有关系统调度人员的调查，对应判断矩阵如下：

B_1	C_1	C_2	C_4
C_1	1	1/5	1/3
C_2	5	1	3
C_4	3	1/3	1

2.1.4 一致性检验

完成判断矩阵的构造后，需对判断矩阵的一致性进行检验。

所谓判断思维的一致性是指判断因素间的相对重要性时各判断之间应协调一致，不至出现相互矛盾的结果，判断矩阵 **C** 的一致性指标(consistence index, CI)为

$$\mathrm{CI} = (\lambda_{\max} - n)/(n - 1) \tag{2.1}$$

式中，$\lambda_{\max}$ 为判断矩阵 **C** 的最大特征值。

检查判断思维的一致性过程中，当判断矩阵具有完全一致性时，$\lambda_{\max} = n$，$\mathrm{CI} = 0$；CI 值越大，表明判断矩阵偏离完全一致性的程度越大。

对于不同阶数的判断矩阵，不同阶数矩阵的随机一致性指标是不一样的，为衡量不同阶数判断矩阵是否具有满意的一致性，定义一致性比例(consistence ratio, CR)这个一致性评价指标，即

$$\mathrm{CR} = \frac{\mathrm{CI}}{\mathrm{RI}} \tag{2.2}$$

其中，RI 为不同阶数判断矩阵的平均随机一致性指标(random consistency index, RI)，具体数值见表 2.2。

表 2.2 平均随机一致性指标

阶数	1	2	3	4	5	6	7	8	9
RI	0	0	0.58	0.89	1.12	1.24	1.32	1.41	1.45

由于1阶和2阶判断矩阵总具有完全一致性，不需要进行一致性校验。当阶数大于2时，若 $CR < 0.1$，则认为判断矩阵具有满意的一致性，否则就需要调整判断矩阵，使之具有满意的一致性。

2.1.5 重要度计算

完成判断矩阵构造及一致性检验后，重要度计算指通过对判断矩阵的处理，确定本层次中与上一层次中某因素有支配关系的各因素重要性权重值，进而求出所有因素的重要性权重值，包括方案层中各方案的重要性权重值，完成对备选方案的排序。求取权重值的方法如下：

$$\boldsymbol{C}\boldsymbol{w} = \lambda \boldsymbol{w} \tag{2.3}$$

$$\boldsymbol{C}\boldsymbol{w}' = \lambda_{\max} \boldsymbol{w}' \tag{2.4}$$

对判断矩阵 $\boldsymbol{C} = (C_{ij})_{n \times n}$，满足式中的常数 λ 为判断矩阵的特征值，非零向量 $\boldsymbol{w} = (w_1, w_2, \cdots, w_n)^{\mathrm{T}}$ 是判断矩阵 $\boldsymbol{C}$ 关于特征值 λ 的特征向量。式(2.3)中 $\lambda_{\max}$ 为判断矩阵 $\boldsymbol{C}$ 的最大特征值，所对应的归一化后的特征向量为 $\boldsymbol{w}' = (w'_1, w'_2, \cdots, w'_n)^{\mathrm{T}}$，$w'_i$ 即为因素 i 的权重值，这种求权重的方法称为特征值法。

一种简单的计算矩阵最大特征值及对应特征向量的方根法的计算步骤如下。

(1) 计算判断矩阵每一行元素的乘积 M_i

$$M_i = \prod_{j=1}^{n} C_{ij}, \quad i = 1, 2, \cdots, n \tag{2.5}$$

(2) 计算 M_i 的 n 次方根 $\bar{w}_i$

$$\bar{w}_i = \sqrt[n]{M_i} \tag{2.6}$$

(3) 对向量 $\bar{\boldsymbol{w}} = (\bar{w}_1, \bar{w}_2, \cdots, \bar{w}_n)^{\mathrm{T}}$ 归一化处理

$$w'_i = \bar{w}_i \Big/ \sum_{j=1}^{n} \bar{w}_j \tag{2.7}$$

式中，w'_i 为因素 i 的权重值，$\boldsymbol{w}' = (w'_1, w'_2, \cdots, w'_n)^{\mathrm{T}}$ 即为所求的特征向量。

(4) 计算判断矩阵的最大特征值 $\lambda_{\max}$

$$\lambda_{\max} = \sum_{i=1}^{n} \frac{(A\boldsymbol{w}')_i}{n w'_i} \tag{2.8}$$

式中，$(A\boldsymbol{w}')_i$ 为向量 $A\boldsymbol{w}'$ 的第 i 个元素。

层次分析法的重要度计算包括层次单排序和层次总排序，分别介绍如下。

(1) 层次单排序。确定本层次中与上层次中某因素有支配关系的各因素重要性次序的权重值，这一过程称为层次单排序。

对图2.1机组启动的层次模型中准则层1因素 B_1 支配的准则层2中的因素 C_1、C_2 和 C_4，判断矩阵 $\boldsymbol{C}_{B_1}$ 可简写为

$$\boldsymbol{C}_{B_1}=\begin{bmatrix}1 & 1/5 & 1/3\\5 & 1 & 3\\3 & 1/3 & 1\end{bmatrix} \tag{2.9}$$

对判断矩阵$\boldsymbol{C}_{B_1}$，其一致性检验结果为：CI=0.019，RI=0.58，CR=0.033，满足一致性检验。最大特征值及对应的归一化特征向量为：$\lambda_{\max}=3.038$，$\boldsymbol{w}'=(0.105, 0.637, 0.258)^{\mathrm{T}}$。因此，因素$C_1$、$C_2$和$C_4$对因素$B_1$的权重分别为0.105、0.637和0.258。

(2) 层次总排序。依次沿层次结构模型由上而下逐层计算，即可计算出最低层因素(方案)相对于最高层(目标层)的重要性权重值，可以完成对备选方案的排序。

表2.3为文献[3]中方案层各机组相对于目标层的方案重要性权重值计算结果，根据方案重要性权重值结果，可以确定电力系统事故后火电机组恢复顺序，权重值高的机组在电力系统事故后优先被启动。

表2.3 方案重要性权重值计算结果

方 案	机组1	机组2	机组3	机组4	机组5	机组6
权重值	0.104	0.164	0.129	0.108	0.220	0.270

2.1.6 层次分析法的应用步骤

层次分析法决策问题的步骤总结如下。

(1) 明确问题，确定评价目标。

(2) 从最高层(目标层)，通过中间层(准则层)到最低层(方案层)建立层次结构模型。

(3) 针对上一层次因素，构建衡量本层次因素间相互重要性程度的判断矩阵。

(4) 判断矩阵的一致性检验，调整不满足一致性检验的判断矩阵的元素值。

(5) 通过对判断矩阵的处理实现层次单排序及层次总排序，实现重要度计算。

2.2 数据包络分析方法

2.2.1 数据包络分析方法概述

在人们的生产活动和社会活动中，需要对具有相同类型的部门和单位[称为决策单元(decision making unit，DMU)]进行评价。其评价的依据是DMU的输入(或称投入)指标数据和输出(或称产出)指标数据。输入指标是指决策单元在社会、经济和管理中需要耗费的经济量，如投入的资金总额、投入的劳动力数量、占地面积等；输出指标是指决策单元在经过输入之后，表明经济活动产出成效的经济量，如产品数量、产品质量、经济效益等。

数据包络分析(data envelopment analysis，DEA)是数学、运筹学、数理经济学、管理科学和计算机科学的一个新的交叉领域，它是Charnes和Cooper等学者于1978年以“相对效率”概念为基础，创建的用以评价具有多个输入和多个输出的部门或单位间的相对有效性的一种新的分析方法[10,11]。DEA在电力工业的相关领域，如火电厂效率评价[12]、电力系统优化调度[13,14]、电网规划[15,16]等具体问题中得到了广泛应用。

通常地，DEA对一组给定的DMU，选定一组输入和输出评价指标，应用数学规划模型计算出待评价的DMU的有效性系数，以此来评价DMU的优劣，即被评价单元相对于给定的那组DMU的相对有效性。DEA最突出的优点是无需任何权重假设，每一个输入和输出的权重不是根据评价者的主观认定，而是由DMU的实际数据求得的最优权重。DEA方法排除了很多主观因素，具有很强的客观性，它对社会经济系统多投入和多产出的相对有效性评价具有显著优势。

2.2.2　数据包络分析模型

以首个并广泛使用的CCR模型[10]为例介绍DEA模型，假设有 n 个具有可比性的部门或单位(DMU)，每个DMU都有 m 种类型的输入，以及 s 种类型的输出。图2.2中为这 n 个DMU的输入和输出数据，其中，$\boldsymbol{x}_j=(x_{1j}, x_{2j}, \cdots, x_{mj})^{\mathrm{T}}$，$\boldsymbol{X}=(x_1, x_2, \cdots, x_n)_{m\times n}$，$x_{ij}$ 为第 j 个DMU对第 i 种输入的投入量，$x_{ij}>0$；$\boldsymbol{y}_j=(y_{1j}, y_{2j}, \cdots, y_{sj})^{\mathrm{T}}$，$\boldsymbol{Y}=(y_1, y_2, \cdots, y_n)_{s\times n}$，$y_{rj}$ 为第 j 个DMU对第 r 种输出的产出量，$y_{rj}>0$；$i=1, 2, \cdots, m$；$j=1, 2, \cdots, n$；$r=1, 2, \cdots, s$；x_{ij} 和 y_{rj} 均为已知数据，可根据历史的资料或预测得到。$\boldsymbol{v}=(v_1, v_2, \cdots, v_m)^{\mathrm{T}}$，$v_i$ 表示第 i 种输入的重要性或权；$\boldsymbol{u}=(u_1, u_2, \cdots, u_s)^{\mathrm{T}}$，$u_r$ 表示第 r 种输出的重要性或权，它们在模型中是变量。

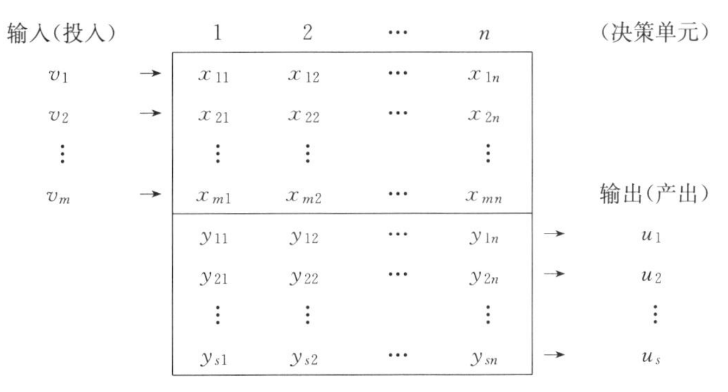

图2.2　决策单元的输入与输出

为建立评价决策单元DMU-j_0 的CCR模型 $(1\leqslant j_0\leqslant n)$，简记 $x_0=x_{j0}$，$y_0=y_{j0}$。单位投入的产出计算效率，决策单元DMU-j 的效率评价指数为

$$h_j=\frac{\boldsymbol{u}^{\mathrm{T}}\boldsymbol{y}_j}{\boldsymbol{v}^{\mathrm{T}}\boldsymbol{x}_j}=\frac{\sum_{r=1}^{s}u_r y_{rj}}{\sum_{i=1}^{m}v_i x_{ij}}, \quad j=1, 2, \cdots, n \tag{2.10}$$

不失一般性，总可以选取适当的权系数 v 和 u 使得

$$h_j=\frac{\boldsymbol{u}^{\mathrm{T}}\boldsymbol{y}_j}{\boldsymbol{v}^{\mathrm{T}}\boldsymbol{x}_j}\leqslant 1, \quad j=1, 2, \cdots, n \tag{2.11}$$

以DMU-j_0 的效率指数最大为目标，以所有DMU的效率指数为约束的CCR模

型为

$$
\begin{cases}
\max \quad h_{j0} = \dfrac{\boldsymbol{u}^{\mathrm{T}} y_0}{\boldsymbol{v}^{\mathrm{T}} x_0} \\
\text{s.t.} \quad \dfrac{\boldsymbol{u}^{\mathrm{T}} y_j}{\boldsymbol{v}^{\mathrm{T}} x_j} \leqslant 1, \quad j = 1, 2, \cdots, n \\
\qquad \boldsymbol{v} \geqslant 0, \ \boldsymbol{v} \neq 0 \\
\qquad \boldsymbol{u} \geqslant 0, \ \boldsymbol{u} \neq 0
\end{cases}
\tag{2.12}
$$

式(2.12)是一个分式规划问题,利用 Charnes - Cooper 变换,令

$$
\begin{gathered}
t = \frac{1}{\boldsymbol{v}^{\mathrm{T}} x_0} \\
\boldsymbol{\omega} = t\boldsymbol{v} \\
\boldsymbol{\mu} = t\boldsymbol{u}
\end{gathered}
\tag{2.13}
$$

式(2.13)化为等价的线性规划 P_1:

$$
(P_1)\begin{cases}
\max \quad h_{j0} = \boldsymbol{\mu}^{\mathrm{T}} y_0 \\
\text{s.t.} \quad \boldsymbol{\omega}^{\mathrm{T}} x_j - \boldsymbol{\mu}^{\mathrm{T}} y_j \geqslant 0, \quad j = 1, 2, \cdots \\
\qquad \boldsymbol{\omega}^{\mathrm{T}} x_0 = 1 \\
\qquad \boldsymbol{\omega} \geqslant 0, \ \boldsymbol{\omega} \neq 0 \\
\qquad \boldsymbol{\mu} \geqslant 0, \ \boldsymbol{\mu} \neq 0
\end{cases}
\tag{2.14}
$$

用线性规划的最优解来定义 DMU - j_0 的有效性,设 R 为线性规划 P_1的约束集合,对 $\forall(\omega, \mu) \in R$,由 $\omega^{\mathrm{T}} x_0 = 1$,故必有 $\omega \neq 0$;且由于线性规划 P_1具有可行解,使得目标函数值 $h_{j0} = \mu^{\mathrm{T}} y_0 > 0$,因此线性规划 P_1的最优解满足 $\mu \neq 0$,故 P_1和以下线性规划 P_2等价。

$$
(P_2)\begin{cases}
\max \quad h_{j0} = \boldsymbol{\mu}^{\mathrm{T}} y_0 \\
\text{s.t.} \quad \boldsymbol{\omega}^{\mathrm{T}} x_j - \boldsymbol{\mu}^{\mathrm{T}} y_j \geqslant 0, \quad j = 1, 2, \cdots, n \\
\qquad \boldsymbol{\omega}^{\mathrm{T}} x_0 = 1 \\
\qquad \boldsymbol{\omega} \geqslant 0 \\
\qquad \boldsymbol{\mu} \geqslant 0
\end{cases}
\tag{2.15}
$$

CCR 模型可以用线性规划 P_2来表达,对偶理论是线性规划中的重要理论,线性规划 P_2的对偶规划问题 D_1 为

$$
(D_1)\begin{cases}
\min \quad \theta \\
\text{s.t.} \quad \sum\limits_{j=1}^{n} \lambda_j x_j \leqslant \theta x_0 \\
\qquad \sum\limits_{j=1}^{n} \lambda_j y_j \geqslant y_0 \\
\qquad \lambda_j \geqslant 0, \quad j = 1, 2, \cdots, n, \ \theta \text{ 无约束}
\end{cases}
\tag{2.16}
$$

在线性规划 D_1 中引入松弛变量 s^+ 和 s^-，将线性规划中的不等式约束转为等式约束：

$$
(D_2)\begin{cases}\min\quad \theta \\ \text{s.t.}\quad \sum_{j=1}^{n}\lambda_j x_j + s^+ = \theta x_0 \\ \qquad \sum_{j=1}^{n}\lambda_j y_j - s^- = y_0 \\ \qquad \lambda_j \geqslant 0,\quad j=1,2,\cdots,n \\ \qquad s^+,\ s^- \geqslant 0,\ \theta \text{ 无约束}\end{cases} \tag{2.17}
$$

线性规划 P_2 及其对偶问题 D_2 均存在可行解，所以都存在最优解，假设最优解分别为 h_{j0}^* 和 θ^*，则 $h_{j0}^* = \theta^* \leqslant 1$。

(1) 对线性规划 P_2。

定义 2.2.1　若 P_2 的最优解 $h_{j0}^* < 1$，则称 DMU - j_0 不为 DEA 有效。

定义 2.2.2　若 P_2 的最优解 $h_{j0}^* = 1$，则称 DMU - j_0 为弱 DEA 有效。

定义 2.2.3　若 P_2 的最优解 $h_{j0}^* = 1$，并且对应 $\omega > 0$，$\mu > 0$，则称 DMU - j_0 为 DEA 有效。

(2) 对线性规划 D_2。

定义 2.2.4　若 D_2 的最优解 $\theta^* < 1$，则称 DMU - j_0 不为 DEA 有效。

定义 2.2.5　若 D_2 的最优解 $\theta^* = 1$，则称 DMU - j_0 为弱 DEA 有效。

定义 2.2.6　若 D_2 的最优解 $\theta^* = 1$，并且对应 $s^+ = 0$，$s^- = 0$，则称 DMU - j_0 为 DEA 有效。

检验 DMU - j_0 的有效性时，可利用线性规划 P_2 或者其对偶规划 D_2。若 DMU - j_0 为 DEA 有效，说明 DMU - j_0 的生产活动同时为技术有效和规模有效；若 DMU - j_0 仅为弱 DEA 有效，说明 DMU - j_0 不是同时技术有效和规模有效，即此时的经济活动不是同时技术效率最佳和规模效率最佳；若 DMU - j_0 不为 DEA 有效，说明此时的经济活动既不是技术效率最佳也不是规模效率最佳。

2.2.3　数据包络分析方法的应用步骤

数据包络分析方法应用的一般步骤总结如下。

(1) 明确评价目的。

(2) 选择 DMU。

(3) 建立输入/输出指标体系。

(4) 收集和整理数据。

(5) 数据包络分析模型的选择和进行计算。

(6) 分析评价结果并提出决策建议。

2.3 主成分分析法

2.3.1 主成分分析法基本思想

主成分分析理论是多元统计分析学科的一个重要分支[17]，最早由英国生物统计学家卡尔・皮尔逊(Karl Pearson)于1901年提出，当时仅限于非随机变量的讨论。在20世纪30年代，费希尔(Fisher)、霍特林(Hotelling)及罗伊(Roy)等进行了大量基础性研究工作，将主成分分析扩展到随机变量领域，增强了主成分分析理论研究的深度与广度，拓宽了主成分分析理论的应用范围。

主成分分析理论的产生推动了综合评价理论的跨越式发展。主成分分析通过研究评价指标体系的内在结构关系，分析评价指标数据间的相关性，利用计算生成的少数几个彼此独立的评价指标代替原有评价指标的大部分评价信息。其优点为分析过程中所确定的权重是基于评价数据的客观分析而非评价者的主观感受，与层次分析法、专家评价法、德尔菲法等评价方法不同，主成分分析不受主观因素的影响，将原始变量进行线性组合，最终得到综合评价指标，且保证主成分变量之间相互独立，减少评价信息的交叉与重叠，同时将原来的高维空间问题转化至低维空间来处理，使得分析评价结果具有较强的客观性和准确性。

图2.3给出了主成分分析具有的三大基本属性，分别为数据标准化、降低变量维数以及变量间去相关性。数据的标准化是主成分分析的前提，每一个主成分变量也是原变量标准化后的线性组合，标准化后变量的均值与方差符合严格标准，为后续计算提供便利；通过主成分变换，带有不同比例原数据信息的主成分依次生成，通过设定信息截断阈值或依照实际经验，获取需要保留的主成分数目，舍弃信息覆盖量较少的次要主成分变量，达到降低变量维数、简化问题分析复杂性的目的；经主成分分析变换后，生成的主成分彼此之间相关性系数为零，原变量间相关性被完全剔除，若利用主成分分析对指标体系进行简化与重构，那么体系内每一个指标等同于一个变量，经过主成分分析变换最终得到精简后的综合指标，新指标两两相互独立。

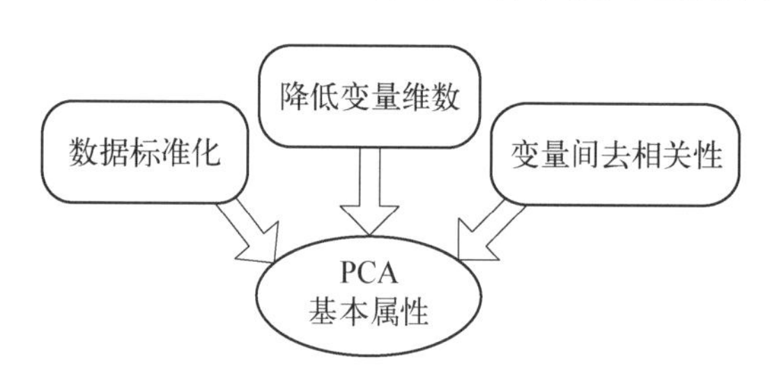

图2.3 主成分分析的基本属性

2.3.2 主成分分析法数学解释

主成分分析法是多元统计分析学科中的一种理论方法。它的核心思想是降低维度和去相关性，具体操作是利用少数几个互不相关的新变量或单个综合变量，代替原有较多的相关联变量，并且新变量为原有变量的线性组合。所选取的新变量被称为主成分，选取的原则是尽可能保留原有变量中所包含的信息，即新变量的方差贡献度尽可能大。

主成分分析的实质是利用多维坐标系的旋转、翻转和平移，实现对所有数据的主成分的提取。现以二维变量为例，作出如下数学解释。

现利用原始指标 X_1、Y_1 量测数据共计 50 个，图 2.4 给出了 50 个数据点在原始直角坐标系 X_1Y_1 下的分布情况，从图中可以看出两个坐标轴上的数据离散度均较大，也就是两个指标下的数据方差较大，从图中粗略观察可知，指标 X_1、X_2 下数据方差大小均等，单个指标对总体方差的贡献百分比约占 50%，也就是说，若去掉任意一个指标，在图中表现为二维坐标轴 X_1 和 Y_1 去掉其一，数据集所包含信息量将失去一半，故降维后的指标集无法准确承载原有信息。

将坐标系 X_1Y_1 逆时针旋转一个角度 θ 至图 2.5 所示位置得到新坐标系 X_2Y_2，观察数据在新坐标系下的分布可知，50 个数据点在坐标轴 X_2 上分布较为离散，即指标 X_2 下数据方差较大，而数据点在坐标轴 Y_2 上分布较为集中，即指标 Y_2 下数据方差较小，根据图 2.5 大致推测指标 Y_1 下数据的方差对总方差的贡献百分比约为 80%，为了简化指标，将图 2.5 中的指标 Y_2 舍去得到单维指标 X_2，且 X_2 能够最大限度地保留原有数据集的信息量，从而实现了最少信息丢失前提下的指标集缩减。

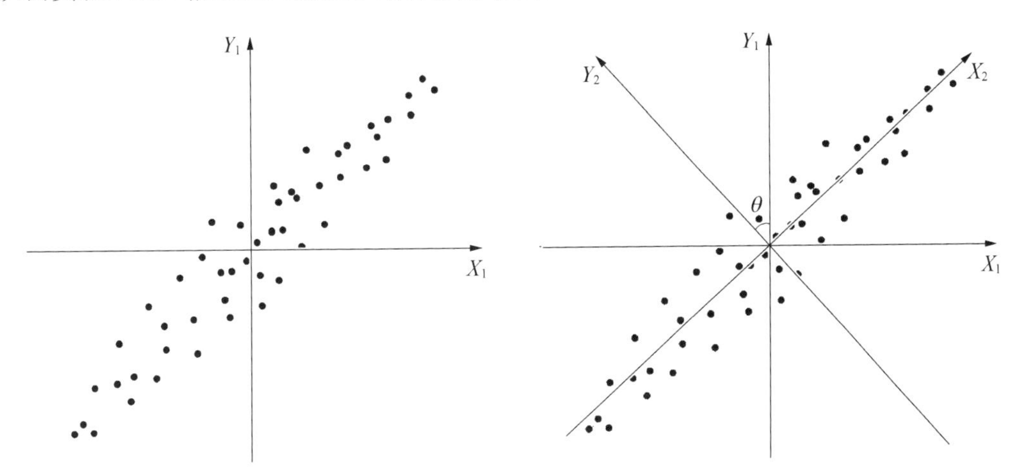

图 2.4　原始坐标系下 50 个数据点的分布情况　　**图 2.5**　旋转坐标系下 50 个数据点的分布情况

值得注意的是，新坐标系 X_2Y_2 在原有坐标系 X_1Y_1 上的旋转角度 θ 是根据以下原则确定的：数据在新坐标轴 X_2 下分布的方差达到最大值。

图 2.4 及图 2.5 所示的变换可以用矩阵的形式表示，即

$$\begin{bmatrix} x_2 \\ y_2 \end{bmatrix} = \begin{bmatrix} \cos\theta & \sin\theta \\ -\sin\theta & \cos\theta \end{bmatrix} \begin{bmatrix} x_1 \\ y_1 \end{bmatrix} = \mathbf{A} \begin{bmatrix} x_1 \\ y_1 \end{bmatrix} \tag{2.18}$$

式中，θ 为坐标轴的旋转角度，并且变换矩阵 $\mathbf{A}$ 为正交矩阵。

以此类推，将二维坐标系下的情况扩展至 n 维向量空间，可以看到，主成分分析正是基于上述 n 维向量空间的线性变换，将原始指标进行重新变换、组合和构建，得到包含最大信息量的综合指标的完整过程。

总结如下：

从代数的观点看，主成分分析就是对 x_1，x_2，x_3，…，x_p 共计 p 个变量进行线性变换。从几何的观点看，这种线性变换则是把 x_1，x_2，x_3，…，x_p 从原来的坐标系转换到新的坐标系下，而新的坐标系代表了最大方差的方向。

2.3.3 主成分分析计算步骤

从主成分分析的数学解释可以看出，采用主成分分析理论可以有效地精简指标集、去除指标间的相关性，具体计算步骤如下所示。

(1) 样本数据标准化处理。

为消除量纲影响，第一步应先将样本数据进行标准化处理，常用的数据标准化处理方法有最大-最小值(max-min)法、小数定标(decimal-scaling)法以及均值标准差(Z-score)法，针对不同样本特性和样本分析方法应选择合适的标准化方法进行去量纲处理。现以Z-score方法为例说明。不妨设某指标体系内共有 p 个评价指标，共采样了 n 个数据点，那么写成矩阵的形式为

$$\boldsymbol{X}=(x_{ij})_{n\times p}=\begin{bmatrix} x_{11} & x_{12} & \cdots & x_{1p} \\ x_{21} & x_{22} & \cdots & x_{2p} \\ \vdots & \vdots & \ddots & \vdots \\ x_{n1} & x_{n2} & \cdots & x_{np} \end{bmatrix} \tag{2.19}$$

可见，原始数据构建起一个 $n\times p$ 维的矩阵，对该矩阵内的列向量采用Z-score标准化方法处理，变换公式为

$$z_{ij}=\frac{x_{ij}-\bar{x}_j}{\bar{s}_j} \tag{2.20}$$

式中，平均值$\bar{x}_j$和标准差$\bar{s}_j$两个参数分别按照式(2.21)和式(2.22)进行计算：

$$\bar{x}_j=\frac{1}{n}\sum_{i=1}^{n}x_{ij} \tag{2.21}$$

$$\bar{s}_j=\sqrt{\frac{1}{n-1}\sum_{i=1}^{n}(x_{ij}-\bar{x}_j)^2} \tag{2.22}$$

根据Z-score方法得到标准化后的数据为

$$\boldsymbol{Z}=(z_{ij})_{n\times p}=\begin{bmatrix} z_{11} & z_{12} & \cdots & z_{1p} \\ z_{21} & z_{22} & \cdots & z_{2p} \\ \vdots & \vdots & \ddots & \vdots \\ z_{n1} & z_{n2} & \cdots & z_{np} \end{bmatrix} \tag{2.23}$$

标准化后矩阵 $\boldsymbol{Z}$ 中各列向量 $\boldsymbol{z}_j$ 的数学期望 $E(\boldsymbol{z}_j)=0$，方差 $D(\boldsymbol{z}_j)=1$，其中 $j=1, 2, \cdots, p$。

(2) 建立相关系数矩阵。

为对原始数据进行分析，需建立相关系数矩阵 $\boldsymbol{R}=(r_{ij})_{p\times p}$，以反映标准化后矩阵内各元素的相互关系，相关系数矩阵按照式(2.24)进行计算：

$$r_{ij}=\frac{\mathrm{cov}(\boldsymbol{z}_i, \boldsymbol{z}_j)}{\sqrt{D(\boldsymbol{z}_i)}\sqrt{D(\boldsymbol{z}_j)}}=\mathrm{cov}(\boldsymbol{z}_i, \boldsymbol{z}_j) \tag{2.24}$$

式中，$\boldsymbol{z}_i$ 与 $\boldsymbol{z}_j$ 为矩阵 $\boldsymbol{Z}$ 中的列向量；$D(\boldsymbol{z}_j)$ 为列向量 $\boldsymbol{z}_j$ 的方差，经 Z-score 标准化后 $D(\boldsymbol{z}_j)=1$，协方差 $\mathrm{cov}(\boldsymbol{z}_i, \boldsymbol{z}_j)$ 按照式(2.25)计算得到：

$$\begin{aligned}\mathrm{cov}(\boldsymbol{z}_i, \boldsymbol{z}_j) &= E\{[\boldsymbol{z}_i - E(\boldsymbol{z}_i)][\boldsymbol{z}_j - E(\boldsymbol{z}_j)]^{\mathrm{T}}\} \\ &= E(\boldsymbol{z}_i\boldsymbol{z}_j^{\mathrm{T}}) - E(\boldsymbol{z}_i)E(\boldsymbol{z}_j) \\ &= E(\boldsymbol{z}_i\boldsymbol{z}_j^{\mathrm{T}})\end{aligned} \tag{2.25}$$

式中，$\boldsymbol{z}_i$ 与 $\boldsymbol{z}_j$ 为矩阵 $\boldsymbol{Z}$ 中的列向量；$E(\boldsymbol{z}_j)$ 为列向量 $\boldsymbol{z}_j$ 的数学期望，经 Z-score 标准化后 $D(\boldsymbol{z}_j)=0$。

除了式(2.26)所列的理论计算方法外，常用的相关系数矩阵简便计算方法为

$$\boldsymbol{R} = \frac{1}{n-1}\boldsymbol{Z}^{\mathrm{T}}\boldsymbol{Z} \tag{2.26}$$

式中，$n-1$ 表示数据为样本采样所得，非全部统计值。

通过以上数学推导可知，在 Z-score 标准化处理后的情况下，相关系数矩阵 $\boldsymbol{R}$ 等同于协方差矩阵 $\boldsymbol{\Sigma}$，而协方差矩阵 $\boldsymbol{\Sigma}$ 为实对称矩阵，必正交相似于对角阵，且对角阵元素即是协方差矩阵 $\boldsymbol{\Sigma}$ 的特征根。

(3) 求解特征值与特征向量。

由于协方差矩阵 $\boldsymbol{\Sigma}$ 为实对称矩阵，必正交相似于对角阵，如式(2.27)所示：

$$\boldsymbol{A}^{\mathrm{T}}\boldsymbol{\Sigma}\boldsymbol{A} = \begin{bmatrix}\lambda_1 & & & \\ & \lambda_2 & & \\ & & \ddots & \\ & & & \lambda_p\end{bmatrix} \tag{2.27}$$

式中，$\boldsymbol{A}$ 为正交相似变换矩阵，令 $\boldsymbol{Y}=\boldsymbol{A}^{\mathrm{T}}\boldsymbol{Z}$，则有

$$\begin{aligned}\mathrm{cov}(\boldsymbol{Y}\boldsymbol{Y}^{\mathrm{T}}) &= \mathrm{cov}(\boldsymbol{A}^{\mathrm{T}}\boldsymbol{Z}\boldsymbol{Z}^{\mathrm{T}}\boldsymbol{A}) \\ &= \boldsymbol{A}^{\mathrm{T}}\mathrm{cov}(\boldsymbol{Z}\boldsymbol{Z}^{\mathrm{T}})\boldsymbol{A} \\ &= \begin{bmatrix}\lambda_1 & & & \\ & \lambda_2 & & \\ & & \ddots & \\ & & & \lambda_p\end{bmatrix}\end{aligned} \tag{2.28}$$

式中，$\lambda_1, \lambda_2, \cdots, \lambda_p$ 为协方差矩阵 $\boldsymbol{\Sigma}$ 的 p 个特征根。

不失一般性，设矩阵 $\boldsymbol{Y}$ 具有如下形式：

$$\boldsymbol{Y} = [\boldsymbol{y}_1 \quad \boldsymbol{y}_2 \quad \cdots \quad \boldsymbol{y}_p]^{\mathrm{T}} \tag{2.29}$$

式中，$\boldsymbol{y}_p$ 为矩阵 $\boldsymbol{Y}$ 的第 p 维行向量。那么，根据运算结果，最终得到

$$\mathrm{cov}(\boldsymbol{y}_i, \boldsymbol{y}_j) = \begin{cases}0, & i \neq j \\ \lambda_i, & i = j\end{cases} \tag{2.30}$$

式中，行向量 $\boldsymbol{y}_i$ 与 $\boldsymbol{y}_j$ 分别称为原数据矩阵 $\boldsymbol{X}$ 的第 i 与第 j 主成分，因此，第 i 主成分的方

差等于相对应的特征根，并且每两个不同主成分之间互不相关，此特性为主成分分析方法的理论核心，是利用主成分分析处理指标量的先决条件。

(4) 列写主成分表达式。

如果协方差矩阵 $\boldsymbol{\Sigma}$ 有 q 个大于零的特征根并且满足关系 $\lambda_1 \geqslant \lambda_2 \geqslant \cdots \geqslant \lambda_q \geqslant 0$，特征值对应的规范特征向量为 $\boldsymbol{A}=(\boldsymbol{a}_1, \boldsymbol{a}_2, \cdots, \boldsymbol{a}_q)$，那么 q 个主成分的表达式以矩阵的形式表示为

$$\begin{bmatrix} \boldsymbol{y}_1 \\ \boldsymbol{y}_2 \\ \vdots \\ \boldsymbol{y}_q \end{bmatrix} = \begin{bmatrix} a_{11} & a_{21} & \cdots & a_{p1} \\ a_{12} & a_{22} & \cdots & a_{p2} \\ \vdots & \vdots & & \vdots \\ a_{1q} & a_{2q} & \cdots & a_{pq} \end{bmatrix} \begin{bmatrix} \boldsymbol{z}_1^{\mathrm{T}} \\ \boldsymbol{z}_2^{\mathrm{T}} \\ \vdots \\ \boldsymbol{z}_p^{\mathrm{T}} \end{bmatrix} = \boldsymbol{AZ} \tag{2.31}$$

式中，$\boldsymbol{y}_1 \sim \boldsymbol{y}_q$ 分别为第 $1 \sim q$ 主成分；变换矩阵 $\boldsymbol{A}$ 称为主成分变量系数矩阵；$\boldsymbol{Z}$ 为标准化后的原变量矩阵，此外还可以构造由主成分与原变量相关系数组成的因子载荷矩阵。特别注意的是，当 $i>j$ 时，第 i 主成分的方差大于第 j 主成分的方差，即第一主成分所含原数据的信息量最大，最能代表原有指标信息，而第 q 主成分因为方差最小，所含原数据的信息量最小，对原指标的替代性最弱。另外，两个不同主成分之间互不相关，即彼此之间的协方差为零。

(5) 计算主成分方差贡献率。

为确定主成分个数，达到降低变量维度、简化指标集的目的，需要计算主成分方差贡献率。主成分 y_i 的方差对总方差的贡献率定义如下：

$$\omega_i = \frac{\lambda_i}{\sum_{j=1}^{n} \lambda_j} \tag{2.32}$$

式中，ω_i 反映第 i 个主成分承载原有指标信息量的百分比；λ_i 既是相关系数矩阵 $\boldsymbol{R}$ 的特征根，也是第 i 主成分的方差。

另一方面，定义前 m 个主成分方差累积贡献率如下：

$$\rho_m = \frac{\sum_{i=1}^{m} \lambda_i}{\sum_{j=1}^{n} \lambda_j} \tag{2.33}$$

式中，ρ_m 反映前 m 个互不相关的主成分累计承载原有指标信息量的百分比；λ_i 既是相关矩阵 $\boldsymbol{R}$ 的特征根，也是第 i 主成分的方差。

在实际应用中，常常根据经验值法或信息截断阈值法，使累计方差贡献率 ρ_m 达到一定的显著性水平 α，如 80%～90%，即可舍去其余的主成分，保留前 m 个主成分用以表示原有指标集。

(6) 检验前 m 个主成分相关性。

生成前 m 个主成分的相关系数矩阵 $\boldsymbol{R}_m$，检验其是否满足式(2.34)：

$$\boldsymbol{R}_m=(r_{ij})_{m\times m}=\begin{bmatrix}1 & 0 & \cdots & 0\\ 0 & 1 & \cdots & 0\\ \vdots & \vdots & & \vdots\\ 0 & 0 & \cdots & 1\end{bmatrix}\tag{2.34}$$

若满足式(2.34)，说明前 m 个主成分之间相关性为零，即指标体系在整个降维重构过程实现了彻底去相关性，证明前 5 步的计算过程无误，得到的新指标集综合评价函数值是准确可靠的。

(7) 生成主成分综合评价函数。

最后，利用式(2.35)所示的主成分综合评价函数计算出新指标集的综合评价函数值：

$$\boldsymbol{f}=\omega_1\boldsymbol{y}_1+\omega_2\boldsymbol{y}_2+\cdots+\omega_m\boldsymbol{y}_m\tag{2.35}$$

式中，$\boldsymbol{f}$ 为 n 维主成分综合评价向量，此函数计算得到的综合得分可以最大限度地表征原指标体系的评价信息量，将数量众多的指标归结为单一的主成分综合评价指标，极大地缩减了原有指标体系的规模。

2.3.4 主成分分析评价流程

结合主成分分析数学模型和计算步骤，得到如图 2.6 所示的主成分分析评价流程图。

图 2.6 详细描述了主成分分析计算流程，其主要步骤为数据标准化、建立相关系数矩阵、检验是否适合作主成分分析、求协方差矩阵的特征根及特征向量、计算主成分方差贡献度以确定主成分个数、检验选定主成分是否去相关以及生成主成分综合表达式并计算综合主成分得分。

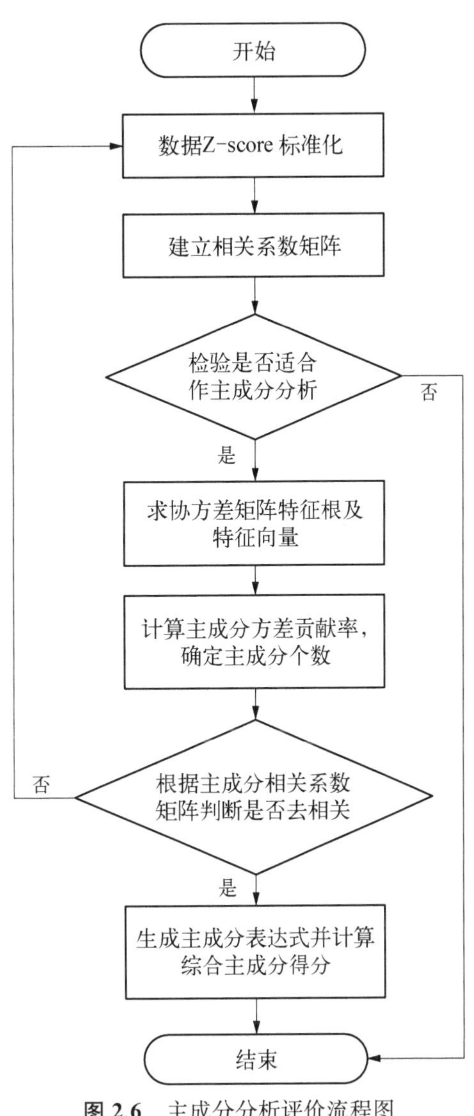

图 2.6 主成分分析评价流程图

主成分分析评价流程完整、科学、严谨，能够有效降低评价指标体系的维度、缩减评价工作劳动量、对测度单位不统一的评价指标同样具有良好的评价效果，主成分分析方法能够发掘指标内在的相关性并结合矩阵理论和线性变换对其进行去相关性处理，使得指标得到最大程度的简化，增强评价结果的科学性和合理性。

2.3.5 主成分分析法在电力系统中应用概述

主成分分析理论作为处理多变量高维系统问题中一种简便有效的统计方法，其作用是在最少信息量丢失的前提下，有效降低变量维数，简化问题分析的复杂性。目前已成功应用于电力系统短期负荷预测、输电网规划方案决策、状态估计、风电概率预测、同调机群识别等众多领域[17~19]。现就主成分分析在电力系统某些领域内的应用情况作简要介绍。

1. 主成分分析法在负荷预测中的应用

电力系统短期负荷预测是电力生产运行的重要环节，精确的预测结果直接关系到电力系统的安全性、经济性和电能质量的可靠性。在进行短期负荷预测时，常以每 15 min 计一次采样点，一天中可以生成 96 点的负荷数据，短期日负荷预测即是在该时间序列数据基础上进行的建模与计算。常用的负荷预测模型有回归分析模型、趋势外推模型、时间序列模型、神经网络模型和小波分析模型等，以上模型由于受干扰因素众多、忽略研究对象次要因素、数据间相关性及耦合性等多因素影响，或多或少地存在着预测误差，对电力生产运行带来负面影响。将主成分分析理论引入原有的负荷预测模型，对归一化后的负荷数据进行适当的处理，去除其数据间的相关性，删除部分冗余信息，降低数据的维数，得到各类型主成分分量，能够较好地剔除气象、环境、信息重叠等影响因素，减小模型预测误差。

在实际的负荷预测工作中，主成分分析法通常与遗传算法、BP 神经网络、粒子群算法、最小二乘支持向量机、自适应模糊推理系统、粗糙集等理论算法结合应用，利用主成分分析的基本属性改进原有模型，提高预测效率和精度。

2. 主成分分析法在规划决策中的应用

输配电网规划工作对保障电力系统稳定运行具有重要意义，理想的电网规划方案应满足可靠性和经济性等多方面的要求。通常，电网规划工作分为两个阶段：建立优化模型计算生成待选方案和各方案的综合评价决策。由于实际规划问题的复杂性，优化模型难以将所有因素考虑得面面俱到，因此优化计算得出的规划方案有必要进行综合全面的评价，以准确区分各待选规划方案的优劣，最终选择出科学、合理的电网规划方案。

电网规划方案综合决策从可靠性、经济性、适应性、环境影响、社会影响等多方面进行定量或定性的评价，通过建立多种数学模型，在电网规划评价指标体系的基础上进行综合评价，最终决策出最优的规划方案。常用的评价方法有层次分析法、模糊综合评价法、熵值法、灰色关联度分析法等，上述评价方法中指标权重的确定过于依赖专家评判或决策者估计，此种赋权方法受到专家经验、个人偏好等主观因素的影响，具有极大的偶然性和不确定性。将主成分分析方法应用于电网规划决策领域，对原指标下量测数据信息进行综合与简化，同时根据主成分对系统方差的贡献率确定主成分权重，凭借客观数据特征便能得出评价结果，使得电网规划方案决策更具科学性与合理性[20][21]。

2.4 生产函数法

生产函数是数量经济学中描述生产过程系统投入产出关系的一种经济数学模型，生产函数数学表达式反映出一定时期、一定技术水平下，生产要素投入量及其组合与最大经济产出量之间的相互关系[22][23]。通过生产函数测算，可以获取技术进步率、生产要素产出弹性、资源配置效率等一系列反映技术发展水平的数值，最终结合时间序列数据完成对技术发展水平的总体评定。

2.4.1　生产函数的一般形式

生产函数有多种形式，按照研究层次的逐级深入和研究进程的不断推移，主流的生产函数数学描述先后经历了三个阶段，分别是柯布-道格拉斯(Cobb - Douglas, C - D)生产函数模型、常替换弹性(constant elasticity of substitution, CES)生产函数模型、超越对数(trans-log)生产函数模型，其适用性范围越来越广，考虑的生产要素越来越多，评价准确度越来越高，但同时模型中参数估计的复杂性也越来越大。

目前生产函数的理论研究已不局限于 C - D 生产函数、CES 生产函数以及 trans-log 生产函数三种形式，涌现出了大量的新兴生产函数形式，如时滞生产函数，即结合了动态模式控制论方法和时滞效应的生产函数等。而在生产函数的实际应用方面，多使用形式最简单、参数估计最便捷的 C - D 生产函数模型[24]。

以下对最具代表性的三类生产函数模型进行简要介绍。

1. 柯布-道格拉斯生产函数

美国数学家柯布和经济学家道格拉斯利用该国制造业连续 22 年的历史数据，首次得到如式(2.36)所示的生产函数形式：

$$Y = AK^{\alpha}L^{\beta} \tag{2.36}$$

式中，A 为技术发展水平；K 为资金投入量；L 为劳动投入量；Y 为经济产出量；α 和 β 分别为资金和劳动的弹性产出系数。根据经济学边际产出率为正原则，得到 $0 < \alpha < 1$ 且 $0 < \beta < 1$。

C - D 拉斯生产函数形式简单且参数估计方便，能够客观反映生产系统技术发展变化的基本形势，成为应用最为广泛的函数模型。C - D 生产函数应用的前提是生产投入要素构成比例趋于常数，如式(2.37)所示。但是，由于 C - D 生产函数要求生产要素构成最佳配合，在实际的生产过程中具有一定的局限性。

$$\delta = \frac{K}{L} \approx \text{const} \tag{2.37}$$

2. 常替换弹性生产函数

美国经济学家阿罗约等提出当人均产出与工资率满足生产函数基本条件时，假设生产规模报酬可变并且系统中的生产单位处于要素市场与产品市场上的完全竞争环境。

$$W = A\left(\frac{Y}{L}\right)^{\beta} \tag{2.38}$$

式中，W 为工资率；A 为技术发展水平；Y/L 为人均产出；β 为劳动弹性产出系数。由此得到的 CES 生产函数为

$$Y = A\left[\delta K^{-p} + (1-\delta)L^{-p}\right]^{-\frac{r}{p}} \tag{2.39}$$

式中，r 为规模报酬参数，r 的取值可以大于 1、等于 1 或者小于 1，分别对应于生产系统的规模报酬是递增的、不变的或递减的三种情况；参数 $p = \beta - 1$；参数 δ 满足条件 $0<\delta<1$。

替换弹性是指一种生产要素替代另一种生产要素的难易程度。

可见,CES 生产函数比 C-D 生产函数更为灵活而精密,在投入要素构成比例波动较大,特别是人均资金 K/L 增长较大时,CES 生产函数比 C-D 生产函数更适应生产系统的模拟与测算。

3. 超越对数生产函数

借鉴常替换弹性生产函数,克里斯坦森(Christensen)、吉格森(Jorgenson)等提出了 trans-log 生产函数,其具体形式为

$$\begin{aligned}\ln Y &= \ln F(x_1, x_2, \cdots, x_n, t)\\ &= a_0 + a_1 t + \frac{1}{2}a_2 t^2 + \sum_{i=1}^{n}(b_{0i} + b_{1i}t)\ln x_i(t)\\ &\quad + \frac{1}{2}\sum_{i=1}^{n}\sum_{j=1}^{n} c_{ij}\ln x_i(t)\ln x_j(t)\end{aligned} \tag{2.40}$$

式中,$x_1, x_2, \cdots, x_n$ 为投入要素;a_0、a_1、a_2、b_{0i}、b_{1i}、$c_{ij}=c_{ji}(i, j=1, 2, \cdots, n)$ 均为待估计参数。

可以看出,trans-log 生产函数建立在 C-D 生产函数基础之上并将其有效推广,其优点在于:trans-log 生产函数中设置的交叉项可反映生产要素之间的替代性,允许生产系统投入要素间的替代弹性根据实际情况灵活选择,此外,tans-log 生产函数概括了许多常用的函数形式。当仅考虑资金 K 和劳动 L 两种投入要素时,超越对数生产函数的形式为

$$\begin{aligned}\ln Y = \alpha_0 &+ \alpha_K \ln K + \alpha_L \ln L + \alpha_T \ln T\\ &+ \beta_{KL}\ln K \ln L + \frac{1}{2}\beta_{KK}\ln^2 K\\ &+ \beta_{KT}(\ln K)T + \frac{1}{2}\beta_{LL}\ln^2 L\\ &+ \beta_{LT}(\ln L)T + \frac{1}{2}\beta_{TT}T^2\end{aligned} \tag{2.41}$$

式中,α_0、α_K、α_L、α_T、β_{KK}、β_{LL}、β_{TT}、β_{KT}、β_{KL}、β_{LT} 为待估计参数;T 为时间变量。trans-log 生产函数允许每个投入要素间的替代弹性可变,并且其函数形式保留了泰勒展开式的二阶项,提升了函数计算的准确度。

2.4.2 生产函数的数学性质

假设系统的投入量为 $x_1, x_2, \cdots, x_n$,经济产出量为 Y,那么生产函数的一般形式可以表示为

$$Y = F(x_1, x_2, \cdots, x_n, t) \tag{2.42}$$

那么,包括 C-D 生产函数模型、CES 生产函数模型、trans-log 生产函数模型在内的各种不同形式的生产函数均具有以下数学性质。

(1) 连续性。生产函数的连续性保证函数所描述的投入产出关系是符合客观实际的。即投入量的增加仅仅会引起产出量在原有基础上的增长和缩减,并不会带来跳跃式

的突变。

(2) 光滑性。生产函数的光滑性保证了投入要素的边际产出总是有意义的，即生产函数的偏导数 $\partial F/\partial x_i$ 总是存在的，其中，$i=1, 2, \cdots, n$。

(3) 单调性。生产函数的单调性即生产函数呈现单调递增的特性，如式(2.43)所示。这保证了投入要素的边际产出总是为正的，即投入要素的增加总会引起产出量或多或少的增长。

$$\frac{\partial f}{\partial x_i}>0, \quad i=1, 2, \cdots, n \tag{2.43}$$

(4) 凹凸性。生产函数的凹凸性即生产函数的二次导数小于零，如式(2.44)所示。这符合生产要素的边际产出递减率，该定律表明，在其他要素投入量保持不变的情况下，某个生产要素投入量的增加会引起系统产出量的增加，但产出量增加的幅度随着投入量的增加而减少。

$$\frac{\partial f^2}{\partial x_i^2}<0, \quad i=1, 2, \cdots, n \tag{2.44}$$

(5) 齐次性。生产函数的齐次性反映了生产过程规模报酬的特点，规模报酬是指在其他条件不变的情况下，系统内各生产要素按相同比例变化时所带来的产量变化。其数学描述如下：

$$F(\lambda x_1, \lambda x_2, \cdots, \lambda x_n)=\lambda^h F(x_1, x_2, \cdots, x_n) \tag{2.45}$$

式中，h 为齐次性系数，$h>1$ 时生产函数所表达的生产过程是规模报酬递增的，$h<1$ 时生产函数所表达的生产过程是规模报酬递减的，$h=1$ 时生产函数所表达的生产过程是规模报酬不变的。

2.4.3　技术进步的数量特征

假设某生产系统的 n 种投入量分别为 x_1、x_2、…、x_n，经济产出量为 Y，时间变量为 t，那么三者之间的关系可以写成由函数 F 表示的形式。假设生产过程只包含两种投入要素：资本投入 K 和劳动投入 L，则生产函数可以重新表述为

$$Y=F(K(t), L(t), t) \tag{2.46}$$

利用生产函数进行技术进步各方面的测度及评价首先要抓住技术进步的数量特征，现结合生产函数模型的基本概念，将技术进步评价中常见的指标及参数的定义简要说明如下。

(1) 技术进步率。该指标是反映在一定时期内技术进步快慢的综合指标，体现每年技术水平变化的大小。在时间段(t_1, t_2)内的技术进步率可以定义为

$$a(t_1, t_2)=\frac{F(K(t_2), L(t_2), t_2)-F(K(t_2), L(t_2), t_1)}{F(K(t_1), L(t_1), t_1)} \tag{2.47}$$

按照式(2.46)定义的技术进步率就是单位等产量曲线随时间向原点移动的速度。另外，时间段(t_1, t_2)内的技术进步率其实是一种“平均速度”，当 t_2 无限趋近于 t_1 时，可以得

到“瞬时速度”的经济量，即年平均增长速度：

$$a(t)=\frac{\partial F}{\partial t}\frac{\mathrm{d}t}{F} \tag{2.48}$$

或者以增量的形式表示为

$$a(t)=\frac{\partial F}{\partial t}\frac{\Delta t}{F} \tag{2.49}$$

该指标较难通过直接的方式进行求取，通常利用索洛余值法计算余值项得到。

(2) 技术进步对产出增长的贡献率。该综合指标反映出技术进步对经济增长的带动作用，可以清楚地表明技术进步在系统产出增长中贡献的大小或在净产值中所占的比重。计算公式为

$$S_a=\frac{a}{y}\times 100\% \tag{2.50}$$

式中，y 表示系统总产出增长速度。S_a 表明技术进步对产出增长速度的贡献率等于技术进步速度与总产出增长速度的比值。

(3) 资本产出弹性系数。资本产出弹性表示在劳动投入量保持不变的情况下，资本投入量的增减对系统产出量的影响。其定义为

$$\alpha=\frac{\partial F}{\partial K}\frac{K}{F} \tag{2.51}$$

其实际意义为在劳动投入量不变的条件下，资金投入量每增减 1%，生产系统经济产出量相应增减 α%。

(4) 劳动产出弹性系数。劳动产出弹性表示在资金投入量保持不变的情况下，劳动投入量的增减对系统产出量的影响。其定义为

$$\beta=\frac{\partial F}{\partial L}\frac{L}{F} \tag{2.52}$$

其实际意义为在资金投入量不变的条件下，劳动投入量每增减 1%，生产系统经济产出量相应增减 β%。

(5) 替换弹性。也称替代弹性，是衡量资金替代劳动难易程度的特征量。其定义为

$$\varepsilon=\frac{\mathrm{d}\ln\dfrac{K}{L}}{\mathrm{d}\ln\left(\dfrac{\partial F}{\partial L}\dfrac{\partial K}{\partial F}\right)}=\frac{\mathrm{d}\left(\dfrac{K}{L}\right)}{\dfrac{K}{L}}\frac{\dfrac{\partial F}{\partial L}\dfrac{\partial K}{\partial F}}{\mathrm{d}\left(\dfrac{\partial F}{\partial L}\dfrac{\partial K}{\partial F}\right)} \tag{2.53}$$

式中，$(\partial F/\partial L)/(\partial F/\partial K)$ 为资金对劳动的边际替代率；K/L 为资本劳动要素的构成比例，即人均资本，由此可见，资本对劳动的替代弹性就是资本劳动要素构成比例发生变化时，生产要素边际替代率的相对变化率与系统要素构成相对变化率之间的比值，反映的是两种不同生产要素之间相互替代的难易程度。

(6) 技术进步倾向。技术进步可以从三个不同的角度进行各异的划分。从技术进步增长动力的来源及发展方式来划分,可以分为外生型技术进步和内生型技术进步两种形式;从技术进步及其变革的传导机制来划分,可以分为物化型技术进步和非物化型技术进步两种形式;从技术进步给生产系统收益分配带来的效应来划分,可以分为节约劳动型、节约资本型和中性技术进步三种形式。此外,从技术进步对投入要素分配的驱动力来考虑,也可以划分为节约劳动型、节约资本型和中性技术进步三种形式。

本书重点关注第三种技术进步倾向的划分形式,在此划分方式下,生产要素边际产出率的变化直接影响系统对生产要素的选择偏好,促使生产系统倾向于节约投入成本相对高昂的生产要素,转而选择投入成本相对低廉的生产要素。也就是说,如果技术进步是节约劳动型的,相应的劳动要素在产出贡献中的份额会出现下降趋势;如果技术进步是节约资本型的,相应的资本要素在产出贡献中的份额会出现下降趋势;如果技术进步是中性的,各生产要素在产出贡献中所占比例维持不变。

经济学家希克斯(Hicks)给出了技术进步倾向 ξ 明确划分的定义,如式(2.54)所示。该定义是通过考察生产函数中单位资金边际产出率与单位劳动边际产出率的比值随时间的变化率,从而确定技术进步的倾向。

$$\xi=\frac{\mathrm{d}\left(\dfrac{\dfrac{1}{K}\dfrac{\partial F}{\partial K}}{\dfrac{1}{L}\dfrac{\partial F}{\partial L}}\right)}{\mathrm{d}t}\begin{cases}>0, & \text{节约劳动型}\\ =0, & \text{中性}\\ <0, & \text{节约资本型}\end{cases} \tag{2.54}$$

2.5 系统动力学

2.5.1 系统动力学理论简介

系统动力学(system dynamics)始创于1956年,在20世纪50年代末成为一门独立完整的学科,其创始人是美国麻省理工学院福瑞斯特(Forrester)教授。

随着科学技术水平的不断发展,出现了科学技术高度分化又高度综合的发展趋势,各门学科的研究从原来分兵作战的研究方法,进入了整体、系统的研究阶段。数十年来,新兴系统学科层出不穷,贝塔朗非的《一般系统论》、维纳的《控制论》、香农的《信息论》等系统学科的建立和发展,推动人们日益广泛地开展对各类系统理论和应用的研究。

早在20世纪50年代初,福瑞斯特就对经济和工业组织系统(包括人、财务和技术结合在一起的系统)进行了深入的研究。分析和研究了这些系统的性质和特点,从而得出了许多有关系统的信息反馈、系统的基本组成等重要观点[25]。随着系统动力学研究范围的不断扩大,其理论和方法已在20世纪80年代趋于成熟。作为一门独立的学科,系统动力学有其自身的理论体系与科学方法。系统动力学在分析研究复杂系统和建立大规模、多变量、非线性的各类系统模型时所作的基本假设与采用的模拟手段,都基于它自身特有的理论与方法论。

系统辩证观是系统动力学理论的核心，系统动力学理论的基本点鲜明地表明了这一特征。它强调系统、整体的观点，联系、运动与发展的辩证观点。

下面对系统动力学的一些基本原理和概念进行介绍。

2.5.2 系统动力学理论的基本观点

系统动力学是一门基于系统论，吸取反馈理论与信息论的精髓，并借助计算机模拟技术融诸家于一炉，脱颖而出的交叉新学科。系统动力学能定性与定量地分析研究系统，它采用模拟技术，以结构-功能模拟为其突出特点。一反过去常用的功能模拟（也称黑箱模拟）法，从系统的内部结构入手建模，构造系统的基本结构，进而模拟与分析系统的动态行为。这样的模拟更适于研究复杂系统随时间变化的问题。下面，首先从系统动力学对其研究对象所需前提条件加以讨论，然后探讨系统主要特性、系统结构与功能关系等。

1. 前提条件

运用系统动力学对系统进行研究与建模的前提条件是该系统必须是远离平衡的有序的耗散结构。这一条件还在耗散结构理论与非平衡系统自我组织理论未发现之前就已被不加证明地使用着。

2. 系统及其主要特性

下面对所研究的系统作进一步界定，并对其主要特性诸如系统总体性、相关性、层次与等级性、稳定性反类似以及复杂系统的特性略加阐述。

1）社会、经济、生态系统都是具有自组织耗散结构性质的开放系统

系统动力学认为，客观世界的系统都是开放系统。系统内部组成部分之间相互作用形成一定的动态结构，并在内外动力的作用下按照一定的规律发展演化。完全孤立和与外界绝对隔绝的系统是不存在的，然后在特定的时空条件下，可以把某些系统近似地简化为封闭系统来加以研究。

2）复杂系统是一类具有多变量、高阶次、多回路和强非线性的反馈系统

一切社会系统、经济系统、生态系统和生物系统等都是复杂系统。复杂系统的行为往往具有如下重要特性：反直观性、对系统内部参数的变化不敏感、全局与局部利益相矛盾、远期与近期利益相矛盾、向低效益演变倾向等。

3）系统的整体性和层次性

系统的整体性与层次性是系统动力学与应用综合均分解原则研究剖析系统的理论依据。

“整体大于部分之和”这一来源于亚里士多德的论点，已成为系统思想的重要观点之一。整体的质不同于单元的质，整体的结构与功能不同于部分的结构与功能，也不是部分结构的堆积与功能的相加。例如，一个国家系统是由生产系统、财贸系统、运输系统、科教系统、能源系统等组成的。显然，整个国家系统的质以及结构与功能方面都不会等于这些子系统的简单叠加。因此，在研究一个系统时，要以整体的观念考虑总系统与子系统、子系统与子系统之间的相互关系和反馈机制，切不可把一些子系统简单地拼凑在一起。

我们强调系统的整体性，并不是说系统没有层次与等级。由于单元与结构的相对独立性，导致功能的统一性，从而导致了系统的等级性。在研究某一系统时，弄清系统的等

级与层次具有重要意义。这是因为低级系统的规律理所应当地渗透到高级系统中去，但高级系统有其特殊的规律，它绝不能完全地还原为低级系统规律。当然我们也不能忘记，客观世界不仅存在低级系统向高级系统的不断发展，而且还存在各种不同系统等级之间不断的相互转化。

由于存在客观世界的系统等级性，建模人员应弄清楚系统以及系统各层次的特殊规律。当分析问题、建立系统的模型时，切不可把系统的特性强加于系统的各部分，也不可简单地把子系统某一特性归结为系统的特性，更不可凭狭隘的经验，不分青红皂白地把不同等级系统的特性乱加套用。

4）系统的相似性

在自然界、人类社会和人类思维活动等不同领域内，存在着结构上与功能上的类似性即系统的相似性。常有一种功能多种结构的现象，可以说，这也是人们可借助模型定量地研究系统的一个理论依据。

2.5.3　系统动力学分析、研究、解决问题的主要过程与步骤

系统动力学是一门分析研究信息反馈系统，认识系统问题、解决系统问题的学科。用系统动力学认识与解决系统问题不能一蹴而就，恰恰相反，这是一个逐步深入、多次反复、螺旋上升的过程。

1. 定性与定量结合，系统、分析、综合、推理的方法

系统动力学研究解决问题的方法是一种定性与定量结合，系统、分析、综合与推理的方法。它是定性分析和定量分析的统一，以定性分析为先导，定量分析为支持，两者相辅相成，螺旋上升逐步深化、解决问题的方法。按照系统动力学的理论、原理与方法分析实际系统，建立起定量模型与概念模型一体化的系统动力学模型，各类决策者就可以借助计算机模拟技术在专家群体的协助下，对社会、经济、生态等一类复合大系统的问题定性与定量地进行研究和决策。

这是建立模型与运用模型的统一过程。在其全过程中，建模人员必须紧密联系实际，深入调查研究，最大限度地收集与运用有关该系统及各问题的资料和统计数据；必须做到与决策人员和熟悉该系统的专家人员密切结合，才能使系统动力学的理论与方法成为进行科学决策的有力手段。

2. 系统动力学解决问题的主要步骤

这个过程大体可分为五步。第一步，用系统动力学的理论、原理和方法对被研究的对象进行系统分析；第二步，进行系统的结构分析，划分系统层次与子块，确定总体的与局部的反馈机制；第三步，运用建模软件建立定量、规范的模型；第四步，以系统动力学理论为指导，借助模型进行模拟与政策分析，可进一步分析系统得到更多的信息，发现新的问题，然后反过来再修改模型；第五步，检验评估模型。下面仅简要地介绍各步骤的主要内容，详见本书有关各章节。

1）系统分析

系统分析是用系统动力学解决问题的第一步，主要在于分析问题，剖析要因。

(1) 调查收集有关系统的情况与统计数据。

(2) 解决用户提出的要求、目的与明确所要解决的问题。

(3) 分析系统的基本问题与主要问题、基本矛盾与主要矛盾、变量与主要变量。

(4) 初步划定系统的界限,并确定内生变量、外生变量、输入量。

(5) 确定系统行为的参考模式。

2) 系统的结构分析

这一步的主要任务在于处理系统信息,分析系统的反馈机制。

(1) 分析系统总体的与局部的反馈机制。

(2) 划分系统的层次与模块。

(3) 分析系统的矢量、变量间关系,定义变量(包括常数),确定变量的种类及主要变量。

(4) 确定回路及回路间的反馈耦合关系,初步确定系统的主回路及它们的性质,分析主回路随时间转移的可能性。

3) 建立数学的规范模型

(1) 确定系统的状态、速率、辅助变量和建立主要变量之间的数量关系。

(2) 确定与估计参数。

(3) 给所有 N 方程、C 方程与表函数赋值。

4) 模型模拟与政策分析

(1) 以系统动力学的理论为指导进行模型模拟与政策分析,进而更深入地剖析系统的问题。

(2) 寻找解决问题的决策,并尽可能付诸实施,取得实践结果,获取更丰富的信息,发现新的矛盾与问题。

(3) 修改模型,包括结构与参数的修改。

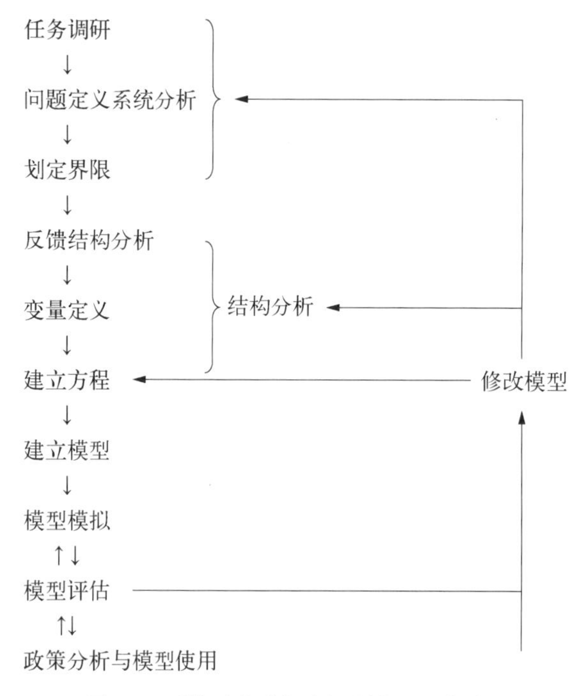

图 2.7 系统动力学解决问题的过程与步骤

5) 模型的检验与评估

这一步骤的内容并不都是放在最后一起来做的,其中相当一部分是在上述其他步骤中分散进行的。

上述主要过程与步骤可用图 2.7 表示。

3. 模型与现实系统的关系

系统动力学的规范模型和其他类型的模型一样,它只是对实际系统的简化与代表。模型也可能只是对实际系统一个断面或侧面的描述;从一定意义上说,若从不同角度对同一实际系统及其问题进行建模,就可以得到系统许多不同的断面,也就可能更加全面、深刻地认识系统,才能找出更好的解决问题的途径。系统动力学认为,不存在终极的模型,任何模型都只是在满足预定要求条件下的相对成果。

2.5.4　系统动力学构模原理、方法

构模基本原理如下。

(1) 构思模型最基本的依据就是前面所述的系统动力学对系统、系统特性的一系列观点。

扼要地说，即有关系统的整体性、等级性与历时性，系统的结构、功能与行为的辩证对立统一关系，系统的行为模式主要根植于内部反馈结构与机制，以及主要部分原理等。

(2) 一个“明确”三个“面向”，即明确目的，面向问题、面向过程与面向应用。建模时首先应明确建模目的，模型的任务是什么；建模过程的始终都要面向客观系统所要解决的矛盾与问题；面向矛盾诸方面相互制约、相互影响所形成的反馈动态发展过程；面向模型的应用、政策（对于社会经济系统而言）的实施，否则建模将无异于进行盲目的工作与冒险。

(3) 根据系统特性，在建模的构思、模拟与测试的全过程中，正确地使用分解与综合的原理。

根据系统的整体性和层次性，可以应用综合与分解原则来研究系统。强调一方面从整体的观点研究系统；另一方面系统的层次性意味着一个系统是由不同等级层次的子系统组成的，这样，进行系统与结构分析时可以应用分解原理。

① 系统动力学研究系统强调面向问题与研究问题。先确定目标，以利于确定系统的边界。边界似一个想象的轮廓，把与所研究问题有关的部分划入系统。

② 分析系统结构时，应由上到下，由粗到细，逐步分解系统。

以上过程可以用入框图、因果相互关系和流图来具体表示。与以上分解过程相反的是综合过程。尽管分解过程对系统研究十分重要，但我们绝不能停留在这一阶段。无论对于建立系统模型还是分析系统的动态行为，分解的最终目的是综合。只有各部分系统地有机地联结为一整体，各部分的功能与行为符合总体的功能与行为，模型才能真实地表现系统的总体结构与功能。因此，在建立与测试系统模型时，应该逐步由部分测试过渡到总体调试，从整体观点出发不断改变模型的结构，全面地、系统地考察系统的内部结构和反馈机制。

(4) 模型是模拟分析研究实际系统问题的“实验室”。它是现实系统（有待解决问题）的简化与代表，是真实世界的某些断面或侧面。建模不等于对实际系统的复制，应防止所谓原原本本、一一对应按真实世界去建立模型的错误倾向。

(5) 检验模型的一致性、有效性的最终标准是客观的实践。人对客观事物的认识不可能一次完成，而是螺旋上升的过程。因此，没有终极的模型，也没有十全十美的模型，只能有阶段性的、达到预定目标和满足相对有效的模型。

参考文献

[1] 许树柏.实用决策方法——层次分析法[M].天津：天津大学出版社，1988.
[2] 牛东晓.火电厂选址最优决策中的灰色层次分析法[J].电网技术，1994，(6)：27-31.
[3] 董张卓，焦建林，孙启宏.用层次分析法安排电力系统事故后火电机组恢复的次序[J].电网技术，1997，(6)：48-51.

[4] Farghal S A, Kandil M S, Elmitwally A. Quantifying electric power quality via fuzzy modelling and analytic hierarchy processing [J]. IEE Proceedings of Generation, Transmission and Distribution, 2002, 149(1): 44-49.
[5] 吴丹,程浩忠,奚珣,等.基于模糊层次分析法的年最大电力负荷预测[J].电力系统及其自动化学报,2007,19(1): 55-58.
[6] 郝海,踪家峰.系统分析与评价方法[M].北京: 经济科学出版社,2007.
[7] 赵焕臣,许树柏,金生.层次分析法: 一种简易的新决策方法[M].北京: 科学出版社,1986.
[8] 张炳江.层次分析法及其应用案例[M].北京: 电子工业出版社,2014.
[9] Charnes A, Cooper W W, Rhodes E. Measuring the efficiency of decision making units [J]. European Journal of Operational Research, 1978, 2(78): 429-444.
[10] 杜栋,庞庆华,吴炎.现代综合评价方法与案例精选[M].北京: 清华大学出版社,2008.
[11] 魏权龄.评价相对有效性的数据包络分析模型: DEA 和网络 DEA[M].北京: 中国人民大学出版社,2012.
[12] 李从东,李亚斌,戴庆辉.DEA 方法在火力发电厂及其机组效率评价中的应用[J].现代电力,2004,21(4): 1-5.
[13] 赵莎莎,吕智林,吴杰康,等.基于数据包络分析和云模型的火电厂效率评价方法[J].电网技术,2012,36(4): 184-189.
[14] 吴杰康,唐利涛,黄奂,等.基于遗传算法和数据包络分析法的水火电力系统发电多目标经济调度[J].电网技术,2011,35(5): 76-81.
[15] 郭壮志,吴杰康,孔繁镍.基于仿电磁学算法和数据包络分析的水火电力系统多目标优化调度[J].中国电机工程学报,2013,33(4): 53-61.
[16] 韦钢,吴伟力,刘佳,等.基于 SE-DEA 模型的电网规划方案综合决策体系[J].电网技术,2007,31(24): 12-16.
[17] 高庆敏,张乾业.基于 SE-DEA 的交叉效率模型的城市电网规划综合评判决策[J].电力系统保护与控制,2011,39(8): 60-64.
[18] 聂宏展,聂耸,乔怡,等.基于主成分分析法的输电网规划方案综合决策[J].电网技术,2010,34(6): 134-138.
[19] 汤昶烽,卫志农,李志杰,等.基于因子分析和支持向量机的电网故障风险评估[J].电网技术,2013,37(4): 1039-1044.
[20] 高新华,严正.基于主成分聚类分析的智能电网建设综合评价[J].电网技术,2013,37(8): 2238-2243.
[21] 李磊,严正,冯东涵,等.结合主成分分析及生产函数的电网智能化技术评价探讨[J].电力系统自动化,2014,38(11): 56-61, 73.
[22] 钟学义.技术进步与生产函数[J].数量经济技术经济研究,1988,(7): 7-15.
[23] 李磊.主成分分析理论应用于智能电网低碳技术评价的研究[D].上海: 上海交通大学硕士学位论文,2014.
[24] 罗声求,陈赫.Cobb-Douglas 生产函数模型的数学机理与原型的行为机理分析[J].系统工程,1995,13(3): 27-33.
[25] Goodman M R. Study Notes in Systems Dynamics [M]. Cambridge: the MIT Press, 1974.

第 3 章

经典规划理论及方法

3.1 线性规划

线性规划是数学规划的一个重要分支,它在理论和算法上都比较成熟,在实践上有着广泛的应用,输电系统规划、灵敏度分析、无功功率最优计算等课题都涉及线性规划问题,而且运筹学其他分支中的一些问题也可以转化为线性规划问题来处理,因此线性规划在优化领域占有重要地位[1]。

本章介绍线性规划的定义和标准形式、解的概念和性质、求解的基本方法。

3.1.1 线性规划的定义和标准形式

若优化模型中的目标函数与约束函数均为线性函数,则这个模型称为线性规划模型。其一般形式如下[2]。

目标函数:

$$\max(\min) z = c_1 x_1 + c_2 x_2 + \cdots + c_n x_n \tag{3.1}$$

约束条件:

$$\begin{gathered} a_{11}x_1 + a_{12}x_2 + \cdots + a_{1n}x_n \leqslant (=, \geqslant) b_1 \\ a_{21}x_1 + a_{22}x_2 + \cdots + a_{2n}x_n \leqslant (=, \geqslant) b_2 \\ \cdots \\ a_{m1}x_1 + a_{m2}x_2 + \cdots + a_{mn}x_n \leqslant (=, \geqslant) b_m \\ x_1, x_2, \cdots, x_n \in \mathbb{R} \end{gathered} \tag{3.2}$$

为了统一表达、简化形式,可以作如下规定。

若目标函数求 max,则将目标函数乘以-1转化成求 min;若自变量 x_k 无约束,则将 x_k 用 $x_k' - x_k''$ 代替转化成自变量只取非负实数;若约束是“$\geqslant$”或“$\leqslant$”,则增加松弛变量,将不等式约束转化为等式约束。

从而得到线性规划的标准形式：

$$\min \sum_{j=1}^{n} c_j x_j \tag{3.3}$$

$$\text{s.t.} \quad \sum_{j=1}^{n} a_{ij} x_j = b_i, \quad i = 1, \cdots, m \tag{3.4}$$

$$x_j \geqslant 0, \quad j = 1, \cdots, n \tag{3.5}$$

或用矩阵表示为

$$\min \boldsymbol{c} x \tag{3.6}$$

$$\text{s.t.} \quad \boldsymbol{A} x = \boldsymbol{b} \tag{3.7}$$

$$x \geqslant 0 \tag{3.8}$$

式中，$\boldsymbol{A}$ 是 $m \times n$ 矩阵；$\boldsymbol{c}$ 是 n 维行向量；$\boldsymbol{b}$ 是 m 维列向量。

3.1.2 线性规划问题解的概念和性质

1. 可行解

满足约束条件的解 $\boldsymbol{X} = (x_1, x_2, \cdots x_n)^{\mathrm{T}}$，称为线性规划问题的可行解，其中使目标函数达到最小值的可行解称为最优解。

2. 基

设 $\boldsymbol{A}$ 是约束方程组的 $m \times n (m < n)$ 维系数矩阵，其秩为 m。$\boldsymbol{B}$ 是矩阵 $\boldsymbol{A}$ 中 $m \times m$ 阶非奇异子矩阵（$|\boldsymbol{B}| \neq 0$），则称 $\boldsymbol{B}$ 是线性规划问题的一个基。设

$$\boldsymbol{B} = (\boldsymbol{B}_1, \boldsymbol{B}_2, \cdots, \boldsymbol{B}_m)$$

称 $\boldsymbol{B}_j (j = 1, 2, \cdots, m)$ 为基向量，对应的变量 $x_j (j = 1, 2, \cdots, m)$ 为基变量，否则称为非基变量。令所有非基变量为 0，此时求得的解称为基解。由此可见，有一个基就可以求出一个基解。

3. 基可行解

满足非负条件的基解，称为基可行解。

4. 可行基

对应于基可行解的基，称为可行基。约束方程的基解数目最多为 C_n^m，基可行解的数目不超过基解的数目。

以下给出线性规划解的性质。

定理 3.1.1 若线性规划问题存在可行域，则其可行域 $S = \{x \mid \boldsymbol{A} x = \boldsymbol{b}, \quad x \geqslant 0\}$ 是凸集。

定理 3.1.2 线性规划问题的基可行解 $\boldsymbol{X}$ 对应于可行域 S 的顶点。

定理 3.1.3 若可行域有界，线性规划问题的目标函数一定可以在其可行域的顶点上达到最优。

另外，若可行域无界，则有最优解必定在某个顶点得到；也可能无最优解。综上所述，可以得到如下结论：

线性规划问题的所有可行解构成的集合是凸集,也可能为无界域。可行域有有限个顶点,每个基可行解对应着一个顶点。若线性规划问题有最优解,则必定在某顶点上得到。因此,可以通过枚举法,将至多 C_n^m 个基可行解求出,并比较它们目标函数的值,即可得到最优的基可行解,但当 m 和 n 的值都较大时,枚举法的计算量过大,以下介绍求解线性规划问题的基本方法。

3.1.3　单纯形法

3.1.2 节提到,若线性规划有最优解,则必存在最优基可行解。因此求解线性规划问题归结为找最优基可行解。单纯形方法的基本思想,就是从一个基可行解出发,求一个使目标函数值有所改善的基可行解,通过不断改进基可行解,试图达到最优基可行解。

考虑问题:

$$\min \boldsymbol{c}x \tag{3.9}$$

$$\text{s.t.}\quad \boldsymbol{A}x=\boldsymbol{b} \tag{3.10}$$

$$x \geqslant 0 \tag{3.11}$$

现将 $\boldsymbol{A}=(p_1,\ p_2,\ \cdots,\ p_n)$ 分解成$(\boldsymbol{B},\ \boldsymbol{N})$(可能经列调换,$\boldsymbol{B}$ 为 m 阶可逆矩阵),x 对应分解为$(x_B,\ x_N)$。

以下给出单纯形法的计算步骤:

(1) 解 $\boldsymbol{B}x_B=\boldsymbol{b}$,求得 $x_B=\boldsymbol{B}^{-1}\boldsymbol{b}=\bar{b}$,令 $x_N=0$,计算目标函数值 c_Bx_B。

(2) 求单纯形乘子 w,解 $w\boldsymbol{B}=c_B$,得到 $w=c_B\boldsymbol{B}^{-1}$。对于所有非基变量,计算判别数 $z_j-c_j=wp_j-c_j$。令

$$z_k-c_k=\max_{j\in R}\{z_j-c_j\} \tag{3.12}$$

若 $z_k-c_k\leqslant 0$,则对于所有非基变量 $z_j-c_j\leqslant 0$,对应基变量的判别数总是零,因此停止计算,现行基可行解是最优解;否则进行步骤(3)。

(3) 解 $\boldsymbol{B}y_k=p_k$,得到 $y_k=\boldsymbol{B}^{-1}p_k$,若 $y_k\leqslant 0$,即 y_k的每个分量均非正数,则停止计算,问题不存在有限最优解;否则,进行步骤(4)。

(4) 确定下标 t,使

$$\frac{\bar{b}_t}{y_{tk}}=\min\left\{\frac{\bar{b}_i}{y_{ik}}\ \middle|\ y_{ik}>0\right\} \tag{3.13}$$

式中,x_{B_t} 为离基变量;x_k 为进基变量。用 p_k 替换 p_{B_t},得到新的矩阵 $\boldsymbol{B}$,返回步骤(1)。

使用表格形式的单纯形方法。

原问题可等价于如下形式:

$$\min f \tag{3.14}$$

$$\text{s.t.}\quad x_B+\boldsymbol{B}^{-1}\boldsymbol{N}x_N=\boldsymbol{B}^{-1}\boldsymbol{b} \tag{3.15}$$

$$f+0\cdot x_B+(c_B\boldsymbol{B}^{-1}\boldsymbol{N}-c_N)x_N=c_B\boldsymbol{B}^{-1}\boldsymbol{b} \tag{3.16}$$

$$x_B\geqslant 0,\ x_N\geqslant 0 \tag{3.17}$$

把上述方程的系数置于表中，得到单纯形表，如表3.1所示。

表3.1 单纯形表

	f	x_B	x_N	
x_B	0	I_m	$\boldsymbol{B}^{-1}\boldsymbol{N}$	$\boldsymbol{B}^{-1}\boldsymbol{b}$
f	1	0	$c_B\boldsymbol{B}^{-1}\boldsymbol{N}-c_n$	$c_B\boldsymbol{B}^{-1}\boldsymbol{b}$

表3.1中，$c_B\boldsymbol{B}^{-1}\boldsymbol{b}$是现行基可行解的目标函数值；$x_B$、$x_N$所在列的最后一行是对应变量的判别数(基变量的判别数为0)。单纯形表中包含了单纯形法所需的全部数据，以下介绍如何利用单纯形表实现单纯形法。

令$\bar{b}=\boldsymbol{B}^{-1}\boldsymbol{b}\geqslant 0$，表3.1已经给出了一个基可行解，即

$$x_B=\bar{b},\quad x_N=0 \tag{3.18}$$

若$c_B\boldsymbol{B}^{-1}\boldsymbol{N}-c_N\leqslant 0$，则现行基可行解是最优解；

若$c_B\boldsymbol{B}^{-1}\boldsymbol{N}-c_N$存在大于零的分量，则需用主元消去求改进基可行解。在表3.1最后一行中，有

$$z_k-c_k=\max\{z_j-c_j\} \tag{3.19}$$

则选择x_k所对应的列作为主列。令

$$\frac{\bar{b}_r}{y_{rk}}=\min\left\{\frac{\bar{b}_i}{y_{ik}}\mid y_{ik}>0\right\} \tag{3.20}$$

则第r行作为主行。主列和主行交叉处的元素y_{rk}称为主元。然后进行主元消去，用y_{rk}除第r行，再把r行的若干倍分别加到各行，使主列中各元素(r行除外)化为零，把主列化为单位向量。经主元消去，实现了基的变换。检验最后一行判别数，即判别变换后的基可行解是否为最优解。若不是，则再进行主元消去直至判别数都不大于零。

为了使用单纯形算法求解线性规划问题，首先要找到一个初始的基可行解，可利用两阶段法和大M法两种方法去寻找初始解。

两阶段法第一阶段引入人工变量，使约束矩阵$\boldsymbol{A}$中产生m阶单位阵，再用单纯形法消去人工变量(如果可能)，即把人工变量都变换成非基变量，求出原来问题的一个基可行解；第二阶段就是从得到的基可行解出发，用单纯形法解线性规划的最优解。

大M法的基本思想是：在约束变量中增加人工变量x_a，同时修改目标函数，加上惩罚项$M\boldsymbol{e}^{\mathrm{T}}x_a$，形式如下：

$$\min cx+M\boldsymbol{e}^{\mathrm{T}}x_a \tag{3.21}$$

$$\text{s.t.}\quad \boldsymbol{A}x+x_a=\boldsymbol{b} \tag{3.22}$$

$$x\geqslant 0,\quad x_a\geqslant 0 \tag{3.23}$$

式(3.21)中，M是很大的正数，这样在极小化目标函数的过程中，由于大M的存在，将迫使人工变量离基。

3.1.4　线性规划问题的对偶理论

同一个线性规划问题，可以有两种优化表述：可以提出以最大利润为目标函数；也可以提出以最小资源消耗为目标函数。这里引进线性规划对偶形式的概念。

设原问题为

$$\min \boldsymbol{c}x \tag{3.24}$$

$$\text{s.t.}\quad A_1 x \geqslant b_1 \tag{3.25}$$

$$A_2 x = b_2 \tag{3.26}$$

$$A_3 x \leqslant b_3 \tag{3.27}$$

$$x \geqslant 0 \tag{3.28}$$

则其对偶形式为

$$w_1 b_1 + w_2 b_2 + w_3 b_3 \tag{3.29}$$

$$\text{s.t.}\quad w_1 A_1 + w_2 A_2 + w_3 A_3 \leqslant c \tag{3.30}$$

$$w_1 \geqslant 0,\quad w_3 \leqslant 0,\quad w_2\ \text{无限制} \tag{3.31}$$

定理 3.1.4　若原问题和对偶问题有一个问题存在最优解，则另一个问题也存在最优解，且两个问题的目标函数的最优值相等[3]。

定理 3.1.5　设 x^0 和 w^0 分别是原问题和对偶问题的可行解，则 x^0 和 w^0 都是最优解的充要条件是，对于所有 j，下列关系成立：

(1) 如果 $x_j^0 > 0$，就有 $w^0 p_j = c_j$。

(2) 如果 $w^0 p_j < c_j$，就有 $x_j^0 = 0$。

对于对偶规划，当知道一个问题的最优解时，可以利用互补松弛定理求出另一个问题的最优解。例如，对偶单纯形法，就是先求出对偶形式的最优解，因为对偶形式约束条件右端不要求大于零，所以求解方便，再验证原问题的最优解是否可行，即求出原问题的最优解。

单纯形算法虽然在实际中非常有效，且至今仍占绝对优势，但在理论上还不是多项式算法，1972 年 Klee 和 Minty 构造了一个例子，用单纯形算法的计算时间为 $O(2^n)$。1979 年苏联数学家提出了线性规划的多项式时间算法——椭球算法，其计算复杂度为 $O(n^6 L^2)$（n 是变量维数，L 是输入长度），但计算结果不理想，远远不及单纯形算法有效。

Bell 实验室的印度学者提出了一个新的求解线性规划的多项式时间算法，通常称为卡玛卡算法，又称为投影尺度算法。这一算法不仅在理论上其多项式复杂性比椭球算法低，而且实际效果也比椭球算法好得多。在大型问题的应用中，它显示出能与单纯形法竞争的潜力。卡玛卡算法的思想与单纯形法相反，它不是沿可行域表面去搜索最优解，而是在可行域内部移动搜索，逐步逼近最优解。按照这一思路求解线性规划问题的方法称为内点算法。卡玛卡算法的出现激起了许多学者对内点算法的研究热情。其后，一些新的、改进的或变形的内点算法相继出现。以下介绍内点法的其中一种——原仿射尺度法。

考虑线性规划问题：

$$\max \boldsymbol{c}^{\mathrm{T}} x \tag{3.32}$$

$$\text{s.t.} \quad \boldsymbol{A} x \leqslant \boldsymbol{b} \tag{3.33}$$

式中，$\boldsymbol{c}$，$x \in \mathbb{R}^n$；$\mathbf{A}$ 是 $m \times n$ 矩阵，$m \geqslant n$。先假设存在内点 x^0，并且问题是有界的。

算法的基本思想是从内点 x^0 出发，沿可行方向求出使目标函数值上升的后继点，再从得到的内点出发，沿另一个可行方向求出使目标函数值上升的内点。重复以上步骤，产生一个由内点组成的序列 $\{x^k\}$，使得

$$\boldsymbol{c}^{\mathrm{T}} x^{k+1} > \boldsymbol{c}^{\mathrm{T}} x^k \tag{3.34}$$

当满足终止准则时，停止迭代。此方法关键是选择使目标函数值上升的可行方向，可行域为凸多面体，如果现行内点可行解 x^k 处于凸多面体中心位置，显然沿着目标函数的最速上升方向移动。但如果 x^k 与凸多面体的某一边界靠近，需引进仿射变化进行处理。

首先引进松弛变量，把线性规划写成

$$\max \boldsymbol{c}^{\mathrm{T}} x \tag{3.35}$$

$$\text{s.t.} \quad \boldsymbol{A} x + \boldsymbol{v} = \boldsymbol{b} \tag{3.36}$$

$$\boldsymbol{v} \geqslant 0 \tag{3.37}$$

在第 k 次迭代，定义 $\boldsymbol{v}^k$ 为非负松弛变量构成的 m 维向量，使得

$$\boldsymbol{v}^k = \boldsymbol{b} - \boldsymbol{A} x^k \tag{3.38}$$

再定义对角矩阵

$$\boldsymbol{D}_k = \mathrm{diag}\left(\frac{1}{v_1^k}, \cdots, \frac{1}{v_m^k}\right) \tag{3.39}$$

作仿射变换，令

$$w = \boldsymbol{D}_k \boldsymbol{v} \tag{3.40}$$

线性规划改写成

$$\max \boldsymbol{c}^{\mathrm{T}} x \tag{3.41}$$

$$\text{s.t.} \quad \boldsymbol{A} x + \boldsymbol{D}_k^{-1} w = \boldsymbol{b} \tag{3.42}$$

$$w \geqslant 0 \tag{3.43}$$

选择搜索方向为 $\boldsymbol{d} = [d_x, d_w]^{\mathrm{T}}$，可求出最优方向 $d_x = (\mathbf{A}^{\mathrm{T}} \boldsymbol{D}_k^2 \mathbf{A})^{-1} \boldsymbol{c}$。搜索方向确定后，还需确定沿此方向移动的步长。设后继点

$$x^{k+1} = x^k + \lambda d_x \tag{3.44}$$

步长 λ 取值应满足

$$\mathbf{A}(x^k + \lambda d_x) < \boldsymbol{b} \tag{3.45}$$

令

$$\alpha = \min\left\{\frac{v_i^k}{-(d_v)_i} \mid (d_v)_i < 0,\ i \in \{1, \cdots, m\}\right\} \tag{3.46}$$

取 $\lambda = \gamma\alpha$，$\gamma \in (0, 1)$ 即为步长的范围。

在线性规划非退化的情况下，上述算法产生的点列是收敛的，其极限点 x^* 为线性规划的最优解。

3.2 非线性规划

非线性规划的定义：目标函数是非线性函数，或者约束集是由非线性的等式和不等式给定的优化问题[4]。

3.2.1 无约束优化问题

考虑非线性规划问题：

$$\min f(x), \quad x \in \mathbf{R}^n \tag{3.47}$$

式中，$f(x)$是定义在 $\mathbf{R}^n$ 上的实函数。此问题是求 $f(x)$在 n 维欧氏空间中的极小点，称为无约束极值问题。一般假定 $f(x)$是二阶连续可微的。

无约束局部极小点和全局极小点定义如下。

若 $x^* \in \mathbf{R}^n$ 满足 $\exists \varepsilon > 0$，对 $\forall x$ 满足 $\| x - x^* \| < \varepsilon$ 有

$$f(x^*) \leqslant f(x) \tag{3.48}$$

则称 x^* 是 f 的一个无约束局部极小点。

若 $x^* \in \mathbf{R}^n$ 满足 $\exists \varepsilon > 0$，对 $\forall x \in \mathbf{R}^n$ 有

$$f(x^*) \leqslant f(x) \tag{3.49}$$

则称 x^* 是 f 的一个无约束全局极小点。

3.2.2 无约束优化问题的最优性条件

最优性必要条件[5]：若 x^* 是 f 的一个无约束局部极小点，并且假设 f 在 $\mathbf{R}^n$ 上连续可微，则

$$\nabla f(x^*) = 0 \quad \text{（一阶必要条件）} \tag{3.50}$$

若 f 在 $\mathbf{R}^n$ 上二阶连续可微，则

$$\nabla^2 f(x^*)\ \text{半正定} \quad \text{（二阶必要条件）} \tag{3.51}$$

凸函数的最优性条件：

若 f 是凸集 $\boldsymbol{X}$ 上的一个凸函数，则

(1) 在 $\boldsymbol{X}$ 上的 f 的最小值也是 $\boldsymbol{X}$ 的全局极小点。如果 f 是严格凸的，那么至多存在

一个全局极小值点。

(2) 若 f 为凸函数,$\boldsymbol{X}$ 为开集,则 $x^* \in \boldsymbol{X}$ 是全局最优解的充要条件是

$$\nabla f(x^*)=0$$

二阶最优性充分条件:

若 f 是开集 $\boldsymbol{X}$ 上的一个二阶可微函数,当 x^* 满足

$$\nabla f(x^*)=0, \quad \nabla^2 f(x^*) \text{ 正定} \tag{3.52}$$

则 x^* 是 f 的严格无约束局部极小点。

最优性条件是分析优化问题最根本的,实际解决问题当中,可以采取找到满足所有一阶必要条件 $\nabla f(x)=0$ 的解,若 f 不是凸函数,再对这些点检查二阶必要条件,即判断 $\nabla^2 f(x)$ 是否正定,得到严格局部极小点。也可以找到所有满足必要条件的解,把这些解的目标函数最小的点作为全局极小点。

虽然有最优性条件作为找出最优解的理论依据,但实际问题中一阶条件和二阶条件的零点并不容易求出,因此找出收敛的迭代算法是必要的。

解决连续可微函数 f 的最小值优化问题的大多数算法基于迭代下降的思想,即从初始点 x_0 开始,按照某种方法依次找出 x_1, x_2, …,使得 f 在每一次迭代中都下降,即

$$f(x_{k+1})<f(x_k) \tag{3.53}$$

3.2.3 无约束优化问题的求解算法

1. 利用导数求解

1) 最速下降法[6]

迭代公式为

$$x_{k+1}=x_k+\lambda_k d_k \tag{3.54}$$

式中,d_k 取的是最速下降方向 $d_k=-\nabla f(x_k)$;λ_k 是从 x_k 出发沿方向 d_k 进行一维搜索确定的,即 $\lambda_k=\arg\min\limits_{\lambda\geqslant 0} f(x_k+\lambda d_k)$。

计算步骤:

(1) 给定初始点 $x_1 \in \mathbf{R}^n$,允许误差 $\varepsilon>0$,置 $k=1$。

(2) 计算搜索方向 $d_k=-\nabla f(x_k)$。

(3) 若 $\|d_k\| \leqslant \varepsilon$,则停止计算;否则,从 x_k 出发,沿 d_k 进行一维搜索,求 λ_k 使得

$$f(x_k+\lambda_k d_k)=\min_{\lambda\geqslant 0} f(x_k+\lambda d_k) \tag{3.55}$$

(4) 令 $x_{k+1}=x_k+\lambda_k d_k$,置 $k:=k+1$,转步骤(2)。

2) 牛顿法

设 x_k 是 $f(x)$ 极小点的一个估计,将 $f(x)$ 在 x_k 处进行泰勒展开,即

$$f(x)\approx \varphi(x)=f(x_k)+\nabla f(x_k)^{\mathrm{T}}(x-x_k)+\frac{1}{2}(x-x_k)^{\mathrm{T}}\nabla^2 f(x_k)(x-x_k) \tag{3.56}$$

再令 $\nabla\varphi(x)=0$，即

$$\nabla f(x_k)+\nabla^2 f(x_k)(x-x_k)=0 \tag{3.57}$$

得到迭代 $x_{k+1}=x_k-\nabla^2 f(x_k)^{-1}\nabla f(x_k)$。

再加入一维搜索，可得如下计算步骤：

(1) 给定初始点 $x_1\in\mathbf{R}^n$，允许误差 $\varepsilon>0$，置 $k=1$。

(2) 计算搜索方向 $\nabla f(x_k)$、$\nabla^2 f(x_k)^{-1}$。

(3) 若 $\|\nabla f(x_k)\|\leqslant\varepsilon$，则停止计算；否则，令

$$d_k=-\nabla^2 f(x_k)^{-1}\nabla f(x_k) \tag{3.58}$$

(4) 从 x_k 出发，沿 d_k 进行一维搜索，求 λ_k 使得

$$f(x_k+\lambda_k d_k)=\min_{\lambda\geqslant 0} f(x_k+\lambda d_k) \tag{3.59}$$

(5) 令 $x_{k+1}=x_k+\lambda_k d_k$，置 $k:=k+1$，转步骤(2)。

3) 共轭梯度法

此方法对正定二次目标函数经有限步迭代可达到极小点，对于一般函数在一定条件下是收敛的。以下先给出二次凸函数共轭梯度法的构造思想，再讨论一般函数的计算步骤。

考虑问题：

$$\min f(x)=\frac{1}{2}x^{\mathrm{T}}\mathbf{A}x+b^{\mathrm{T}}x+c \tag{3.60}$$

式中，$x\in\mathbf{R}^n$；$\mathbf{A}$ 为对称正定矩阵；c 为常数。

从某一点 x_1 开始，假设已迭代到第 k 步，计算 $f(x)$ 在这点的梯度 g_k，若 $\|g_k\|=0$，则停止计算；否则，令

$$d_k=-g_k=-\nabla f(x_k) \tag{3.61}$$

从 x_k 沿 d_k 进行一维搜索，即令 $\varphi(\lambda)=f(x_k+\lambda d_k)$ 的导数为零，求得

$$\lambda_k=-\frac{g_k^{\mathrm{T}}d_k}{d_k^{\mathrm{T}}Ad_k} \tag{3.62}$$

计算 $f(x)$在 x_{k+1}处的梯度 g_{k+1}。若 $\|g_{k+1}\|=0$，则停止计算；否则，用 $-g_{k+1}$ 和 d_k 构造与 d_k 关于 $\mathbf{A}$ 共轭的下一个搜索方向 d_{k+1}。令

$$d_{k+1}=-g_{k+1}+\beta_k d_k \tag{3.63}$$

式(3.63)两端左乘 $d_k^{\mathrm{T}}\mathbf{A}$，得 $d_k^{\mathrm{T}}\mathbf{A}d_{k+1}=-d_k^{\mathrm{T}}\mathbf{A}g_{k+1}+\beta_k d_k^{\mathrm{T}}\mathbf{A}d_k=0$，求出 $\beta_k=\dfrac{d_k^{\mathrm{T}}\mathbf{A}g_{k+1}}{d_k^{\mathrm{T}}\mathbf{A}d_k}$，再从 x_{k+1} 出发沿 d_{k+1} 方向搜索。

一般函数的共轭梯度法需将上述步骤中每一步的矩阵 $\mathbf{A}$ 用现行点的 Hessian 矩阵 $\nabla^2 f(x_k)$ 替代，且通常在有限步达不到极小点，读者可自行学习其方法。

2. 非导数方法

前面介绍的方法需要计算每一个迭代点的梯度 ∇f 和 Hessian 矩阵 $\nabla^2 f$，在许多问题中，这些算式的计算要么难以求出，要么计算烦琐。可以考虑用差分形式近似导数，或者采取以下几种非导数的方法。

1）坐标下降法

此方法中，目标函数每一次迭代沿着一个坐标分量方向最小化。这不仅简化了搜索方向的计算，而且使步长选择变得容易。此算法中坐标是逐个递推的，给定 x_k，则 x_{k+1} 的第 i 个分量由

$$x_{k+1}^{(i)} = \arg\min_{\zeta \in \mathbf{R}} f(x_{k+1}^{(1)}, \cdots, x_{k+1}^{(i-1)}, \zeta, x_k^{(i+1)}, \cdots, x_k^{(n)}) \tag{3.64}$$

给出。当目标函数分量存在非耦合时，坐标下降法具有适用于并行计算的优势，其收敛性与最速下降法类似，对许多实际问题都十分高效。

2）模式搜索法

此方法的思想与坐标下降法类似，但迭代过程有区别，即在每一步对 x_k 的每个分量依次进行下降处理，接着得到 x_{k+1}。

计算步骤：

(1) 给定初始点 x_1；n 个坐标方向 $e_1, e_2, \cdots, e_n$；初始步长 δ；收敛因子 $\alpha \geqslant 1$；缩减率 $\beta \in (0, 1)$；允许误差 $\varepsilon > 0$；置 $y_1 = x_1$，$k = 1$，$j = 1$。

(2) 若 $f(y_j + \delta e_j) < f(y_j)$，则令

$$y_{j+1} = y_j + \delta e_j \tag{3.65}$$

进行步骤(4)；否则，进行步骤(3)。

(3) 若 $f(y_j - \delta e_j) < f(y_j)$，则令

$$y_{j+1} = y_j - \delta e_j \tag{3.66}$$

进行步骤(4)；否则，令

$$y_{j+1} = y_j \tag{3.67}$$

进行步骤(4)。

(4) 若 $j < n$，则置 $j := j + 1$，转步骤(2)；否则，进行步骤(5)。

(5) 若 $f(y_{n+1}) < f(x_k)$，则进行步骤(6)；否则，进行步骤(7)。

(6) 置 $x_{k+1} = y_{n+1}$，令

$$y_1 = x_{k+1} + \alpha(x_{k+1} - x_k) \tag{3.68}$$

置 $k := k + 1$，$j = 1$，转步骤(2)。

(7) 若 $\delta \leqslant \varepsilon$，则停止迭代，得到 x_k；否则，置

$$\delta := \beta\delta, \quad y_1 = x_k, \quad x_{k+1} = x_k \tag{3.69}$$

置 $k := k + 1$，$j = 1$，转步骤(2)。

3.2.4　约束优化问题的最优性条件

Karush-Kuhn-Tucker 条件(KKT 一阶必要条件)：

假定 x^* 是如下问题的局部最小值点：

$$\min f(x) \tag{3.70}$$

$$\text{s.t.}\quad h_1(x)=0,\ \cdots,\ h_m(x)=0 \tag{3.71}$$

$$g_1(x)\leqslant 0,\ \cdots,\ g_r(x)\leqslant 0 \tag{3.72}$$

式中，f、h_i、g_j 是从 $\mathbf{R}^n$ 到 $\mathbf{R}$ 上的连续可微函数，设 $I=\{i \mid g_i(x^*)=0\}$，则 $\{\nabla g_i(x^*),\nabla h_j(x^*) \mid i\in I,\ j=1,\cdots,m\}$ 线性无关，那么存在乘子 $\lambda_1,\cdots,\lambda_m;\ \mu_1,\cdots,\mu_r$，满足如下条件：

(1) $\nabla f(x^*)+\sum_{i=1}^{m}\lambda_i\nabla h_i(x^*)+\sum_{j=1}^{r}\mu_j\nabla g_j(x^*)=0$。

(2) $\mu_j\geqslant 0,\quad j=1,\cdots,r;\ \mu_j=0,\ j\notin I$。

(3) 在 x^* 的每个领域 N 上，都存在 $x\in N$，使得对所有 $\lambda_i\neq 0$ 的 i，有 $\lambda_i h_i(x)>0$；对所有使 $\mu_j\neq 0$ 的 j，有 $\mu_j g_j(x)>0$。

(4) 进一步，若 f、h、g 二次连续可微，则对所有满足

$$\nabla h_i(x^*)^{\mathrm{T}}y=0,\ \forall i=1,\cdots,m,\quad \nabla g_j(x^*)^{\mathrm{T}}y=0,\ \forall j\in I \tag{3.73}$$

的 $y\in\mathbf{R}^n$ 都有 $y^{\mathrm{T}}\nabla_{xx}^2 L(x^*,\lambda,\mu)\geqslant 0$。

3.2.5　约束优化问题的求解算法

1. 可行方向法

考虑非线性规划问题：

$$\min f(x) \tag{3.74}$$

$$\text{s.t.}\quad \boldsymbol{A}x\geqslant \boldsymbol{b} \tag{3.75}$$

$$\boldsymbol{E}x=\boldsymbol{e} \tag{3.76}$$

式中，$f(x)$ 是可微函数；$\boldsymbol{A}$ 为 $m\times n$ 矩阵；$\boldsymbol{E}$ 为 $l\times n$ 矩阵；$\boldsymbol{b}$ 和 $\boldsymbol{e}$ 分别为 m 维和 l 维列向量。

此方法的思路是先解出迭代点 x_k 的一个可行方向，再沿此可行方向进行一维搜索，得到下一个点 x_{k+1}。

算法步骤[7]：

(1) 给定初始可行点 x_1，置 $k=1$。

(2) 根据是否起作用将约束分块：在点 x_k 处把 $\boldsymbol{A}$ 和 $\boldsymbol{b}$ 分解成

$$\begin{bmatrix}\boldsymbol{A}_1\\ \boldsymbol{A}_2\end{bmatrix} \text{和} \begin{bmatrix}\boldsymbol{b}_1\\ \boldsymbol{b}_2\end{bmatrix}$$

使得 $\boldsymbol{A}_1x_k=\boldsymbol{b}_1$，$\boldsymbol{A}_2x_k>\boldsymbol{b}_2$。计算 $\nabla f(x_k)$。

(3) 求解可行下降方向：求解线性规划问题

$$\min f(x_k)^{\mathrm{T}} d \tag{3.77}$$

$$\text{s.t.} \quad \boldsymbol{A}_1 d \geqslant 0 \tag{3.78}$$

$$\boldsymbol{E} d = 0 \tag{3.79}$$

$$-1 \leqslant d_j \leqslant 1, \quad j = 1, \cdots, n \tag{3.80}$$

得到最优解 d_k。

(4) 若 $f(x_k)^{\mathrm{T}} d_k = 0$，则停止计算；否则，进行步骤(5)。

(5) 令 $\boldsymbol{b}^* = \boldsymbol{b}_2 - \boldsymbol{A}_2 x_k$，$\boldsymbol{d}^* = \boldsymbol{A}_2 d_k$，求出 $\lambda_{\max} = \begin{cases} \min\left\{ \dfrac{b_i^*}{d_i^*} \middle| d_i^* < 0 \right\}, & d^* < 0 \\ \infty, & d^* \geqslant 0 \end{cases}$，进行一维搜索即解

$$\min f(x_k + \lambda d_k) \tag{3.81}$$

$$\text{s.t.} \quad 0 \leqslant \lambda \leqslant \lambda_{\max} \tag{3.82}$$

(6) 置 $k := k + 1$，返回步骤(2)。

2. 梯度投影法

此方法是可行方向法的一种。选取下降方向时，当迭代点在可行域内部时，沿负梯度进行一维搜索；当迭代点在某些约束的边界上时，将该处的负梯度投影到可行方向组成的行空间里。采用可行方向法中的优化模型给出如下的算法步骤：

(1) 给定初始可行点 x_1，置 $k = 1$。

(2) 根据是否起作用将约束分块：在点 x_k 处把 $\boldsymbol{A}$ 和 $\boldsymbol{b}$ 分解成

$$\begin{bmatrix} \boldsymbol{A}_1 \\ \boldsymbol{A}_2 \end{bmatrix} \text{和} \begin{bmatrix} \boldsymbol{b}_1 \\ \boldsymbol{b}_2 \end{bmatrix}$$

使得 $\boldsymbol{A}_1 x_k = \boldsymbol{b}_1$，$\boldsymbol{A}_2 x_k > \boldsymbol{b}_2$。

(3) 构造投影矩阵：令 $\boldsymbol{M} = \begin{bmatrix} \boldsymbol{A}_1 \\ \boldsymbol{E} \end{bmatrix}$。若 $\boldsymbol{M}$ 非空，令 $\boldsymbol{P} = \boldsymbol{I} - \boldsymbol{M}^{\mathrm{T}} (\boldsymbol{M}\boldsymbol{M}^{\mathrm{T}})^{-1} \boldsymbol{M}$ ($\boldsymbol{I}$ 为单位矩阵)，否则，令 $\boldsymbol{P} = \boldsymbol{I}$。

(4) 令 $d_k = -P \nabla f(x_k)$。若 $d_k \neq 0$，则转步骤(6)；若 $d_k = 0$，则进行步骤(5)。

(5) 研究投影后下降方向是否终止：若 $\boldsymbol{M}$ 是空的，则停止计算，得到 x_k；否则，计算

$$\boldsymbol{Q} = (\boldsymbol{M}\boldsymbol{M}^{\mathrm{T}})^{-1} \boldsymbol{M} \nabla f(x_k) = \begin{bmatrix} \boldsymbol{u} \\ \boldsymbol{v} \end{bmatrix} \tag{3.83}$$

若 $\boldsymbol{u} \geqslant 0$，则停止计算，得出 x_k；若 u 包含负分量，则去掉负分量在 $\boldsymbol{A}_1$ 所对应的行，返回步骤(3)。

(6) 沿投影方向进行一维搜索：用可行方向法中步骤(5)的方法求出 $\lambda_{\max}$，解

$$\min f(x_k + \lambda d_k) \tag{3.84}$$

$$\text{s.t.}\quad 0 \leqslant \lambda \leqslant \lambda_{\max} \tag{3.85}$$

令 $x_{k+1}=x_k+\lambda_k d_k$，置 $k:=k+1$，返回步骤(2)。

3. 拉格朗日乘子法

考虑如下非线性模型：

$$\min f(x) \tag{3.86}$$

$$\text{s.t.}\quad h_1(x)=0,\ \cdots,\ h_m(x)=0 \tag{3.87}$$

$$g_1(x)\leqslant 0,\ \cdots,\ g_r(x)\leqslant 0 \tag{3.88}$$

式中，f、h_i、g_j 是从 $\mathbf{R}^n$ 到 $\mathbf{R}$ 上的连续可微函数。可以增加变量 $z_1,\ \cdots,\ z_r\in\mathbb{R}$ 使不等式约束变为形如 $h_{m+1}=g_1(x)+z_1^2=0,\ \cdots,\ h_{m+r}g_r(x)+z_r^2=0$ 的等式约束。

接下来引进增广拉格朗日函数 $L(x,\ \lambda,\ \mu)=f(x)-\sum_{i=1}^{m+r}\lambda_i h_i(x)+\frac{1}{2\mu}\sum_{j=1}^{m+r}h_j^2(x)$。

算法步骤：

(1) 给定迭代初始点 x_s^1，容许误差 $\varepsilon_1,\ \varepsilon_2,\ \cdots$ 和 ε，确定初始罚因子 $\mu_0>0$ 和参数 λ_0，置 $k=1$。

(2) 以 x_s^k 为第 k 次迭代的初始点，极小化增广拉格朗日函数 $L(x,\ \lambda_k,\ \mu_k)$，得到满足 $\|\nabla_x L(x,\lambda_k,\mu_k)\|\leqslant\varepsilon_k$ 的近似解 x_k。

(3) 若 $\|\nabla_x L(x,\lambda_k,\mu_k)-f(x_k)\|<\varepsilon$ 成立，则取 x_k 为最优解；否则，置下一次迭代初始点 $x_s^{k+1}=x_k$，乘子为 $\lambda_{k+1}=\lambda_k-h(x_k)/\mu_k$，$\mu_{k+1}\in(0,\mu_k)$，置 $k:=k+1$ 转步骤(2)。

参考文献

[1] 胡清淮，魏一鸣.线性规划及其应用[M].北京：科学出版社，2004.
[2] 高红卫.线性规划方法应用详解[M].北京：科学出版社，2004.
[3] 胡知能，徐玖平.运筹学：线性系统优化[M].北京：科学出版社，2003.
[4] 应玫茜，魏权龄.非线性规划及其理论[M].北京：中国人民大学出版社，1994.
[5] 谢海玲，尚有林，李璞.无约束非线性规划的最优性条件[C]//中国青年信息与管理学者大会.西安.2010.
[6] 杨春.解最优化问题的模式搜索算法[D].南京：南京航空航天大学硕士学位论文，2003.
[7] Bertsekas D P，博赛克斯，宋士吉，等.非线性规划[M].北京：清华大学出版社，2013.

第 4 章

评估理论与方法的扩展

4.1 基于云模型的新评估方法

4.1.1 定性指标及云模型的提出

客观世界中的绝大部分现象都是不确定的，所谓确定的、规则的现象，只会在一定的前提和特定的边界条件下发生，只会在局部或者较短的时间内存在，随着不确定性研究的深入，世界的不确定性特征越来越得到学术界的普遍认可[1]。

在社会和经济活动中，主观指标评价问题是一类重要的评价问题，随着社会和经济的发展，人们对客观事物的认识不断深入，综合评价涉及因素会更多、更复杂，主观指标逐渐成为综合评价指标体系中的重要组成部分。主观指标，即定性指标，采用语言概念描述客观事物，不可避免地具有不确定性，这种不确定性主要体现在随机性和模糊性两大方面[2]。

对包含定性指标的问题进行评估时，需对定性指标进行处理，云模型由李德毅院士于1995 年首次系统化地提出，作为定性定量转换的不确定性模型，能够充分体现语言概念的随机性和模糊性，是实现定性定量转换的有效工具[2]。

4.1.2 云和云滴

云是用自然语言值表示的某个定性概念与其定量表示之间的不确定性转换模型。云由许多云滴组成，每一个云滴就是这个定性概念在数域空间中的一次具体实现，这种实现带有不确定性[4]。

1）云和云滴的定义[1]

定义 4.1.1 设 U 是一个用精确数值表示的定量论域，C 是 U 上的定性概念，若定量值 $x \in U$，且 x 是定性概念 C 的一次随机实现，x 对 C 的隶属度 $\mu(x) \in [0, 1]$ 是有稳定倾向的随机数，若 μ：$U \to [0, 1]$，$\forall x \in U$，$x \to \mu(x)$，则 x 在论域 U 上的分布称为云，每一个 x 称为一个云滴。

云具有以下性质：

(1) 论域U可以是一维的，也可以是多维的。

(2) 定义中提及的随机实现，是概率意义下的实现；定义中提及的确定度，是模糊集意义下的隶属度，同时又具有概率意义下的分布。所有这些都体现了模糊性和随机性的关联性。

(3) 对于任意一个$x \in U$，x到区间$[0, 1]$上的映射是一对多的变换，x对C的隶属度是一个概率分布，而不是一个固定的数值。

(4) 云由云滴组成，云滴之间无次序性，一个云滴是定性概念在数量上的一次实现，云滴越多，越能反映这个定性概念的整体特征。

(5) 云滴出现的概率大，云滴的确定度大，则云滴对概念的贡献大。

将(x, μ)的联合分布记为$C(x, \mu)$以表示定性概念C，通过产生云滴的方式可以实现定性概念到定量表示之间的转换，即将定性概念转换为对应定量论域中的一个个点。

2) 云的数字特征[5]

云用期望Ex(expected value)、熵En(entropy)和超熵He(hyper entropy)这3个数字特征来整体表征一个概念。

定义 4.1.2 期望Ex是论域的中心值，是最能够代表这个定性概念的点，或者说是这个概念量化的最典型样本。

定义 4.1.3 熵En表示一个定性概念可被度量的范围，熵越大概念越宏观，即可被度量的范围越广。熵反映了模糊概念的亦此亦彼性的裕度，即这个定性概念的不确定性，又称模糊性。

定义 4.1.4 超熵He是熵的不确定性度量，即熵的熵，由熵的随机性和模糊性共同决定。

云的3个数字特征把模糊性和随机性结合在一起，可以形象地把云的形状展示出来，完成定性和定量间的相互映射。

4.1.3 正态云模型

云模型是云的具体实现方法，通过建立云发生器，即云的数字特征产生云滴的具体实现，完成定性概念到其定量表示的转换。

正态分布广泛存在于自然现象、社会现象、科学技术以及生产活动中，在实际中遇到的许多随机现象都服从或者近似服从正态分布。正态云模型基于正态分布，通过期望、熵和超熵构成的特定结构发生器，具有普遍适用性，可以更简单、直接地完成定性与定量之间的相互转换。

1) 正态云定义

定义 4.1.5 设U是一个用精确数值表示的定量论域，C是U上的定性概念，若定量值$x \in U$，且x是定性概念C的一次随机实现，若x满足：$x \sim N(E_x, E_n'^2)$，其中$E_n' \sim N(E_n, H_e^2)$，且x对C的隶属度满足

$$\mu(x) = e^{-\frac{(x-E_x)^2}{2(E_n')^2}} \tag{4.1}$$

则x在论域U上的分布称为正态云。

2）正态云发生器[3, 5]

云发生器即云生产算法，通过输入 3 个云的数字特征（E_x、E_n 和 H_e）以及需要生成的云滴数 n，输出每一个云滴在数域中的坐标及每个云滴代表概念的确定度[4]。正态云发生器的计算步骤如下[3]。

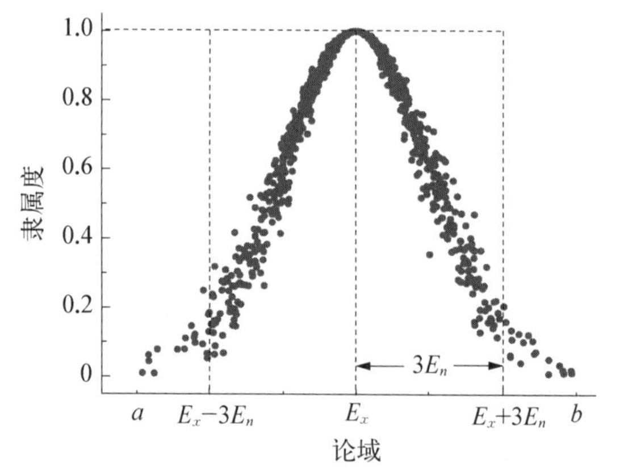

图 4.1　正态云模型示意图

（1）生成以 E_n 为期望值，H_e^2 为方差的正态随机数 E_n'。

（2）生成以 E_x 为期望值，$E_n'^2$ 为方差的正态随机数 x_i。

（3）计算 $\mu_i = e^{-\frac{(x_i-E_x)^2}{2(E_n')^2}}$。

（4）(x_i, μ_i) 即为论域中的一个云滴。

（5）重复步骤（1）～（4），直到生成 n 个云滴。

给定论域 $U=[a, b]$，图 4.1 为正态云模型示意图，大约 99.74% 的云滴落在 $[E_x-3E_n, E_x+3E_n]$ 内，称为正态云的“$3E_n$”规则。

4.1.4　定性指标处理步骤

利用云模型实现定性指标定量化的步骤如下。

（1）确定定性指标的定量论域 U。

（2）根据定性指标性质选择适用的云模型。

（3）确定云模型的数字特征，以正态云模型为例，给定 E_x、E_n 和 H_e。

（4）通过对应云发生器产生云滴的方式实现定性指标的定量化。

4.2　超效率概念在数据包络法中的应用

超效率 DEA 模型能够按效率值大小对各 DMU 排序，但在效率值实际测算过程中仍存在非径向松弛变量引起的非期望产出等多项误差[6]。现以智能电网低碳电力生产系统为例进行说明，假设该低碳电力系统仅有 2 项投入指标，待评估电力系统在二维投入指标直角坐标系上的分布如图 4.2 所示。

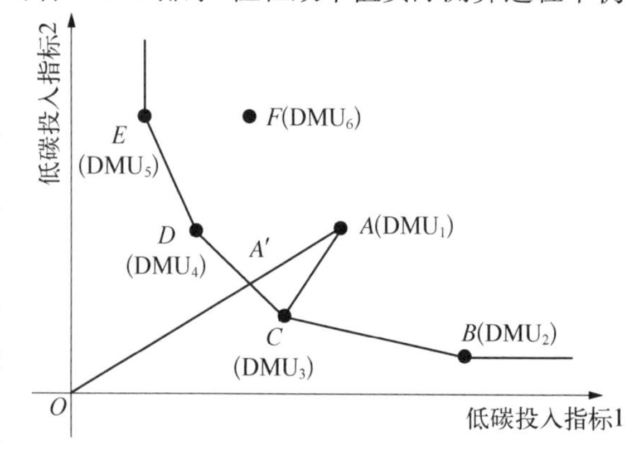

图 4.2　超效率 DEA 模型误差分析

图 4.2 中，6 项 DMU 分别表示 6 个待评估智能电网，在计算 DMU_1 的低碳技术效益时，DMU_2～DMU_5 共同构成了生产前沿面，而 DMU_6 为无效率项，处于生产前沿面包络线内部。此时，DMU_1 的

低碳技术效率 η_{DMU_1} 可表示为

$$\eta_{\mathrm{DMU}_1}=\frac{OA'}{OA} \tag{4.2}$$

式(4.2)是传统评估模型中径向效率的表达方式。值得注意的是，AA'表示 DMU_1的低碳技术无效率导致的过投入量，而$A'C$为低碳投入要素分配失调导致的非径向松弛变量，两者之和为 DMU_1的低碳技术无效率项 AC，即 $AC=AA'+A'C$，若将 DMU_1的低碳技术效率提高，可以消除测算过程中非期望产出误差的影响，准确评估低碳技术效率及生产效益。

$$\eta_{\mathrm{DMU}_1}=\frac{OA'}{OA'+AC} \tag{4.3}$$

非期望产出误差给技术效率评估带来了极大干扰，究其原因，在于低碳投入指标之间不可避免地存在耦合关系和信息冗余，而超效率 DEA 模型目标函数中的相对效率 θ 却是在基于信息对称情景下的优化计算，θ 的取值反映不出低碳电力生产投入量 x_j 的差异性，两者之间并不衔接，因此，解耦低碳投入指标相关性、改进低碳超效率 DEA 模型就显得尤为重要。

4.3　灰色聚类分析法

4.3.1　灰色系统理论简介

灰色系统理论是中国学者邓聚龙于 20 世纪 70 年代末 80 年代初提出的理论[7]。1982 年，邓聚龙教授在 *Systems & Control Letters* 杂志上发表了第一篇有关灰色系统的论文，论文标题为“The control problems of grey systems”，同年，他于《华中工学院学报》上发表了第一篇灰色系统的中文论文“灰色控制系统”。这两篇论文的发表，标志着灰色系统理论的诞生。灰色系统理论问世后，受到了国内外学术界的广泛关注，也有大量的学者投身于该领域的研究中。国内外先后针对灰色系统理论创办了多份学术刊物，如 *The Journal of Grey System*、*Grey Systems: Theory and Applications*，美国计算机学会会刊等国内外相关学术期刊则出版了灰色系统专辑。灰色系统理论在以创始人邓聚龙为首的众多学者的共同努力下，已经发展为一个成熟的理论体系，在预测、评估、决策、控制等领域均有相关的理论研究，并取得了良好的应用效果。

灰色系统理论的研究对象是灰色系统，其中“灰色”的概念包括“数据量少”和“信息不确定”，即研究的对象在经验、数据和信息方面存在缺失和不完备。与灰色系统相对应的有白色系统和黑色系统，前者具备确定的信息和完整的数据，后者则在信息和数据上处于完全未知的状态。灰色系统介于这两者之间，部分信息明确、部分信息不明确，存在不确定性。由于系统的灰色性，会导致在研究过程中，因信息不足而在研究事物的结构和事物间关系时存在灰色性，并且在认知上也会存在难以完全认知的灰色性。传统的系统研究针对的都是白色系统，在研究对象信息完全明确的情况下进行研究，而灰色系统理论则对信息不完全的灰色系统提出了一种研究的手段和方法。

下面对灰色系统的一些基本原理和概念进行介绍。

1. 灰色系统基本原理

1）默承认原理

默承认原理的内容为："若没有理由认为 $\mathfrak{D}$ 不成立，则默认 $\mathfrak{D}$ 成立"。默承认原理是基于灰色系统中少信息的特点，由于缺乏足够信息进行认定，因此做出承认。默承认具有不确定性，即默承认并不是完全的肯定，不同的命题在默承认的程度上也存在差异。此外，默承认是暂时的，当有足够信息支撑肯定或否定判断时，默承认就会转化为肯定或否定。

2）解的非唯一性原理

解的非唯一性原理为："若没有理由否认 y 为解，则默认为 y 解"、"求解途径不同，则默认解非唯一"。解的非唯一性原理表明，在信息不充足的情况下，难以求出真解 y^*，但可以求出接近真解的默认解，并通过不同的求解途径对接近性进行调整，达到逐步逼近的效果。可以在这些接近真解的默认解群中选取一个合适的作为白化解。

3）白化原理

白化原理为："若没有理由否认 λ 为真元，则在准则 L 下，默认 λ 为真元的代表"，表明在真元 λ^* 未出现的前提下，可以采用默认元 λ 作为真元的一个替代，而用默认元替代真元就是一个白化的过程，即用一个明确的量替代一个灰色对象，使之"变白"。用默认元进行白化也是暂时性的，当真元 λ^* 出现后，默认元 λ 的白化就失去意义了。

4）灰色不灭原理

灰色不灭原理为："人类认知为灰，信息不完全是绝对的"，即人类的认知处在不断发展过程中，信息的完全与认知的确定都只是相对的、暂时的。

5）最少信息原理

最少信息原理为："在没有其他更多信息可利用的情况下，则尽量充分利用现有信息"，即考虑到灰色系统信息不完全的特点，需要尽可能地利用最少量的现有信息。如"对称"、"均衡"、"直线"等概念都体现了最少信息原理。

2. 灰色系统基本概念

1）灰数

灰数是用于描述灰色系统的基本单元，其含义为在信息不完全的背景下，一个对象的取值。由于灰色性的影响，灰数一般不会是一个确定的值，通常会用一个区间来表示。

按照区间形式分类，灰数可分为仅有下界的灰数、仅有上界的灰数和区间灰数三类。仅有下界的灰数可记为 $\otimes\in[\underline{a},\infty)$，如太空中一个距离非常远的天体的质量，由于质量必定大于 0，故存在下界，而在具体的测量技术出现之前，该质量是难以确定的，因此是一个存在下界的灰数；仅有上界的灰数可记为 $\otimes\in(-\infty,\bar{a}]$；而区间灰数可记为 $\otimes\in[\underline{a},\bar{a}]$，如一个区域电网本年的电压稳定率必然处于[0, 1]内，但在一年运行完进行测算之前，是一个无法确定具体值的灰数。当 $\underline{a}=\bar{a}$ 时，为一个确定的值，即具有确定的信息，称为白数；当 $\otimes\in(-\infty,\infty)$，即区间的上下界都为无穷时，具有完全的不确定性，称为黑数。

对于灰数，可以根据白化原理，选择一个值作为灰数的默认数。该默认数称为灰数$\otimes$

的白化数，记作$\tilde{\otimes}$。$\tilde{\otimes}$作为灰数$\otimes$的白化数，在该灰数因获得完全信息而成为白数之前，可以是$\otimes$的一个替代。例如，某次考试的成绩$\otimes$，在真值$\otimes^*$公布之前，可以依据前几次同类型考试的成绩进行推测，推测值为$\tilde{\otimes}$，作为一个对灰数$\otimes$的估计和替代。

2）白化权函数

对于区间型灰数，区间内的任意一个值都能够被选作该灰数的白化数。白化权函数用于描述灰数与白化数之间的关系，一方面，可以表示灰数对于该白化数的确认程度；另一方面，表示白化数对灰数真值的接近程度。其关系如图4.3所示。

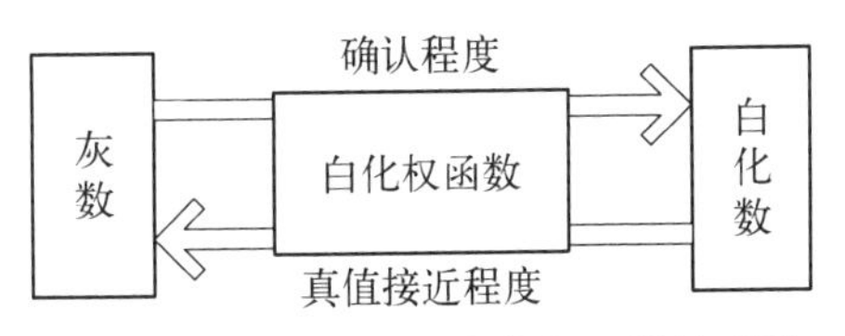

图4.3　灰数、白化数、白化权函数关系图

从图4.3可以看出，白化权函数在灰数和白化数的相互衡量上起到了桥梁的作用。白化权函数可在二维坐标轴上表示出来，其中横轴为灰数白化值$\tilde{\otimes}$的取值区间，纵轴表示灰数对白化数的确认程度f，函数曲线上每一点具有以下含义：白化数取为横轴坐标值时，该点的纵轴值即为灰数对该白化数的确认率。

一般典型的白化数具有以下三种形式。

（1）上类形态灰数，表明其值大于特定数值c，该类灰数的白化权函数如图4.4所示。

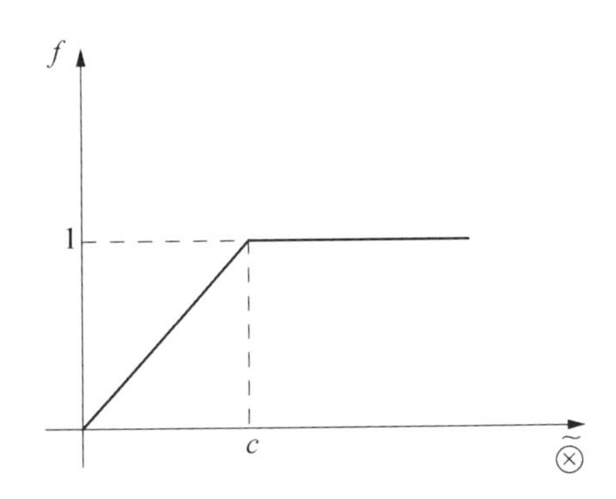

图4.4　上类形态灰数的白化权函数

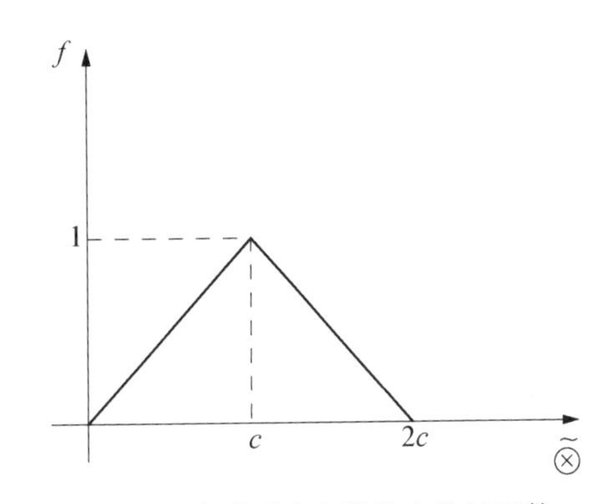

图4.5　中类形态灰数的白化权函数

（2）中类形态灰数，表明其值在特定数值c左右，该类灰数的白化权函数如图4.5所示。

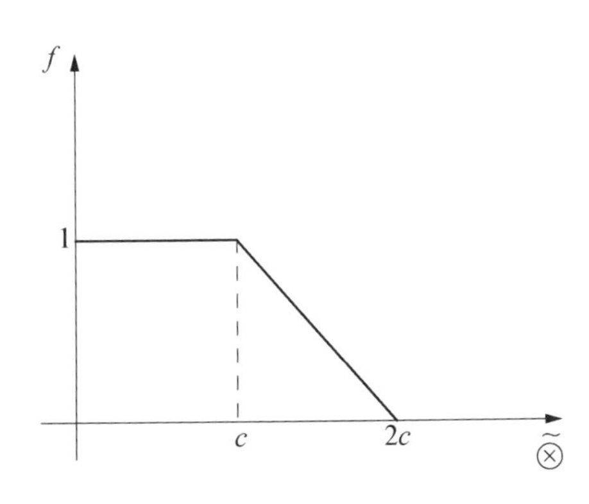

图4.6　末类形态灰数的白化权函数

（3）末类形态灰数，表明其值小于特定数值c，该类灰数的白化权函数如图4.6所示。

白化权函数的选取依据的是现有的少量信息，因此仅能保证在现有信息的基础上尽可能地准确刻画灰数与白化数之间的关系，同时依据最少信息原理，总具有较为简单的函数形式。

3）信息覆盖

令$\boldsymbol{D}(\theta)$为命题信息域，如果无理由否认$D_i(\theta)$是$\boldsymbol{D}(\theta)$的子域，则默认$D_i(\theta)$是$\boldsymbol{D}(\theta)$的子域，称$D_i(\theta)$为$\boldsymbol{D}(\theta)$的默认子域，记作

$$D_i(\theta)\,\mathrm{Apr}\,\boldsymbol{D}(\theta) \tag{4.4}$$

令 $D_i(\theta)$ 为 $\boldsymbol{D}(\theta)$ 的默认子域，若有

$$\bigcup_{i\in\mathbf{I}} D_i(\theta) \supseteq \boldsymbol{D}(\theta) \tag{4.5}$$

$$D(\theta)=\{D_i(\theta) \mid i\in\mathbf{I}\} \tag{4.6}$$

则称 $D(\theta)$ 为 $\boldsymbol{D}(\theta)$ 的信息覆盖，记为 $C_{\mathrm{V}}\boldsymbol{D}(\theta)$，其表达式为

$$\begin{aligned} C_{\mathrm{V}}\boldsymbol{D}(\theta)=\{D_i(\theta) \mid & \bigcup_{i\in\mathbf{I}} D_i(\theta) \\ &\equiv \boldsymbol{D}(\theta),\ D_i(\theta)\,\mathrm{Apr}\,\boldsymbol{D}(\theta),\ \forall i\in\mathbf{I}\} \end{aligned} \tag{4.7}$$

一个灰色对象的信息覆盖，实际上就是依据现有的信息，对其进行划分后所得子域的集合。例如，对于人这个对象，在没有足够的信息时，可以采用集合{婴儿，少年人，青年人，中年人，老年人}进行划分，作为人这个对象的信息覆盖。

4.3.2 灰色聚类分析法原理

灰色聚类方法是灰评估中的一个具体方法，应用灰色系统理论中的原理，在信息存在灰色性的前提下进行评价工作。

灰评估体系包括被评估单元集、评估指标集、评估灰类集，其中评估灰类是指针对被评估灰色对象定性上的划分，如{优，良，中，差}就是一个常见的灰类集选取方式。灰评估体系的定义如下：

记被评估单元为 i，$i\in\mathbf{I}=\{1,2,\cdots,w\}$；记评估指标为 j，$j\in\mathbf{J}=\{1,2,\cdots,m\}$；记评估灰类为 k，$k\in\mathbf{K}=\{1,2,\cdots,n\}$，且称 $k=1$ 为末灰类，即差、劣、低、少等，$k=n$ 为上灰类，如好、优、高、多等，其余为中灰类，且序号小者类别越低，则称

(1) $\mathbf{I}$ 为被评估单元集。

(2) $\mathbf{J}$ 为评估指标集。

(3) $\mathbf{K}$ 为评估灰类集。

(4) $\{\mathbf{I},\mathbf{J},\mathbf{K}\}$为灰类评估体系。

通过数据收集，获取每一个评价对象的具体指标值，建立评估样本矩阵 $\boldsymbol{D}$

$$\begin{aligned}\boldsymbol{D}&=(d_{ij})_{w\times m}\\ &=\begin{bmatrix} d_{11} & d_{12} & \cdots & d_{1m}\\ d_{21} & d_{22} & \cdots & d_{2m}\\ \vdots & \vdots & \ddots & \vdots\\ d_{w1} & d_{w2} & \cdots & d_{wm}\end{bmatrix}\end{aligned} \tag{4.8}$$

式中，d_{ij} 是第 i 个评价对象第 j 个评价指标的具体指标值，在灰色评价中也称为样本值。

灰评估的过程中除了评价对象和指标体系外，还需要设计合适的灰类划分。而最终灰色聚类方法不仅能够得出定量的评价结果，也能够对每一个评价对象所属何种灰类进行定性的判断。

灰类与灰数具有类似的概念，是一群具有类似特点的灰色对象所组成的类，其某个具体参数值由于信息的不确定和个体对象的差异性，只能给出一个区间范围，而无法用完全

确定的白数进行描述。而某个评价对象的具体指标值，即样本值则相当于一个白化数，因此灰类和样本值之间的关系与灰数和白化数的关系类似，由白化权函数作为桥梁。白化权函数可以反映出灰类对样本值的确定程度，也表示了样本值对灰类的符合程度，三者之间的关系如图 4.7 所示。

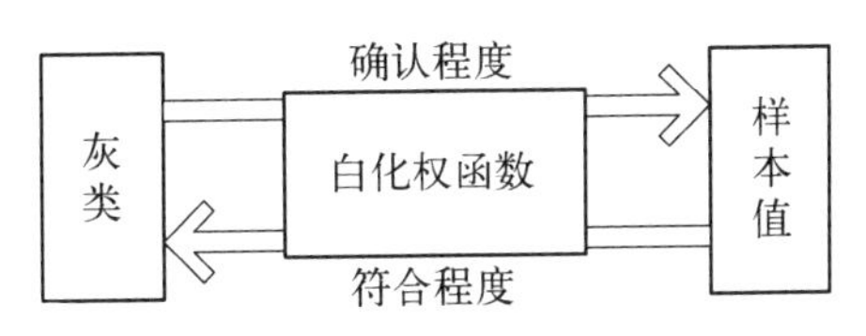

图 4.7　灰类、样本值、白化权函数关系图

需要对每一个灰类 k 下每一个评价指标 j 对应的白化权函数$f_j^k(\tilde{\otimes})$进行选取，则$f_j^k(d_{ij})$为第 i 个评价对象的第 j 个评价指标样本值对于灰类 k 的符合度。针对每一个灰类 k，可以列出样本值的符合度矩阵$\boldsymbol{F}^k$

$$\begin{aligned}\boldsymbol{F}^k &= (f_j^k(d_{ij}))_{w\times m}\\ &= \begin{bmatrix} f_1^k(d_{11}) & f_2^k(d_{12}) & \cdots & f_2^k(d_{1m}) \\ f_1^k(d_{21}) & f_2^k(d_{22}) & \cdots & f_2^k(d_{2m}) \\ \vdots & \vdots & \ddots & \vdots \\ f_1^k(d_{w1}) & f_2^k(d_{w2}) & \cdots & f_2^k(d_{wm}) \end{bmatrix}\end{aligned} \tag{4.9}$$

通过主观或客观方法，确定每一个指标的权重 $\eta_j^k(j=1, 2, \cdots, m)$，形成权重向量 $\boldsymbol{\eta}^k$：

$$\boldsymbol{\eta}^k = [\eta_1^k, \eta_2^k, \cdots, \eta_m^k]^{\mathrm{T}} \tag{4.10}$$

由符合度矩阵和权重向量可以求出评价对象在该灰类 k 下的灰色聚类评估值$\boldsymbol{\sigma}^k$：

$$\begin{aligned}\boldsymbol{\sigma}^k &= \boldsymbol{F}^k \cdot \boldsymbol{\eta}^k\\ &= \begin{bmatrix} f_1^k(d_{11}) & f_2^k(d_{12}) & \cdots & f_2^k(d_{1m}) \\ f_1^k(d_{21}) & f_2^k(d_{22}) & \cdots & f_2^k(d_{2m}) \\ \vdots & \vdots & \ddots & \vdots \\ f_1^k(d_{w1}) & f_2^k(d_{w2}) & \cdots & f_2^k(d_{wm}) \end{bmatrix} \cdot \begin{bmatrix} \eta_1^k \\ \eta_2^k \\ \vdots \\ \eta_m^k \end{bmatrix}\\ &= \begin{bmatrix} \sigma_1^k \\ \sigma_2^k \\ \vdots \\ \sigma_w^k \end{bmatrix}\end{aligned} \tag{4.11}$$

对每一个灰类 $k=1, 2, \cdots, n$ 进行聚类评估值的求取，可以合成灰色聚类评估值矩阵 $\boldsymbol{\sigma}$：

$$\begin{aligned}\boldsymbol{\sigma} &= (\sigma_i^k)_{w\times n}\\ &= \begin{bmatrix} \sigma_1^1 & \sigma_1^2 & \cdots & \sigma_1^n \\ \sigma_2^1 & \sigma_2^2 & \cdots & \sigma_2^n \\ \vdots & \vdots & \ddots & \vdots \\ \sigma_w^1 & \sigma_w^2 & \cdots & \sigma_w^n \end{bmatrix}\end{aligned} \tag{4.12}$$

式中，σ_i^k 为评价对象 i 在灰类 k 上的聚类评估值。

聚类评估值矩阵 $\boldsymbol{\sigma}$ 中的每一行是评价对象 i 的灰色聚类评估值向量$\boldsymbol{\sigma}_i$：

$$\boldsymbol{\sigma}_i=[\sigma_i^1,\ \sigma_i^2,\ \cdots,\ \sigma_i^n] \tag{4.13}$$

该向量表明了评价对象 i 在各个灰类上的灰色聚类评估值。根据白化原理，灰色聚类评估值越大，表明评价对象与该灰类的接近程度越高，因此可以选取灰色聚类评估值最大的对应灰类作为评价对象所属灰类。设 $\max\limits_{1\leqslant k\leqslant n}\{\sigma_i^k\}=\sigma_i^{k^*}$，则称对象 i 属于灰类 k^*。

灰色聚类评估值向量$\boldsymbol{\sigma}_i$中的最大值可以作为评价对象 i 归类的依据，而具体的聚类评估值也能作为量化评价的标准。

在利用灰色聚类评估向量 $\boldsymbol{\sigma}_i=[\sigma_i^1,\ \sigma_i^2,\ \cdots,\ \sigma_i^n]$ 进行灰类确定时，若向量中各元素数值上都非常接近，说明该对象在灰类的确定上存在较大的模糊性，定性分类的结果可靠性较低；反之，若各元素的差异很大，则定性结果具有较好的可靠性。基于该思路，可以采用差异信息熵对结果的可靠性进行分析。定义

$$I(\boldsymbol{\sigma}_i)=-\sum_{k=1}^{n}\sigma_i^k\ln\sigma_i^k \tag{4.14}$$

为灰色评估值向量 σ_i 的熵。

灰色评估值向量 $\boldsymbol{\sigma}_i$ 的熵 $I(\sigma_i)$ 满足以下特性：

(1) 非负性

$$I(\boldsymbol{\sigma}_i)\geqslant 0 \tag{4.15}$$

(2) 对称性。设

$$\boldsymbol{\sigma}_i=[\sigma_i^1,\ \sigma_i^2,\ \cdots,\ \sigma_i^{n-1},\ \sigma_i^n],\quad \boldsymbol{\sigma}'_i=[\sigma_i^n,\ \sigma_i^{n-1},\ \cdots,\ \sigma_i^2,\ \sigma_i^1]$$

则

$$I(\boldsymbol{\sigma}_i)=I(\boldsymbol{\sigma}'_i)$$

(3) 扩展性。设

$$\boldsymbol{\sigma}_i=[\sigma_i^1,\ \sigma_i^2,\ \cdots,\ \sigma_i^{k-1},\ \sigma_i^k,\ \cdots,\ \sigma_i^n],\ \boldsymbol{\sigma}'_i=[\sigma_i^1,\ \sigma_i^2,\ \cdots,\ \sigma_i^{k-1},\ 0,\ \sigma_i^k,\ \cdots,\ \sigma_i^n]$$

则

$$I(\boldsymbol{\sigma}_i)=I(\boldsymbol{\sigma}'_i)$$

(4) 极值性

$$I(\boldsymbol{\sigma}_i)\leqslant \ln n \tag{4.16}$$

由式(4.10)和式(4.11)可知，灰色评估值向量$\boldsymbol{\sigma}_i$的熵 $I(\boldsymbol{\sigma}_i)$的取值范围为

$$0\leqslant I(\boldsymbol{\sigma}_i)\leqslant \ln n \tag{4.17}$$

当 $I(\boldsymbol{\sigma}_i)$ 越接近 0 时，定性评价的结果越可靠；等于 0 时具有最大的可靠性；反之，越接近 $\ln n$，结果越不可靠；等于 $\ln n$ 时定性结果呈现最大的灰色性。

在具体衡量定性评价结果的可靠程度时，引入 Theil 不均衡指数：

$$T = \ln n - I\sigma_i \tag{4.18}$$

一般当 Theil 不均衡指数大于 5%时，就表示具有较大的不均衡性，即表明评价结果较为可靠。

4.3.3　不同白化权函数及其特点

在灰色聚类评价方法中，白化权函数决定了灰类与样本值之间的相互映射关系，在具体的量化过程中具有重要的作用。因此，合理地对白化权函数进行设计是非常重要的。

由于灰色聚类评价方法是针对贫信息的对象进行评价工作，在设计白化权函数时，一般依据最少信息原则，导致白化权函数的形式都较为简洁。下面介绍一种常用的白化权函数设计方法，并根据其劣势给出改进思路，提出一种具有更好量化性能的白化权函数形式。

1. 三角白化权函数

文献[1]提出了一种基于三角白化权函数的灰评估方法，在评价过程中，采用三角形的白化权函数形式。设共划分灰类数为 n，根据已有信息确定这些灰类的默认白化数 λ_k，认为本灰类 k 对该值 λ_k 的灰色确认度最大，这些默认白化数即为三角白化权函数的中心点。设中心点序列为 λ_0，λ_1，λ_2，…，λ_n，λ_{n+1}，分别连接点 $(\lambda_k, 0)$，$(\lambda_{k-1}, 1)$，$(\lambda_{k+1}, 0)$，得到指标 j 关于灰类 k 的三角白化权函数 $f_j^k(x)$。若将所有灰类的白化权函数绘于一张图上，则三角白化权函数的形式如图 4.8 所示。

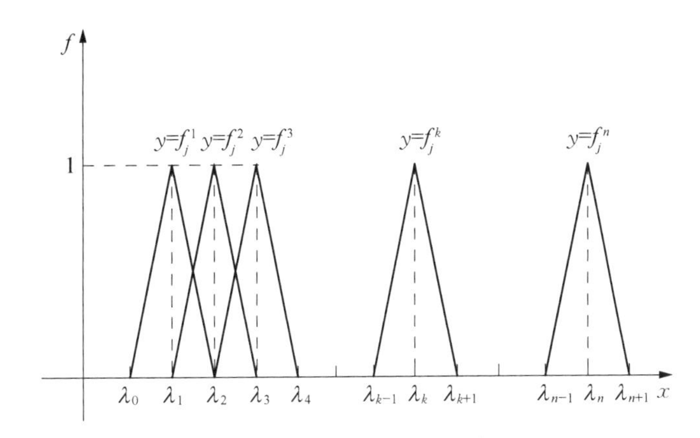

图 4.8　三角白化权函数示意图

对于指标 j，其关于灰类 k 的白化权函数表达式为

$$f_j^k(x) = \begin{cases} 0, & x \notin [\lambda_{k-1}, \lambda_{k+1}] \\ \dfrac{x - \lambda_{k-1}}{\lambda_k - \lambda_{k-1}}, & x \in (\lambda_{k-1}, \lambda_k] \\ \dfrac{\lambda_{k+1} - x}{\lambda_{k+1} - \lambda_k}, & x \in (\lambda_k, \lambda_{k+1}] \end{cases} \tag{4.19}$$

以划分为三个灰类为例，若假设指标值的变化区间为[0, 1]，即 $\lambda_0 = 0$，$\lambda_{n+1} = 1$，则三角白化权函数的形式如图 4.9 所示。

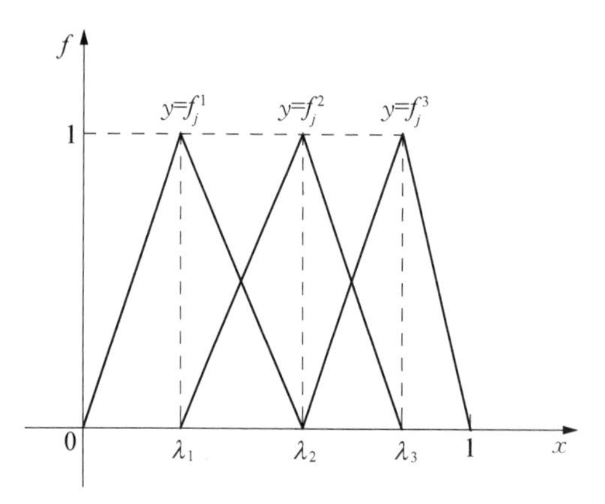

图 4.9 三角白化权函数示意图(灰类总数为 3)

由图 4.9 可知,白化权函数采用三角形的形式有以下优点。

(1) 符合最少信息原则,每个灰类仅选取一个中心点,信息量少。采用三角形,从几何外观到函数形式上都具有简洁性。

(2) 将默认白化数所代表的中心点作为确认度最大的点,若中心点的选择符合实际情况,则最终的定性分类结果具有较高的可靠性。

此外,该形式的三角白化权函数满足规范性,并且不存在多重交叉的情况,因此在灰色聚类评价中获得了广泛的应用。

但是,该形式的白化权函数在定量评价上存在缺陷,主要体现在上灰类和末灰类上。对于上灰类和末灰类,白化权函数应该能够体现出样本值对灰类的符合程度,以上灰类为例,样本值越大,说明越优,则对上灰类的符合程度应该越大,同时具有更高的评价值。但在三角白化权函数中,当样本值大于中心点后,f 与 x 呈负关系,违背了上述原则,导致更优的指标值反而获得较低的评价值的情况,影响了定量评价的性能。

因此,针对这个问题,需要对白化权函数的形式进行改进。

2. 改进型白化权函数

为优化灰色聚类评价方法的定量评价能力,需要对白化权函数的形式进行一定的改进,改进过程中需要符合以下几点原则。

(1) 优化定量评价能力。以上灰类的白化权函数形式为例,应该保证函数值 f 与样本值 x 呈正相关,保证定量评价结果的正确性。

(2) 维持定性评价效果。考虑到灰色聚类评价方法的结果中有一部分是确定所属灰类的定性评价,在改进白化权函数时不能对定性的评价结果产生过大的影响。

(3) 满足最少信息原则。在改进的过程中尽可能不增加过多的额外所需信息,保证当评价对象信息灰色度较大时仍然有较好的评价结果。

基于以上三点原则,以三角白化权函数的形式作为出发点,保留其部分特性,主要针对上灰类、末灰类的函数形式进行调整。设所选取的上灰类与末灰类默认白化数分别为 λ_n、λ_1,且已知样本值的区间为[0, 1],则上灰类的白化权函数的形式如图 4.10 所示。

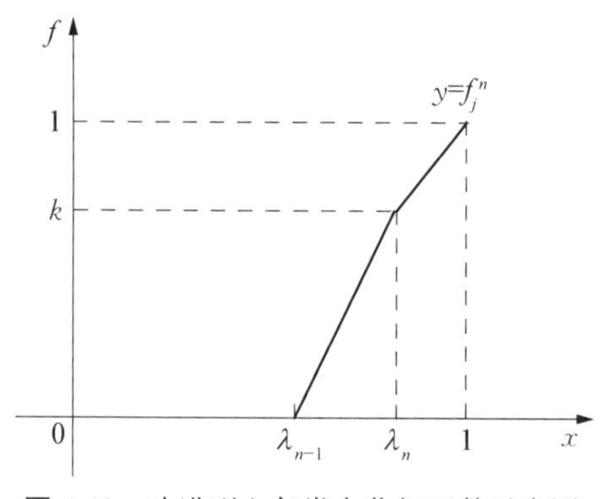

图 4.10 改进型上灰类白化权函数示意图

上灰类的白化权函数采用分段折线形式,具有以下特点。

(1) 定量评价方面,白化权函数的 f 随 x 单调递增,保证了较高的样本值能够有更高的评价值,满足了定量评价的要求。

(2) 定性评价方面,通过将灰类的默认白化数所对应的函数值固定为 k,保证样本值在默认白化数取值附近时,能够有较高的灰类符合度,从而确保定性效果不会由于整体单调递增的特性而受到较大的影响。定义 k 为灰类的默认白化数确认率，一般为了保证定性的效果，k 的取值范围为 $k \in [0.5, 1]$。

(3) 满足最少信息原则方面，改进后的上灰类白化权函数虽然在几何上变为折线，形式变得复杂，但函数的确定只依靠本灰类和相邻灰类的默认白化数，没有引入新的需求信息量，因此依然满足最少信息原则。

上灰类白化权函数的表达式为

$$f_j^k(x)=\begin{cases}0, & x<\lambda_{n-1}\\ \dfrac{k(x-\lambda_{n-1})}{\lambda_n-\lambda_{n-1}}, & \lambda_{n-1}\leqslant x\leqslant\lambda_n\\ \dfrac{(1-k)x+k-\lambda_n}{1-\lambda_n}, & \lambda_n<x\leqslant 0\end{cases} \tag{4.20}$$

该函数采用分段折线的形式，$x\in[\lambda_{n-1}, \lambda_n]$ 段确保了灰类符合度能够尽快上升至一定值，从而一定程度上满足了定性要求，$x\in[\lambda_n, 1]$ 段继续保持递增性质，保证了定量评价的正确性要求。其中，灰类的默认白化数确认率 k 起到了定性和定量间权衡的作用，其对评价结果的影响将在第5章算例中进行分析。

与上灰类白化权函数相类似，末灰类白化权函数形式如图4.11所示。

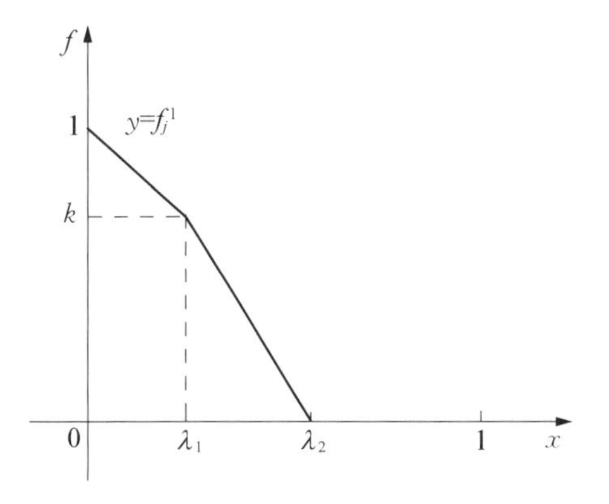

图 4.11 改进型末灰类白化权函数示意图

末灰类白化权函数的表达式为

$$f_j^k(x)=\begin{cases}0, & x>\lambda_2\\ \dfrac{k(x-\lambda_2)}{\lambda_1-\lambda_2}, & \lambda_1<x\leqslant\lambda_2\\ \dfrac{(k-1)x+\lambda_1}{\lambda_1}, & 0\leqslant x\leqslant\lambda_1\end{cases} \tag{4.21}$$

需要指出的是，由于末灰类代表的是最劣的分类，因此样本对该灰类的符合度越高，说明该样本的表现情况越差。

中灰类白化权函数的设计依照白化权函数的规范性，即

$$\sum_{k=1}^{n} f_j^k(x)=1,\ \forall x\in\otimes \tag{4.22}$$

以灰类总数为3的情况为例，{灰类1，灰类2，灰类3}分别为末灰类、中灰类、上灰类，中灰类的白化权函数形式如图4.12所示。

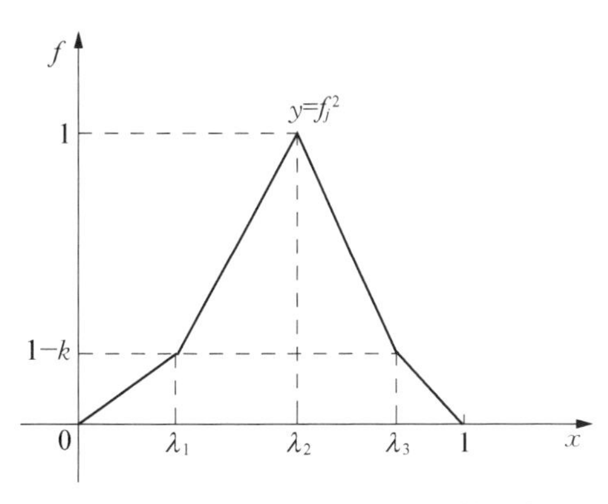

图 4.12 改进型中灰类白化权函数示意图（灰类总数为3）

可以看出，中灰类的白化权函数与上灰类、

末灰类白化权函数形成互补，从而满足规范性，同时，在默认白化数处的函数值最大，保证了定性准确性。

灰类总数为 3 时，中灰类白化权函数的表达式为

$$f_j^k(x)=\begin{cases}\dfrac{(1-k)x}{\lambda_1}, & 0\leqslant x<\lambda_1\\ \dfrac{-kx+(k-1)\lambda_2+\lambda_1}{\lambda_1-\lambda_2}, & \lambda_1\leqslant x<\lambda_2\\ \dfrac{-kx+(k-1)\lambda_2+\lambda_3}{\lambda_1-\lambda_3}, & \lambda_2\leqslant x<\lambda_3\\ \dfrac{(1-k)(x-1)}{\lambda_3-1}, & \lambda_3\leqslant x\leqslant 1\end{cases}\tag{4.23}$$

当灰类总数为 3 时，将三个灰类的白化权函数绘于一张图上，如图 4.13 所示。

当灰类总数大于 3 时，保证与上灰类、末灰类相邻的中灰类满足互补性，其余的中灰类可以参照三角白化权函数的方式进行设计。例如，灰类总数为 5 时，白化权函数的形式如图 4.14 所示，能够看出灰类 3 的白化权函数即为三角形。

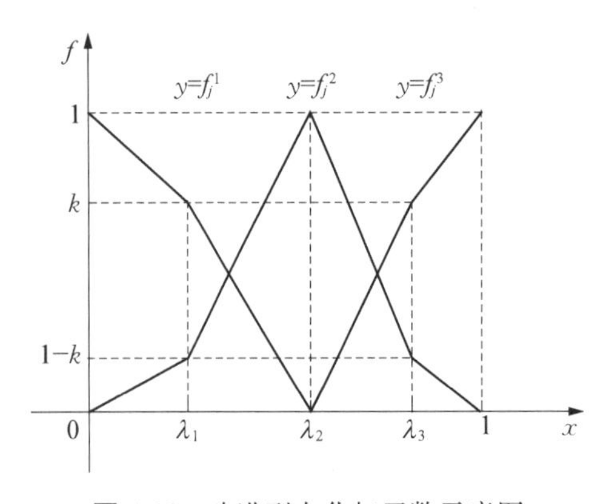

图 4.13 改进型白化权函数示意图（灰类总数为 3）

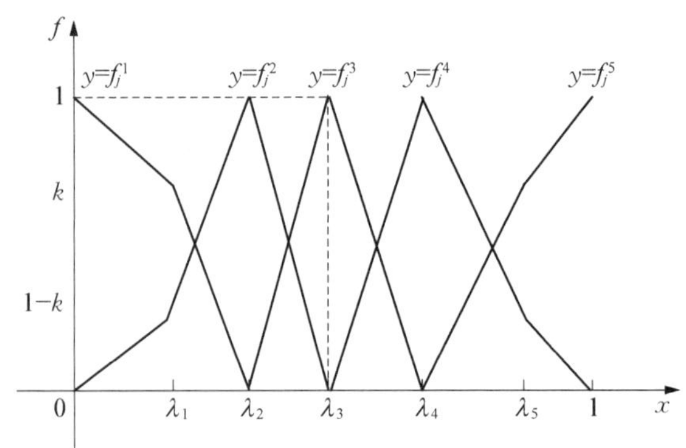

图 4.14 改进型白化权函数示意图（灰类总数为 5）

改进型的白化权函数在满足最少信息原则的前提下，提高了定量评价能力，同时保留了三角白化权函数定性的特点，具有较好的评价特点。

4.4 随机前沿生产函数法

基于随机前沿的研究广泛应用于电力工业及其他领域中关于技术发展的评价研究。考虑到生产者行为的实际观测会受到随机因素的扰动，同时个别生产者与最优生产效率的差距也会面临着生产中各种随机因素的影响。于是，Aigner Lovell 等学者在确定性的生产函数模型的基础上引入了随机扰动项，并提出了随机前沿的生产函数方法。基本数学模型可以表示为

$$y_{it}=f(x_{it})\exp(v_{it}-u_{it}) \tag{4.24}$$

式中，y_{it}表示生产系统i在t时刻的经济产出；x_{it}表示生产系统i在t时刻的生产投入要素；$f(x_{it})$表示生产技术前沿的生产函数；v_{it}表示观测误差及其他因素带来的随机扰动；u_{it}表示非负变量，并以其指数的形式$\exp(u_{it})$表示技术非效率。

一般意义上的随机前沿生产函数模型的基本含义，可以理解为某些生产系统无法达到生产函数的技术前沿，这是因为它们受到随机扰动和技术非效率两种因素的作用影响。尽管此两类因素均为不可观测的，但如果认为随机扰动因素可看成一个白噪声，多次的观测均值恒为零，那么生产系统的技术效率可以定义为生产系统的期望产出与随机前沿的期望之比。其数学表达式为

$$r=\frac{E[f(x)\exp(v-u)]}{E[f(x)\exp(v-u)\mid u=0]}=\exp(-u) \tag{4.25}$$

具有随机前沿特性的C-D生产函数的对数形式，数学上可表述为

$$\ln y_{it}=A_0+\alpha_{it}\ln k_{it}+\beta_{it}\ln l_{it}+v_{it}-u_{it} \tag{4.26}$$

$$v_{it}\sim N(0,\ \sigma_v^2) \tag{4.27}$$

$$u_{it}\sim N^+(\mu_{it},\ \sigma_{it}^2) \tag{4.28}$$

式中，y_{it}为第i个智能电网在t时期的实际产出；A_0为智能电网的技术进步项；k_{it}和l_{it}分别为第i个智能电网在t时期的资本投入量与劳动人数；v_{it}为第i个智能电网在t时期的随机误差；u_{it}为第i个智能电网在t时期的技术非效率项；α_{it}及β_{it}为弹性产出系数；$N(\cdot)$为正态分布函数；σ_v为$N(\cdot)$的标准差；$N^+(\cdot)$为非负的半正态分布函数；μ_{it}为$N^+(\cdot)$的均值；σ_{it}为$N^+(\cdot)$的标准差。

参考文献

[1] 李德毅，刘常昱，杜鹢，等.不确定性人工智能[J].软件学报，2004，15(11)：1583-1594.
[2] 李德毅，刘常昱.论正态云模型的普适性[J].中国工程科学，2004，6(8)：28-34.
[3] 李德毅，杜鹢.不确定性人工智能[M].北京：国防工业出版社，2005.
[4] 李德毅.知识表示中的不确定性[J].中国工程科学，2000，2(10)：73-79.
[5] 叶琼，李绍稳，张友华，等.云模型及应用综述[J].计算机工程与设计，2011，32(12)：4198-4201.
[6] 孙立成，周德群，李群，等.基于非径向超效率DEA聚类模型的FEEEP系统协调发展[J].系统工程理论与实践，2009，29(7)：139-146.
[7] 邓聚龙.灰理论基础[M].武汉：华中科技大学出版社，2002.

第 5 章

规划理论与方法的扩展

5.1 大规模数学规划的计算问题

对于复杂问题，尤其是含有多重不确定性的系统，经典的优化方法通常无法有效求解。随着计算机技术的飞速发展，智能计算技术不断出现并且已经得到了广泛的应用，包括用于求解不确定规划，使得许多复杂的优化问题已经能够通过计算机求解。目前有很多智能算法在求解优化问题时得到了广泛应用，为了解决更复杂的优化问题，可以将这些智能算法有机地结合起来，从而形成更有效、更强大的混合智能算法。为了求解各种各样的不确定规划模型，可以设计一系列的混合智能算法[1~3]。

5.1.1 模拟技术与智能算法

1. 模拟技术

求解不确定规划模型的一个关键是计算不确定函数的值。然而，在很多情况下，要得到不确定函数的精确值是非常困难甚至不可能的，因此，利用模拟得到这些值的估计值是很有必要的。模拟技术主要包括随机模拟、模糊模拟、随机模糊模拟和模糊随机模拟。以对期望值的模拟为例，简要介绍这几种模拟方法是如何应用的。

1) 随机模拟

随机模拟(也称为 Monte Carlo 模拟)是随机系统建模中刻画抽样试验的技术，它主要依据概率分布对随机变量进行抽样，虽然模拟技术只给出统计估计而非精确结果，且应用其研究问题需花费大量的计算时间，但对那些无法得到解析结果的复杂问题来说，这种手段可能是唯一有效的工具。

设 ξ 为定义在概率空间(Ω, A, Pr)上的 n 维随机向量，f：$\mathbf{R}^n \rightarrow \mathbf{R}$ 为可测函数，则 $f(\xi)$ 为随机变量。对期望值 $E[f(\xi)]$ 的随机模拟步骤如下。

(1) 置 $L=0$。

(2) 根据概率测度 Pr，从 Ω 中产生样本 ω。

(3) $L \leftarrow L + f(\xi(\omega))$。

(4) 重复(2)~(3)共 N 次。

(5) $E[f(\boldsymbol{\xi})] = L/N$。

2) 模糊模拟

设 $f: \mathbf{R}^n \to \mathbf{R}$ 是一个实值函数，$\boldsymbol{\xi}$ 是可能性空间$(\Theta, P(\Theta), \mathrm{Pos})$上的模糊向量。对 $E[f(\boldsymbol{\xi})]$ 的模糊模拟步骤如下。

(1) 置 $e=0$。

(2) 从 Θ 中均匀产生 θ_k，使得 $\mathrm{Pos}\{\theta_k\} \geqslant \varepsilon$，令 $v_k = \mathrm{Pos}\{\theta_k\}$，$k=1, 2, \cdots, N$，其中 ε 是充分小的正数，N 是充分大的数。

(3) 置 $a = f(\boldsymbol{\xi}(\theta_1)) \wedge \cdots \wedge f(\boldsymbol{\xi}(\theta_N))$，$b = f(\boldsymbol{\xi}(\theta_1)) \vee \cdots \vee f(\boldsymbol{\xi}(\theta_N))$。

(4) 从$[a, b]$中均匀产生 r。

(5) 若 $r \geqslant 0$，则 $e \leftarrow e + \mathrm{Cr}\{f(\boldsymbol{\xi}) \geqslant r\}$，其中

$$\begin{aligned}\mathrm{Cr}\{f(\boldsymbol{\xi}) \geqslant r\} = \frac{1}{2}\Big(&\max_{1\leqslant k\leqslant N}\{v_k \mid f(\boldsymbol{\xi}(\theta_k)) \geqslant r\} \\ &+ \min_{1\leqslant k\leqslant N}\{1 - v_k \mid f(\boldsymbol{\xi}(\theta_k)) < r\}\Big)\end{aligned} \tag{5.1}$$

(6) 若 $r \leqslant 0$，则 $e \leftarrow e - \mathrm{Cr}\{f(\boldsymbol{\xi}) \leqslant r\}$，其中

$$\begin{aligned}\mathrm{Cr}\{f(\boldsymbol{\xi}) \leqslant r\} = \frac{1}{2}\Big(&\max_{1\leqslant k\leqslant N}\{v_k \mid f(\boldsymbol{\xi}(\theta_k)) \leqslant r\} \\ &+ \min_{1\leqslant k\leqslant N}\{1 - v_k \mid f(\boldsymbol{\xi}(\theta_k)) > r\}\Big)\end{aligned} \tag{5.2}$$

(7) 重复(4)~(6)共 N 次。

(8) $E[f(\boldsymbol{\xi})] = a \vee 0 + b \wedge 0 + e \cdot (b-a)/N$。

3) 模糊随机模拟

设 $f: \mathbf{R}^n \to \mathbf{R}$ 是可测函数，$\boldsymbol{\xi}$ 是定义在$(\Omega, \mathrm{A}, \mathrm{Pr})$上的模糊随机向量。对 $E[f(\xi)]$ 的模糊随机模拟步骤如下：

(1) 置 $e=0$。

(2) 根据概率分布 Pr，从样本空间 Ω 中随机抽取样本 ω。

(3) $e \leftarrow e + E[f(\boldsymbol{\xi}(\omega))]$，其中 $E[f(\boldsymbol{\xi})]$ 可以通过模糊模拟得到。

(4) 重复(2)~(3)共 N 次。

(5) $E[f(\boldsymbol{\xi})] = e/N$。

4) 随机模糊模拟

设 $f: \mathbf{R}^n \to \mathbf{R}$ 是一个可测函数，$\boldsymbol{\xi}$ 是可能性空间$(\Theta, P(\Theta), \mathrm{Pos})$上的随机模糊向量。对 $E[f(\boldsymbol{\xi})]$ 的随机模糊模拟步骤如下：

(1) 置 $E=0$。

(2) 从 Θ 中抽取满足 $\mathrm{Pos}\{\theta_k\} \geqslant \varepsilon$ 的 θ_k，$k=1, 2, \cdots, N$，其中 ε 是充分小的正数，N 是充分大的数。

(3) 置 $a = \min\limits_{1\leqslant k\leqslant N} E[f(\boldsymbol{\xi}(\theta_k))]$，$b = \max\limits_{1\leqslant k\leqslant N} E[f(\boldsymbol{\xi}(\theta_k))]$，其中 $E[f(\boldsymbol{\xi}(\theta_k))]$ 通过随

机模拟得到其估计值。

(4) 从区间$[a, b]$中均匀产生 r。

(5) 若 $r \geqslant 0$,则 $E \leftarrow E + \mathrm{Cr}\{\theta \in \Theta \mid E[f(\boldsymbol{\xi}(\theta))] \geqslant r\}$,其中

$$\mathrm{Cr}\{\theta \in \Theta \mid E[f(\boldsymbol{\xi}(\theta))] \geqslant r\} \approx$$
$$\frac{1}{2}\left(\max_{1 \leqslant k \leqslant N}\{v_k \mid E[f(\boldsymbol{\xi}(\theta_k))] \geqslant r\} + \min_{1 \leqslant k \leqslant N}\{1 - v_k \mid E[f(\boldsymbol{\xi}(\theta_k))] < r\}\right) \quad (5.3)$$

(6) 若 $r < 0$,则 $E \leftarrow E - \mathrm{Cr}\{\theta \in \Theta \mid E[f(\boldsymbol{\xi}(\theta))] \leqslant r\}$,其中

$$\mathrm{Cr}\{\theta \in \Theta \mid E[f(\boldsymbol{\xi}(\theta))] \leqslant r\} \approx$$
$$\frac{1}{2}\left(\max_{1 \leqslant k \leqslant N}\{v_k \mid E[f(\boldsymbol{\xi}(\theta_k))] \leqslant r\} + \min_{1 \leqslant k \leqslant N}\{1 - v_k \mid E[f(\boldsymbol{\xi}(\theta_k))] > r\}\right) \quad (5.4)$$

(7) 重复(4)～(6)共 N 次。

(8) $E[f(\boldsymbol{\xi})] = a \vee 0 + b \wedge 0 + E \cdot (b - a)/N$。

2. 遗传算法

遗传算法是一种通过模拟自然进化过程搜索最优解的方法。过去几十年中,在解决复杂的全局优化问题方面,遗传算法得到了成功的应用,并受到了人们的广泛关注。遗传算法类似于自然进化,通过作用于染色体(chromosome)上的基因寻找好的染色体来求解问题。与自然界相似,遗传算法对求解问题本身一无所知,它所需要的仅是对算法所产生的每个染色体进行评价,并基于适应值来选择染色体,使适应性好的染色体有更多的繁殖机会。在遗传算法中,通过随机方式产生若干个所求解问题的数字编码,即染色体,形成初始群体;通过适应度函数给每个个体一个数值评价,淘汰适应度低的个体,选择适应度高的个体进行遗传操作,经过遗传操作后的个体形成下一代新的种群,对这个新种群进行下一轮进化。

遗传算法是一个迭代过程,在每次迭代中都保留一组候选解,按其优劣排序,并按某种指标从中选出一些解,利用遗传算子对其进行运算,即繁殖、交叉、变异,产生新一代的一组候选解,重复此过程直至满足某种收敛指标。

遗传算法中需要注意的参数有:个体数(POP_SIZE)、迭代次数(GEN)、选择交叉操作的概率(P_c)、选择变异操作的概率(P_m)。

遗传算法的基本流程如下。

(1) 初始产生 POP_SIZE 个染色体。

(2) 对染色体进行交叉和变异操作。

(3) 计算所有染色体的函数值。

(4) 根据目标函数值,计算每个染色体的适应度。

(5) 通过旋转赌轮,选择染色体。

(6) 重复(2)～(5)直至满足终止条件。

(7) 适应度最优的染色体作为问题满意解或最优解。

3. 神经元网络

神经元网络是基于生物学的神经元网络的基本原理而建立的。它是由许多称为神经元的简单处理单元组成的一类适应系统,而所有的神经元通过前向或回馈的方式相互关

联、相互作用，虽然神经元网络模型可以类似人脑一样进行工作，但实际上它和生物学中的神经元网络还有着很大的差距。如今人们对神经元网络的研究日趋成熟，并且构造出了各种各样的神经元网络，如多层前向神经元网络、放射函数网络、Kohonen 自组织特征图、适应理论网络、Hopfield 网络、双向辅助存储网络、计数传播网络及认知与新认知网络。

神经元网络的一个重要功能就是具有对运作机制的学习能力，这种能力不仅表现在对精确样本的学习上，而且对那些可能不完全或是有噪声的新数据，神经元网络还可以起到校正的作用[4]。在求解不确定模型时，可以利用神经网络逼近不确定函数从而能够提高求解不确定规划模型的速度。

5.1.2 不确定规划模型的求解算法

在第 3 章中介绍了不确定规划的期望值模型、机会约束规划和相关机会规划三类不确定规划的建模机理，本节结合不确定性的不同类型，利用模拟技术，针对不同种类不确定规划问题求解的实用混合智能算法进行简要介绍[5]。

针对含有随机变量、模糊变量、随机模糊变量、模糊随机变量的不确定规划的期望值模型、机会约束规划和相关机会规划，将模拟技术、神经网络和遗传算法结合，形成求解不确定规划的混合智能算法，步骤如下。

(1) 通过模拟技术为不确定函数产生输入输出数据(即训练样本)。

(2) 根据产生的输入输出数据训练一个神经网络逼近不确定函数。

(3) 初始产生 POP_SIZE 个染色体，并用训练好的神经网络检验染色体的可行性。

(4) 通过交叉和变异操作更新染色体，并利用训练好的神经网络检验子代染色体的可行性。

(5) 通过神经网络计算所有染色体的目标值。

(6) 根据目标值计算每个染色体的适应度。

(7) 通过旋转赌轮选择染色体。

(8) 重复(4)～(7)，直至完成给定的循环次数。

(9) 找出最好的染色体作为最优解。

针对不同的不确定规划模型，采用的模拟方法不同，模型对应的不确定函数的形式不同。例如，针对随机期望值模型采用随机模拟为模型对应的不确定函数产生输入输出数据；针对随机模糊期望值模型采用随机模糊模拟为模型对应的不确定函数产生输入输出数据。

5.1.3 不确定规划建模和算法问题的分析

从不确定规划的建模机理方面来说，除了三大类不确定规划——期望值模型、机会约束规划和相关机会规划之外，还可以提出其他模型。从不确定规划模型的数学性质研究方面来说，灵敏度分析、上下界估计、对偶定理、最优性条件及各种确定或清晰的等价形式都值得深入研究。从求解算法方面来说，需要设计更有效的算法。本章中提到的混合智能算法对于小规模的不确定规划问题是有效的，但是为了适应求解更大规模的不确定规划问题，需要在算法设计上进一步改善或进行新的尝试。例如，结合模型的数学性质设计特殊的算法；设计联合各种启发式算法的新型混合智能算法。

在实际应用方面，随机优化中要求的不确定参数的概率分布已知条件在很多场合下很难满足，而模糊优化是软约束规划，难免造成约束条件之间的冲突。随机优化和模糊优化自身所固有的缺陷也阻碍了其更加广泛的应用。越来越多的行业对于优化问题的需求促进了更加贴切和适用的不确定优化理论的研究。

5.2 鲁棒优化理论产生背景

5.2.1 不确定规划与鲁棒优化

在传统优化中，优化模型一般是确定的，然而，实际中的系统却有着许多不确定的因素[6]。由这些因素造成的不确定表现形式是多种多样的，如随机性、模糊性、粗糙性、模糊随机性以及其他的多重不确定性。这些不确定因素可能对优化模型的结构和参数产生影响，从而使得优化模型的最优解不再满足约束条件，同样，优化模型的最优目标值也就不存在了。因此，建立和完善统一的不确定环境下的优化理论与方法具有广阔的应用前景。

实际上，研究人员对优化结果进行分析时，已经考虑了一些不确定性的问题。这种优化结果分析称为灵敏度分析[7]。灵敏度分析的目的是研究经过优化计算得到的过程系统是否能够持续、稳定地用于实际。通常，将外界的输入条件发生一定程度的扰动，而系统的输出及性能指标变化不大的系统称为低灵敏度系统或柔性系统；反之，称为高灵敏度系统或硬性系统。但不确定系统的优化和灵敏度分析不同，它强调的是在优化开始时就考虑模型的不确定性，通过优化的方法，使优化的结果达到对不确定因素不敏感及性能指标最优的统一。

传统的不确定优化问题将人们决策时经常碰到的不确定性现象分为两类：一类是随机现象；另一类是模糊现象。描述、刻画随机现象的量称为随机变量，而描述、刻画模糊现象的量称为模糊集。含有随机和模糊参数的优化问题分别称为随机优化问题(stochastic optimization problem，SOP)和模糊优化(fuzzy optimization)。随机规划[8]采用随机变量描述不确定性，随机变量的概率分布函数主要通过对实测数据进行统计分析后拟合获得，但往往与实际情况存在一定的差距。对随机因素进行采样，即产生场景的方法简单易行，但是样本数量大小和不确定性刻画的准确程度之间存在矛盾的问题，也就是合理削减场景的问题。模糊规划[8]则采用模糊变量描述不确定性，用模糊集合表示约束条件，并将约束条件的满足程度定义为隶属度函数。在现实的决策环境中，通过有限的数据样本以及决策者个人经验来确定不确定性的概率分布函数或模糊隶属度函数往往带有较大误差或主观随意性，而获得不确定参量的变化范围则相对容易。因此，鲁棒优化[9]采用集合描述不确定性，该集合称为不确定集合。鲁棒优化的最优解对不确定集合内的任意元素都保证约束可行性。可见，鲁棒优化是一种在不确定环境下能够兼顾安全性和经济性的决策工具。鲁棒优化与其他不确定优化方法(随机优化、模糊优化等)具有以下区别。

(1) 鲁棒优化强调的是“硬约束”，寻求一个对于不确定输入参数的所有实现都能有良好性能的解，鲁棒最优解对任何不确定参数都必须是可行的，而其他不确定优化问题并没有这个要求。

(2) 鲁棒优化的建模思想与其他优化方法不同，它是以最坏情况下的优化为基础，这代表了一个保守的观点。鲁棒优化得出的优化方案并不是最优的，但是，当参数在给定的集合内发生变化时，仍能确保优化方案是可行的，使模型具有一定的鲁棒性，即优化方案对参数扰动不敏感。

(3) 鲁棒优化对于不确定参数没有分布假定，只是给出不确定参数集，不确定参数集合内的所有值都同等重要。

每一种理论都有其生存的土壤，鲁棒优化理论也不例外。与其他不确定优化问题的处理方法不同的是，它更加适用于如下几种情况。

(1) 不确定优化问题的参数需要估计，但是有估计风险。

(2) 优化模型中不确定参数的任何实现都要满足约束函数。

(3) 目标函数或者最优解对优化模型的参数扰动非常敏感。

(4) 决策者无法承担因为低概率事件发生所带来的巨大风险。

为建立不确定优化问题的鲁棒优化模型，首先要从优化的角度对实际问题进行深入的分析，确定问题的优化目标、决策变量、变量维数，找到各变量间的关系以确定问题的约束条件。同时，对问题中的变量判定其是否具有不确定性是不确定优化问题分析中所特有的，如果有不确定参数，要给出其变化范围。这样，在确定优化问题的目标函数、约束函数、决策变量及不确定参数的数学表达后，综合起来即为问题的鲁棒优化模型。下面给出含不确定参数的优化模型的一般形式：

$$\begin{aligned} \min \quad & f(x,\xi) \\ \text{s.t} \quad & g_i(x,\xi) \leqslant 0, \quad i=1,\cdots,m \\ & x \in \mathbf{X} \end{aligned} \tag{5.5}$$

式中，x 为决策变量；ξ 代表不确定的参数，且 $\xi \in \mathbf{U}$（$\mathbf{U}$ 为一个有界的闭凸集合）；f 与 g 为凸函数；$\mathbf{X}$ 可以为一个非凸集合。

上述优化模型的鲁棒对应[9]（robust counterpart）可以写为

$$\begin{aligned} \min \quad & f(x,\xi) \\ \text{s.t} \quad & g_i(x,\xi) \leqslant 0, \quad \forall \xi \in \mathbf{U}, \quad i=1,\cdots,m \\ & x \in \mathbf{X} \end{aligned} \tag{5.6}$$

式(5.6)实际上是个半无限规划，通常难以求解。鲁棒优化的核心思想是如何将之转化为或逼近为多项式可解的问题。鲁棒对应的可行解和最优解分别称为不确定性问题的鲁棒可行解和鲁棒最优解。

这里，以文献[9]中的一个例子来对鲁棒优化解决不确定性优化问题进行说明。某医药公司生产两种药物（药物1和药物2），两种药物的制作均需要活化剂A（从市场上购买原料1或原料2进行提取）。表5.1、表5.2、表5.3中给出了相应的生产成本、原料等数据。现需要制订生产计划来使得公司的收益最大化。

上述问题可以建模成一个确定性的线性优化问题，为行文简洁起见，直接给出最终的计算结果，如表5.4所示。

表 5.1 药物生产数据表

参数(每 1 000 包)	药物 1	药物 2
出售价格/美元	6 200	6 900
活化剂含量/g	0.5	0.6
人力/h	90	100
机器/h	40	50
操作成本/美元	700	800

表 5.2 原料数据表

原料/kg	购买价格/美元	含活化剂 A 的量/kg
原料 1	100	0.01
原料 2	199.9	0.02

表 5.3 原料数据表

预算/美元	最多人力/h	最多机器工作/h	原料量/kg
100 000	2 000	800	1 000

表 5.4 确定性线性优化求解结果

原料 1/kg	原料 2/kg	药物 1/包	药物 2/包	利润/美元
0	438.789	17 552	0	8 819.658

应该说，上述确定性问题是一个理想化的情况，实际生产中会出现从原料中并不能完全提取出其所含的活化剂的情况。假设，实际中从原料 1(每千克)中提取的活化剂 A 的量(kg)在区间 $[0.01(1-0.005), 0.01(1+0.005)]$ 内，从原料 2(每千克)中提取的活化剂 A 的量(kg)在区间 $[0.02(1-0.02), 0.02(1+0.02)]$ 内。若取区间两个边界的概率均为 0.5，则表 5.4 中的优化解将有 50%的可能性使得约束不满足，此时利润期望为 6 929 美元。而若采用鲁棒优化理论来应对这种不确定优化问题，则可以得到表 5.5 中的解。

表 5.5 不确定性线性优化求解结果

原料 1/kg	原料 2/kg	药物 1/包	药物 2/包	利润/美元
877.732	0	17 467	0	8 294.567

不难发现，以最大利润为代价，解的鲁棒性得到了满足，而且该利润明显优于仍然采用确定性情况下的优化结果所带来的利润期望(6 929 美元)。通过以上例子可以较好地体现鲁棒优化的特点。

5.2.2 鲁棒优化理论的发展

采用鲁棒优化思想解决不确定线性优化问题是由美国弗吉尼亚州立大学的 Soyster 于 1973 年首次提出的[10]，基于对所谓最坏情况研究不确定优化问题。虽然其方法过于

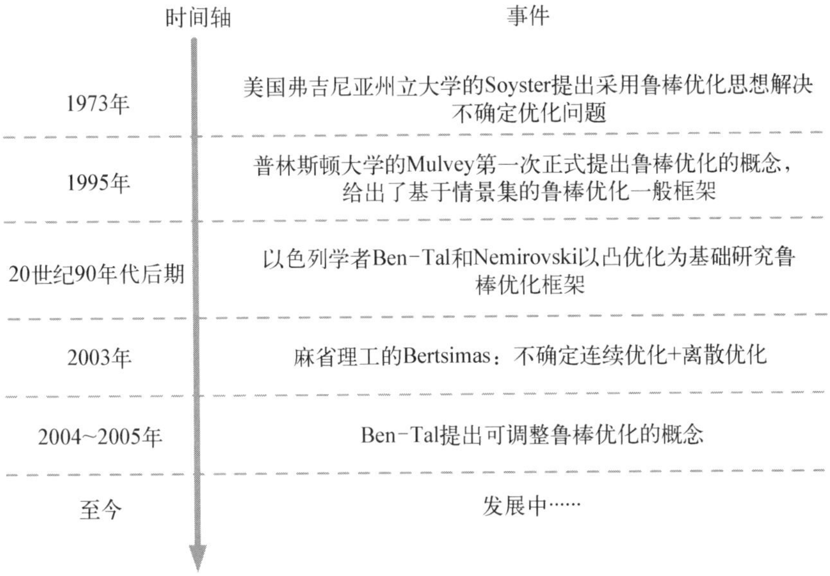

时间轴	事件
1973年	美国弗吉尼亚州立大学的Soyster提出采用鲁棒优化思想解决不确定优化问题
1995年	普林斯顿大学的Mulvey第一次正式提出鲁棒优化的概念，给出了基于情景集的鲁棒优化一般框架
20世纪90年代后期	以色列学者Ben-Tal和Nemirovski以凸优化为基础研究鲁棒优化框架
2003年	麻省理工的Bertsimas：不确定连续优化+离散优化
2004~2005年	Ben-Tal提出可调整鲁棒优化的概念
至今	发展中……

图 5.1　鲁棒优化理论的发展历程

保守,但它为此后鲁棒优化理论的快速发展建立了基石。

1995 年普林斯顿大学的 Mulvey 第一次正式提出了鲁棒优化的概念[11],并将其应用到就餐、电力容量扩张、矩阵平衡、图像重构、空军航线调配等许多问题当中。Mulvey 等给出了基于情景集的鲁棒优化的一般模型框架,他们将优化模型中的变量分为不受输入数据影响的设计变量和受输入数据影响的控制变量,并给出了相应的结构化约束和控制约束。为了定义鲁棒优化问题,Mulvey 等介绍了一个情景集,给出了每个情景不同实现下的概率,将目标函数分为聚合函数和罚函数,使得不同情景下得到的优化值变化不大,以此来消除参数不确定给优化问题带来的负面影响。

随着鲁棒优化思想的不断传播,以色列学者 Ben-Tal、Nemirovski 及美国加州伯克利大学的 Ghaoui 在 20 世纪 90 年代后期完成在该方向上的奠基之作[12]。Ben-Tal 所提出的鲁棒优化框架是以凸优化理论为基础的,不确定参数集要求为内点非空的有界凸闭集,一般由椭球形或者几个椭球的交集来表达,采用该表达方式的原因：首先,从数学的观点看,椭球体不仅易于表达,而且还易于处理;其次,对于许多随机的不确定数据可以用椭球体或几个椭球体的交集近似表达。最关键的一点为可以对鲁棒优化模型进行数学推导,得到其鲁棒对应,将初始的不确定优化问题转化成基于凸优化理论的确定性优化问题。与 Mulvey 等提出的基于情景集的鲁棒优化方法所不同的是,他们的方法能够使不确定参数在集合内的任何实现都能够满足约束函数。Ben-Tal 等将其所做的研究归纳为鲁棒凸优化理论,并在此方向上取得了很大进展,其理论成果如下：① 由椭球体或几个椭球体交集表达的不确定线性规划问题的鲁棒对等式是一个确定的锥二次规划问题;② 由椭球体集表达的不确定凸二次约束二次规划问题的鲁棒对等式是一个半定规划问题,如果不确定参数集由几个椭球体的交集表达,那么得到的鲁棒对应是一个 NP-hard 问题;③ 由椭球体集表达的不确定锥二次规划问题的鲁棒对应在增加一些限定的条件下是一个半定规划问题,如果不确定参数集由几个椭球体的交集表达,那么得到的鲁棒对应是一个 NPhard问题;④ 由椭球体集表达的不确定半定规划问题的鲁棒对应是一个NP-hard问题,如果不确定集有一个“良好的结构”,那么得到的鲁棒对应是计算可处理的。同时,还给出了一般不确定半定规划问题的计算可处理的近似鲁棒对应。在得到初始不确定优化问题的鲁棒对应以后,采用多项式时间内可解的内点算法得到最优解。

Ghaoui等对鲁棒优化的研究是从鲁棒控制理论中的鲁棒性分析得到启发,通过矩阵值函数的线性分式表示对鲁棒优化理论进行分析,研究了不确定最小二乘和不确定半定规划问题[13],在不确定半定规划问题上考虑了不确定集合中数据间非线性相关的情况。

2004年,Ben-Tal等又提出了可调整鲁棒优化(adaptive robust optimization)的概念,认为其可以处理不确定动态决策问题,在考虑多阶段不确定线性规划问题时,认为有些变量始终是不确定的,即不可调整的;有些变量在问题的求解过程中由原来的不确定转变为可选择的,即可调整变量,可调整鲁棒优化将鲁棒优化从静态优化向动态优化进行了延伸。2005年,Ben-Tal等在其对鲁棒优化研究的基础上,提出了不确定优化问题的综合鲁棒对应式的概念,即在优化模型中的参数取值超越了不确定参数集的范围后,如何控制约束违背的程度以满足优化性能。

2003年,麻省理工学院的Bertsimas等在Ben-Tal等研究的基础上,提出了新的鲁棒优化框架,根据不确定参数集的不同选择,得到不同的鲁棒对应,将研究的重点放在了鲁棒对应继承初始不确定优化问题的计算复杂度上,并形成了自己的研究体系[14]。将鲁棒优化的研究分为两类:第一类是研究参数不确定性的结构化数学规划问题,将基于不同参数不确定集的优化问题转化为一个可求解的确定性优化问题,如鲁棒线性规划、鲁棒二阶锥优化、鲁棒半定优化等属于这类问题;第二类是采用鲁棒建模的方法研究基于参数不确定集的随机和动态规划问题,与随机和动态规划不同的是,该方法不要求知道不确定参数的概率分布。Bertsimas的理论研究成果如下:① 不确定线性优化问题的鲁棒对应式仍为一个线性优化问题,而且该方法在理论上和实际上都是计算可处理的。尤其对于一个整数规划问题,当目标函数的系数和约束的系数均受到不确定性影响时,提出了一个鲁棒整数规划方法,使得问题求解的复杂度在一个可控的范围内,并可以根据约束违背的概率边界控制保守度。② 多项式时间内可解的不确定 $0-1$ 离散优化问题仍然保持其计算复杂度,一个NP-hard的不确定 α 近似 $0-1$ 离散优化问题仍然保持 α 近似。③ 不确定锥优化问题的鲁棒对应式仍然保持其初始结构,尤其是不确定二阶锥优化问题的鲁棒对应式仍然为二阶锥优化问题,不确定半定规划问题具有类似特性。Bertsimas的鲁棒优化研究框架涵盖了不确定连续优化和离散优化,其所建优化模型的鲁棒对应式转化为确定性优化问题的思路比较独特,最主要的特点是这种转化不降低问题求解的复杂度,使得该理论更容易应用到实际问题中。

5.3 鲁棒优化模型及方法

本节将对鲁棒优化方法研究思路、模型的建立以及求解应用等方面展开讲解。给定优化的目标函数 $f_0(x)$,约束条件为 $f_i(x, u_i) \leqslant 0$,其中,u_i 表示不确定参数,则鲁棒优化具有如下的一般性表达形式：

$$\begin{aligned} \min \quad & f_0(\boldsymbol{x}) \\ \text{s.t.} \quad & f_i(\boldsymbol{x},\ u_i) \leqslant 0, \quad \forall u_i \in \mathbf{U}_i, \quad i=1,\ \cdots,\ m \end{aligned} \tag{5.7}$$

式中，$x \in \mathbf{R}^n$ 为决策变量相量；$f_0, f_i: \mathbf{R}^n \to \mathbf{R}$ 为函数；$u_i \in \mathbf{R}^k$ 为不确定闭集 $\mathbf{U}_i \subseteq \mathbf{R}^k$ 中的任意值。式(5.7)在所有不确定集参数下的可行解中寻找最优解 x^*。任意一个凸优化问题的鲁棒对应通常来讲是不易处理的，定义鲁棒可行解集合为

$$X(U) = \{\boldsymbol{x} \mid f_i(\boldsymbol{x},\ u_i) \leqslant 0,\ \forall u_i \in \mathbf{U}_i,\ i=1,\ \cdots,\ m\} \tag{5.8}$$

一个凸优化问题的鲁棒对应求解的难易程度很大程度上会受到 $X(U)$ 是否为 x 的凸集的影响。

5.3.1 鲁棒线性优化

线性优化在实际系统中被广泛应用。不失一般性，一个线性优化问题的鲁棒对应可以写成如下形式：

$$\begin{aligned} \min \quad & \boldsymbol{C}^{\mathrm{T}} x \\ \text{s.t.} \quad & \boldsymbol{A} x \leqslant \boldsymbol{b}, \quad \forall \boldsymbol{a}_i \in \mathbf{U}_i,\ i=1,\ \cdots,\ m \end{aligned} \tag{5.9}$$

式中，$\boldsymbol{a}_i$ 代表不确定矩阵 $\boldsymbol{A}$ 的第 i 行，并且在不确定集合 $\mathbf{U}_i \subseteq \mathbf{R}^n$ 中取值。不难理解，$\boldsymbol{a}_i^{\mathrm{T}} x \leqslant b_i$，$\forall a_i \in \mathbf{U}_i$ 当且仅当 $\max\limits_{\{a_i \in \mathbf{U}_i\}} \boldsymbol{a}_i^{\mathrm{T}} x \leqslant b_i$，$\forall i$。不妨称 $\max\limits_{\{a_i \in \mathbf{U}_i\}} \boldsymbol{a}_i^{\mathrm{T}} x \leqslant b_i$，$\forall i$ 为必须求解的子优化问题。Ben-Tal 和 Nemirovski[12]证明了鲁棒线性优化对于许多形式的不确定集合是易处理的，当然，最终的鲁棒问题不再是一个线性优化问题。下面，给出几个例子对此加以说明。

1）椭球形不确定集合

如前面所述，Ben-Tal、Nemirovski 以及 Ghaoui[13]都曾对椭球形不确定集合进行过研究。控制这些椭球形不确定集合的规模，将对鲁棒优化的求解产生重要影响。

定理(具体证明过程可见文献[14])：令 U 为椭球形集合，即

$$\mathbf{U} = \mathbf{U}\left(\prod,\ Q\right) = \left\{\prod(u) \mid \|Qu\| \leqslant \rho\right\} \tag{5.10}$$

式中，$u \to \prod(u)$ 为 $\mathbf{R}^L$ 到 $\mathbf{R}^{sm \times n}$ 的仿射嵌入；$Q \in \mathbf{R}^{M \times L}$。那么问题(5.7)等价于一个二次锥规划问题(SOCP)。

对上述定理的一个直观解释是：对于椭球形不确定集合情况，子优化问题 $\max\limits_{\{a_i \in \mathbf{U}_i\}} \boldsymbol{a}_i^{\mathrm{T}} x \leqslant b_i$，$\forall i$ 是一个含二次约束的优化问题，因此，对偶问题中将包含二次项，也就带来了二次锥规划问题。

例如，考虑不确定集合具有如下具体形式：

$$\mathbf{U} = \{(a_1,\ \cdots,\ a_m):\ a_i = a_i^0 + \boldsymbol{\Delta}_i u_i,\quad i=1,\ \cdots,\ m,\quad \|u\|_2 \leqslant \rho\} \tag{5.11}$$

式中，a_i^0 代表标称值，则问题(5.7)对应的鲁棒对应具有以下形式：

$$\begin{aligned} \min \quad & \boldsymbol{C}^{\mathrm{T}} x \\ \text{s.t.} \quad & a_i^0 x \leqslant b_i - \rho \parallel \boldsymbol{\Delta}_i x \parallel_2 \end{aligned} \tag{5.12}$$

这是因为在此种情形下，对于式(5.7)中的任意一个向量 $\boldsymbol{x}$，有

$$\max_{\{\boldsymbol{a}_i \in \mathbf{U}_i\}} \boldsymbol{a}_i^{\mathrm{T}} x = (a_i^0 \boldsymbol{x} + \rho \parallel \boldsymbol{\Delta}_i \boldsymbol{x} \parallel_2) \tag{5.13}$$

2) 多面体不确定集合

多面体不确定集合可以看成椭球形不确定集合的一种特殊形式。当 $\mathbf{U}$ 为多面体不确定集合时，子优化问题变成一个线性问题，因此鲁棒对应等价于一个线性优化。为了说明这一点，考虑以下问题：

$$\begin{aligned} \min \quad & \boldsymbol{c}^{\mathrm{T}} x \\ \text{s.t.} \quad & \max_{\{D_i a_i \leqslant d_i\}} \boldsymbol{a}_i^{\mathrm{T}} x \leqslant b_i, \quad i = 1, \cdots, m \end{aligned} \tag{5.14}$$

则子问题的对偶问题为

$$\begin{bmatrix} \max & \boldsymbol{a}_i^{\mathrm{T}} x \\ \text{s.t.} & D_i a_i \leqslant d_i \end{bmatrix} \leftrightarrow \begin{bmatrix} \min & \boldsymbol{p}_i^{\mathrm{T}} d_i \\ \text{s.t.} & \boldsymbol{p}_i^{\mathrm{T}} D_i = x \\ & p_i \geqslant 0 \end{bmatrix} \tag{5.15}$$

因此，鲁棒线性优化问题可以转化为求解以下问题：

$$\begin{aligned} \min \quad & \boldsymbol{c}^{\mathrm{T}} x \\ \text{s.t.} \quad & \boldsymbol{p}_i^{\mathrm{T}} d_i \leqslant b_i, \quad i = 1, \cdots, m \\ & \boldsymbol{p}_i^{\mathrm{T}} D_i = x, \quad i = 1, \cdots, m \\ & p_i \geqslant 0, \quad i = 1, \cdots, m \end{aligned} \tag{5.16}$$

容易发现，上述优化问题的求解规模与原问题及不确定集合的维数呈现多项式关系。

5.3.2 鲁棒二次优化

二次约束型二次优化问题(QCQP)有如下形式的定义函数 $f_i(x, u_i)$：

$$f_i(x, u_i) = \| A_i x \| + \boldsymbol{b}_i^{\mathrm{T}} x + c_i \tag{5.17}$$

二阶锥优化则有如下形式的定义函数：

$$f_i(x, u_i) = \| A_i x + b_i \| - \boldsymbol{c}_i^{\mathrm{T}} x - d_i \tag{5.18}$$

对于这两种类型的优化问题，若不确定集合 $\mathbf{U}$ 是单椭球形的，则鲁棒对应为一个半定规划问题(SDP)；若 $\mathbf{U}$ 为多面体不确定集或者椭球形不确定集的交集，则鲁棒对应为 NP-hard 问题。

这里阐释一下如何对鲁棒二次约束进行推导。考虑如下的二次约束：

$$\boldsymbol{x}^{\mathrm{T}} \boldsymbol{A}^{\mathrm{T}} \boldsymbol{A} \boldsymbol{x} \leqslant 2 \boldsymbol{b}^{\mathrm{T}} \boldsymbol{x} + \boldsymbol{c}, \quad \forall (\boldsymbol{A}, \boldsymbol{b}, \boldsymbol{c}) \in \mathbf{U} \tag{5.19}$$

假设其不确定集 $\mathbf{U}$ 是一个关于原点(A^0, b^0, c^0)的椭球形集合：

$$\mathbf{U} \overset{\Delta}{=} \left\{ (A, b, c) := (A^0, b_0, c^0) + \sum_{l=1}^{L} u_l (A^l, b^l, c^l) : \| u \|_2 \leqslant 1 \right\} \tag{5.20}$$

正如上面所述，x 鲁棒可行当且仅当以下不等式成立：

$$\begin{bmatrix} \max \boldsymbol{x}^{\mathrm{T}} \boldsymbol{A}^{\mathrm{T}} \boldsymbol{A} \boldsymbol{x} - 2\boldsymbol{b}^{\mathrm{T}} \boldsymbol{x} - \boldsymbol{c} \\ \text{s.t.} \quad (\boldsymbol{A}, \boldsymbol{b}, \boldsymbol{c}) \in \mathbf{U} \end{bmatrix} \leqslant 0 \tag{5.21}$$

式(5.21)左边的最大化问题有一个凸的二次目标函数，单一的二次约束，显然该问题并非凸优化问题。但是根据文献[15]，该优化问题能够转化为求解一个凸的半定规划。

定理 5.3.1 给定一个决策变量向量 $\boldsymbol{x}$，则其对鲁棒约束(5.19)可行当且仅当存在 $\gamma \in \mathbf{R}$ 使得如下不等式矩阵成立：

$$\begin{pmatrix} c^0 + 2\boldsymbol{x}^{\mathrm{T}} b^0 - \gamma & \frac{1}{2} c^1 + \boldsymbol{x}^{\mathrm{T}} b^1 & \cdots & \frac{1}{2} c^L + \boldsymbol{x}^{\mathrm{T}} b^L & (A^0 x)^{\mathrm{T}} \\ \frac{1}{2} c^1 + \boldsymbol{x}^{\mathrm{T}} b^1 & \gamma & & & (A^1 x)^{\mathrm{T}} \\ \vdots & & \ddots & & \\ \frac{1}{2} c^L + \boldsymbol{x}^{\mathrm{T}} b^L & & & \gamma & (A^L x)^{\mathrm{T}} \\ A^0 x & A^1 x & \cdots & A^L x & I \end{pmatrix} \geqslant 0 \tag{5.22}$$

5.3.3 鲁棒半定优化

含椭球形不确定集的半定优化的鲁棒对应一般来说是一个 NP-hard 问题，对含多面体不确定集的情况也是如此。当然，存在一个特例，即当不确定集可以被表示成非结构化范数半定有界不确定性时，此种不确定集合具有以下格式[14]：

$$A_0(x) + L'(x)\boldsymbol{\zeta} R(x) + R(x)\boldsymbol{\zeta} L'(x) \tag{5.23}$$

式中，$\boldsymbol{\zeta}$ 表示一个矩阵，并且满足 $\| \boldsymbol{\zeta} \|_{2,2} \leqslant 1$；$L$ 和 R 是关于决策变量 x 的仿射，并且至少有一个是独立于决策变量 x 的。

一般意义上讲，鲁棒半定优化问题是不易直接处理的。目前，针对鲁棒半定优化开展了较多求解近似解的研究，这种近似解具有鲁棒可行性，但不具备鲁棒最优性。这些研究为可行解的内近似提供了边界，近似程度可以用内近似和真实可行集的紧密度来衡量，紧密度具有以下形式：

$$\rho(AR : R) = \inf\{\rho \geqslant 1 \mid X(AR) \supseteq X(U(\rho))\} \tag{5.24}$$

式中，$X(AR)$ 为近似鲁棒问题的可行解；$X(U(\rho))$ 为原鲁棒半定规划问题中带松弛系数 ρ 的不确定集合下的可行解。当不确定集具有结构化范数有界时，Ben-Tal 和 Nemirovski[12] 提出了一种近似解，紧密度 $\rho(AR : R) \leqslant \pi\sqrt{\mu}/2$，其中 μ 为 U 的最大秩。

5.3.4 鲁棒优化方法在电力系统中的应用

鲁棒优化方法已经在自然科学、工程技术、经济管理等各个领域得到了广泛的应用。对于电力系统，随着新能源、电动汽车的广泛接入以及日益频繁的用户互动行为，电力系统在规划、调度、运行等各个环节面临着来源各异的不确定性因素，电网的安全性遇到了挑战。传统的电力系统优化问题常常将负荷、出力预测作为一个确定性的参数，直接代入相应的模型中进行求解。尽管现有的预测技术已经具备较高的精度，但是当面临大量的不确定性因素时，采用这种确定性的规划方法所带来的误差是不容忽略的。应用鲁棒优化方法可以有效避免这种误差所带来的安全隐患[16, 17]。

在电力系统领域运用鲁棒优化方法，关键需要对电力系统不确定性进行数学刻画。不同于随机规划采用概率分布来描述不确定性，鲁棒优化理论将所有可能的实现事先划定在一个不确定性的集合中，鲁棒优化的最优解对集合中的每一个元素可能造成的影响进行了抑制，这使得最终的优化策略、调度方案能够应对“最坏”的情况。记 **D** 和 **W** 分别表征负荷和风电出力预测的不确定集合，根据预测可以对每个参数有一个区间估计[18]：

$$\mathbf{D}=\{P_{dt}^{l}\leqslant P_{dt}\leqslant P_{dt}^{U},\quad \forall t\in \boldsymbol{T}\}$$

$$\mathbf{W}=\{P_{wt}^{l}\leqslant P_{wt}\leqslant P_{wt}^{U},\quad \forall t\in \boldsymbol{T}\}$$

应用上述区间不确定集会给优化带来较强的保守性。这是因为，中心极限定理决定了现实中不太可能出现所有估计同时到达边界的情况。可以对上述区间不确定集进行改进[18, 19]（以负荷预测不确定集合 **D** 为例进行阐述）：

$$\mathbf{D}=\{P_{dt}=P_{dt}^{e}+z_{j}P_{dt}^{h},\ ||\ z_{t}\ |\leqslant 1,\ \forall t\in \boldsymbol{T};\ \sum |\ z_{t}\ |\leqslant \Gamma\}$$

式中，$P_{dt}^{e}=0.5(P_{dt}^{u}+P_{dt}^{l})$ 为 P_{dt} 的预测值，$P_{dt}^{h}=0.5(P_{dt}^{u}-P_{dt}^{l})$。式中的约束 $\sum |z_t| \leqslant \Gamma$ 即为对摄动量的 1-范数约束，称为预算约束(budget constraints)，Γ 称为不确定性的预算(budget of uncertainty)，用来调整最终优化解的鲁棒性和保守性。当 $\Gamma=0$ 时，**D** 为单元素集合，表明实际与预测不会发生偏离，此种情况下为确定性优化；当 $\Gamma=n$（n 为优化时间段数量）时保守性非常强，这是因为此种情况下所有不确定参数的预测最差情形同时被考虑。第 14 章将详细阐述应用鲁棒优化进行不确定条件下智能电网源-网-荷协调规划的过程。

5.3.5 小结

从上面的内容可以发现，鲁棒优化模型的求解需要考虑两个关键的问题。

(1) 选择不确定集合 U。

(2) 选择一个易处理的方法有效转化并计算需要求解的模型。

典型的鲁棒优化问题包括以下几种：不确定的线性规划、不确定的锥二次规划、不确定的半正定规划等。目前，不确定集一般为区间的笛卡儿集、一个椭球、有限个椭球的交集等。鲁棒优化的一般性研究步骤如图 5.2 所示。

对于一个不确定优化问题，采用事先分析的策略，确定模型各个要素后建立该问题的

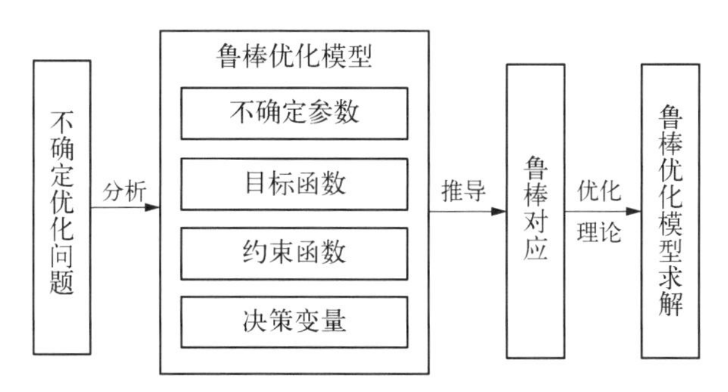

图 5.2　鲁棒优化的一般性研究步骤

鲁棒优化模型,确立其目标函数、约束函数、不确定变量以及决策变量等,通过理论推导得到其鲁棒对应,最终对鲁棒对应问题进行求解。

鲁棒优化作为研究不确定优化问题的新方法受到了越来越多学者的关注。尽管鲁棒优化还未形成统一的理论体系,但正是这种开放的研究思路给该领域的研究注入了活力,同时也表明该领域的研究还有许多亟待解决的问题。

第一,在不确定集的确定上,如何与参数不确定性产生的来源和敏感级别结合起来,选择集合的形状和大小。

第二,完善并丰富初始不确定优化问题转化为鲁棒对应式的理论体系,使鲁棒对应式为计算可处理的。

第三,对优化模型参数在其不确定集以外取值的情况加以分析,找到控制优化性能恶化的途径和方法。

第四,推广鲁棒优化的应用范围,使该理论不仅可在经济管理问题中得以应用,还可以拓展到实际的优化调度问题中。

参考文献

[1] 吴琴,张杰.四种求解不确定规划的智能算法的比较[C]//第一届中国智能计算大会.庐山,2007.
[2] 高雷阜.不确定规划模型及其算法研究[J].辽宁工程技术大学学报,2003,22(3): 413-415.
[3] 赵瑞清.不确定规划: 现状与将来[C]//中国运筹学会第六届学术交流会.长沙,2000.
[4] 宁玉富.基于模拟的智能算法及其应用[D].天津: 天津大学,2006.
[5] 刘宝碇.不确定规划及应用[M].北京: 清华大学出版社,2003.
[6] 孙志明.基于鲁棒优化的电梯群控调度策略的研究[D].天津: 天津大学硕士学位论文,2006.
[7] Castillo E D. Process Optimization. A Statistical Approach [M]. Springer, 2007: 750-751.
[8] 刘宝碇.随机规划与模糊规划[M].北京: 清华大学出版社,1998.
[9] Ben-Tal A, Ghaoui L E, Nemirovski A. Robust Optimization [M]. New Jersey. Princeton University Press, 2009.
[10] Soyster A L. Convex programming with set-inclusive constraints and applications to inexact linear programming [J]. Operations Research, 1973, 21(5): 1154-1157.
[11] Mulvey J M, Vanderbei R J, Zenios S A. Robust optimization of large-scale systems [J]. Operations Research, 1995, 43(2): 264-281.
[12] Ben-Tal A, Nemirovski A. Robust convex optimization [J]. Mathematics of Operations Research,

1998, 23(23): 769 - 805.

[13] Ghaoui E L, Lebret H. Robust solution to least squares problems with uncertain data [J]. International Workshop on Recent Advances in Total Least Squares Techniques and Errors-in-Variables Modeling, 1997, 18(4): 161 - 170.

[14] Bertsimas D, Brown D B, Caramanis C. Theory and applications of robust optimization [J]. Siam Review, 2010, 53(3): 464 - 501.

[15] Boyd S P. Linear matrix inequalities in system and control theory [J]. Processings of the IEEE International Conference on Robotics Automation, 1994, 85(5): 798 - 799.

[16] 梅生伟,郭文涛,王莹莹,等.一类电力系统鲁棒优化问题的博弈模型及应用实例[J].中国电机工程学报,2013,33(19): 47 - 56.

[17] Wu W, Chen J, Zhang B, et al. A Robust Wind Power Optimization Method for Look-Ahead Power Dispatch [J]. IEEE Transactions on Sustainable Energy, 2014, 5(2): 507 - 515.

[18] 魏韡,刘锋,梅生伟.电力系统鲁棒经济调度(一)理论基础[J].电力系统自动化,2013,37(17): 37 - 43.

[19] Bertsimas D, Sim M. The price of robustness [J]. Operations Research, 2004, 52(1): 35 - 53.

第6章

智能电网技术效率评估

6.1 概述

智能电网的技术先进性不仅体现在其技术的进步特征,还表现为技术在应用过程中对电网在规划与运行方面上效率的提升。智能电网的效率主要有技术效率、分配效率(亦为配置效率)、成本效率。其中,技术效率是指智能电网的生产单元在固定的投入要素下,经济效益上获得最大产出的能力[1];分配效率是指智能电网某个生产单元在投入要素价格信息不变以及技术水平恒定的情况下,合理配置各种生产要素的能力;成本效率是指产出固定的智能电网以最小经济成本进行运营的效率。为了反映智能电网建设与运营中的技术生产能力和资源优化配置能力,本章从技术效率与分配效率的角度,提出一种基于随机前沿函数的智能电网效率评估模型,以此来评价电网智能化过程中技术的先进性、高效性、经济性。

对于分配效率评估研究,多数研究[2~5]以成本函数为理论建模工具,然而在应用成本函数进行分配效率评估时,需要已知投入要素的价格信息为前提条件,制约了成本函数对分配效率进行有效评价的应用。为了解决该问题,本章基于生产函数与成本函数之间的自对偶特性,推导出一种新的分配效率评估模型,避免了方法应用过程中对投入要素价格信息的需求。算例采用15个电网公司在智能电网相关领域的规划与运行数据,仿真分析的结果表明所提出的效率评价方法是有效的,同时灵敏度分析揭示了电网企业的技术效率和分配效率水平与其管理机制和生产要素投入方式在相互作用关系上具有强相关性。

6.2 技术效率描述

从经济管理学角度分析,技术进步表示技术对经济增长的贡献,体现为对生产单元的

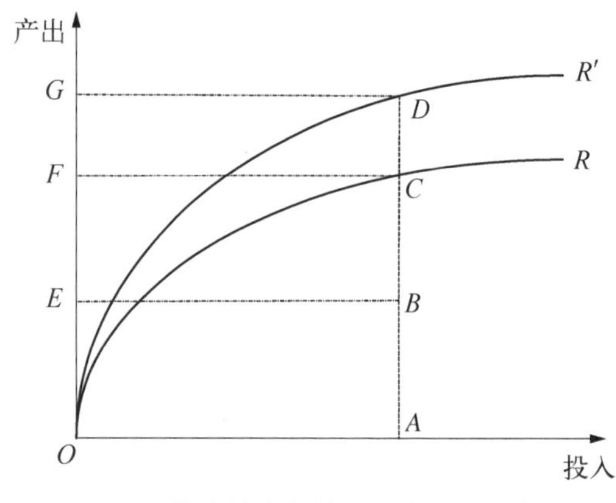

图 6.1 技术效率与技术进步关系示意图

效应。而技术效率描述的是一个相对的概念,具体含义为在给定投入要素的情况下,智能电网收益的实际产出与最大产出的比值。两者之间的区别可通过图 6.1 表示出来。

图 6.1 中曲线 OR 表示产出前沿面,即最大产出收益。当智能电网的收益处于 B 点时,相对于产出前沿面上的 C 点收益,此时的智能电网技术效率定义为 AB/AC。当先进技术广泛应用于智能电网中,此时电网出现技术进步时,前沿面将由 OR 变为 OR',若此时的产出收益仍停留在 B 点,则技术效率将降低为 AB/AD。

6.3 效率评估模型

6.3.1 技术效率评估模型

技术效率评估是研究技术效益增长的源泉和确定技术先进性质量的主要方式。20 世纪 50 年代以来,技术进步和技术效率的研究重点从单一生产要素的生产率转向全要素生产率,分析的方法主要有四类,即指数分析法、索洛余值法、数据包络法和随机前沿分析法。随着统计学理论的不断发展,用于数据分析的软件工具在进一步完善。

根据文献[6]的定义,得到第 i 个智能电网 t 时期的技术效率为

$$r_{it}=y_{it}\sqrt{y_{it}}=\exp(-u_{it}) \tag{6.1}$$

式中,$\bar{y}_{it}$表示第 i 个智能电网 t 时期随机前沿的最大产出收益,其函数的数学表达形式为

$$\bar{y}_{it}=Ak_{it}^{\alpha_{it}}l_{it}^{\beta_{it}}\exp(v_{it}) \tag{6.2}$$

式(6.2)为基于随机前沿生产函数得到的技术效率的数学表达形式。与 DEA 建立的技术效率求解模型相比,本书提出的技术效率评估方法为参数估计的评价方法,该方法获得的技术效率仅与参数 u_{it} 相关,通常 u_{it} 满足非负的截断正态分布,具体形式可由样本数据进行数据统计分析得到。DEA 作为一种非参数估计的方法,一般需要通过建立相应的 DEA 优化模型实现技术效率评估,尽管采用此方法不需要对样本数据进行统计分析,但在模型求解过程中往往受到问题的维数规模的约束限制,求解规模越大,获取可行解的机会越小。

利用主成分分析理论改进传统超效率数据包络分析模型,目标函数及约束条件中的某些原变量将被新定义的低碳变量所取代,因此,需要明确几个低碳变量的定义及内涵。

当利用 m 维低碳投入指标体系量测 n 个 DMU 时,建立的标准化正态分布矩阵如式(6.3)所示:

$$\boldsymbol{Z}_{m\times n}=\begin{bmatrix} z_{11} & z_{12} & \cdots & z_{1n} \\ z_{21} & z_{22} & \cdots & z_{2n} \\ \vdots & \vdots & & \vdots \\ z_{m1} & z_{m2} & \cdots & z_{mn} \end{bmatrix}=[\boldsymbol{z}_1 \quad \boldsymbol{z}_2 \quad \cdots \quad \boldsymbol{z}_n] \tag{6.3}$$

式中，$z_{11}\sim z_{mn}$为低碳投入量测值；$\boldsymbol{z}_1\sim\boldsymbol{z}_n$为矩阵$\boldsymbol{Z}$的列向量。按照第2章2.3节主成分分析计算步骤对矩阵$\boldsymbol{Z}$进行求协方差阵、正交变换等系列运算，得到线性变换后的主成分矩阵$\boldsymbol{Y}$，如式(6.4)所示：

$$\boldsymbol{Y}_{m\times n}=\boldsymbol{U}_{m\times m}\cdot\boldsymbol{Z}_{m\times n}=[\boldsymbol{y}_1 \quad \boldsymbol{y}_2 \quad \cdots \quad \boldsymbol{y}_m]^{\mathrm{T}} \tag{6.4}$$

式中，正交矩阵$\boldsymbol{U}$为低碳投入主成分变量系数矩阵；$\boldsymbol{y}_1\sim\boldsymbol{y}_m$为行向量形式的第1主成分至第$m$主成分。对矩阵$\boldsymbol{Z}$左乘矩阵$\boldsymbol{U}$得到的主成分矩阵具有以下特性：任意两个主成分之间相关性为零；任意一个主成分的方差等于矩阵$\boldsymbol{Z}$的协方差阵相对应的特征值，且随主成分序号的增大而递减。可见，主成分分析将低碳投入指标体系内的变量相关性完全剔除。记主成分$\boldsymbol{y}_i$的特征值为δ_i，选取适当的显著性水平α满足$0<\alpha<1$，作为信息量截断阈值，仿照主成分方差贡献率ρ的定义，求取使式(6.5)成立条件下变量l的最小值。

$$\frac{\sum_{i=1}^{l}\delta_i}{\sum_{i=1}^{m}\delta_i}\geqslant\alpha \tag{6.5}$$

接下来给出两个重要低碳变量的定义，参见式(6.6)和式(6.7)。

定义6.3.1　低碳投入偏好因子(low-carbon input preference factor, LIPF)，以下简称碳投因子。

$$\mathrm{LIPF}_i\triangleq\frac{\delta_i}{\sum_{i=1}^{l}\delta_i},\quad 1\leqslant i\leqslant l \tag{6.6}$$

定义6.3.2　低碳投入主成分(low-carbon input principal component, LIPC)，以下简称碳投成分。

$$\mathrm{LIPC}_i\triangleq\boldsymbol{y}_i,\quad 1\leqslant i\leqslant l \tag{6.7}$$

式中，LIPF为具体数值；而LIPC为n维行向量；变量l为LIPC的个数；每一个LIPC均有唯一的LIPF与之对应。

LIPC是对低碳投入指标体系下数据的重构与简化，无论指标体系的设计如何，LIPC总可以抓住低碳投入数据链间的互联关系，从而准确评估对象的低碳效益。LIPF则反映出低碳电力生产投入量测数据中的信息偏好，LIPF的大小表征了不同LIPC的信息量大小和重要性程度。另外，LIPF的引入也对低碳技术评价指标体系设计架构的优劣评判提供了有效的衡量标准。

基于低碳变量LIPF与LIPC的定义，建立一种用于评估低碳技术效率的主成分超效率数据包络分析(PCA-SE-DEA)模型如式(6.8)所示。该式旨在评估智能电网低碳生

产过程第 k 个 DMU 的相对低碳效益。模型输入为 l 维 LIPC,模型输出为 s 维低碳产出指标,目标函数中引入与 LIPC 相对应的 l 个 LIPF,对第 k 个 DMU 的相对低碳技术效率进行非径向化表达,考虑了低碳投入信息间的不对称性,提高了模型对低碳电力生产过程模拟的精细化程度。

$$\begin{cases} \min \dfrac{\sum\limits_{i=1}^{l} \mathrm{LIPF}_i \cdot \theta_k^i}{\sum\limits_{i=1}^{l} \mathrm{LIPF}_i} \\ \text{s.t.} \sum\limits_{j=1,\ j\neq k}^{n} \lambda_j \mathrm{LIPC}_{ij} + s_i^- = \theta_k^i \mathrm{LIPC}_{ik}, \quad i=1,\ 2,\ \cdots,\ l \\ \quad\ \sum\limits_{j=1,\ j\neq k}^{n} \lambda_j y_{rj} - s_r^+ = y_{rk}, \quad r=1,\ 2,\ \cdots,\ s \\ \quad\ \lambda_j \geqslant 0,\ s_i^- \geqslant 0,\ s_r^+ \geqslant 0 \\ \quad\ j=1,\ 2,\ \cdots,\ n \end{cases} \tag{6.8}$$

式中,LIPC_{ij} 表示 LIPC_i 中的第 j 个元素;LIPF_i 是与 LIPC_i 相对应的碳投因子;$\boldsymbol{y}_r$ 为模型 s 维低碳产出指标;y_{rj} 表示 $\boldsymbol{y}_r$ 的第 j 个元素;θ_k^i 为与之对应 LIPC_{ik} 的低碳技术效率分量;s_i^- 和 s_r^+ 分别是对应 LIPC_i 和 $\boldsymbol{y}_r$ 的松弛变量;λ_j 为第 j 个 DMU 的权重。

式(6.9)给出了第三个低碳变量的定义。

定义 6.3.3 低碳技术效率指数(low-carbon technology efficiency index, LTEI),以下简称碳效指数。

$$\mathrm{LTEI}_k \triangleq \frac{\sum\limits_{i=1}^{l} \mathrm{LIPF}_i \cdot \theta_k^i}{\sum\limits_{i=1}^{l} \mathrm{LIPF}_i} \tag{6.9}$$

在此定义的基础上,式(6.8)可化简成如下形式:

$$\begin{cases} \min \mathrm{LTEI}_k \\ \text{s.t.} \sum\limits_{j=1,\ j\neq k}^{n} \lambda_j \mathrm{LIPC}_{ij} + s_i^- = \theta_k^i \mathrm{LIPC}_{ik}, \quad i=1,\ 2,\ \cdots,\ l \\ \quad\ \sum\limits_{j=1,\ j\neq k}^{n} \lambda_j y_{rj} - s_r^+ = y_{rk}, \quad r=1,\ 2,\ \cdots,\ s \\ \quad\ \lambda_j \geqslant 0,\ s_i^- \geqslant 0,\ s_r^+ \geqslant 0 \\ \quad\ j=1,\ 2,\ \cdots,\ n \end{cases} \tag{6.10}$$

至此,完成了低碳技术效率评价的主要建模过程,式(6.10)给出了低碳技术 PCA-SE-DEA 模型。从该优化模型可以看出,LTEI_k 表征第 k 个 DMU 的低碳技术效率,优化模型旨在求满足低碳电力生产系统输出不变、碳投成分优化组合等约束条件下的碳效指数最小值,LTEI_k 的计算结果代表了该 DMU 在生产可能集范围内所能产出的最大低碳技术效率。

由于 $\sum_{i=1}^{l} \mathrm{LIPF}_i = 1$，$\mathrm{LTEI}_k$ 在数值结构上并未改变原有的分布规律，因此，当 $\mathrm{LTEI}_k < 1$ 时，表明该 DMU_k 低碳技术效率并非最优化，可通过调整相应的 LIPC 达到效益最优；当 $\mathrm{LTEI}_k = 1$ 时，表明该 DMU_k 低碳技术效率已达到最优，LTEI_k 可作为衡量不同 DMU 低碳技术效率大小的标尺，并据此对各 DMU 进行评价。

应用 PCA - SE - DEA 模型进行低碳技术效率评价时，需进行必要的适用性分析。

低碳作为一种电力生产方式的新型变革途径被引入电力生产、输送、消费等各个环节后，涉及低碳电力技术的投入产出体系及其生产过程已经构建出一个完整的电力生产子系统，因而，全要素低碳技术效率的测算满足数据包络分析五大公理体系的适用条件。模型中理想生产系统与低碳电力生产系统各要素的对照关系参见图 6.2。可见，低碳电力系统符合典型生产系统的基本要求，各要素间一一对应。

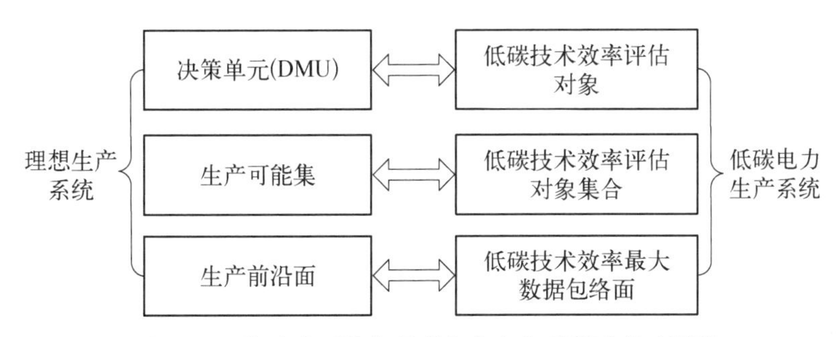

图 6.2 理想生产系统与低碳电力生产系统要素对照图

需注意到，由于电源侧、电网侧和用电侧低碳投入产出指标之间相互耦合，例如，电动汽车渗透率间接影响单位发电 CO_2 排放量，低碳电力生产过程的模拟就变得非常复杂，而采用包络面分析的 DEA 模型恰如其分地给出了复杂系统的技术效率测算方法。另外，电力生产不同环节碳排放特点各异，如电源侧碳排放源少、量大、集中程度高，用电侧碳排放源多、量小、分散程度高，投入产出指标信息承载量不均等，而对应不同 LIPF 的 LIPC 则为低碳技术效率评估模型搭建了更为科学合理的输入平台，同时，LTEI 则直接反映出待评估电力系统的综合低碳技术效率。

6.3.2 智能电网分配效率评估模型

实现能源资源的优化配置，提高电网运行效率是智能电网建设与发展的重要目标之一。量化评估智能电网在技术运行与管理上的分配效率，不仅能够反映电网资源优化配置的能力，而且可以体现技术在提升智能电网运营效率上带来的效益。

1. 目前存在的问题描述

成本函数(cost function)是指在技术水平和生产投入要素价格不变的条件下，系统的成本与经济产出之间的相互作用关系。

成本函数也是评价分配效率的常用理论工具，根据文献[7]的表述，具有随机前沿特性的 C - D 成本函数的数学形式为

$$\ln C_{it} = \sum_{s=1}^{\Omega} (\ln w_{it}^{s} + \ln X_{it}^{s} + v_{it}) \tag{6.11}$$

式中，C_{it}为第i个智能电网在t时期的总成本；w_{it}^{s}表示第i个智能电网在t时期投入要素s的价格；X_{it}^{s}表示第i个智能电网在t时期的资本与劳动投入要素和；$\forall s \in (\boldsymbol{\Omega}=\boldsymbol{\Omega}^{k} \cup \boldsymbol{\Omega}^{l})$，$s$表示投入要素的类别，$\boldsymbol{\Omega}^{k}$为资本投入类别集，$\boldsymbol{\Omega}^{l}$为劳动力投入类别集。

若应用成本函数对智能电网进行分配效率评估，则获取投入要素价格信息w_{it}^{s}是实现评估的必要条件。对于电网企业，投入智能电网建设中的资金与技术设备属于企业中的规划、调度、财务、组织等多职能部门的业务范畴，管理上具有交叉性、多样性等特点。考虑到智能电网建设过程的复杂性、覆盖的价值产业链众多、影响因素广泛等现状，获取不同类别的投入要素的价格信息并非易事。因此，探索一种新的方法来准确地评估智能电网技术应用过程中资源能源优化配置能力的分配效率是必要的。

2. 模型推导过程

由公式

$$
\begin{aligned}
r_{it}^{a} &= \exp\left[-u_{it}\left(\frac{1}{\alpha_{it}+\beta_{it}}+1\right)\right] \\
&= \exp\left(\frac{-u_{it}}{\alpha_{it}+\beta_{it}}\right)\exp(-u_{it}) \\
&= r_{it}^{\frac{1}{\alpha_{it}+\beta_{it}}} r_{it} = r_{it}^{\frac{1+\alpha_{it}+\beta_{it}}{\alpha_{it}+\beta_{it}}}
\end{aligned} \tag{6.12}
$$

得到的分配效率计算表达形式，完全避免了对投入要素价格信息w_{it}^{s}的需求。在评估智能电网技术应用的分配效率时，仅需要已知技术效率r_{it}、弹性产出系数α_{it}及β_{it}的数值即可完成评价流程。

6.3.3 参数估计与模型检验

从计量经济学角度，区别于非参数估计的DEA模型，基于随机前沿生产函数的效率评估模型属于参数估计模型。因此，对于任一生产函数，在其建模过程中一般需要通过模型设定、参数估计与假设检验步骤，形成有效的应用模型。

1. 参数估计及检验

根据前面所表示的技术效率与分配效率，得到效率评估模型中的待估计参数包括弹性产出系数α_{it}和β_{it}、技术非效率项u_{it}。

本章基于各经济量的样本观测数据，采用经典的最小二乘法，以残差平方和最小为目标准则进行参数估计。为确保待估参数的可靠性，需要对已估计的参数进行检验，使之满足无偏性、最小方差性与一致性等方面的要求，同时还需要验证统计学意义上的显著性。对于单参数的显著性检验，通常采用t检验法。利用t检验获得的P值来判断估计参数的显著性，P值为概率值，其作用通常是描述t值在拒绝虚拟假设中的最低置信水平。检验中得到的P值越小，说明拒绝虚拟假设的证据越充分，估计参数显著性越强；反之，表明估计参数显著性较差。

2. 模型总体检验

根据统计学相关理论，模型检验是参数估计流程中的必要环节，其目的在于验证模型在设定和参数估计过程中的正确性与数值稳定性。数学上，生产函数模型为多元线性回归模型，除了需要对模型中的回归系数进行显著性检验，还需要对模型总体的拟合优度和回归方程的显著性进行有关的检验。

1）拟合优度 R^2

R^2 描述了对数形式下的投入要素 X_{it} 对产出 y_{it} 的变动的百分比，其作用是度量 y_{it} 与 X_{it} 之间的线性相关程度。R^2 是一个描述样本观测值与回归模型拟合优度的量化指标，R^2 数值越大，表明模型的拟合优度效果越好。

定义 t 时期总体回归模型的拟合优度指标为

$$(R^2)_t = \frac{\sum_{i=1}^{M}(\ln \hat{y}_{it})^2}{\sum_{i=1}^{M} e_{it}^2 + \sum_{i=1}^{M}(\ln \hat{y}_{it})^2} \tag{6.13}$$

式中，$\hat{y}_{it}$ 表示 y_{it} 的回归拟合值；M 表示产出量 y_{it} 种类总数；$\sum_{i=1}^{M}(\ln \hat{y}_{it})^2$ 项表示回归拟合值的平方和；$\sum_{i=1}^{M} e_{it}^2$ 项表示残差平方和，可由最小二乘法获得。

2）相关约束条件的假设检验

为了检验智能电网规划与建设中经济学意义上的规模报酬类型，可通过约束条件的假设检验对生产函数的适用性条件之一（规模报酬不变）进行有效辨识来加以区别，即判断是否满足线性等式约束 $\alpha_{it} + \beta_{it} = 1$。可采用如下的 F 检验法对该线性等式约束条件进行检验。

（1）设定假设：零假设 H_0：$\alpha_{it} + \beta_{it} = 1$（受约束）；备择假设 H_1：$\alpha_{it} + \beta_{it} \neq 1$（无约束）。

（2）在 H_0 成立的条件下，构建统计量 F：

$$F = \frac{(R_u^2 - R_s^2)/m}{(1 - R_u^2)/(n-k-1)} \sim F(m, n-k-1) \tag{6.14}$$

式中，R_u^2 及 R_s^2 分别表示无约束和有约束时模型的拟合优度值。

（3）给定的显著性水平 α 下，得到统计量的临界值 $F_\alpha(m, n-k-1)$。

（4）假设检验，若 $|F| \geqslant F_\alpha(m, n-k-1)$，则拒绝 H_0，接受 H_1，即模型中参数无约束；反之，则接受 H_0。

6.4 算例分析

高效是智能电网所能带来的核心价值之一，主要表现为运用先进技术与多种策略提高电网的优化资产利用效率和运行效率[8]。本章以智能电网高效性为出发点，选取了能够表征其功能特征与价值特性的指标经济量作为评估模型中的投入与产出量。以 15 个电网公司作为评估对象，搜集得到在同一时期内各指标的截面数据如附表 1 和附表 2 中所示。将附表 1 和附表 2 提供的部分数据，包括投入量 1、2、3、4 和产出量 1、2，作为基本数据集，通过统计学分析软件包 SSPS Statistics，得到评估模型拟合回归结果。对回归方程可以这样解释：δ_{it} 表示第 i 个电网企业在 t 时期的误差项，拟合优度结果较大并接近于 1，综合参数检验数据标准差 ζ 和 t 检验统计量，充分证明拟合模型系数显著性良好。另外，由于弹性系数之和大于 1，可知当前智能电网建设规模属于规模报酬递增的类型，即如果同时追加智能电网建设的资本与企业劳动人数的投入为原来的 n 倍，则产出将大于原来的 n 倍。这一论断也可以由下面的约束条件的假设检验得到验证：

$$
\begin{aligned}
&\ln y_{it} = (\delta_{it} - 0.19) \\
&\qquad + 1.423 + 0.84\ln k_{it} + 0.351\ln l_{it} \\
&\zeta = (0.814) \quad (0.196) \quad (0.222) \\
&t = (2.209) \quad (4.279) \quad (1.579) \\
&(R^2)_t = 0.911
\end{aligned}
\tag{6.15}
$$

式(6.15)的假设检验中第一、二行为拟合得到的生产函数模型，第三行与第四行分别表示通过参数估计获得的模型系数 1.423、0.84、0.35 在 t 检验中对应的标准差与 t 统计量的具体数值，第五行表示模型的拟合优度值。若对式(6.15)加以 $\alpha_{it} + \beta_{it} = 1$ 等式条件限制，便得到如下拟合回归方程及相应的拟合优度：

$$
\begin{aligned}
&\ln \frac{y_{it}}{l_{it}} = 2.303 + 0.778\ln \frac{k_{it}}{l_{it}} \\
&(R_s^2)_t = 0.632
\end{aligned}
\tag{6.16}
$$

通过计算可进一步得到 F 取值为 37.62，在给定显著水平 α 为 0.05 时，查表可知 $F_{0.05}(1,\ 12) = 4.75$。由于 $F > F_{0.05}(1,\ 12)$，所以拒绝 H_0。

通过回归分析及参数与模型的检验，得到了基于随机前沿生产函数的智能电网效率评估的数学表达形式。将基本数据代入智能电网效率评估模型中，可获得 15 个电网公司在智能电网建设过程中的技术效率与分配效率指标值，如表 6.1 所示。

表 6.1 效率指标结果及两种方法的数据比较

序 号	技术非效率项 u_i	技术效率(SFM 法)	技术效率(DEA 法)	分配效率
1	0.05	0.954	1	0.92
2	0.15	0.860	0.772 4	0.76
3	0.06	0.938	1	0.89
4	0.13	0.881	0.932 8	0.79
5	0.26	0.771	0.653 7	0.62
6	0.08	0.925	0.998 2	0.87
7	0.85	0.426	0.407	0.21
8	0.31	0.736	0.622 2	0.57
9	0.16	0.855	0.759 1	0.75
10	0.32	0.725	0.621 4	0.55
11	0.13	0.878	0.806 6	0.79
12	0.16	0.849	0.740 1	0.74
13	0.55	0.579	0.525 7	0.37
14	0.75	0.471	0.459 7	0.25
15	0.81	0.443	0.435 7	0.22

根据表 6.1 中的技术效率与分配指标计算结果，可以看到电网公司 1、3、6 的技术效率较高，而电网公司 7、14、15 的技术效率处于较低水平。本章采用的方法得到的技术效率结果与 DEA 法相比，可知在评估技术效率大小次序上，两种方法得到的排序结果是一致的。之所以两者的技术效率指标值的大小不同，是因为两种方法在对数据进行处理时采取的方式是不同的。需要注意的是，DEA 得到的技术效率评价值通常会出现样本数据 100%有效的结论，如表 6.1 中电网公司 1、3 的技术效率指标值，而采用随机前沿生产函数的评价模型由于计及了误差项及组织管理中的非效率项，较少出现这样极端的评价值，而且经过随机前沿生产函数法得到的指标值还能有效辨识出在技术效率相近的情况下电网公司之间技术效率存在的差异，但 DEA 往往给出两者相等的结论。

分配效率的数据结果表明在不同电网公司的分布规律与技术效率相似，技术效率较高的企业往往也具有较高的分配效率。然而，电网公司之间的分配效率指标值分布差异却较大，例如，电网公司 1 在智能电网建设中具有较强的资源优化配置能力，而电网公司 7、14、15 的资源优化配置能力表现较弱。

从整体上看，15 个电网公司在智能电网建设上存在技术效率较高、分配效率较低的现象(技术效率均值为 0.75、分配效率均值为 0.62)。这说明在这特定的时期中，由于采用了先进的智能电网技术，可获得较高的产出收益，但在资源优化配置方面，尚处于较低水平。

为了进一步凸显智能电网的发展目标和建设的效果，并考虑到数据的可获取性，通过灵敏度分析来研究改变生产要素投入方式对效率评估模型的影响，新增经济量指标包括：投入变量 5，输电网网络损失成本；投入变量 6，发电侧区外来电购电成本；投入变量 7，需求侧响应的投入成本。

设定如下场景：场景 1 为基本数据集，场景 2 为基本数据集及新增投入变量 5，场景 3 为基本数据集和新增投入变量 5、6、7，场景 4 为基本数据集和新增投入变量 6、7。不同场景下采用随机前沿生产函数法计算得到的技术效率与配置效率结果如图 6.3 和图 6.4 所示。图 6.3 数据结果表明部分电网企业如 1、2、3、4、5、7、11、13、14 表现出采用多种投入同时增加的方式相比于单独增加投入的方式能够有效提高电网企业的技术效率，可见，生产要素的投入方式能够一定程度地影响电网企业的技术效率水平。然而，仍有一些电网企业如 6、8、9、10、15 却表现出不同投入方式对技术效率影响的无差异性。这是由于技术效率主要是由技术非效率项所决定，而技术非效率通常代表着电网企业的管理机制。先进的管理机制作为外部环境的一种保障，能够保证投入的生产要素得到充分的发挥，进而提高电网企业的技术效率。因此，管理机制是提高技术效率的前提条件，在此基础上采用多种投入要素同时增加的生产方式能够最为有效地增强电网企业的技术效率水平。

随着智能电网建设中应用到更多的先进技术并逐渐采用先进的管理机制，电网企业的技术效率将得到有效提升。根据技术效率与配置效率之间的强相关联系，这也必将促使其资源优化配置能力得到加强。原因是两者之间存在耦合关系，如式(3.22)。图 6.4 的配置效率结果表明，电网企业 1、2、3、4、7、11、12 采用多种投入同时增加的方式比单独投入方式具有更高的配置水平，其余电网企业在采用不同投入方式时，其配置效率表现为变动较小或者恒定不变。一般情况下，具有较高技术效率的电网企业往往也具有较好的配

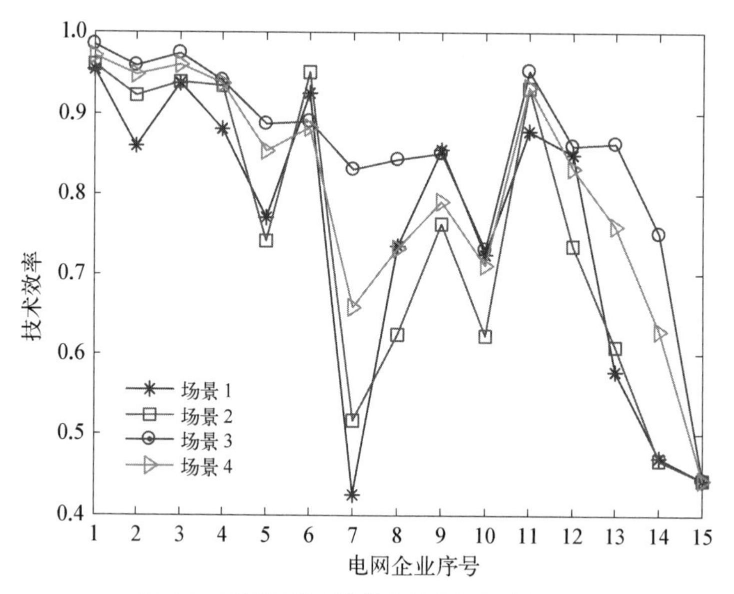

图 6.3 不同场景下的技术效率指标计算结果

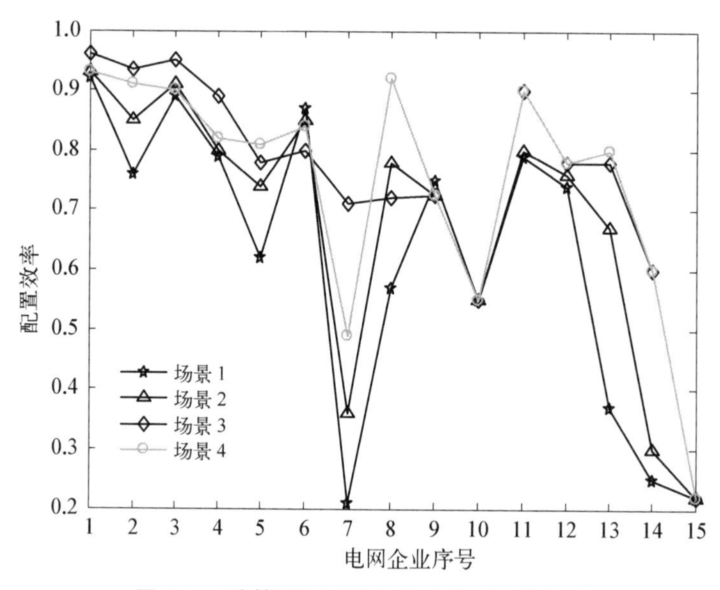

图 6.4 不同场景下的配置效率指标计算结果

置效率，这表现为电网企业 1、2、3、4、7、11。但配置效率主要由技术效率和弹性系数两者共同决定，其中弹性系数是通过参数估计获得并作为模型中的拟合系数，不同的生产要素投入方式通过参数估计将得到不同的弹性系数值。采用多种要素同时投入的电网企业 5、13、14 尽管能够较大程度上提高电网的技术效率，考虑到改变生产要素投入方式对弹性产出系数的影响，并未有效地提升其对资源进行有效配置的分配水平。

因此，电网企业的技术效率及配置效率水平与其管理机制、生产要素的投入方式等因素有着较强的相关性。在智能电网建设与规划过程中，需要引入更多的先进技术，同时采用科学、有效的管理机制，才能获得更高的技术效率与配置效率，展现先进的技术水平和高效的资源优化配置能力。

对智能电网低碳技术效率进行评价，首先需要建立低碳技术效率评价指标集，然后在此基础上量测数据、进行模型运算与结果评估。低碳技术效率评价指标集作为低碳技术评价指标体系的子集，其内部指标均来自低碳技术评价指标体系，并且技术效率评价指标集中的低碳投入指标均为进程型指标，低碳产出指标均为效果型指标。

为了叙述方便且易于理解，本算例在第3章智能电网低碳技术评价指标体系的基础上梳理各类清洁发电技术、绿色输电技术和环保用电技术的三层指标，对各低碳技术的电力生产投入要素和产出要素进行分析，筛选、提炼出低碳投入指标和产出指标。表6.2列出了适用于本算例的低碳技术效率评价指标子集中的投入指标和产出指标。

表6.2 低碳技术效率评价指标集

评估角度	低碳技术效率评价指标名称、代号及单位	
	低碳投入指标	低碳产出指标
电源侧 A	清洁能源装机比例 A_1(%) 高效火电装机比例 A_2(%) 网厂协调装置规模 A_3(%)	单位发电 CO_2 排放量 O_1^*[g/(kW·h)]
电网侧 B	储能技术应用比例 B_1(‰) 分布式电源接入率 B_2(‰) 智能变电站容量比 B_3(%)	网络损耗率 O_2^*(%)
用电侧 C	智能表计普及率 C_1(%) 电动汽车渗透率 C_2(‰) 信息采集系统覆盖率 C_3(%)	平均峰谷差率 O_3^*(%)

注：需要特别注意的是，带*号标志的三个低碳产出指标为逆指标，后续过程需参照式(6.3)及其相关说明进行正向化处理。

可见，表6.2中的9项低碳投入指标表征智能电网低碳化进程中所需的成本投入，3项低碳产出指标则表征智能电网全产业链带来的低碳效益，该评价指标集将作为低碳技术效率评价模型数据量测的依据。

现利用低碳技术效率评价指标集与PCA-SE-DEA模型对省级智能电网的低碳技术效率进行评价。选取上海、江苏、浙江、安徽、福建、广东、广西、云南、贵州、海南10个省市的电力系统为样本，组成低碳技术效率评估对象集，选取某固定年份作为评估基准年，调研、查阅、整理省级电网公司生产运行资料得到低碳技术效率评价所需的原始数据如表6.3所示。

表6.3 低碳技术效率评价原始数据

待估电网	A_1 /%	A_2 /%	A_3 /%	B_1 /‰	B_2 /‰	B_3 /%	C_1 /%	C_2 /‰	C_3 /%	O_1^* /[g/(kW·h)]	O_2^* /%	O_3^* /%
上海	2.25	59.14	42.7	17.9	10.2	5.9	68.7	9.5	83.2	223	3.15	35.1
江苏	7.29	45.71	34.4	26.5	7.3	2.5	41.3	8.6	54.3	215	3.64	17.7
浙江	4.85	52.33	31.3	27.9	5.6	3.3	47.9	11.5	62.1	238	4.28	33.1
安徽	3.63	40.27	29.0	15.1	2.8	2.0	40.3	9.1	73.7	373	6.76	26.7
福建	33.74	21.02	38.1	24.4	4.1	1.2	32.4	12.7	23.8	190	4.73	31.9

续 表

待估电网	A_1 /%	A_2 /%	A_3 /%	B_1 /‰	B_2 /‰	B_3 /%	C_1 /%	C_2 /‰	C_3 /%	O_1^* /[g/(kW·h)]	O_2^* /%	O_3^* /%
广东	26.18	39.48	17.9	18.0	4.5	14.8	33.1	8.3	45.4	192	5.04	41.7
广西	51.71	24.96	12.8	10.3	2.4	9.5	13.8	2.6	43.6	201	5.96	27.6
云南	68.87	10.20	10.6	13.2	1.3	9.3	29.0	4.0	56.3	196	6.78	23.1
贵州	55.60	9.34	11.3	12.8	2.8	8.6	26.3	2.8	27.5	255	6.89	30.3
海南	31.42	13.29	19.8	9.1	1.7	7.7	30.4	7.6	42.7	159	7.05	29.0

首先求取 LIPF 与 LIPC。参照主成分分析计算步骤对低碳投入指标 A_1、A_2、A_3、B_1、B_2、B_3、C_1、C_2、C_3下的原始数据进行运算，得到 LIPC 的特征值分布如表 6.4 所示，数字精确到小数点后三位。

表 6.4　低碳投入主成分特征值分布

$LIPC_i$	特征值分布情况		
	特征值大小 δ_i	方差贡献率 ω_i	累积贡献率 ρ_i
1	5.954	66.157	66.157
2	1.410	15.663	81.820
3	0.652	7.241	89.061
4	0.373	4.139	93.200
5	0.319	3.544	96.745
6	0.208	2.311	99.055
7	0.073	0.814	99.869
8	0.011	0.123	99.993
9	0.001	0.007	100.000

根据表 6.4，可以得到显著性水平 α 与 LIPC 数量 l 之间的关系，进而根据评价者对 α 值的设定决定 l 的取值，α 与 l 之间的关系如表 6.5 所示。

表 6.5　α 与 l 之间的对应关系

α 取值范围	l	α 取值范围	l
$0 \leqslant \alpha < 66.157\%$	0	$96.745\% \leqslant \alpha < 99.055\%$	5
$66.157\% \leqslant \alpha < 81.820\%$	1	$99.055\% \leqslant \alpha < 99.869\%$	6
$81.820\% \leqslant \alpha < 89.061\%$	2	$99.869\% \leqslant \alpha < 99.993\%$	7
$89.061\% \leqslant \alpha < 93.200\%$	3	$99.993\% \leqslant \alpha < 100\%$	8
$93.200\% \leqslant \alpha < 96.745\%$	4	$\alpha = 100\%$	9

由表 6.5 可见，显著性水平必须取到 66.157%以上，才能构成有效的 LIPC。不失一般性，取显著性水平 $\alpha=90\%$，则 LIPC 的数量 $l=3$，根据式(6.6)给出的定义可以计算出 $LIPF_1$、$LIPF_2$、$LIPF_3$分别为 0.742 8、0.175 9 和 0.081 3，与之相对应的 $LIPC_1$、$LIPC_2$、$LIPC_3$的表达式按照定义列写为

$$\begin{aligned}\mathrm{LIPC}_1 = & -0.154A_1 + 0.150A_2 + 0.157A_3 \\ & + 0.124B_1 + 0.143B_2 - 0.101B_3 \\ & + 0.149C_1 + 0.136C_2 + 0.103C_3\end{aligned} \tag{6.17}$$

$$\begin{aligned}\mathrm{LIPC}_2 = & -0.052A_1 + 0.226A_2 - 0.157A_3 \\ & - 0.320B_1 + 0.162B_2 + 0.391B_3 \\ & + 0.210C_1 - 0.298C_2 + 0.466C_3\end{aligned} \tag{6.18}$$

$$\begin{aligned}\mathrm{LIPC}_3 = & +0.130A_1 + 0.236A_2 - 0.094A_3 \\ & + 0.529B_1 + 0.504B_2 + 0.781B_3 \\ & - 0.046C_1 + 0.039C_2 - 0.553C_3\end{aligned} \tag{6.19}$$

将标准化后的原始数据代入上述三个公式，最终得到 LIPC_1、LIPC_2、LIPC_3 的计算结果如表6.6所示。经验证，LIPC_1、LIPC_2、LIPC_3 三者之间的协方差矩阵为单位阵，即碳投成分彼此相互独立，通过相关性校验，碳投成分计算结果有效。

表6.6　碳投成分计算结果

待估电网	LIPC_1	LIPC_2	LIPC_3
上海	1.533	1.536	0.051
江苏	0.898	−0.451	0.432
浙江	1.069	−0.375	0.258
安徽	0.492	0.221	−1.984
福建	0.305	−2.305	0.216
广东	−0.228	0.696	1.925
广西	−1.129	0.458	0.015
云南	−1.110	0.459	−0.481
贵州	−1.170	−0.141	0.389
海南	−0.661	−0.097	−0.820

根据碳投成分因子载荷矩阵，绘出以 LIPC_1、LIPC_2、LIPC_3 为三维直角坐标轴的低碳技术效率评价指标载荷图，如图6.5所示。

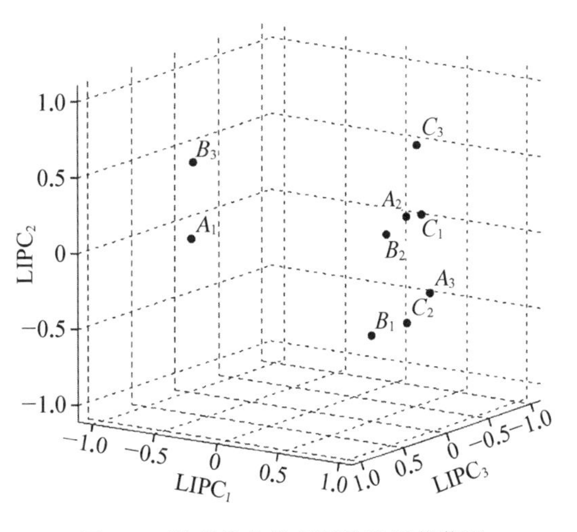

图6.5　低碳技术效率评价指标载荷图

结合低碳技术效率评价指标载荷矩阵可以看出，LIPC_1、LIPC_2、LIPC_3 与原评价指标的总体相关性依次递减，承载原有低碳评价信息量的规模也逐渐缩减，体现出碳投成分在PCA-SE-DEA模型中的地位不均等性，而这种不均等性造成的赋权差异由碳投因子来表征。

接下来，将LIPC与LIPF的值代入式(6.10)所示的低碳技术效率评估模型，模型

中其他已知参数有 $n=10$、$s=3$。最后，求解该优化模型得到各待估省市电力系统低碳技术效率指数 LTEI，并按从大到小排序，如图 6.6 所示。

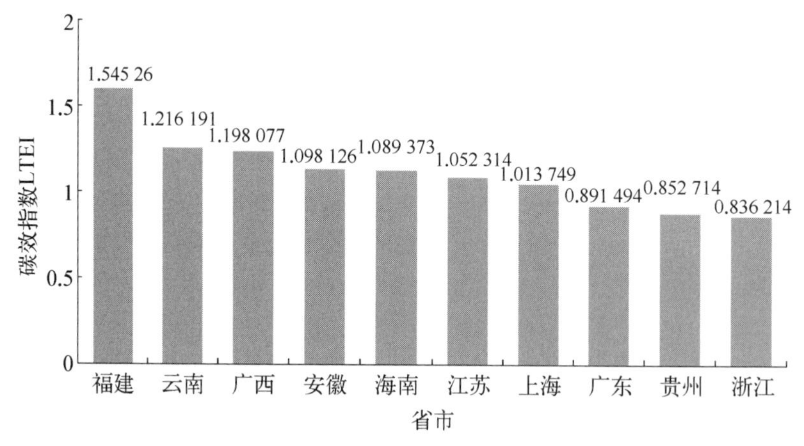

图 6.6 不同省市低碳技术效率指数对比

图 6.6 清楚地给出了 10 个省市智能电网低碳技术效率的横向测评结果，由图可见，福建智能电网低碳技术效率最高，云南、广西紧随其后，其中，清洁能源装机容量特别是水电装机容量大、发展水平高是低碳技术效率高的主要因素；安徽、海南、江苏、上海 4 省市 LTEI 略高于 1，表明其低碳技术效率已达到各自最优水平，但在评估范围内效率值适中；广东、贵州、浙江 3 省 LTEI 均小于 1，表明其低碳效率并未最优化，如智能变电站改造、储能技术应用的低碳减排效益未达到预期等。横向测评结果明确指出评估对象智能电网生产建设过程中低碳投入产出是否达到最优化，并给出相对低碳技术效率的量化值，其参考作用随评估对象数量的增多而增大。

PCA - SE - DEA 模型的参数灵敏度可以从两个方面展开分析。

(1) 研究显著性水平 α 与评价结果准确性之间的关联。

由于显著性水平 α 直接决定 LIPC 的数量 l，从而间接改变模型的约束条件，研究显著性水平 α 对评价结果带来的影响很有必要。令 α 分别取值 85%、90%、95%、99%，对应的 LIPC 数量分别为 2、3、4、5，四种情况下低碳技术效率评价结果的对比如图 6.7 所示。

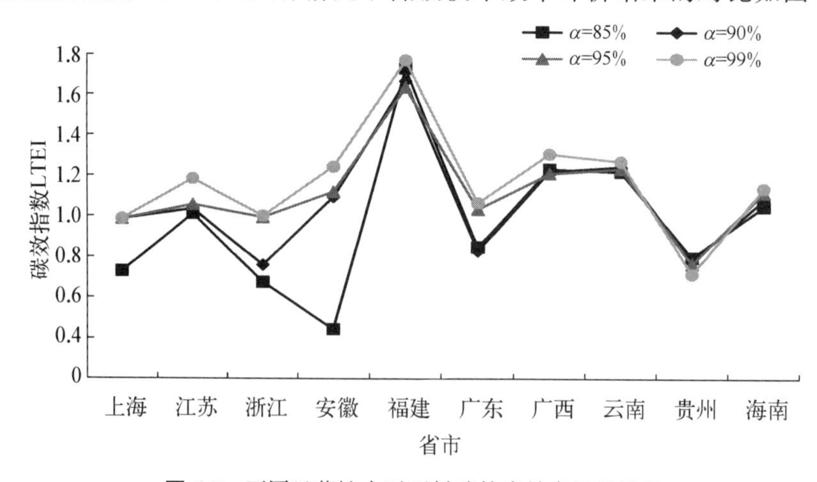

图 6.7 不同显著性水平下低碳技术效率评价结果

可见，随着显著性水平 α 的上升，更多携带低碳投入要素信息的 LIPC 被引入模型之中，使得低碳技术效率指数 LTEI 的评价结果曲线趋于一致，评价结果稳定可靠。

(2) 研究指标体系规模与评价结果稳定性之间的关联。

由于低碳技术效率评价仅仅是智能电网低碳技术评价的一个方面，技术效率评价指标集是低碳评价指标体系的一个子集，实际评价操作过程中，指标集不可避免地出现内部指标删减等规模结构上的变化，而评价指标集的变化对评价结果稳定性的影响程度直接关系评价模型的优劣。

为研究评价指标体系与评价结果稳定性之间的关系，现给定四个不同场景，如表 6.7 所示，分析当显著性水平 $\alpha=99.9\%$ 时指标体系变化对低碳技术效率评价的影响。

表 6.7　不同场景下的低碳技术评价指标集

场景编号	低碳投入评价指标	低碳产出评价指标
1	$A_1\ A_2\ A_3$	$O_1^*\ O_2^*\ O_3^*$
2	$A_1\ A_2\ A_3\ B_1\ B_2\ B_3$	$O_1^*\ O_2^*\ O_3^*$
3	$A_1\ A_2\ A_3\ B_1\ B_2\ B_3\ C_1\ C_2$	$O_1^*\ O_2^*\ O_3^*$
4	$A_1\ A_2\ A_3\ B_1\ B_2\ B_3\ C_1\ C_2\ C_3$	$O_1^*\ O_2^*\ O_3^*$

将不同场景下低碳技术效率评价结果绘制成图，如图 6.8 所示，由此可知，指标数量较少的场景 1 下的评估结果曲线偏差度较高，而仅存在 1 个低碳投入评价指标差异的场景 3 和场景 4 的评估结果曲线相似度很高，说明当指标体系达到一定规模后，评估结果趋于稳定，不随指标增减而变动，反映出低碳技术效率评价 PCA - SE - DEA 模型具备较强的独立性和客观性。

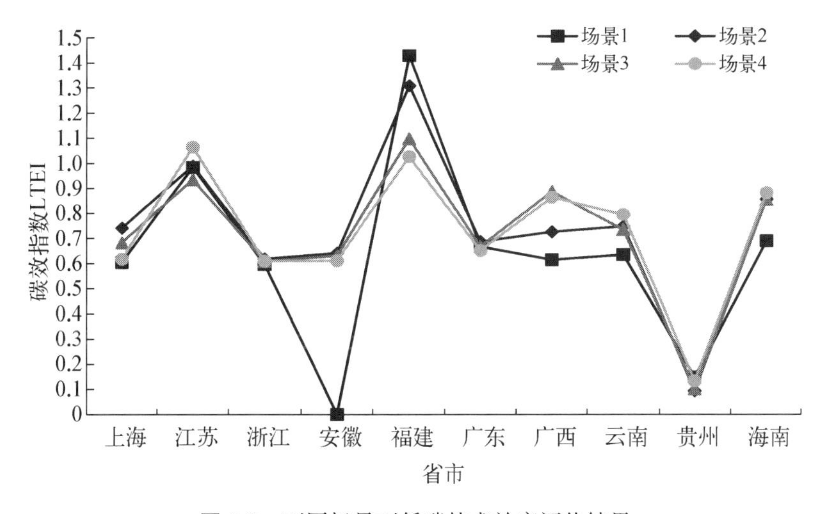

图 6.8　不同场景下低碳技术效率评价结果

参考文献

[1] Barros C P, Peypoch N. Technical efficiency of thermoelectric power plants [J]. Energy Economics, 2008,30(6): 3118 - 3227.

[2] Lee M. The effect of sulfur regulations on the U.S. electric power industry: a generalized cost approach [J].Energy Economics, 2002,24(5): 491 - 508.

[3] Bagdadioglu N, Price C M W, et al. Efficiency and ownership in electricity distribution: a nonparametric model of the Turkish experience [J].Energy Economics, 1996,18(1 - 2): 1 - 23.

[4] Lglesias G, Castellanos P, Seijas A. Measurement of productive efficiency with frontier methods: a case study for wind farms [J].Energy Economics, 2010,32(5): 1199 - 1208.

[5] Tone K, Tsutsui M. Decomposition of cost efficiency and its application to Japanese-US electric utility comparisons [J]. Socio-Economic Planning Sciences, 2007,41(2): 91 - 106.

[6] 余修斌,任若恩.全要素生产率、技术效率、技术进步之间的关系及测算[J].北京航空航天大学学报:社会科学版,2000,13(2): 18 - 23.

[7] Paul C J M, Siegel D S. Scale economics and industry agglomeration externalities: a dynamic cost function approach [J].The American Economic Review, 1999,89(1): 272 - 290.

[8] 姚建国,赖业宁.智能电网的本质动因和技术需求[J].电力系统自动化,2010,34(2): 1 - 5.

第7章

智能电网技术进步评估

7.1 概述

智能电网是电网未来发展的变革方向，是将众多新技术与现有电网设施结构高度融合的现代电网。技术作为推进电网智能化进程的重要元素，先进的智能电网技术在此过程中发挥着显著性的作用。因此，量化评估技术的发展水平，评价新技术对智能电网发展的贡献，不仅能够反映电网技术进步的程度，还可以衡量新技术带来的经济效益。技术进步评价来自工业领域和企业管理中的生产能力和经济效益的分析。对于智能电网环境下的技术进步评价，是指在传统电力工业领域内所开展的技术生产效率测算的基础上引入先进的智能电网技术后，进行系统的、综合的技术水平发展评价。在技术生产效率和技术进步的评价方法研究上，目前已形成了三大研究框架，分别为平均生产函数框架、确定性前沿生产函数框架以及随机前沿生产函数框架[1]。对于平均生产函数框架，其主要的研究方法是索洛等学者提出的生产函数测算模型；确定性前沿生产函数框架和随机前沿生产函数框架下对应的研究方法分别为数据包络分析法和随机前沿分析法。与平均生产函数框架相比，后两种方法考虑了技术效率变化和随机扰动因素对产出的影响，在处理和建立智能电网的投入产出关系时使问题变得更加复杂。基于此，本章提出一种能够反映智能电网中技术发展特征的评价方法——基于生产函数的智能电网技术进步评估方法。评估思路为通过对智能电网中的收益、投资、劳动力及技术要素之间相互关系进行定量测算，获得表征智能化程度的先进技术对经济收益的贡献程度，以此来反映电网在推进智能化建设中取得的效果。算例分析结果表明，所提出的技术进步评估方法不仅可以对智能电网运营状态进行成本效益分析，而且能够间接地反映先进技术促进电网智能化发展的程度。

7.2 技术进步评估模型

7.2.1 广义生产函数模型

从电力传输遍及电能生产、输送、消费的各环节看，智能电网可视为采用大规模投资用于改善或提高电网中的各装备技术性能和系统整体技术水平的系统工程，同时要求电网在管理方面表现得更加完善与高效，整个发展过程体现出经济学上通过资本注入提高技术水平的生产方式，同时增强了劳动者从事生产的素质。因此，智能电网发展符合经济学意义上的生产函数各要素所满足的一般规律，进一步地展示智能电网与理论模型之间的对应关系如图 7.1 所示。

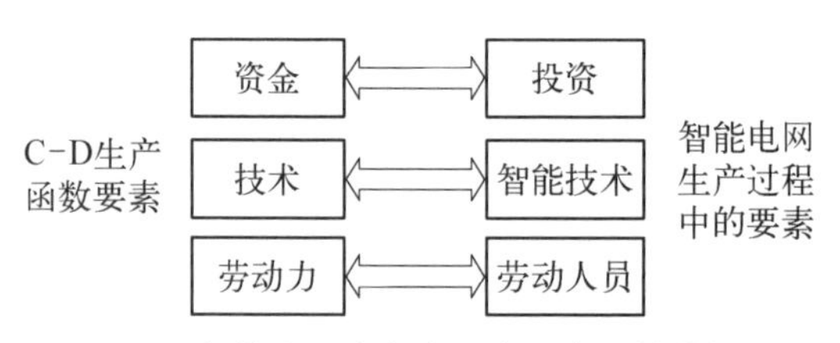

图 7.1 智能电网中各类生产要素比较分析图

按照 C-D 生产函数模型中的变量定义与特征，映射于智能电网中的各经济量主要包括投资量、劳动力投入量和收益量。将电能在生产、输送、消费过程中涉及的所有经济型和实物型资本投入归入资本投入要素 K，所有人力资源投入要素归入劳动力投入量 L，智能电网带来的经济效益设定为经济产出量 Y。具体细分为：投资量为电网智能化进程中为实现建设目标所投入的各类软硬件设备所产生的成本；劳动量通常用劳动人数或劳动时间来衡量，其范围一般包括从事智能电网运行管理的人员；收益量为智能电网建设过程中产生的增值收益部分。

对于智能电网中各经济量的选取，可以采用如下依据，即智能电网在其实现某一特定的规划目标时，共要投入 s 项技术或设备，最终的收益将以 m 种方式收回，如图 7.2 所示。根据设定的经济量指标值，采用 C-D 生产函数估算出先进技术对经济产出的贡献程度，通过获得的贡献度指标值来量化评估新技术在促进智能电网发展上带来的经济效果，同时也从侧面反映了智能电网技术的发展程度。

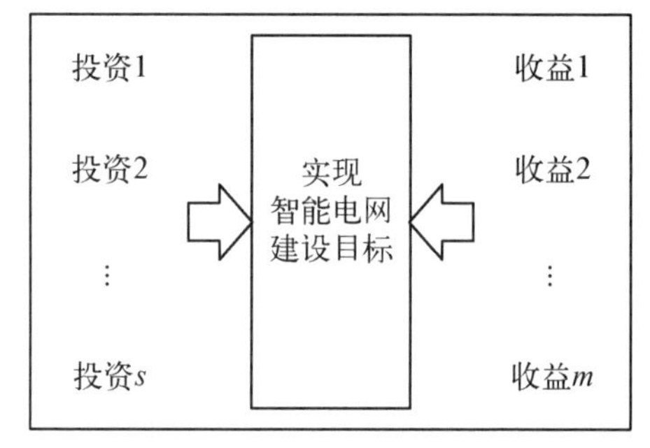

图 7.2 智能电网投资收益图

为了进行智能电网低碳技术进步评价，需要建立主成分分析广义生产函数(PCA-GPF)模型。该模型是基于生产函数理论，采用主成分分析改进投入产出变量，建立智能电网低碳电力生产过程的广义生产函数模型，完成对低碳技术的测算与评价。广义生产函数建模过程如下。

假设智能电网生产系统的投入量为 $x_1, x_2, \cdots, x_n$，经济产出量为 Y，时间变量为 t，那么广义生产函数的一般形式为

$$Y=F(x_1, x_2, \cdots, x_n, t) \tag{7.1}$$

两边求微分得

$$\mathrm{d}Y=\frac{\partial F(x_1, x_2, \cdots, x_n, t)}{\partial t}\mathrm{d}t+\sum_{i=1}^{n}\frac{\partial F(x_1, x_2, \cdots, x_n, t)}{\partial x_i}\mathrm{d}x_i \tag{7.2}$$

两边同时除以经济产出量 Y 得

$$\frac{\mathrm{d}Y}{Y}=\frac{\partial F(x_1, x_2, \cdots, x_n, t)}{\partial t}\frac{\mathrm{d}t}{Y}+\sum_{i=1}^{n}\left[\frac{\partial F(x_1, x_2, \cdots, x_n, t)}{\partial x_i}\frac{x_i}{Y}\right]\frac{\mathrm{d}x_i}{x_i} \tag{7.3}$$

转化为差分方程，取单位时间 $\mathrm{d}t=1$，用 ΔY 取代 $\mathrm{d}Y$ 得

$$\frac{\Delta Y}{Y}=\frac{\partial F(x_1, x_2, \cdots, x_n, t)}{\partial t}\frac{1}{Y}+\sum_{i=1}^{n}\left[\frac{\partial F(x_1, x_2, \cdots, x_n, t)}{\partial x_i}\frac{x_i}{Y}\right]\frac{\Delta x_i}{x_i} \tag{7.4}$$

定义

$$y=\frac{\Delta Y}{Y} \tag{7.5}$$

$$\mu_i=\frac{\Delta x_i}{x_i} \tag{7.6}$$

$$\delta_i=\frac{\partial F(x_1, x_2, \cdots, x_n, t)}{\partial x_i}\frac{x_i}{Y} \tag{7.7}$$

$$a=\frac{\partial F(x_1, x_2, \cdots, x_n, t)}{\partial t}\frac{1}{Y} \tag{7.8}$$

式中，y 为产出增长率；μ_i 为投入要素变化率；δ_i 为生产要素弹性产出系数，表示投入要素变动对经济产出增长的贡献；a 为技术进步率，表示除可投入的生产要素外，劳动者知识、智力等其他因素对产出增长的集约贡献，即产出增长中技术进步因素的推动作用。综上，以变化率形式表示的广义生产函数关系为

$$y=a+\sum_{i=1}^{n}\delta_i\mu_i \tag{7.9}$$

式(7.20)即为广义生产函数(generalized production function, GPF)模型。在此模型中，低碳技术进步率 a 通过做差求解得到，此方法称为求解技术进步率的索洛余值法。此外，表征低碳技术进步水平的考察指标还有技术产出贡献度 S_a 以及技术进步倾向 ξ。

鉴于智能电网建设是一项长期、复杂、艰巨的系统工程，低碳电力投入产出生产要素众多且广泛分布于发电、输电、变电、配电、用电、调度、通信等各个电力生产消费环节，可将其归为实物型与价值型混合投入产出模型。现将电力生产输送消费链中的所有经济型与实物型资本投入归为资本投入总规模 K，所有人力劳动成本投入归为劳动投入总人数 L，最终智能电网建设低碳经济收益归为经济产出总效益 Y。注意到，此时广义生产函数模型中的实际投入要素仅剩两项。

借助资本投入总规模 K、劳动投入总人数 L、经济产出总效益 Y 三项生产要素，可以在广义生产函数模型的基础上分别计算得到低碳电力资本总投入规模年平均增长速度、低碳电力劳动者总人数年平均增长速度和智能电网低碳工程效益总规模年平均增长速度三大生产要素变化率。

若以年度为低碳技术进步率的考察单位，则资本投入总规模 K 包括智能电网低碳生产过程中每年所投入的全部资本要素，可由智能变电站建设投资、分布式储能系统新增容量、智能电表新增覆盖率等多项评价指标表征。劳动投入总人数 L 为低碳电力生产建设各个环节中创造生产力的劳动人数之和，可用年度实际在岗人数来表征。经济产出总效益 Y 为低碳电力生产过程所创造的效益总成，可用 CO_2 减排节约的碳税、清洁能源售电效益等指标来表征。

在实际测算过程中，三项生产要素特别是资本投入规模 K 下的各评价指标数量多且量纲各异，统一折算成资金计算操作难度大，此时采用 PCA 对 K、L、Y 下的指标值进行主成分分析，用综合主成分投资量、劳动量和收益量来表征 K、L、Y 会很好地解决以上问题，并且具有以下优点。

(1) 综合主成分评价指标 K、L、Y 在最大程度表征原指标体系信息量的同时极大地缩减了原指标体系规模，同时减少了信息的交叉重叠，避免评价指标的反复冗杂，增强了评价结果的客观性。

(2) 提取出的主成分通过因子系数矩阵分配 K、L、Y 下各指标以不同权重，去除了主观性干扰因素，使低碳技术进步率、低碳技术对产出的贡献度等定量评价值更加准确可靠。

(3) 由于可以处理实物型资本的投入测算，可将更多投入产出因素考虑在内，增强了生产函数模型测算、评价智能电网低碳技术进步水平应用的广泛性。

7.2.2 C-D 生产函数的适用性分析

应用C-D生产函数分析智能电网中先进技术对电网智能化发展贡献度的基本条件，是需要对提出的生产函数模型进行适用性检验，其意义在于建立的模型不仅要满足经济学的发展规律，还要符合生产函数的基本原理。

文献[2]提出了应用C-D生产函数进行技术进步评价分析的前提条件，对其归纳总结如下。

(1) 生产要素中仅包括劳动力和资本，其余要素均可认为包含在此两者中或可忽略。

(2) 待评估的对象处于完全竞争的市场环境下，资本和劳动要素均以其边际产量作为报酬，并遵循经济规模上边际报酬递减规律。

(3) 生产要素中资本和劳动获得完全利用，即劳动和资本投入达到最佳配合，并且可以得到最大产出效益。

对于C-D生产函数待满足的适用性检验条件，需要进一步分析其在智能电网技术进步评估中的可行性。对于条件(1)，基于智能电网的投资规划特点，其投入要素可假定为由通过资本投入获得的技术设备以及在电能生产、输送、管理各环节中的劳动人员所组成。对于条件(2)，智能电网建设中在某种技术水平和固定生产要素投入下具有达到最大产出效益的能力，因此使得经济处于竞争的市场条件的基本要求可视为能够满足。边际报酬递减法则是指随着某种投入要素等量地增加(其他投入因素保持不变),逐渐会达到某个阈值,该阈值之后,产出增量开始下降[3]。按照技术经济学的理论,技术的创造、应用与发展均要满足S形曲线规律,即当投入要素达到技术生命周期曲线的拐点时,技术发展将由产出加速型转变为产出减少型。可见,条件(1)、(2)能够得到满足。

对于条件(3),可通过数学上的评判方法加以检验,本书采用DEA方法作为判别的理论依据。DEA是美国运筹学家Charnes和Cooper提出的以技术效率为理论基础的定量评估方法,可用于分析多输入、多输出的生产效率评估问题[4],并已成功地应用于电力系统中电网规划决策[5]、黑启动方案优化[6]等诸多领域研究中。作为一种线性规划的优化方法,DEA以凸分析和线性规划为理论基础,针对一组关于生产系统中DMU的输入、输出样本观测值来估计该系统的生产前沿面,并在以不同评估对象构成的生产可能集的范围内,判断各DMU是否达到效率最优,并计算出相对效率最优时的相对效率值[7]。

DEA的基本分析思路如图7.3所示,其中,方框内为一个完整的生产决策系统,可以视作智能电网中某电力生产环节的系统理想模型,虚线上部分为模型的输入变量,虚线下部分为模型的输出变量,方框矩阵内任意列视为一个独立的DMU,而每个DMU为一个待评估对象,包含系统完整的输入输出信息,该系统由n个DMU组成,所有的DMU构成了该生产系统的生产可能集,所有的效率趋优的DMU集合成该生产系统的生产前沿面,表示系统内的最大投入产出能力。图7.3中$\boldsymbol{x}_j=(x_{1j}, x_{2j}, \cdots, x_{mj})^{\mathrm{T}}$与$\boldsymbol{y}_j=(y_{1j}, y_{2j}, \cdots, y_{sj})^{\mathrm{T}}$分别是第$j$个DMU的$m$维输入量和$s$维输出量;$\boldsymbol{v}=(v_1, v_2, \cdots, v_m)^{\mathrm{T}}$与$\boldsymbol{u}=(u_1, u_2, \cdots, u_s)^{\mathrm{T}}$分别为生产系统的$m$维输入量权重与$s$维输出量权重。

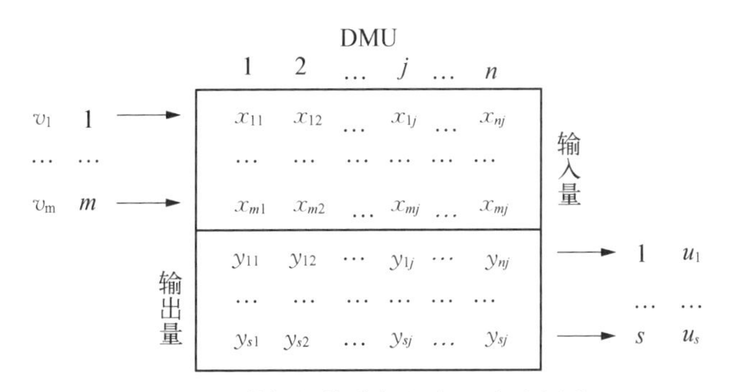

图7.3　数据包络分析基本思路示意图

DEA的典型应用是利用其C^2R模型评估技术在生产过程中的相对有效性,能够评价出当前是否为技术效率最佳状态以及规模效益类型。文献[7]提供了判别DEA是否有效的经典C^2R优化分析模型,即

$$\begin{cases} \max \boldsymbol{\mu}^{\mathrm{T}} B_0 \\ \text{s.t.} \quad \boldsymbol{w}^{\mathrm{T}} A_j - \boldsymbol{\mu}^{\mathrm{T}} B_j \geqslant 0 \\ \qquad \boldsymbol{w}^{\mathrm{T}} A_0 = 1 \\ \qquad \boldsymbol{w} \geqslant \boldsymbol{e}_s, \quad \boldsymbol{\mu} \geqslant \varepsilon \boldsymbol{e}_m \\ \qquad j = 1, 2, \cdots, n \end{cases} \tag{7.10}$$

式(7.21)的对偶规划模型为

$$\begin{cases}\min r-\varepsilon(\boldsymbol{e}_s^{\mathrm{T}}S+\boldsymbol{e}_m^{\mathrm{T}}M)\\ \text{s.t.}\quad \sum_{j=1}^{n}\lambda_j A_j+S=rA_0\\ \qquad \sum_{j=1}^{n}\lambda_j B_j+S=rA_0\\ \qquad \lambda_j\geqslant 0,\quad j=1,\cdots,n\\ \qquad S\geqslant 0,\quad M\geqslant 0\end{cases}\tag{7.11}$$

式中,A_j、B_j表示第j个评估对象的投入量与产出量;λ_j为第j个对象的决策变量;r为投入比例变量;ε为非阿基米德无穷小量;S、M分别为松弛变量和剩余变量;$\boldsymbol{e}_s\in\mathbf{R}^s$、$\boldsymbol{e}_m\in\mathbf{R}^m$,均为单位向量;$n$为对象数;$s$为投入变量种类数;$\boldsymbol{w}$、$\boldsymbol{\mu}$ 分别为经过 Charns - Cooper 变换后的输入、输出的权重系数;m为产出变量种类数。

判定 DEA 有效定理[8]:优化模型的最优解λ^*、S^*、M^*、r^*,满足$r^*=1$,且$S^*=0$,$M^*=0$,则 DEA 有效,即技术效率最佳。根据该有效性定理即可判断当前技术相对效率的状态。

7.2.3 测算智能电网技术进步的实现过程

图 7.4 为采用 C - D 生产函数测算智能电网技术进步的算法流程图,具体操作步骤如下。

(1) 参数选择及变量初始化。设定弹性产出系数α、β的数值及评价周期$t_{\max}$,通常采用权威统计部门(如国家统计局)推荐值,即$\alpha=0.3$,$\beta=0.7$。设基准年时刻为$t=1$。

(2) 统计并测算智能电网在时刻t内的经济量,包括收益Y、投资K及劳动量L。

(3) 应用 DEA 对t时刻内的投入、产出关系进行适用性检验,若测试结果满足相关的约束条件,则转到步骤(4);否则,判断是否需要调整智能电网建设的相关规划,以便能够对技术进步进行准确的量化测算。

(4) 采用几何法计算Y、K、L的年平均增长速度y、k、l,其理由是几何法能够刻画任意相邻间隔时间点的年发展水平同基准年之间的差异,并将此差异值作为观测量平均变化情况的表征依据。

$$y=\sqrt{Y_t/Y_0-1}\times 100\%\tag{7.12}$$

$$k=\sqrt{K_t/K_0-1}\times 100\%\tag{7.13}$$

$$l=\sqrt{L_t/L_0-1}\times 100\%\tag{7.14}$$

式中,Y_t、K_t、L_t分别为收益产出量、投资量和劳动投入量在第t年的观测值;Y_0、K_0、L_0分别为对应经济量的基准年数值。

(5) 计算出智能电网技术在电网智能化发展中速率a,并计算技术对智能电网产出效益的经济收益贡献度S_a。

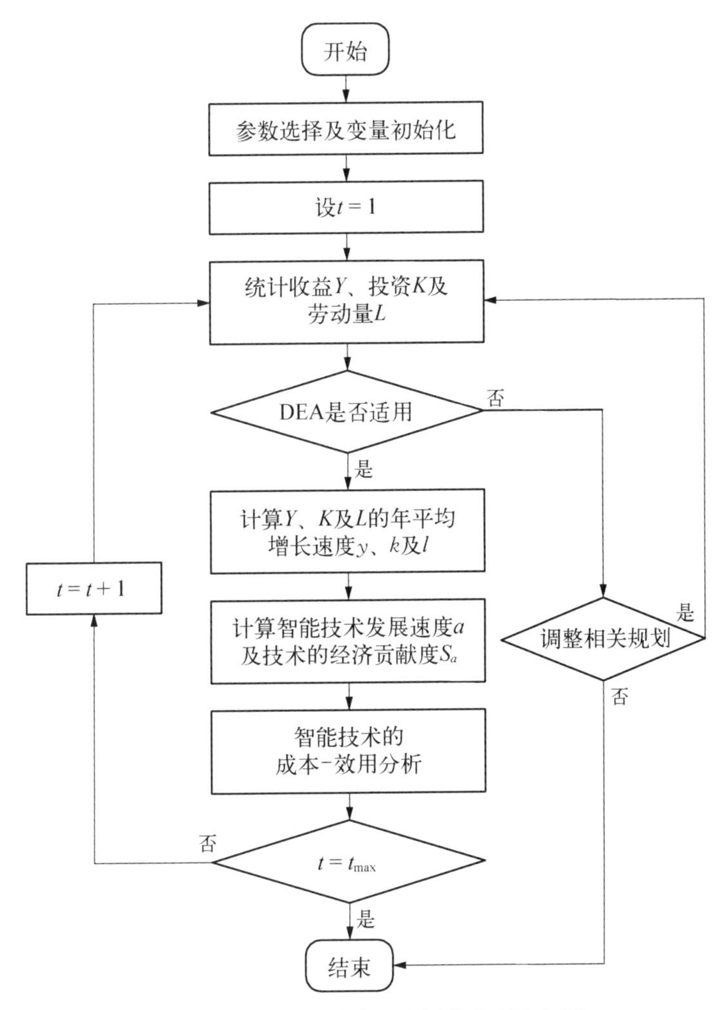

图 7.4　智能电网技术进步评价实现流程图

(6) 利用“产出投入比值”概念，测算技术对电网规划与运行影响的投资收益比，用来反映通过资本和劳动力投资实现的电网智能化效果能否完全以电网收益的形式进行回收。

(7) 判断迭代计算过程是否达到最大评价周期 t_{max}，若达到最大评价周期，则结束整个评价过程；否则，转到步骤(2)。

结合主成分分析理论及推导出的广义生产函数方程，建立低碳技术进步评价 PCA-GPF 模型，拟定电网智能化进程低碳技术进步评价方案，具体步骤如下。

(1) 参照已构建的智能电网低碳技术评价指标体系，从资本投入、劳动投入和经济产出三个方面遴选合适的评价指标组建智能电网低碳技术进步评价指标集，作为低碳技术评价指标体系的一个子集。

(2) 建立广义生产函数模型，进行参数及变量的初始化，资本、劳动弹性产出系数的选取可采用回归分析方法或采用国家统计局标准值，即 $\alpha=0.3$，$\beta=0.7$，评价周期 Δt 根据实际情况选择，本章以年为单位。

(3) 参照低碳技术进步评价指标集量测待评估智能电网各生产要素的实际数据，所

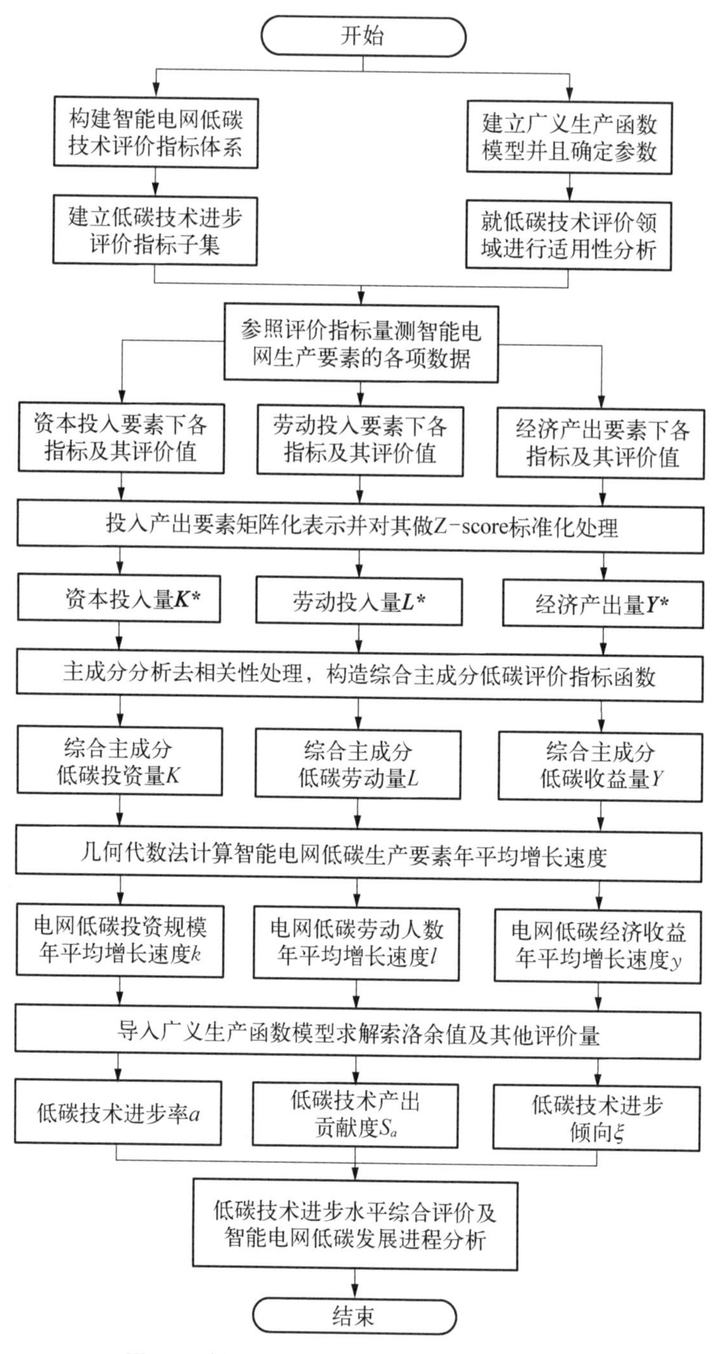

图 7.5 低碳技术进步 PCA－GPF 评价流程图

测数据分属资本投入、劳动投入和经济产出三大生产要素。

(4) 将低碳电力生产建设投入产出评价指标数据以矩阵形式表示，矩阵行向量由固定年份下的各项指标值组成，对原始评价数据矩阵进行 Z－score 标准化处理，得到三个标准化后的矩阵分别为资本投入量 $\boldsymbol{K}^*$、劳动投入量 $\boldsymbol{L}^*$、经济产出量 $\boldsymbol{Y}^*$。

(5) 利用主成分分析对矩阵 $\boldsymbol{K}^*$、$\boldsymbol{L}^*$、$\boldsymbol{Y}^*$ 进行降维及去相关性处理，分别构造综合

主成分评价指标函数并计算综合主成分低碳投资量、劳动量和收益量的指标值 K、L、Y。

(6) 利用几何代数法，由 K、L、Y 计算得到智能电网生产要素年平均增长速度，包括智能电网低碳投资规模年平均增长速度 k、低碳电力劳动人数年平均增长速度 l 和低碳经济收益年平均增长速度 y。

(7) 将 k、l、y 指标下每个评价周期内的各项数据导入广义生产函数模型求解表征低碳技术发展水平的三个评价量，即低碳技术进步率 a、低碳技术产出贡献度 S_a 和低碳技术进步倾向 ξ。

(8) 结合步骤(7)三个低碳技术进步评价指标的定量评价结果，分析电网智能化发展进程中的低碳技术效益并给出低碳技术进步的定性评价结论。

根据 PCA - GPF 评价方案的具体步骤，绘出智能电网低碳技术进步评价流程图，如图 7.5 所示。

7.3 算例分析

本节选取国家电网公司下辖某地区电网作为算例分析的参考对象，针对智能电网中清洁能源并网技术及低碳技术的发展状况评估问题，通过建立相应的生产函数模型，评价该地区电网技术进步水平与技术应用效果。

7.3.1 原始数据

1. 清洁能源并网技术规划方案

以智能电网未来建设目标之一，即适应并促进清洁能源发展为例，评估并分析在该目标下的生产函数关系及先进技术的发展水平。由《国家电网智能化规划总报告》可获得某地区智能电网未来十年发展中对于清洁能源并网技术的规划方案，如表 7.1 和表 7.2[9] 所示。设定第 1 年为评价的基准年，评价周期为 10 年。

表 7.1　清洁能源发展规划中投入量数据

年　份	投　　入　　量			
	投资 1：清洁能源装机容量/亿元	投资 2：大容量储能装置/万元	投资 3：电网网架建设/亿元	劳动人数/万人
1	23.8	65.00	2.50	1.49
2	25.1	72.00	3.00	1.50
3	27.6	75.89	3.10	1.51
4	30.4	82.27	3.40	1.54
5	32.5	85.58	3.60	1.55
6	35.4	92.17	3.91	1.57
7	37.7	97.06	4.10	1.59
8	38.5	95.13	4.25	1.61
9	39.3	101.05	4.44	1.65
10	42.1	110.00	4.82	1.64

表 7.2 清洁能源发展规划中产出量数据

年 份	产 出 量		
	收益 1：CO_2减排节约的碳税/万元	收益 2：减少化石能源装机容量带来的效益/亿元	收益 3：清洁能源售电效益/亿元
1	156	4.00	23.40
2	161	4.80	24.80
3	168	5.42	26.13
4	175	6.09	27.53
5	188	6.77	29.67
6	191	7.54	30.70
7	193	7.93	31.24
8	201	8.27	32.54
9	210	8.82	34.12
10	225	9.80	36.80

2. 智能电网低碳技术规划方案

表 7.3 为智能电网低碳技术规划方案，其中各指标数据值详见文献[7]。将此规划方案作为智能电网低碳技术进步评估的基础数据，结合基于生产函数框架下的技术进步评价流程，可进一步得到低碳环境下智能技术发展水平。

表 7.3 低碳技术规划方案的评价指标

评价指标类别	指标定义及量纲	指 标 代 号
技术资本投入评价指标	清洁能源新增装机容量(万 kW)	A_1
	高效火电机组新增装机容量(万 kW)	A_2
	风电及光电接入年辅助投资(亿元)	A_3
	电网网架结构改造工程年投资(亿元)	A_4
	柔性交直流输电装置新增容量(万 kW)	A_5
	智能变电站建设年投资(亿元)	A_6
	分布式储能系统新增容量(万 kW)	A_7
	电动汽车充电桩年建设数量(千个)	A_8
	智能小区年改造工程(百项)	A_9
	智能电表年度新增覆盖率(%)	A_{10}
	智能调度系统年建设投资(千万元)	A_{11}
	通信信息平台年建设投资(百万元)	A_{12}
	电力光纤到户年新增比例(%)	A_{13}
劳动投入评价指标	发电侧年在岗劳动人数(百人)	B_1
	输电侧年在岗劳动人数(百人)	B_2
	变电侧年在岗劳动人数(百人)	B_3
	配电侧年在岗劳动人数(百人)	B_4
	用电侧年在岗劳动人数(百人)	B_5
	调度侧年在岗劳动人数(百人)	B_6
	通信侧年在岗劳动人数(百人)	B_7
经济产出评价指标	减少化石能源装机容量带来的效益(亿元)	C_1
	节约电网建设费用带来的效益(亿元)	C_2
	降低网损率带来的经济效益(亿元)	C_3
	减少用电峰谷差带来的效益(亿元)	C_4
	CO_2减排节约的碳税(亿元)	C_5
	清洁能源售电效益(亿元)	C_6

7.3.2　结果分析

1. 清洁能源并网技术进步评估

根据表7.1和表7.2中某地区智能电网清洁能源未来发展规划方案，首先进行C-D生产函数的适用性检验。按照DEA优化模型，建立相应的智能电网投入产出关系。经优化计算分析，得到评价周期内不同时间点智能电网相对效率的最优解，如图7.6所示。

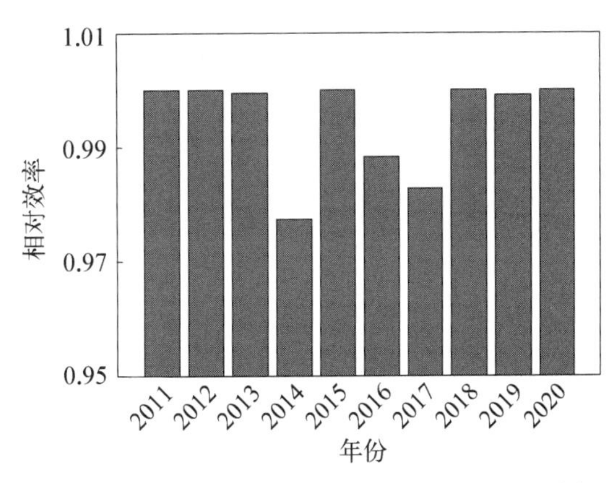

图7.6　评价周期内智能电网投入产出的相对效率

图7.6的数据结果表明，电网在第1、2、3、5、8、9、10年内的投入产出为DEA有效，因此可以认为电网在这些时间点的技术效率最佳且规模效益不变。而对于第4、6、7年内的相对效率值均小于1，可以判定这些时间点的电网投入产出关系为DEA无效。进一步地，通过投入要素的松弛变量可以分析技术没有得到充分发挥的原因。由图7.7可知，在第4、6、7年的时间点上，投资1、2的松弛变量数值均大于0，表明投资1、2的投入有明显的闲置，具体闲置量大小等于对应的松弛变量的数值。智能电网的投入与产出关系经过DEA检验分析，不仅可以明确对于C-D生产函数的适用性，而且通过松弛变量分析可知该生产状态下的投资方式使智能电网的技术效率没有达到最佳状态的原因，以及距离理想技术效率状态之间的差距大小。进而，通过调整投资可以获得技术效率充分发挥时投入与产出的数据，使得评价周期内各时间点的投入产出量均满足C-D生产函数的适用性条件。具体调整方式为，对于第4、6、7年内的投入量，按照图7.7得到的松弛变量数值，将原第4、6、7年内的投入量分别减去各自对应的松弛变量值，即得到经调整后满足DEA有效条件的投入量，进而可以应用C-D生产函数对智能电网的技术进步程度进行量化测算与分析。

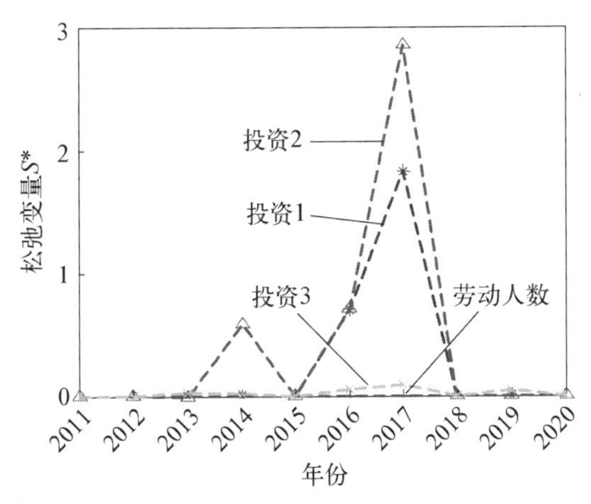

图7.7　评价周期内电网投入量的松弛变量示意图

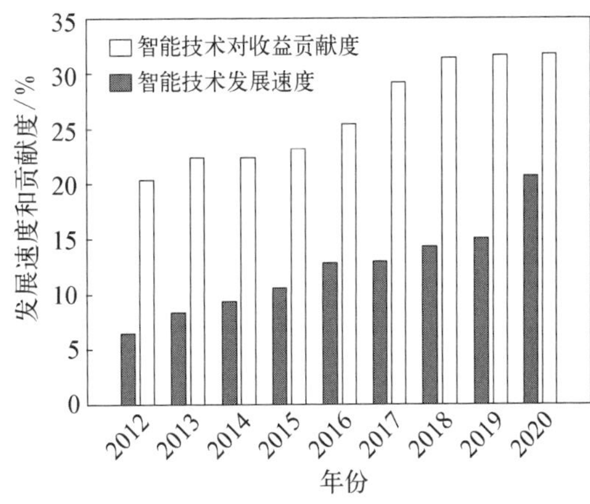

图7.8　智能技术发展速度与智能技术对收益贡献度变化趋势

图 7.8 是基于满足 DEA 检验条件下，通过对未来规划年中的智能电网实现适应并促进清洁能源发展目标的智能技术进步贡献度及其年发展速度两类指标进行测算，可获得相应结果。数据结果表明，在该规划方案下智能技术的年发展速度与技术对收益的贡献程度呈现逐年提高的趋势。从经济性的角度，图 7.9 中的智能技术投入产出的成本效益分析的数据结果总体表明评价周期内智能电网在促进清洁能源发展方面的投入与产出处于盈利状态，其中第 2 年盈利最小，第 10 年盈利最大。结合图 7.8 和图 7.9 可知，第 3、9 年的数据结果表明将这两年的技术贡献度和产出与投入比值分别与其相邻两年比较，技术贡献度变化较小，产出投入比值也较低。因此，可以说明第 3、9 年的智能技术发展程度较低，并且获得收益的方式主要是通过投资来完成的，从而验证了智能电网建设的技术经济特性，即主要是以技术进步与资金投入发展起来的。

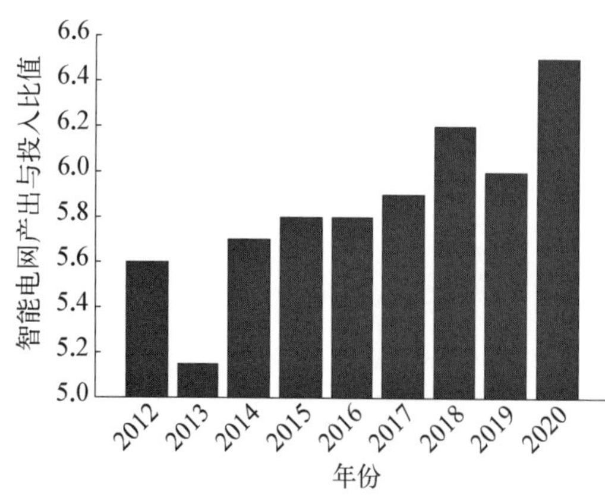

图 7.9 智能电网技术产出与投入比值的变化趋势

2. 智能电网低碳技术进步评价

根据表 7.3 中某地区智能电网低碳技术未来发展规划方案，建立相应的智能电网投入产出关系。经优化计算分析，得到评价周期内不同时间点智能电网低碳技术发展速度及技术对收益贡献度指标，如图 7.10 和图 7.11 所示。

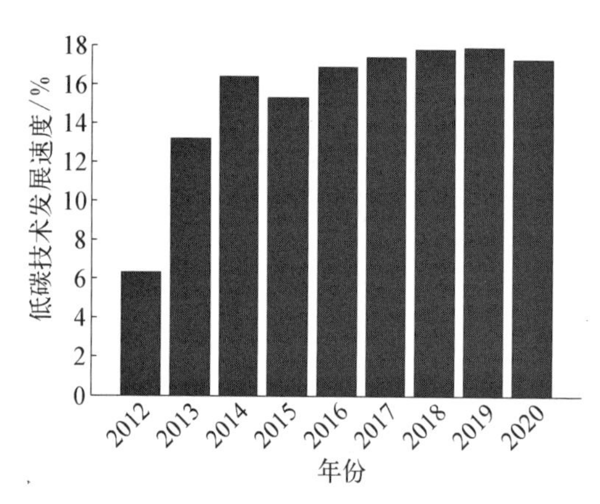

图 7.10 智能电网低碳技术发展速度变化趋势

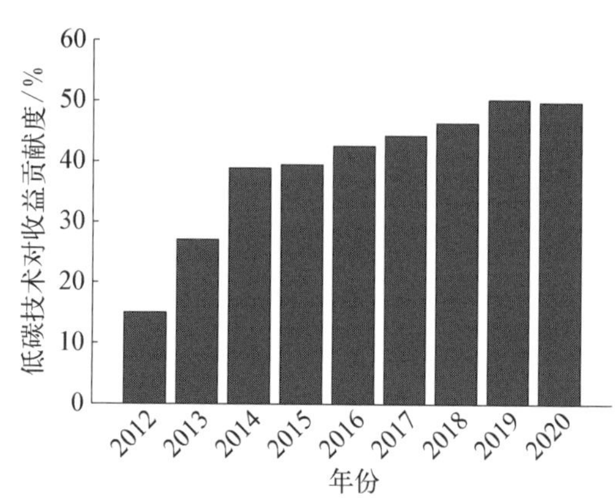

图 7.11 智能电网低碳技术对收益贡献度变化趋势

评估结果表明，智能电网低碳技术发展呈现逐年稳步提升的态势，低碳技术进步速度在小幅波动中持续增长。技术进步速度在评估周期的前半阶段中，呈现出技术快速发展的形态，而在其发展后期，表现出技术发展速度放缓的现象，这说明技术投入与应用渐进入发展的成熟期，技术作用效果渐呈饱和状态。对于技术发展对经济收益的贡献度，数据结果表明智能电网低碳技术在应用过程中将促进电网智能化的总体效益提升。纵观该地区智能电网低碳技术对收益贡献度数据评价结果，可以得到电网企业在此智能电网建设期间内加大力度发展低碳技术，将使得其经济收益贡献度呈现快速增长的趋势。另外，在评价周期的后期阶段，智能电网年新增经济收益的1/2左右将由低碳技术创造，这体现了低碳技术在电网智能化规划建设过程中的显著性与重要性。

3. 低碳技术进步评价

依照智能电网低碳技术进步评价流程，利用SPSS软件编程计算，对该地区智能电网低碳技术10年发展期间资本投入量下的13项评价指标数据进行主成分分析[10]，得到的结果如表7.4所示。

表7.4　低碳资本投入量下的主成分特征值分布

低碳资本投入第 i 主成分	特征值分布情况		
	特征值大小 δ_i	方差贡献率 ω_i	累积贡献率 ρ_i
1	9.145	70.346	70.346
2	2.606	20.047	90.393
3	0.872	6.710	97.104
4	0.214	1.650	98.753
5	0.083	0.639	99.392
6	0.050	0.387	99.779
7	0.017	0.133	99.912
8	0.008	0.065	99.977
9	0.003	0.023	100.000

表7.4中数据精确到小数点后3位，表中仅列出了方差累积贡献率达到100%之后的前9个低碳资本投入主成分。更为直观地，各低碳资本投入主成分的特征值分布曲线图可以表示为图7.12。

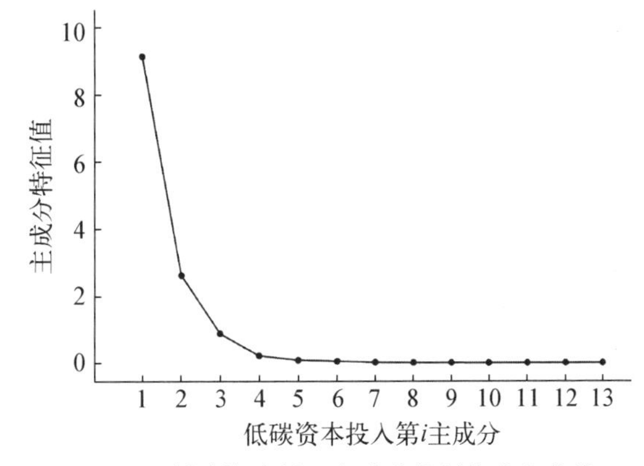

图7.12　低碳资本投入主成分特征值分布曲线

由图7.12可以看出，第1～3主成分的特征值逐步锐减，从第4主成分开始特征值已趋近于0，故前三个主成分代表低碳资本投入量的绝大部分信息，此时取显著性水平 $\alpha=90\%$，又因为第2主成分的累积方差贡献率 $\rho_2=90.393\%$，故提取前两个主成分用以表征原有低碳资本投入量下的全部数据信息。

分别记低碳资本投入第1与第2主成分为 y_{K1} 和 y_{K2}，则 y_{K1} 和 y_{K2} 可以通过因子系数矩阵分别表示为原低碳资本投入评价指标的线性组合，即

$$\begin{aligned} y_{K1} = & -0.106A_1+0.101A_2+0.098A_3-0.107A_4 \\ & -0.106A_5-0.053A_6+0.007A_7-0.105A_8 \\ & +0.096A_9+0.072A_{10}+0.100A_{11}+0.104A_{12}+0.080A_{13} \end{aligned} \tag{7.15}$$

$$\begin{aligned} y_{K2} = & +0.052A_1+0.092A_2+0.133A_3+0.058A_4 \\ & +0.042A_5+0.318A_6+0.373A_7+0.030A_8 \\ & -0.084A_9+0.200A_{10}-0.019A_{11}-0.105A_{12}+0.225A_{13} \end{aligned} \tag{7.16}$$

接下来,计算原低碳资本投入量下的13项指标与提取出的前两个主成分之间的相关性系数,建立因子载荷矩阵并将其标示于直角坐标系中,参见图7.13,通过该直观的映射图可以看出,原评价指标数据在第1主成分上的分布方差较大,即第1主成分能够表征大多数评价指标信息,而第2主成分仅能表征分布式储能系统新增容量和智能变电站建设年投资两个评价指标的部分信息量。

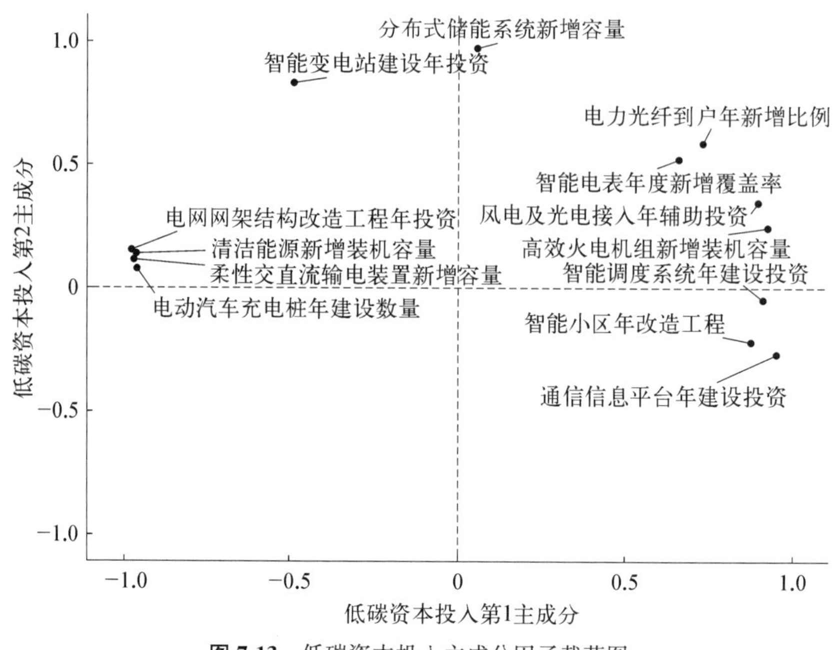

图 7.13 低碳资本投入主成分因子载荷图

接着按照式(7.17)建立综合主成分低碳资本年投入量的评价指标函数 K 并计算函数值:

$$K=\frac{9.145y_{K1}+2.606y_{K2}}{9.145+2.606} \tag{7.17}$$

同理,对劳动年投入量和经济年产出量下的各评价指标进行主成分分析,得到综合主成分低碳劳动投入量 L 和综合主成分低碳经济收益量 Y,将三项综合主成分评价指标函数值列出如表7.5所示,表中数据均为标准化后的无量纲数值。

表 7.5 综合主成分低碳投入产出指标量

年 份	K	L	Y
1	0.548	−1.558	0.278
2	0.998	−1.186	0.811
3	1.375	−0.893	1.404
4	0.559	−0.461	0.698
5	0.089	−0.056	0.161
6	−0.245	0.283	−0.259

续　表

年　份	K	L	Y
7	−0.489	0.620	−0.470
8	−0.750	0.828	−0.644
9	−0.954	1.027	−0.911
10	−1.132	1.396	−1.068

最后，将三项综合主成分评价指标函数值 K、L 和 Y 导入广义生产函数模型求解表征低碳技术发展水平的各项评测量，低碳技术进步率、低碳技术产出贡献度和低碳技术进步倾向的计算结果如表 7.6 所示。

表 7.6　智能电网低碳技术进步评价数值结果

年　份	低碳技术进步率 a/%	低碳技术产出贡献度 S_a/%	低碳技术进步倾向 ξ
1	—	—	—
2	6.3	15.0	0.85
3	13.2	27.0	0.46
4	16.4	38.9	−0.72
5	15.3	39.5	−1.24
6	16.9	42.6	−1.15
7	17.4	44.3	−1.87
8	17.8	46.4	−1.25
9	17.9	50.2	−1.03
10	17.3	49.8	−1.27

表 7.6 中，低碳技术进步倾向 ξ 下的评价结果为无量纲数据，另由于第 1 年为低碳技术进步评价的基准年，该年度低碳技术进步率、低碳技术产出贡献度、低碳技术进步倾向三个维度的评价数据无法获取，该年度低碳技术进步评价数值结果空缺。

将表 7.6 中的低碳技术进步评价数值结果绘制成图，如图 7.14 和图 7.15 所示。观察该地区智能电网低碳技术进步率、低碳技术产出贡献度以及低碳技术进步倾向在考察期间的发展趋势，可以得到如下三点结论。

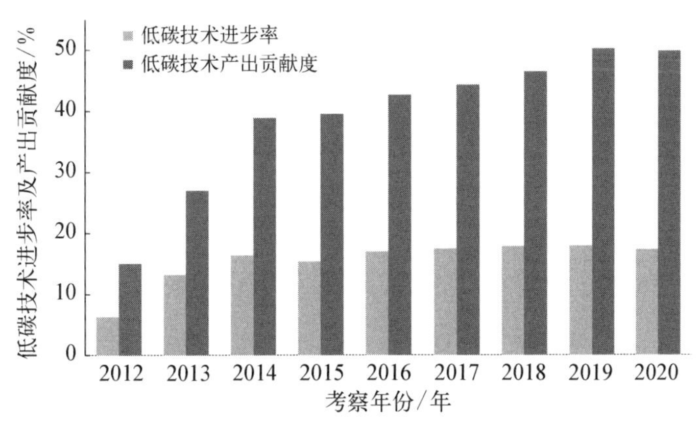

图 7.14　低碳技术进步率及其产出贡献度趋势图

图 7.15 低碳技术进步倾向曲线

(1) 该地区智能电网低碳技术发展水平逐年稳步提升，低碳技术进步率整体曲折前进。在评估期的 10 年内，低碳技术发展呈全面进步态势，低碳技术的进步率在第 2 年达到 6%后猛增至 13%、16%，随后保持在 17%以上的高速发展水平直至评估期结束，低碳技术进步率的最高值接近 18%，出现在第 9 年，即评估后期阶段，在随后的 1 年内低碳技术进步率出现小幅波动，呈现出微小的下滑态势，表示评估期最后 1 年内低碳技术的发展速度放缓。纵观该地区智能电网低碳技术的发展状况，可以看出，涉及电力全产业链的低碳技术整体水平在稳步提升，其发展速度在曲折中前进。

(2) 该地区智能电网低碳技术对电网发展建设总收益的贡献逐年增加，前期效应明显。在评估期的 10 年间，依赖低碳技术这一生产要素的革新、进步而带来的电网智能化建设经济收益增长中，所占百分比逐年提高，从第 2 年开始，贡献率由 15%一路上涨，先后经过 27%和 39%两个发展阶段，在评估期的中期阶段也就是第 5 年间其贡献率稳定在 40%～50%，最高达到 50.2%，出现在第 9 年，说明该年度与上一年度相比，智能电网经济收益增加值中的 51%是由低碳技术这一生产要素创造出来的。纵观该地区智能电网低碳技术对经济收益的贡献度，可以看出，该地区电网利益相关方在此期间大力发展低碳技术，使得其经济收益贡献度快速增长，在评估期后期阶段，该地区电网年度新增经济收益的一半左右均由低碳技术创造，体现了低碳技术在该地区电网智能化改造过程中的重要性。

(3) 该地区智能电网低碳技术进步倾向由节约劳动型向节约资本型转变。在评估期的 10 年内，第 2 年和第 3 年表现出的低碳技术进步倾向为节约劳动型，即由于智能电网低碳技术的发展、变革、创新，劳动要素的边际产出率低于资本要素的边际产出率，在智能电网建设生产过程中将更多地投入资金；而从第 4 年开始，低碳技术的进步倾向转变为节约资本型，在智能电网生产建设过程中将更多地投入劳动人员。纵观该地区的低碳技术进步倾向转变过程，可以推断出，由于低碳技术的不断进步，智能电网的发展建设离不开掌握先进低碳技术的高素质劳动者，同时，大量高素质劳动者的加入使得低碳技术的发展水平得到提升，智能电网生产运行经济收益增加，两者相得益彰。

参考文献

[1] 李磊，严正，冯东涵，等.结合主成分分析及生产函数的电网智能化技术评价探讨[J].电力系统自

动化，2014，38(11)：56－61，73.

[2] 张文泉.电力技术经济评价理论、方法与应用[M].北京：中国电力出版社，2004.

[3] Kumar S，Russell R R. Technological change，technological catch-up，and captical deepening：relative contributions to growth and convergence [R]. Pittsburgh：American Economic Association，2002.

[4] 魏权龄.评价相对有效性的DEA方法：运筹学的新领域[M].北京：中国人民大学出版社，1987.

[5] 韦钢，吴伟力，刘佳，等.基于SE－DEA模型的电网规划方案综合决策体系[J].电网技术，2007，31(24)：12－16.

[6] 吴烨，房鑫炎.基于模糊DEA模型的电网黑启动方案评估优化算法[J].电工技术学报，2008，23(8)：101－106.

[7] 孙立成，周德群，李群，等.基于非径向超效率DEA聚类模型的FEEEP系统协调发展[J].系统工程理论与实践，2009，29(7)：139－146.

[8] 刘艳，顾雪平，张丹.基于数据包络分析模型的电力系统黑启动方案相对有效性评估[J].中国电机工程学报，2006，26(5)：32－38.

[9] 王宁，牛东晓.基于SE－DEA的电网企业资源配置效率评价[J].电力需求侧管理，2009，11(3)：23－26.

[10] 上海市电力公司.上海电网"十二五科技规划"报告初编[R].上海：上海市电力公司，2010.

[11] 聂宏展，聂耸，乔怡，等.基于主成分分析法的输电网规划方案综合决策[J].电网技术，2010，34(6)：134－138.

第 8 章

智能电网动态评估

8.1 概述

智能电网的建设过程表现为周期性、复杂性和动态性。为实现国家坚强智能电网建设的可持续发展，国家电网公司颁布了分阶段稳步推进的智能电网发展战略，分别为规划试点阶段、全面建设阶段和引领提升阶段[1]。根据这种按照时间阶段划分的智能电网建设部署，可以将智能电网的发展视为一个动态过程。这要求对智能电网发展特征的研究不仅要聚焦于目前阶段、目前条件，而且要从技术革新与发展动态变化的角度来分析智能电网规划问题。从前瞻的角度来看，随着先进技术的不断创新，投资力度不断加大，应用领域不断深入，在坚持协调发展、统筹兼顾的原则下，智能电网发展将表现出整体效果提升的态势。这要求规划者对智能电网技术发展的趋势能有前瞻性的把握，一方面促使智能电网不同建设阶段协调发展，避免出现过度建设而造成资源浪费，或者有关环节建设滞后影响总体发展；另一方面需要分析哪些具体因素制约着智能电网向前推进的进程，以及这些因素随着时间变化呈现出的演变规律，为智能电网发展规划提供参考依据，以便对建设力度和强度实行有效的管控。

8.2 智能电网建设动态特性

根据智能电网发展的动态变化特征[2]，归纳其动态特性主要表现为以下方面。

(1) 不同建设阶段的智能电网各项发展目标与总体需求随时间动态变化。

(2) 智能电网技术普及应用时期内将受到多种因素影响，并且这些因素也随时间变化。

(3) 表征智能电网技术发展水平的指标与相关影响因素之间的作用关系将随时间发生变化。

智能电网不同的建设时期面临经济社会提出的不同需求，不同区域的电网发展水平也存在差别[3]。智能电网技术应用贯穿电能生产、传输和消费的各个环节，并且受到多种因素制约和影响。只有充分认识复杂因素随时间和空间的变化规律，才能从根本上发掘智能电网技术功能的发挥程度，从而指导智能电网建设沿着科学发展的方向不断前进。

8.3　动态评估模型

8.3.1　模型结构设计

本章选取智能电网区别于传统电网所具有的典型价值特征，即低碳性与高效性[4]。设计相关指标用来表征智能电网在发电侧、电网侧、用户侧低碳与高效特性的表现形式，不同类型指标反映智能电网的不同属性及技术实施效果。根据评价指标与相关因素之间的作用关系，构建了基于系统动力学的智能电网动态评估模型，如图 8.1 所示。依据所设计的模型原理图，建立了以状态变量、速率变量和辅助变量为表达形式的系统动力学模型的具体流图，如图 8.2 所示。图 8.2 表达了变量之间的因果关系，体现了系统动力学模型仿真的反馈结构。

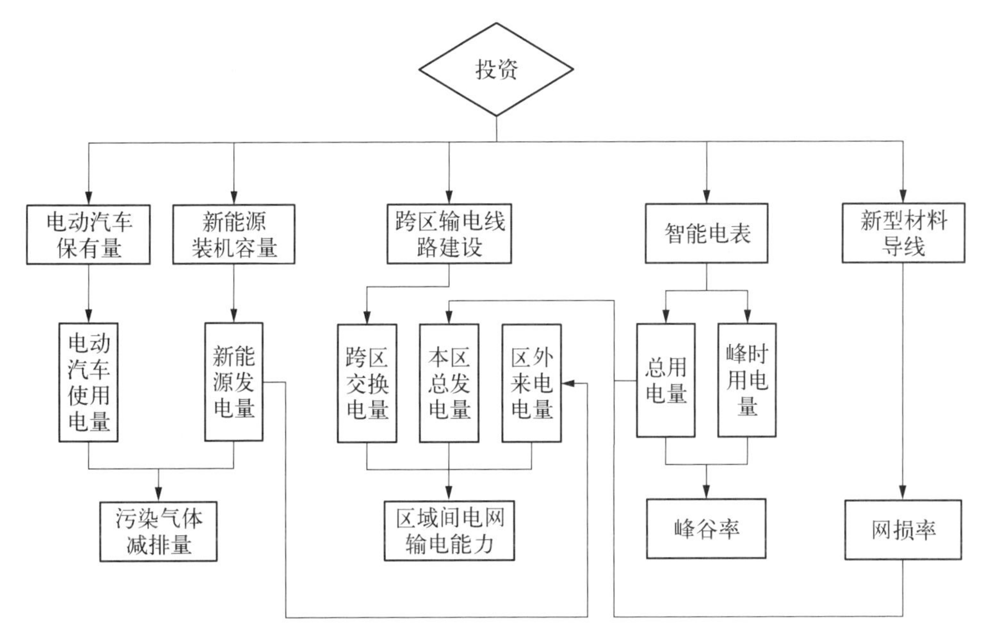

图 8.1　智能电网动态评估的系统动力学模型原理图

模型以智能电网中先进技术的投资为出发点，通过投资实现的技术直接或间接地作用于与指标相关的因素，并以不同程度影响指标数值的具体大小。智能电网采用了相关技术，使得其优良性能能够得以体现和提升。本章设计了具有反映智能电网低碳性与高效性建设效果的评价指标体系，如表 8.1 所示。表 8.1 按照指标属性、所在环节、表征的相关技术列出了建模中所需的评价指标。系统动力学模型将智能电网中的投资、技术、指标及相关因素联系起来，形成了一个相互影响，并且变量之间具有反馈关系的有机系统。通过建立的模型不仅可以定量地模拟出智能电网未来规划中技术带来的效果、影响，也能够预测电网智能化未来发展的趋势。

表 8.1 指标及其相关属性

性 能	指 标	所在环节	相关技术
低 碳	污染气体减排量	发电侧及用户侧	新能源和电动汽车
高 效	区域间电网输电能力	电网侧	跨区输电线路建设
	峰谷率	电网侧和用户侧	智能表计
	网损率	电网侧	新型材料导线

8.3.2 模型方程关系和参数

图 8.2 为模型的因果回路流图，适合表达仿真系统中各要素之间的相关性和模型结构的反馈过程，在此基础上还需要确定模型中变量的性质。同时，系统动力学建模的核心技术问题为确定模型内部各类变量之间的因果反馈关系。本章根据不同变量之间存在的物理或数学关系，构建模型中各变量之间的方程关系。

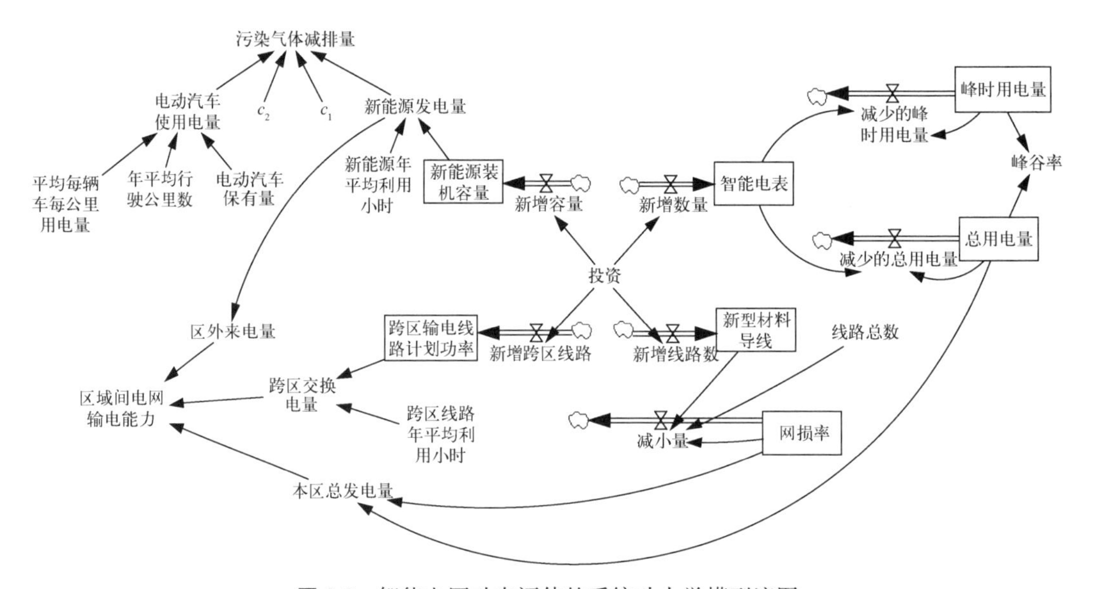

图 8.2 智能电网动态评估的系统动力学模型流图

1）污染气体减排量

$$W(t)=c_1E_{\text{new}}(t)+c_2E_{\text{vel}}(t) \tag{8.1}$$

$$P_{\text{new}}(t)=\frac{I_{\text{new}}(t)}{R_{\text{new}}(t)} \tag{8.2}$$

$$E_{\text{new}}(t)=P_{\text{new}}(t)H_{\text{avg}}(t) \tag{8.3}$$

$$E_{\text{vel}}(t)=N_{\text{vel}}(t)M_{\text{avg}}(t)e_{\text{vel}}(t) \tag{8.4}$$

式中，$W(t)$表示污染气体减排量；$E_{\text{new}}(t)$表示新能源（主要是指风电、光伏发电等新型能源)机组的发电量,c_1 和 c_2 分别表示新能源和电动汽车单位电量的污染气体减排量;$H_{\text{avg}}(t)$表示新能源机组年平均利用时间;$E_{\text{vel}}(t)$表示电动汽车充电电量;$P_{\text{new}}(t)$表示新能源机组的装机容量;$I_{\text{new}}(t)$表示新能源机组建设总投资;$R_{\text{new}}(t)$表示新能源发电机组的单位容量成本;$N_{\text{vel}}(t)$表示电动汽车保有量;$M_{\text{avg}}(t)$表示电动汽车年平均驾驶里程数;$e_{\text{vel}}(t)$表示每辆电动汽车每公里的平均用电量。

2) 区域间电网输电能力

区域间电网输电能力反映的是智能电网需要具有较强的资源优化配置能力,进而促进能源资源高效利用。

$$A(t)=\frac{E_{\text{line}}(t)}{E_{\text{in}}(t)+E_{\text{out}}(t)} \tag{8.5}$$

$$E_{\text{line}}(t)=P_{\text{line}}(t)H_{\text{line}}(t) \tag{8.6}$$

$$P_{\text{line}}(t)=\frac{I_{\text{line}}(t)}{R_{\text{line}}(t)} \tag{8.7}$$

$$E_{\text{in}}(t)=\frac{E_{\text{d}}(t)}{1-L(t)} \tag{8.8}$$

$$E_{\text{out}}(t)=k_1E_{\text{new}}(t) \tag{8.9}$$

式中,$A(t)$表示区域间电网输电能力;$P_{\text{line}}(t)$表示跨区联络线路计划输电功率;$E_{\text{line}}(t)$表示跨区联络线交换电量;$I_{\text{line}}(t)$表示跨区联络线路投资总费用;$R_{\text{line}}(t)$表示跨区联络线路传输单位功率成本;$H_{\text{line}}(t)$表示跨区联络线路年平均利用时间;$E_{\text{in}}(t)$表示本地区域电网总发电量;$E_{\text{out}}(t)$表示区外来电量,从送端电网看,$E_{\text{out}}(t)=0$;$E_{\text{d}}(t)$表示全网总用电量;$L(t)$表示电网网损率;k_1表示消纳区外新能源电量的比例。

3) 峰谷率

文献[5]给出了美国智能电网建设中高级量测体系(advanced metering infrastructure,AMI)示范工程的运行资料,表明用户在安装智能表计后,可使平均用电量减少 11%。假设系统能为用户提供更加精确的用电信息,预估用户的高峰负荷时段用电量平均减少 50%。以此研究资料为依据,建立采用智能表计测量技术后的峰谷率方程关系:

$$S_{\text{p-v}}(t)=\frac{E_{\text{peak}}(t)}{E_{\text{d}}(t)-E_{\text{peak}}(t)-E_{\text{usal}}(t)} \tag{8.10}$$

$$E_{\text{peak}}(t+1)=E_{\text{peak}}(t)-50\%\Delta N_{\text{meter}}(t)e_{\text{peak}}(t) \tag{8.11}$$

$$N_{\text{meter}}(t)=\frac{I_{\text{meter}}(t)}{R_{\text{meter}}(t)} \tag{8.12}$$

$$E_{\text{d}}(t+1)=E_{\text{d}}(t)-11\%\Delta N_{\text{meter}}(t)e_{\text{d}}(t) \tag{8.13}$$

式中,$S_{\text{p-v}}(t)$表示系统峰谷率;$E_{\text{d}}(t)$表示 t 时段用户的总用电量;$E_{\text{peak}}(t)$表示 t 时段峰时负荷用电量;$E_{\text{usal}}(t)$表示 t 时段平时负荷用电量;$E_{\text{peak}}(t+1)$表示 $t+1$ 时段峰时负荷用电量;$N_{\text{meter}}(t)$表示 t 时段智能表计数量;$\Delta N_{\text{meter}}(t)$表示 t 时段新增智能表计数量;$I_{\text{meter}}(t)$表示 t 时段智能表计投资总额;$R_{\text{meter}}(t)$表示 t 时段智能表计单位成本;$e_{\text{peak}}(t)$表

示 t 时刻平均每户峰荷时段用电量；$e_{\mathrm{d}}(t)$表示 t 时刻平均每户总用电量；$E_{\mathrm{d}}(t+1)$表示 $t+1$ 时段用户的总用电量。

4）网损率

网损率是电网输送电能效率是否高效的重要体现。尽管电网中影响网损水平的因素复杂多样，为准确分析新型材料导线技术对网损率的影响，本章忽略其他因素对网损率的影响。文献[6]的研究成果表明，采用超导等相关技术制成的新型材料导线能够大幅降低输电线路的电阻，而对线路的电抗以及对地电容影响甚微。因此，可以认为新型材料导线应用于智能电网中，仅改变电网中输电线路的电阻参数。图 8.3 为 IEEE 30 节点测试系统，通过将系统中原线路随机逐个以电阻为原来 50%的线路替代后，得到网损率变化与替换线路数之间的关系。图 8.3 的数据结果表明，网损率与新型材料导线线路数之间近似呈线性关系。因此，建立网损率的相关方程关系为

$$L(t+1)=L(t)\ \frac{1-M(t)}{M_{\mathrm{total}}(t)} \tag{8.14}$$

$$M(t)=\frac{I_{\mathrm{m}}(t)}{R_{\mathrm{m}}(t)} \tag{8.15}$$

式中，$L(t+1)$和 $L(t)$分别表示 $t+1$ 时段与 t 时段的电网网损率；$M(t)$表示 t 时段系统中新型材料导线数量；$I_{\mathrm{m}}(t)$表示 t 时段新型材料导线投资总额；$R_{\mathrm{m}}(t)$表示 t 时段新型材料导线单位成本；$M_{\mathrm{total}}(t)$表示 t 时段系统中线路总数量。

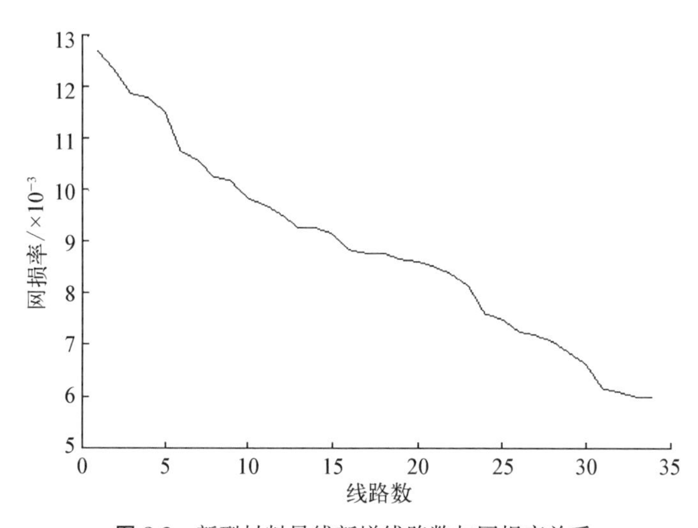

图 8.3　新型材料导线新增线路数与网损率关系

8.4　算例分析

根据国家电网公司发布的《国家电网智能化规划总报告》中对其所辖各地区智能电网

未来规划的部署与要求，结合各地区电网的发展实际，应用所提出的系统动力学模型对地区智能电网从低碳性与高效性两个方面进行相关评价与分析。

文献[7]给出了国家 2011～2020 年全社会电力需求的预测数据，本章以此作为建模过程中发电量及用电量所需的数据。参照《国家电网公司促进清洁能源发展报告研究》中的相关测算标准，取 c_1 值为 0.000 6 t/(kW・h)，c_2 值为 0.000 12 t/(kW・h)，平均每辆电动汽车每公里耗电量约为 0.2 kW・h。按照国家发展改革委员会能源研究所统计的结果，可知风电能源年平均利用小时约为 2 000 h，光伏发电能源年平均利用小时约为 1 500 h。文献[8]对模型中所需的智能电网相关技术的单位成本进行了深入分析与研究，故本章以此作为模型中技术投资成本的数据来源。同时，取评价周期为 2011～2020 年，采用系统动力学专门仿真软件 VENSIM PLE 进行模型的仿真分析。

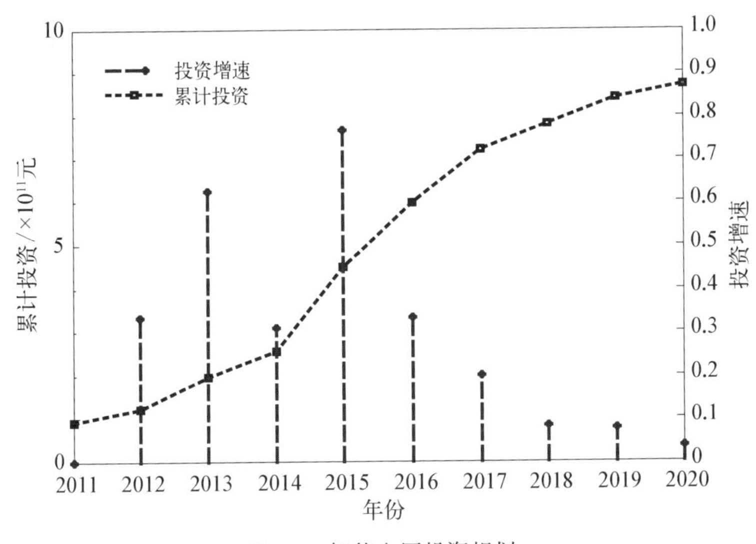

图 8.4　智能电网投资规划

图 8.4 为满足 S 形增长方式的智能电网总投资规划方案。各种先进技术按规划的比例分配总投资的份额，规划周期包括智能电网建设的发展期、加速期、成熟期，并满足技术经济学的发展规律。表 8.2 为按照图 8.4 给定的投资方式，然后经由模型仿真后得到的低碳性与高效性各个时间点的指标数值。表 8.2 的数据结果表明，智能电网的功能效果呈现总体提升的态势，各项指标均朝着良好的方向发展。由于图 8.4 中 2014～2017 年处于投资规划的加速期，这一阶段中投入的资金相比其他阶段较多，从表 8.2 中的数据结果来看，各项指标在该阶段的数值变化较大，而 2018～2020 年处于发展的成熟期，各项指标数据变化相对较小，这表明智能电网在各个建设时期内的指标具有随时间发展的特性，也体现出技术得到充分发挥后对电网的作用效果满足技术经济规律。

表 8.2　仿 真 结 果

年　份	污染气体减排量/$\times10^6$ t	区域间电网输电能力	峰谷率	网损率
2011	1.104	0.518 8	1.375 1	0.062 0
2012	1.153	0.522 4	1.373 2	0.061 3
2013	1.202	0.531 3	1.368 4	0.059 4

续 表

年 份	污染气体减排量/×10⁶ t	区域间电网输电能力	峰谷率	网损率
2014	1.252	0.538 4	1.364 6	0.058 0
2015	1.304	0.561 7	1.352 2	0.053 5
2016	1.354	0.579 6	1.342 7	0.050 3
2017	1.406	0.593 9	1.335 2	0.047 8
2018	1.458	0.601 1	1.331 5	0.046 7
2019	1.510	0.608 2	1.327 8	0.045 6
2020	1.543	0.611 8	1.325 9	0.045 0

模型中灵敏度分析的作用是了解相关参数在不同取值的情况下对所建立模型的影响程度。为了准确跟踪智能电网动态发展的建设过程中技术等因素对模型的影响,本章以智能电网中采用的先进技术为导向,对其进行灵敏度分析与测试。因此,考虑两种方案下智能电网系统动力学的动态行为:① 同一技术在不同投资方式下的系统动力学行为;② 等量投资下不同技术发展的系统动力学行为。

图 8.5 为第①种方案下网损率指标的仿真结果图。图中设定的四种投资方式分别为S形投资、正指数投资、负指数投资及等年均投资,其共性是评价周期内累计的投资总额相等,区别在于按照四种方式分摊每年的投资额度。图 8.5 的数据结果表明,负指数投资方式在智能电网建设初期效果较好,即网损率下降最快,但其后期的效果比其他方式落后较大;而S形投资方式虽然在初期效果不明显,但从后期的网损率下降速度和效果来看,S形投资是一种更为合适的投资方式。

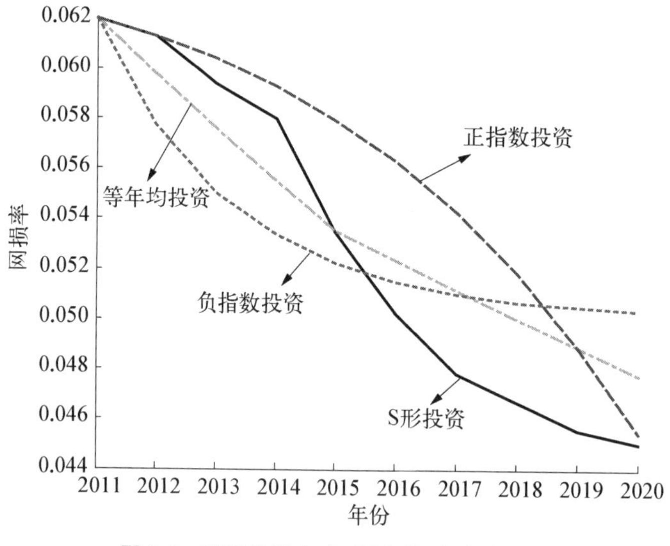

图 8.5 不同投资方式下的网损率变化情况

第②种方案的仿真结果如图 8.6 所示,该方案选取两种表征高效性的指标:网损率与峰谷率。假定在同样的S形投资方式下,研究并分析两个指标的变化情况。令某一时刻 t 的指标变化率 r 定义为

$$r^t = \frac{y^t - y^{t-1}}{y^{t-1}} \tag{8.16}$$

式中，y^t 表示 t 时刻的指标值。

图 8.6 的数据结果表明，在同种投资方式下，通过等量投资获得相关技术提升智能电网的性能时，峰谷率比网损率的变化更为明显，表明相同的投资额度情况下峰谷率的建设成效更为显著。

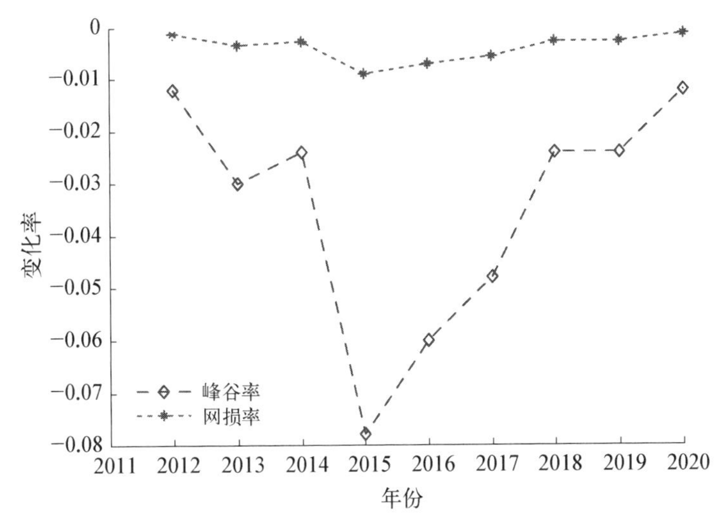

图 8.6　等量投资下两种指标的变化率趋势

本章提出了一种基于系统动力学的智能电网动态评估方法。在建立关于智能电网系统动力学模型的过程中，可以从定性与定量的角度明确投资、技术与效果各类指标之间的相互作用关系，通过算例仿真分析得到以下主要结论。

(1) 根据各变量之间的因果反馈关系，建立涵盖智能电网不同领域关键技术的系统动力学模型。该模型以投资为驱动，能够预测出反映技术实施效果的相关指标随时间变化的趋势。

(2) 通过系统动力学模型可以分析任一指标在不同投资方式下随时间变化的动态发展规律，从而明确采用何种方式的投资将对未来智能电网建设效果更为显著。

(3) 灵敏度分析结果表明通过不同类别指标在同一投资方式下等量投资的比较，系统动力学模型能够清楚地区分各指标变化情况，而且可以进一步凸显相关技术对电网智能化发展的作用效果。

参考文献

[1] 刘振亚.智能电网技术[M].北京：中国电力出版社，2010.

[2] 傅书逷.中国智能电网发展建议[J].电力系统自动化，2009，33(20)：23－26.

[3] 何光宇，孙英云，梅生伟，等.多目标自趋优的智能电网[J].电力系统自动化，2009，33(17)：1－5.

[4] 薛晨，黎灿兵，曹一家，等.智能电网中的电网友好技术概述及展望[J].电力系统自动化，2011，35(15)：102－107.

[5] 钟金,郑睿敏,杨卫红,等.建设信息时代的智能电网[J].电网技术,2009,33(13):12-18.
[6] 丁道齐.复杂大电网安全性分析:智能电网的概念与实现[M].北京:中国电力出版社,2010.
[7] 胡兆光,单葆国,韩新阳,等.中国电力需求展望:基于电力供需研究实验室模拟实验[M].北京:中国电力出版社,2010.
[8] 窦泽云.电力设备与新能源行业研究报告:智能电表2011年第1,2批招标点评:需求旺盛,竞争趋稳[R].深圳:平安证券综合研究所,2011.

第 9 章

智能变电站技术成熟度评估

9.1 引言

变电站将不同电压等级的电网通过变压器相互联系，其主要功能有变换电压、接受和分配电能、控制电力的流向和调整电压，是电力网中的线路连接点。主要由主变压器、配电装置、测量控制系统等组件构成，是电网的重要组成部分和电能传输的重要环节。

21 世纪初，国际电工委员会颁布了应用于变电站自动化的 IEC 61850 标准，同时随着电子式互感器、智能开关单元等先进智能技术的发展，数字化变电站开始应用于电力系统中。数字化变电站以网络通信技术为依托，基于 IEC 61850 标准进行统一的信息建模，实现了变电站工作中信息采集、处理、传输的数字化。2009 年 5 月，国家电网公司首次明确提出了“坚强智能电网”的概念，智能变电站的概念也由此应运而生。智能变电站作为智能电网数据采集的源头和命令执行单位，是建设智能电网的重要基础和支撑。

根据由国家电网公司颁布的《智能变电站技术导则》，智能变电站是采用先进、可靠、集成、低碳、环保的智能设备，以全站信息数字化、通信平台网络化、信息共享标准化为基本要求，自动完成信息采集、测量、控制、保护、计量和监测等基本功能，并可根据需要支持电网实时自动控制、智能调节、在线分析决策、协同互动等高级功能的变电站[1]。相比常规变电站，智能变电站的信息量更大、测控范围更宽、处理技术更加智能化，无论从变电站内、站与调度之间，还是站与站、站与大用户和分布式能源的互动通信能力来看，信息的交换和融合更方便快捷，控制手段更灵活可靠。

目前智能变电站的建设正处于全面建设的初始阶段，在我国，已经有诸如青岛220 kV 午山变电站、茂名 110 kV 文冲口变电站等智能变电站的试点工程。国家电网公司规划在“十二五”期间建设 5 100 个智能变电站，并对 1 000 多个变电站进行智能化改造。在国外，也有诸如墨西哥 230 kV La Venta II 变电站应用了智能变电站的技术。

随着智能变电站建设工作的有序展开，如何科学、准确地衡量一个变电站的智能化建设或改造情况，是评判智能变电站试点工程的核心。而考虑到智能变电站的自身特性，变电站中所应用的智能技术成熟与否，会对其运行情况产生决定性的影响。因此，如何对智能变电站的技术成熟度进行评估就成为一个亟需解决的问题。

9.2 智能变电站技术简介

智能变电站具有技术先进、运行可靠、绿色环保等特点，其中技术先进是其区别于传统变电站的核心特点。智能变电站通过采用符合 IEC 61850 标准的统一信息建模，并引入电子式互感器技术、在线监测技术等先进技术，使智能变电站在建设、运行、维护的全寿命周期中具备更良好的性能，同时更加符合节能环保的要求。

9.2.1 IEC 61850 标准

IEC 61850 标准是用于变电站自动化系统设计的国际化标准，由国际电工委员会第 57 技术委员会(IEC TC57)负责制定，并于 2004 年正式发布，用于实现变电站自动化系统通信的无缝连接。与之对应的国内标准是《变电站通信网络和系统》(DL/T 860)。IEC 61850 标准的应用，对于智能变电站的网架结构、器件特点、通信方式都具有决定性的作用。

IEC 61850 标准共由如下 10 部分组成[2~4]。

(1) IEC 61850 - 1：概述，包括 IEC 61850 的介绍和概貌，定义了变电站内 IED 之间的通信和相关系统要求。

(2) IEC 61850 - 2：术语，列举标准中与变电站自动化系统相关的术语，并对其做出定义。

(3) IEC 61850 - 3：一般要求，详细说明系统通信的要求，包括对质量、环境、辅助服务等的要求，其中质量要求是重点。

(4) IEC 61850 - 4：系统和工程管理，包括工程要求、系统及 IED 生命周期、生命周期内的质量保证。

(5) IEC 61850 - 5：功能通信要求和装置模型，定义了逻辑节点途径，逻辑通信链路的概念、功能。

(6) IEC 61850 - 6：变电站自动化系统的通信配置描述语言，包括 IED 和系统属性的形式语言描述。

(7) IEC 61850 - 7：变电站和馈线的基本通信结构，包括 IEC 61850 - 7 - 1 原理和模式、IEC 61850 - 7 - 2 抽象通信服务接口、IEC 61850 - 7 - 3 公共数据级别和属性、IEC 61850 - 7 - 4 兼容的逻辑节点和数据类四个部分。

(8) IEC 61850 - 8：特殊通信服务映射，映射至制造报文规范，主要为变电站层和间隔层之间通信映射。

(9) IEC 61850 - 9：特殊通信服务映射，规定间隔层和过程层间的通信映射。

(10) IEC 61850 - 10：一致性测试，对设备通信方面的一致性测试、测试准则、互操作等级进行了规定。

IEC 61850 标准提供了约 90 种兼容逻辑节点类、450 多种数据类型，几乎能够对变电站内现存全部功能和数据对象进行完全覆盖，同时提供扩展新节点的方法。将 IEC 61850 标准应用到变电站后，能够使变电站内的设备具有互操作性，即能够工作在同一网络上或通信线路上进行信息共享和相互命令的功能，包括数据获取、命令输出和诸如文件操作、维护等的高级应用。同时，标准自身具备长期稳定性，不依赖具体技术，也不因用户需求、厂商开发模式的变化而改变。因此，IEC 61850 的应用，从规范、设计、制造、安装、运行和维护各个环节，都对智能变电站起到了巨大的作用。

IEC 61850 标准中融合了之前标准中的经验，为变电站设备的互联提供统一标准。该标准今后将扩展至电力系统的其他行业，并与 EMS 系统的 IEC 61970 标准实现无缝衔接，真正实现“一个世界、一种技术、一个标准”的目标。

9.2.2　电子式互感器技术

目前在电力系统中应用广泛的传统互感器技术非常成熟，具有较高的测量精度和可靠性，但由于采用电磁感应式原理进行设计制造，存在以下几点问题：第一，当电压等级上升时，为了满足绝缘要求，互感器的体积、质量随之增大，结构越来越复杂，造价也不断上升；第二，采用电磁感应式的常规互感器动态范围小，具有较差的频响特性，尤其对高频暂态信号的响应特性差，影响了部分基于高频暂态量的装置；第三，基于电磁感应的传统互感器运行时有较大二次电流和过电压的安全隐患，存在影响控制室电磁兼容的可能性。

基于以上原因，智能变电站采用电子式互感器代替常规电磁感应式互感器，以数字化方式对电压、电流等电气量进行测量、收集。电子式互感器按转换原理可分为有源式互感器和无源式光学互感器，其中，有源式电流互感器包括基于罗氏线圈的电流互感器和基于 LPTA 的电流互感器；有源式电压互感器包括电阻分压、电容分压、电感分压、阻容分压四种原理；无源式光学电流互感器的检测原理有法拉第效应、逆压电效应、磁致伸缩效应等，现在主流是基于法拉第效应的光学电流互感器；无源式光学电压互感器的检测原理大多基于普朗克效应。

相比常规互感器，电子式互感器具备以下优势：绝缘结构简单、性能优良，传感器造价较低；不存在磁饱和及电压谐振问题；测量精度高；动态范围、线性度、频响范围指标优良；接口数字化，测量数据以数字形式输出；抗干扰能力强；负载特性好；具备良好安全性；便于安装、运输。

但由于电子式互感器技术尚不成熟，在可靠性、稳定性方面还存在不足，尤其是光学互感器受外部环境的影响，较难长期稳定运行，因此要在智能变电站的应用中取得更好的效果，还需要技术的进一步提升。

9.2.3　在线监测技术

在线监测技术通过收集一次设备在劣化、损坏前期所表现出的电气、物理、化学性质微小而缓慢变化的相关信息，通过数据处理和综合分析，根据数值趋势判断设备的可靠性并对其剩余寿命做出预测，尽早发现可能存在的故障。传统的变电站设备检修采用定期检修的方式，即按照事先制定的检修计划，周期性对设备进行检修，而借助在线监测技术，可以实现设备的状态检修，减少检修次数，提高检修效率。

由于智能变电站中采用IEC 61850标准,在智能变电站中所应用的在线监测技术,也需要符合统一的通信协议标准,相关设备需要对外提供统一的网络服务接口;状态监测过程中测量的结果以数字化形式发送至站控层、过程层;同时,搭配智能诊断功能,为维护人员的检修提供依据。因此,智能变电站内所应用的在线监测技术具有更高的网络化、数字化、标准化、智能化要求。

目前在智能变电站中所应用的在线监测技术,主要针对变压器的在线监测,包括变压器油色谱分析、局部放电、绕组温度、套管绝缘情况进行状态监测。此外,针对GIS和SF6断路器也有相应的在线监测技术应用。

9.3 技术成熟度评估模型

智能变电站技术成熟度,区别于智能变电站中某一具体技术的成熟程度,其反映的是在引入智能技术后变电站整体的运行情况。因此,这里对智能变电站技术成熟度做如下定义。

智能变电站的技术成熟度指的是智能变电站通过引入电气设备、电子通信、计算机科学、电力电子等领域的技术,使其整体性能在建设、运行、维护的全寿命周期内获得优化提升,从而更好地推动智能电网安全、稳定、经济运行的领先性程度。

而智能变电站技术成熟度评估模型,由智能变电站技术成熟度指标体系与合适的评估理论方法所组成。

9.3.1 智能变电站技术成熟度指标体系

智能变电站的技术成熟度指标体系,采用分层次的方法进行确立,整体结构分为目标层、准则层、指标层。目标层是所需评估的最终目标,一般有且仅有一个,为整个指标体系的评估总目标,是指标体系的核心。准则层是指标体系的扩展依据,根据目标层从不同角度、不同方面进行划分,当划分数量较多时可对准则层内部进行多层的划分。指标层是指标体系中的底层元素,依据准则层的分类准则进行选取,与评估过程中的原始数据直接关联,具备可量化的特点。

针对技术成熟度这一评估目标的特点,需要从具体技术入手,因此本章在这三层指标体系的基础上构建技术层。技术层并不隶属于指标体系,但与指标层存在映射关系,对目标层的评估结果有决定性的作用。该指标体系的基本结构如图9.1所示。

在指标体系的具体设计中,采用自底向上的构建思路,先以智能变电站采用的具体技术入手,由技术层整理出用于评估的底层指标,随后逐级向上归纳准则层,最终形成完整的指标体系。构建的步骤为:整理智能技术、确定底层指标、归纳上层划分准则、建立整体指标体系。

1. 指标体系技术层整理

智能变电站与常规变电站的主要差异源自技术的更新换代,此处对智能变电站所采用的重要技术进行整理及筛选,基于保证指标体系客观性和可操作性的原则,归纳出以下

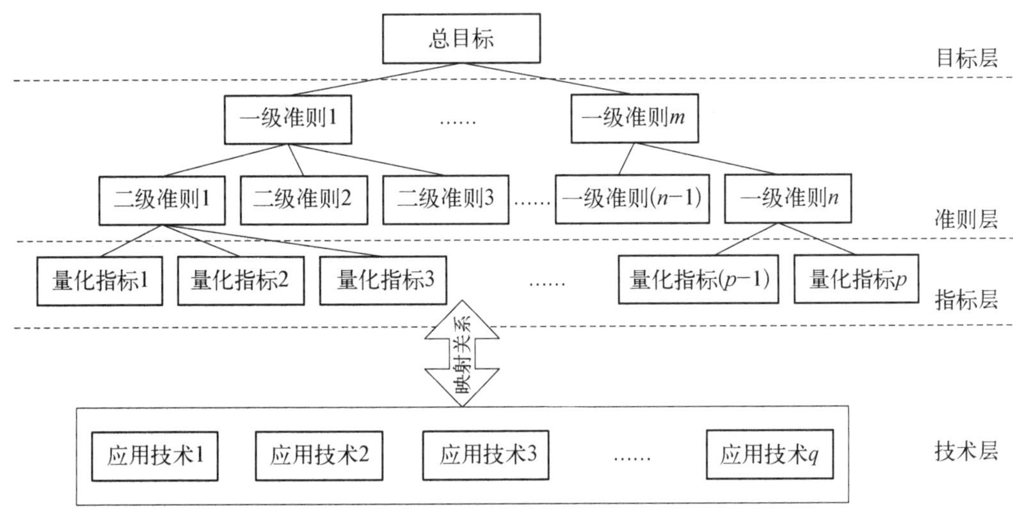

图 9.1 智能变电站技术成熟度指标体系基本结构

14 个相关技术：IEC 61850 标准、智能远动机技术、光纤网络技术、顺控操作技术、在线监测技术、在线式五防技术、智能组件集成技术、双机备用技术、智能告警技术、网络式保护技术、GPS 同步对时技术、电子式互感器技术、现场总线技术、屋顶式光伏发电技术。

以上 14 个智能变电站相关技术可以分为三类：核心技术、专用技术和辅助技术。其中核心技术是指对于智能变电站整体结构的确立具有不可替代作用的技术，主要用于确立智能变电站的物理、通信架构，是智能变电站区别于常规变电站的主要原因。专用技术指在智能电网领域，尤其是智能变电站领域特有的技术，具有很强的针对性，用于提升智能变电站某一特定方面的性能，或为智能变电站增加更多的智能化功能。辅助技术指在其他领域也有较多应用，非智能变电站领域专有的技术，在智能变电站的运作期间起到辅助作用，对智能变电站整体的运行性能也具有重要的提升效果。

具体技术的分类情况如图 9.2 所示。由图可以看出，这 14 个技术从不同的关键程度、应用领域、功能定位对应用于智能变电站的技术进行了比较全面的覆盖，可以作为一个智能变电站相关重要技术的归纳总结。因此，可将这 14 个技术作为指标体系中技术层的相关技术集合。

2. 指标体系指标层确定

根据技术层的具体技术，可总结出技术成熟度指标体系中指标层的具体底层指标。传统的指标体系设计中，通常采用“自顶向下”的设计思路，即按照“目标层—准则层—指标层”的设计顺序，将总目标划分至一层或两层的子目标，最后由准则层的子目标挑选合适的评估指标。此方法符合逻辑推理中的演绎法思路，即由一般共性推出个别的个性，将指标体系由总目标进行拓展，最终得出底层个体的评估指标。

按照“自顶向下”的设计思路，按照技术层的技术确定评估指标时，就应该向下层挖掘微观指标，用于评估具体技术的特性。例如，针对电子式互感器技术，可以得出包括体积、重量、绝缘性能、精度、动态范围、线性度、频响范围等量化指标。采用此思路选取智能变电站技术成熟度指标体系中的底层量化指标存在以下问题。

(1) 在选取用于评估具体技术的指标上存在困难。针对某一特定技术，存在非常多

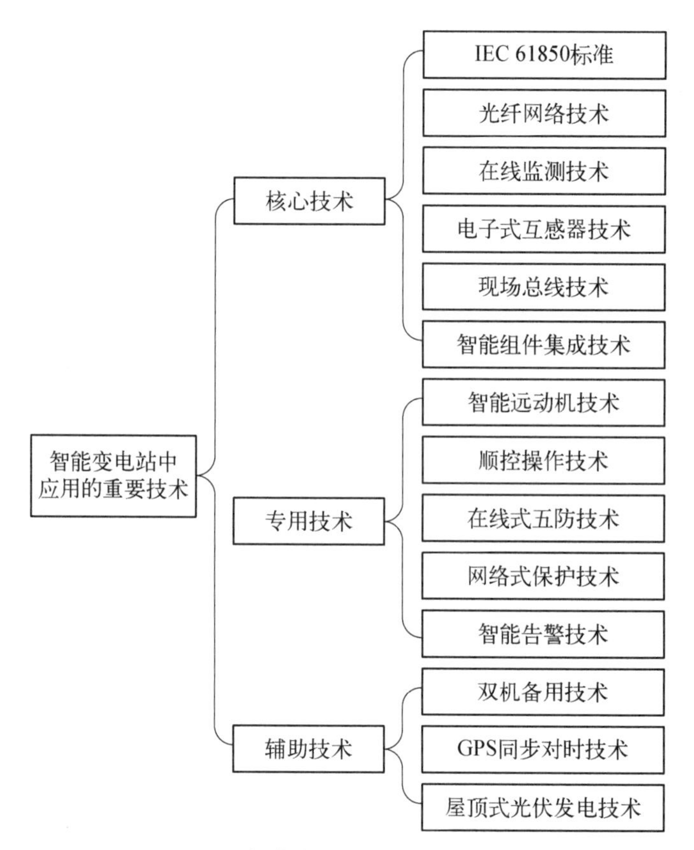

图 9.2 智能变电站相关技术分类图

的具体技术指标，难以将其完整罗列，同时会造成整个指标体系过于冗余、庞大。

(2) 实际评估时收集数据工作量庞大。由于评估工作是针对智能变电站整体的技术成熟度，在实际评估时，需要对站内每一处应用到相关技术的设备进行评估指标数据的收集、整理，从而造成数据量大、搜集工作烦琐，对评估的后续展开造成障碍。

(3) 采用此思路所得出的评估指标，可以反映出具体技术的指标优良程度，但无法反映技术应用到智能变电站后的具体效果。部分新的智能技术具有良好的指标性能，但由于技术不够成熟，在实际应用阶段并未取得良好的效果。这样的指标设计思路无法对智能变电站技术成熟度进行全面、准确的评估。

考虑到"自顶向下"设计思路在本评估目标下存在的局限性，提出与之相对应的"自底向上"式设计方法，采用归纳法思路，由个别推出一般。由技术向宏观层面归纳评估指标，并依据指标层逐层向上归纳，最终得出完整的指标体系。

依照"自底向上"的思路，从技术层的具体技术出发，向上层考虑，归纳该技术采用后对哪些智能变电站宏观面上的指标存在影响，以此作为指标层中量化指标的选取原则。根据该思路，可得出技术层影响到的 17 个量化指标，包括智能设备即插即用率、智能设备互操作成功率、与主站间通信成功率、网络带宽、以太网通信覆盖率、平均每日值班人数、平均倒排操作时间、设备平均检修周期、年停电时间、年操作事故率、设备故障率、站内数据通信保障率、故障平均处理时间、保护动作成功率、变电站建筑面积、站内二次电缆总长度、光伏发电装机容量。指标处于变电站级宏观层面，具有代表性，且易于数据收集整理。

技术层与指标层的对应映射关系如图 9.3 所示。

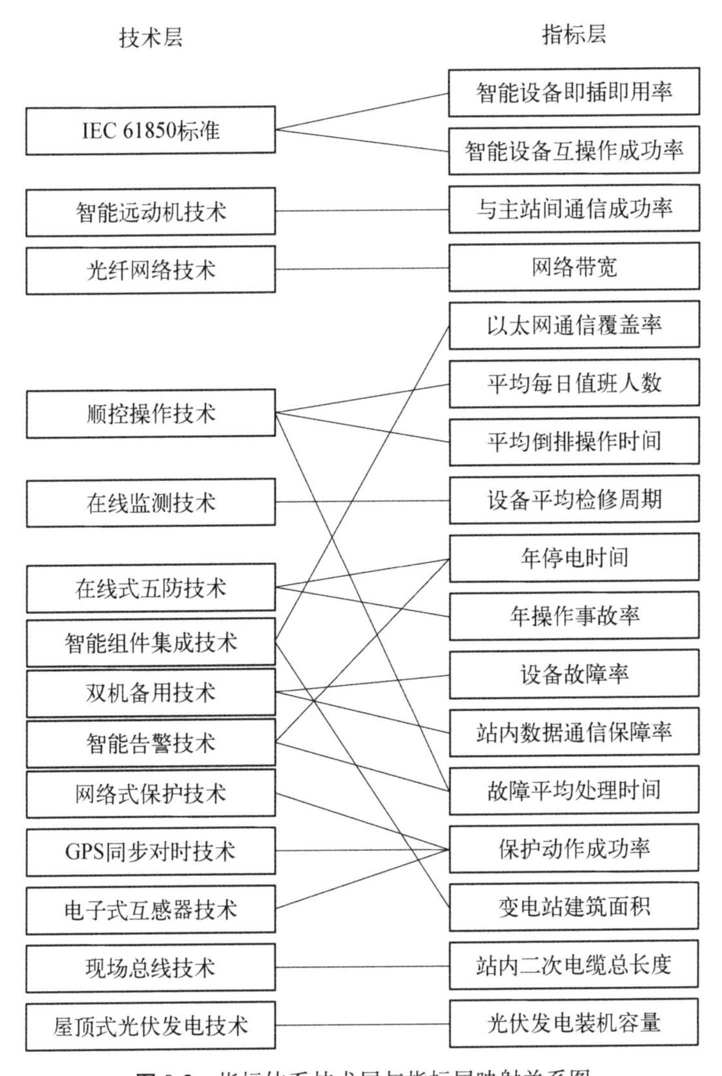

图 9.3　指标体系技术层与指标层映射关系图

采用“自底向上”思路进行指标层设计可以很好地解决“自顶向下”思路中存在的问题，同时需要指出的是，虽然指标层所选取的指标偏向于宏观量，但由于技术层与指标层映射关系的存在，保证了技术对这些指标的决定性作用，因此由此选取的指标集依旧可以准确反映出智能变电站的技术成熟度。

3. 指标体系准则层归纳

按“自底向上”的设计思路，由指标层逐级向上对准则层进行设计。针对指标层的 17 个量化指标，依据指标的内涵、意义进行归纳，对其进行分类上的总结。

根据指标的特征，可将 17 个量化指标归纳为规约统一化、通信网络化、运行高效性、维护高效性、运行可靠性、保护可靠性、资源节约性、环境友好性八个二级准则，下面对八个二级准则进行解释。

(1) 规约统一化：智能变电站内部信息建模、设备间通信规约以及站间通信规约的统一化程度。

(2) 通信网络化：智能变电站内采用光纤网络通信替代传统的电信号传递信息的网络通信覆盖范围和性能程度。

(3) 运行高效性：智能变电站在日常运行过程中以更少的投入实现更多产出的能力。

(4) 维护高效性：智能变电站在维护时以更少的投入完成正常维护工作的能力。

(5) 运行可靠性：智能变电站在正常运行时维持整体安全、可靠运行的能力。

(6) 保护可靠性：智能变电站在发生故障时，保护可靠动作，及时从故障中恢复的能力。

(7) 资源节约性：智能变电站在建设过程中占用更少的自然资源，节约社会资源总量的能力。

(8) 环境友好性：智能变电站在运行过程中控制碳排放量、减少环境污染的能力。

量化指标与二级准则间的对应隶属关系如图 9.4 所示。

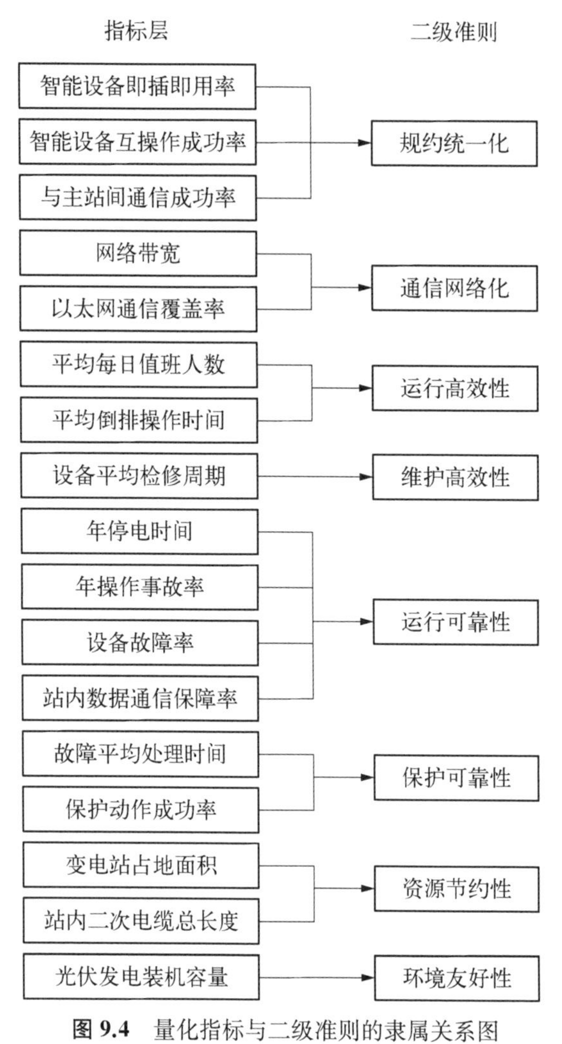

图 9.4 量化指标与二级准则的隶属关系图

由二级准则进一步向上归纳，可得出指标体系的四个一级准则：智能性、高效性、可靠性、绿色性，对这四个一级指标的解释如下。

(1) 智能性：智能变电站借助统一的公共信息模型和网络通信技术，以智能化手段实现日常运行的能力。

(2) 高效性：智能变电站在运行、维护过程中，以更高的投入产出比完成本站工作的能力。

(3) 可靠性：智能变电站在运行期间，能够准确及时地应对事故，保障本站安全稳定运行的能力。

(4) 绿色性：智能变电站在建设与投运期间，贯彻科学发展理念，节约资源、保护环境的能力。

这四个一级准则可以完整地概括出智能变电站的整体技术特性，同时符合南方电网公司提出的“建设好‘智能、高效、可靠、绿色’电网”的智能电网建设目标，满足了一级准则应具备的全面性和科学性要求。

4. 确立指标体系完整结构

根据以上所设计的指标层与准则层,可以确定指标体系的完整结构如表 9.1 所示。

表 9.1　智能变电站技术成熟度指标体系

一级准则	二级准则	指标名称	指标类型	指标内涵
智能性	规约统一化	智能设备即插即用率	正指标	站内不需调试可直接即插即用的智能设备比例
		智能设备互操作成功率	正指标	站内智能设备间互操作的成功比例
		与主站间通信成功率	正指标	变电站与调度主站之间通信的成功比例
	通信网络化	网络带宽	正指标	站内交换机带宽
		以太网通信覆盖率	正指标	站内所有设备中能够用以太网进行信息通信的设备比例
高效性	运行高效性	平均每日值班人数	负指标	站内平均每天进行值班的人数
		平均倒排操作时间	负指标	站内各类倒排操作所耗平均时间
	维护高效性	设备平均检修周期	正指标	站内设备检修的平均周期
可靠性	运行可靠性	年停电时间	负指标	站内一年发生停电故障总时间
		年操作事故率	负指标	站内一年因人为因素发生操作事故占总操作数的比例
		设备故障率	负指标	站内出现故障无法正常工作的设备比例
		站内数据通信保障率	正指标	站内自动化数据通信出现中断的时间比例
	保护可靠性	故障平均处理时间	负指标	站内故障发生时平均处理故障所耗时间
		保护动作成功率	正指标	站内故障发生时保护动作成功动作比例
绿色性	资源节约性	变电站建筑面积	负指标	变电站总的建筑面积
		站内二次电缆总长度	负指标	站内所有二次电缆总的长度
	环境友好性	光伏发电装机容量	正指标	站内采用屋顶式光伏发电的装机容量

该指标体系的总目标为智能变电站技术成熟度,由此可得指标体系的整体关系图,包含了目标层、准则层、指标层间相互的隶属关系和指标层、技术层间的映射关系,如图 9.5 所示。

该指标体系目标层中包括 1 个总目标,准则层中包括 4 个、8 个二级准则,指标层中包括 17 个量化指标,能够较全面地概括智能变电站的特性。同时具有包含 14 个技术的技术层,技术层与指标层之间具有映射关系,保证了智能变电站相关技术对量化指标具有决定性作用,确保了指标体系对于技术成熟度评估的科学性与合理性。

以 IEC 61850 标准为例,该标准的不断完善、成熟和在智能变电站设备中的广泛普及,可以使站内智能设备具备即插即用的特性和设备间互操作的能力,从而提升指标层智能设备即插即用率、智能设备互操作成功率这两个量化指标。这两个量化指标都能够反映站内通信规约的一致程度,隶属于规约统一化这个二级准则。二级准则规约统一化可以反映出变电站的智能化水平,故隶属于智能性这个一级准则。

9.3.2　智能变电站技术成熟度评估理论方法选取

针对所建立的智能变电站技术成熟度指标体系,需要结合适当的评估理论与方法,从而获得科学、可靠的评估结果。通过对智能变电站整体特征的分析,可以看出其中具有一定的少样本、贫信息的“灰色”特征,主要体现在以下两个方面。

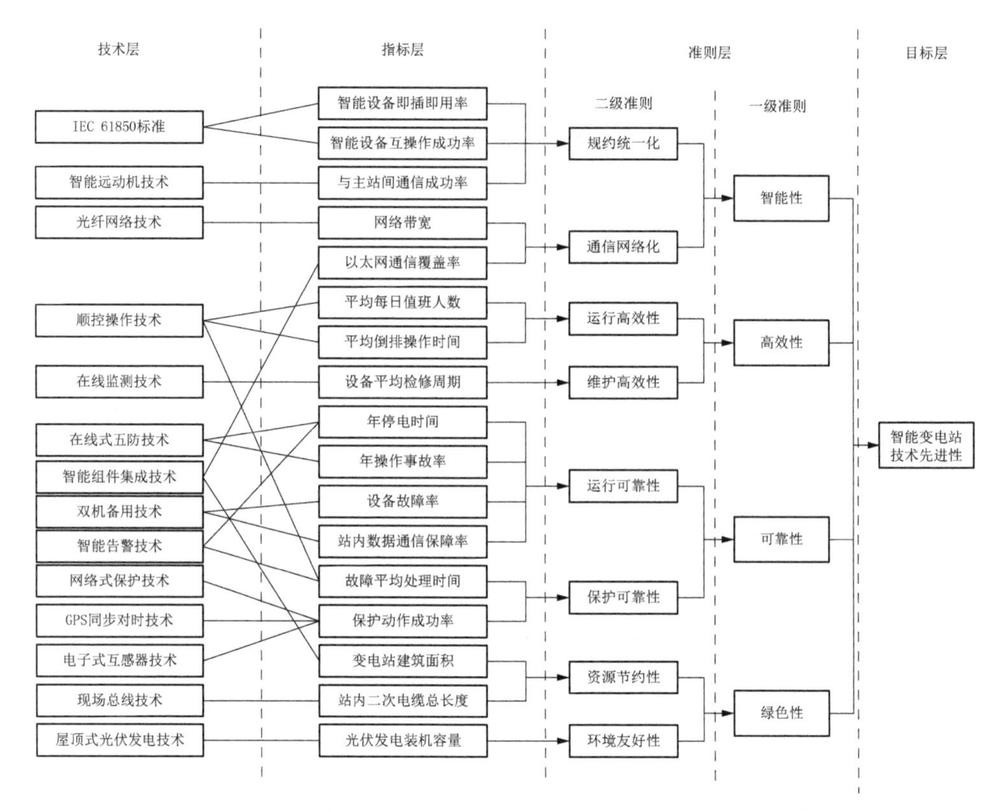

图 9.5　智能变电站技术成熟度指标体系整体关系图

(1) 世界范围内,智能变电站的建设工作尚处于初期阶段,特别是智能变电站相关技术许多尚处于开发阶段,还未达到足够的成熟度。基于这样的背景,对于智能变电站以及相关技术的信息掌握有很强的灰色性,更多的信息需要相关工作的进一步开展才能得到了解。

(2) 相比于变电站总量,现阶段智能变电站的数量还较少,能够收集的数据样本较缺乏,因此用于评估的数据来源也存在一定的灰色性。

因此,智能变电站技术成熟度评估从评估对象和评估数据来源上都存在灰色性,符合灰色系统的特点,符合使用灰色聚类分析法的条件。

此外,灰色聚类分析法能够同时得出定量评估结果和定性的分类归属评判,针对本章的评估对象——技术成熟度,不仅能得出其评估量化值,同时能够做出技术发展阶段的定性判断,具有很强的适用性。

灰色聚类分析法中,需要进行灰类划分,一般采用{差,中,良,优}的方式进行划分。而针对智能变电站技术成熟度评估,将命题信息域拓展至整个变电站范畴,采用灰色系统理论中信息覆盖的方式,将其划分为{常规变电站,数字化变电站,智能变电站}三个灰类,此划分方式基于以下三点理由。

(1) 从评估对象信息覆盖的全面性上看,根据灰色聚类评估方法的理论要求,划分灰类为常规变电站、数字化变电站、智能变电站,能够完整地概括出变电站技术进步的各个阶段,反映智能变电站技术从其基础和前身发展至今的全历程。

(2) 从变电站自身分类的灰色性上看,现阶段,虽然对于数字化变电站和智能变电站都有各自的明确定义,但由于应用技术相类似,尚没有非常明确的标准可以用来区分数字化变电站和智能变电站。部分老式变电站在进行数字化/智能化改造后,需要一定的方法对改造后全站的技术阶段水平进行评估。因此,采取此灰类划分方法具有应用基础。

(3) 从变电站发展演变的渐进性上看,数字化变电站与智能变电站在应用技术上具有相似的特点,其主要区别在于,前者强调手段,后者强调目标。即智能变电站是在数字化手段的基础上,通过先进技术的引入,提升变电站自身的运行状态及效果,达到智能化的目标。可以看出,数字化变电站到智能变电站的发展是一个各方面效果逐步提升的渐进过程,因此,对灰类进行变电站发展进程的划分,是对变电站技术发展过程的一个客观反映,具有现实依据。

由此,我们论证了灰色聚类评估方法针对智能变电站技术成熟度评估具备可行性,同时,采用信息覆盖的方法将灰类划分为{常规变电站,数字化变电站,智能变电站},具有现实依据和应用基础。

9.3.3　基于灰色聚类分析法的智能变电站技术成熟度评估模型

采用灰色聚类分析法进行智能变电站技术成熟度评估时,具体步骤如下。

1) 建立灰类评估体系

记被评估单元为 i, $i \in \mathrm{I}=\{1, 2, \cdots, w\}$;记评估指标为 j, $j \in \mathrm{J}=\{1, 2, \cdots, m\}$;记评估灰类为 k, $k \in \mathrm{K}=\{1, 2, \cdots, n\}$;灰类评估体系为{I, J, K}。

其中,被评估单元集 I 为需要进行评估的变电站集,评估指标集 J 是第 3 章所确定的智能变电站技术成熟度指标体系,评估灰类集 K 根据 9.3.2 节的论述,采用{常规变电站,数字化变电站,智能变电站}的灰类划分方式,即 $n=3$。

由此,灰类评估体系{I, J, K}建立完成。

2) 收集样本数据,并对数据进行标准化处理

根据评估的需要,收集待评估对象的 m 个底层指标相关数据,计算出相应的指标值,形成样本数据矩阵 $\boldsymbol{X}$,则数据矩阵 $\boldsymbol{X}$ 为 $w \times m$ 阶的矩阵:

$$X = (x_{ij})_{w\times m} = \begin{bmatrix} x_{11} & x_{12} & \cdots & x_{1m} \\ x_{21} & x_{22} & \cdots & x_{2m} \\ \vdots & \vdots & & \vdots \\ x_{w1} & x_{w2} & \cdots & x_{wm} \end{bmatrix} \tag{9.1}$$

式中,x_{ij} 代表第 i 个待评估对象的第 j 个指标的数据值。

在灰色聚类评估过程中,需要保证所有的指标值都是正指标,因此先采用 Max - Min 法进行转换,并做数据标准化处理。

当指标为正指标时,采用式(9.2)进行变换:

$$d_{ij} = \frac{x_{ij} - \min\limits_{\forall i}(x_{ij})}{\max\limits_{\forall i}(x_{ij}) - \min\limits_{\forall i}(x_{ij})} \tag{9.2}$$

当指标为负指标时,采用式(9.3)进行变换:

$$d_{ij} = \frac{\max\limits_{\forall i}(x_{ij}) - x_{ij}}{\max\limits_{\forall i}(x_{ij}) - \min\limits_{\forall i}(x_{ij})} \tag{9.3}$$

当指标为区间指标时，若合适区间为$[a, b]$，则采用式(9.4)进行变换：

$$d_{ij}=\begin{cases}\dfrac{x_{ij}-\min\limits_{\forall i}(x_{ij})}{a-\min\limits_{\forall i}(x_{ij})}, & x_{ij}\leqslant a\\ 1, & a\leqslant x_{ij}\leqslant b\\ \dfrac{\max\limits_{\forall i}(x_{ij})-x_{ij}}{\max\limits_{\forall i}(x_{ij})-b}, & x_{ij}\geqslant b\end{cases} \tag{9.4}$$

由此可得标准化后的评估样本矩阵 $\boldsymbol{D}$：

$$\boldsymbol{D}=(d_{ij})_{w\times m}=\begin{bmatrix}d_{11} & d_{12} & \cdots & d_{1m}\\ d_{21} & d_{22} & \cdots & d_{2m}\\ \vdots & \vdots & & \vdots\\ d_{w1} & d_{w2} & \cdots & d_{wm}\end{bmatrix} \tag{9.5}$$

3）确定各指标的灰类白化权函数

根据 4.3.3 节的内容，采用改进型的白化权函数形式，对每一个评估指标集 J 中的指标进行灰类白化权函数的确定。

根据该指标在常规变电站、数字化变电站和智能变电站的不同特点，确定不同灰类下默认白化数的值λ_1、λ_2、λ_3，确定的方式可以依据样本的数据进行归纳，或采用专家打分的方式，向熟悉智能变电站相关技术的专业人士征求意见，根据他们提供的数据进行默认白化数的确定。

获得默认白化数之后，可根据 4.3.3 节所论述的方式获得灰类白化权函数的表达式，其中，末灰类(常规变电站)白化权函数表达式为

$$f_j^1(x)=\begin{cases}0, & x>\lambda_2\\ \dfrac{k(x-\lambda_2)}{\lambda_1-\lambda_2}, & \lambda_1<x\leqslant\lambda_2\\ \dfrac{(k-1)x+\lambda_1}{\lambda_1}, & 0\leqslant x\leqslant\lambda_1\end{cases} \tag{9.6}$$

中灰类(数字化变电站)白化权函数表达式为

$$f_j^2(x)=\begin{cases}\dfrac{(1-k)x}{\lambda_1}, & 0\leqslant x<\lambda_1\\ \dfrac{-kx+(k-1)\lambda_2+\lambda_1}{\lambda_1-\lambda_2}, & \lambda_1\leqslant x<\lambda_2\\ \dfrac{-kx+(k-1)\lambda_2+\lambda_3}{\lambda_1-\lambda_3}, & \lambda_2\leqslant x<\lambda_3\\ \dfrac{(1-k)(x-1)}{\lambda_3-1}, & \lambda_3\leqslant x\leqslant 1\end{cases} \tag{9.7}$$

上灰类(智能变电站)白化权函数表达式为

$$f_j^3(x)=\begin{cases}0, & x<\lambda_2\\ \dfrac{k(x-\lambda_{n-1})}{\lambda_n-\lambda_{n-1}}, & \lambda_2\leqslant x\leqslant\lambda_3\\ \dfrac{(1-k)x+k-\lambda_n}{1-\lambda_n}, & \lambda_3<x\leqslant 1\end{cases} \tag{9.8}$$

由此，可以确定各指标的灰类白化权函数的形式：$f_j^k(x)(k=1, 2, 3; j=1, 2, \cdots, m)$。

4) 求取灰色聚类评估值矩阵

确定了合适的白化权函数后，则 $f_j^k(d_{ij})$ 为第 i 个评估对象的第 j 个评估指标样本值，对于灰类 k 的符合度。针对每一个灰类 k，可以列写出样本值的符合度矩阵 $\boldsymbol{F}^k$：

$$\begin{aligned}\boldsymbol{F}^k&=(f_j^k(d_{ij}))_{w\times m}\\&=\begin{bmatrix}f_1^k(d_{11}) & f_2^k(d_{12}) & \cdots & f_2^k(d_{1m})\\ f_1^k(d_{21}) & f_2^k(d_{22}) & \cdots & f_2^k(d_{2m})\\ \vdots & \vdots & \ddots & \vdots\\ f_1^k(d_{w1}) & f_2^k(d_{w2}) & \cdots & f_2^k(d_{wm})\end{bmatrix}\end{aligned} \tag{9.9}$$

通过主观或客观方法，确定每一个指标的权重 $\eta_j^k(j=1, 2, \cdots, m)$，形成权重向量 $\boldsymbol{\eta}^k$：

$$\boldsymbol{\eta}^k=[\eta_1^k, \eta_2^k, \cdots, \eta_m^k]^{\mathrm{T}} \tag{9.10}$$

由符合度矩阵和权重向量可以求出评估对象在该灰类 k 下的灰色聚类评估值 σ^k：

$$\begin{aligned}\boldsymbol{\sigma}^k&=\boldsymbol{F}^k\cdot\boldsymbol{\eta}^k\\&=\begin{bmatrix}f_1^k(d_{11}) & f_2^k(d_{12}) & \cdots & f_2^k(d_{1m})\\ f_1^k(d_{21}) & f_2^k(d_{22}) & \cdots & f_2^k(d_{2m})\\ \vdots & \vdots & & \vdots\\ f_1^k(d_{w1}) & f_2^k(d_{w2}) & \cdots & f_2^k(d_{wm})\end{bmatrix}\cdot\begin{bmatrix}\eta_1^k\\ \eta_2^k\\ \vdots\\ \eta_m^k\end{bmatrix}=\begin{bmatrix}\sigma_1^k\\ \sigma_2^k\\ \vdots\\ \sigma_w^k\end{bmatrix}\end{aligned} \tag{9.11}$$

对每一个灰类 $k=1, 2, 3$ 进行聚类评估值的求取，可以合成灰色聚类评估值矩阵 $\boldsymbol{\sigma}$：

$$\boldsymbol{\sigma}=(\sigma_i^k)_{w\times n}=\begin{bmatrix}\sigma_1^1 & \sigma_1^2 & \sigma_1^3\\ \sigma_2^1 & \sigma_2^2 & \sigma_2^3\\ \vdots & \vdots & \vdots\\ \sigma_w^1 & \sigma_w^2 & \sigma_w^3\end{bmatrix} \tag{9.12}$$

式中，σ_i^k 为评估对象 i 在灰类 k 上的聚类评估值。

5) 由灰色聚类评估值向量获得评估结果

聚类评估值矩阵 $\boldsymbol{\sigma}$ 中的每一行是评估对象 i 的灰色聚类评估值向量 $\boldsymbol{\sigma}_i$：

$$\boldsymbol{\sigma}_i=[\sigma_i^1,\ \sigma_i^2,\ \sigma_i^3] \tag{9.13}$$

该向量表明了评估对象 i 在各个灰类上的灰色聚类评估值。

根据灰色聚类评估值向量 $\boldsymbol{\sigma}_i$，求出对应的熵值以及 Theil 不均衡指数，灰色聚类评估值向量 $\boldsymbol{\sigma}_i$ 的求取公式为

$$I(\boldsymbol{\sigma}_i)=-\sum_{k=1}^{3}\sigma_i^k\ln\ \sigma_i^k \tag{9.14}$$

由熵值，可以求出 Theil 不均衡指数：

$$T=\ln n-I(\boldsymbol{\sigma}_i) \tag{9.15}$$

可以依据该灰色聚类评估值向量和它的熵值，对评估对象 i 进行以下方面的评估结果分析。

(1) 根据灰色聚类评估值向量中最大的评估值，确定评估对象所属灰类。设 $\max\limits_{1\leqslant k\leqslant n}\{\sigma_i^k\}=\sigma_i^{k^*}$，则称对象 i 属于灰类 k^*。当 $k^*=1$ 时，该对象的技术水平属于常规变电站阶段；当 $k^*=2$ 时，该对象的技术水平属于数字化变电站阶段；当 $k^*=3$ 时，该对象的技术水平属于智能变电站阶段。

(2) 根据灰色聚类评估值向量的熵和 Theil 不均衡指数，可以考察对评估对象 i 所属灰类做出定性判断是否可靠。当所求得的 Theil 不均衡指数大于 0.1 时，可以认为定性的评估结果较为可靠。

(3) 若该对象 i 的定性评估结果属于常规变电站阶段，则灰色聚类评估值 σ_i^1 可以反映该常规变电站的技术水平。σ_i^1 越大，说明该常规变电站的技术越处于一个较低的水平。

(4) 若该对象 i 的定性评估结果属于智能变电站阶段，则灰色聚类评估值 σ_i^3 可以反映该智能变电站的技术成熟度。σ_i^3 越大，说明该智能变电站的技术成熟度越高。

(5) 若该对象 i 的定性评估结果属于数字化变电站阶段，不能直接用灰色聚类评估值 σ_i^2 的大小反映该数字化变电站的技术水平，但可以根据灰色聚类评估值 σ_i^2 和 σ_i^3 的数值关系反映该数字化变电站与智能变电站之间的距离，从而反映其在技术上向智能变电站发展的程度。数字化变电站 i 的智能化发展程度 D_i 可以用式(9.16)进行计算：

$$D=1-\frac{\sigma_i^2-\sigma_i^3}{\sigma_i^2+\sigma_i^3}=\frac{2\,\sigma_i^3}{\sigma_i^2+\sigma_i^3}\times 100\% \tag{9.16}$$

当 $D=0$ 时，说明该数字化变电站的智能化建设刚刚开展，在技术水平上距离智能变电站还有较长的一段发展时间；当 $D=100\%$ 时，说明该数字化变电站的技术发展水平已经踏入智能变电站阶段的门槛，马上能够进入智能变电站的技术发展阶段。

智能变电站技术成熟度模型可由图 9.6 所示的评估流程图归纳。

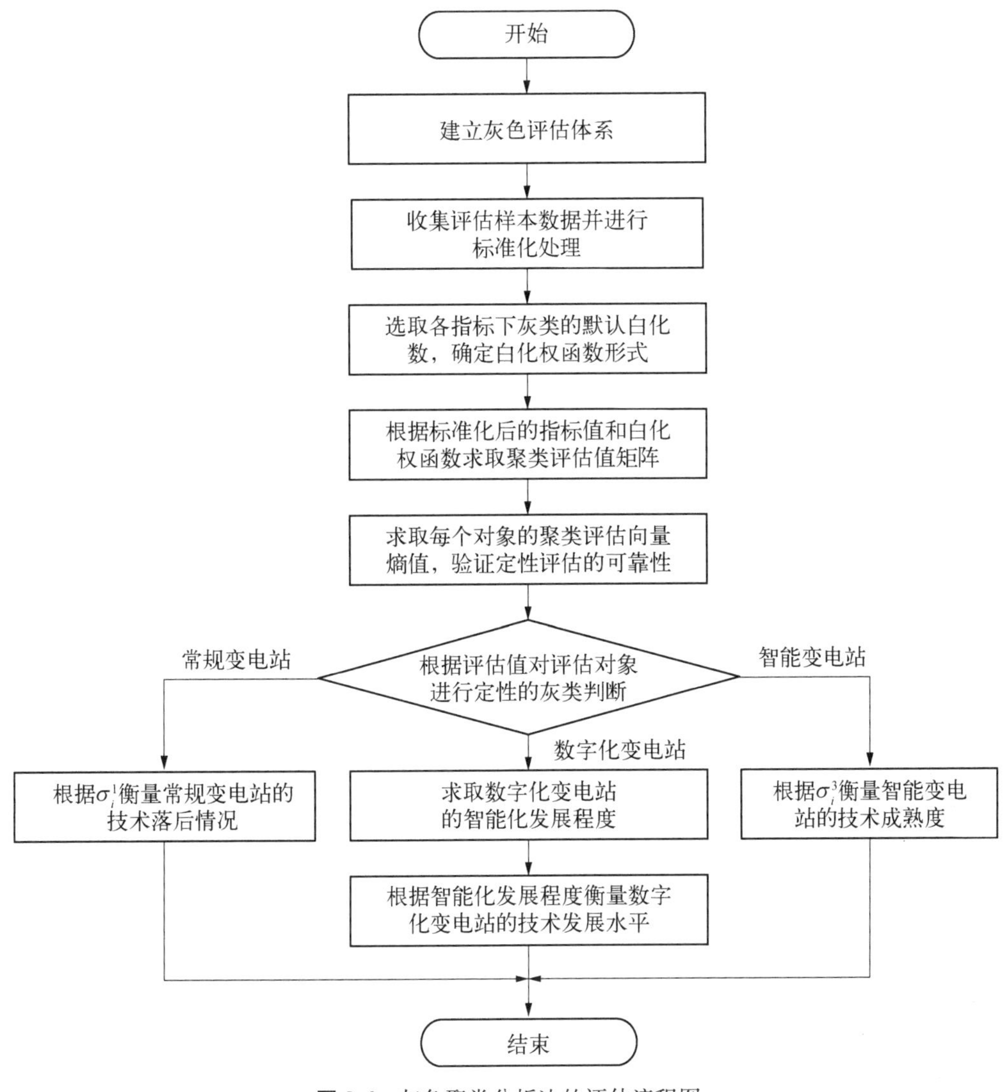

图 9.6　灰色聚类分析法的评估流程图

9.4　实例分析

为了测试智能变电站技术成熟度评估模型的评估效果，下面用实际算例进行计算与结果分析。其中，为了验证灰色聚类分析法的有效性，采用经典的层次分析法与之进行对比，从而分析灰色聚类分析法在智能变电站技术成熟度评估模型的正确性和有效性。

9.4.1　智能变电站技术成熟度指标数据

参考《中国南方电网有限责任公司"十二五"科技发展规划》和《广东电网公司"十二五"科技发展规划》，结合智能变电站技术成熟度指标体系的各项评估指标，搜集、整理得到8个待评估变电站某年与变电站技术水平相关的历史数据。

待评估变电站的智能性、高效性、可靠性、绿色性指标相关数据参见表 9.2～表 9.5。

表 9.2 待评估变电站智能性指标相关数据

变电站编号	智能设备即插即用率/%	智能设备互操作成功率/%	与主站间通信成功率/%	网络带宽/Mbps	以太网通信覆盖率/%
1	87.86	97.23	93.49	100	98.03
2	0	0	91.43	10	51.28
3	82.59	95.56	92.37	100	78.39
4	0	0	92.25	2	39.31
5	0	0	92.04	2	43.68
6	90.96	95.69	92.54	100	91.49
7	91.65	96.41	93.92	100	90.51
8	85.71	94.18	93.64	100	85.16

表 9.3 待评估变电站高效性指标相关数据

变电站编号	平均每日值班人数/(人/日)	平均倒排操作时间/min	设备平均检修周期/年
1	0.72	7.47	2.39
2	2.54	35.42	1.28
3	2.37	10.13	1.93
4	4.75	26.46	0.84
5	3.58	29.63	1.35
6	0.82	8.81	2.78
7	1.12	9.69	2.36
8	1.58	11.21	1.86

表 9.4 待评估变电站可靠性指标相关数据

变电站编号	年停电时间/h	年操作事故率/‰	设备故障率/%	站内数据通信保障率/%	故障平均处理时间/h	保护动作成功率/%
1	2.93	0	1.38	98.45	1.97	99.61
2	5.92	0.37	5.47	96.59	5.18	99.24
3	4.71	0.34	3.62	99.29	2.39	99.57
4	6.35	0.52	4.71	96.66	4.37	99.31
5	7.18	0.59	5.95	97.03	4.32	99.42
6	3.93	0.17	2.83	99.4	2.54	99.52
7	2.56	0	2.54	98.85	2.25	99.59
8	4.57	0.25	4.23	97.19	3.46	99.48

表 9.5 待评估变电站绿色性指标相关数据

变电站编号	变电站建筑面积/m^2	站内二次电缆总长度/km	光伏发电装机容量/kWp
1	1 991.4	10.79	20.8
2	2 389.6	45.19	0

续　表

变电站编号	变电站建筑面积/m^2	站内二次电缆总长度/km	光伏发电装机容量/kWp
3	2 158.9	17.41	0
4	2 706.7	51.14	0
5	2 649.2	42.82	0
6	1 615.3	12.86	61.6
7	1 505.1	15.59	0
8	2 013.6	16.47	4.8

由于灰色聚类分析法与层次分析法均要对数据进行标准化处理，因此采用 Max - Min 法对相关指标数据进行数据预处理，标准化后的数据参见表 9.6。

表 9.6　标准化后变电站相关指标数据

指标编号	变电站 1	变电站 2	变电站 3	变电站 4	变电站 5	变电站 6	变电站 7	变电站 8
1	0.878 6	0.000 0	0.825 9	0.000 0	0.000 0	0.909 6	0.916 5	0.857 1
2	0.972 3	0.000 0	0.955 6	0.000 0	0.000 0	0.956 9	0.964 1	0.941 8
3	0.934 9	0.914 3	0.923 7	0.922 5	0.920 4	0.925 4	0.939 2	0.936 4
4	1.000 0	0.100 0	1.000 0	0.020 0	0.020 0	1.000 0	1.000 0	1.000 0
5	0.980 3	0.512 8	0.783 9	0.393 1	0.436 8	0.914 9	0.905 1	0.851 6
6	1.000 0	0.548 4	0.590 6	0.000 0	0.290 3	0.975 2	0.900 7	0.786 6
7	1.000 0	0.000 0	0.904 8	0.320 6	0.207 2	0.952 1	0.920 6	0.866 2
8	0.799 0	0.226 8	0.561 9	0.000 0	0.262 9	1.000 0	0.783 5	0.525 8
9	0.919 9	0.272 7	0.534 6	0.179 7	0.000 0	0.703 5	1.000 0	0.564 9
10	1.000 0	0.630 0	0.660 0	0.480 0	0.410 0	0.830 0	1.000 0	0.750 0
11	1.000 0	0.105 0	0.509 8	0.271 3	0.000 0	0.682 7	0.746 2	0.376 4
12	0.984 5	0.965 9	0.992 9	0.966 6	0.970 3	0.994 0	0.988 5	0.971 9
13	1.000 0	0.000 0	0.869 2	0.252 3	0.267 9	0.822 4	0.912 8	0.535 8
14	0.996 1	0.992 4	0.995 7	0.993 1	0.994 2	0.995 2	0.995 9	0.994 8
15	0.595 3	0.263 9	0.455 9	0.000 0	0.047 9	0.908 3	1.000 0	0.576 8
16	1.000 0	0.147 5	0.835 9	0.000 0	0.206 2	0.948 7	0.881 0	0.859 2
17	0.337 7	0.000 0	0.000 0	0.000 0	0.000 0	1.000 0	0.000 0	0.077 9

标准化后的指标都转化成正指标，且取值范围限制到[0，1]，便于后续计算。

9.4.2　层次分析法评估应用

根据表 9.6 中变电站技术成熟度相关数据，结合相关指标体系，采用层次分析法进行评估。

针对指标体系中每一层相关联的指标，采用两两比较的方式，建立判断矩阵。判断矩阵的数据参见表 9.7～表 9.17。

表 9.7 一级准则判断矩阵

	智能性	高效性	可靠性	绿色性
智能性	1.000	3.000	3.000	1.000
高效性	0.333	1.000	2.000	0.500
可靠性	0.333	0.500	1.000	0.333
绿色性	1.000	2.000	3.000	1.000

可计算得四个一级准则相对于总目标的权重分别为 0.381、0.167、0.107、0.345。

表 9.8 智能性相关二级准则判断矩阵

	规约统一化	通信网络化
规约统一化	1.000	2.000
通信网络化	0.500	1.000

可计算得智能性相关二级准则相对于智能性准则的权重分别为 0.667、0.333。

表 9.9 高效性相关二级准则判断矩阵

	运行高效性	维护高校性
运行高效性	1.000	1.000
维护高校性	1.000	1.000

可计算得高效性相关二级准则相对于高效性准则的权重分别为 0.5、0.5。

表 9.10 可靠性相关二级准则判断矩阵

	运行可靠性	保护可靠性
运行可靠性	1.000	2.000
保护可靠性	0.500	1.000

可计算得可靠性相关二级准则相对于可靠性准则的权重分别为 0.667、0.333。

表 9.11 绿色性相关二级准则判断矩阵

	资源节约性	环境友好性
资源节约性	1.000	2.000
环境友好性	0.500	1.000

可计算得绿色性相关二级准则相对于绿色性准则的权重分别为 0.667、0.333。

表 9.12 规约统一化相关底层指标判断矩阵

	智能设备即插即用率	智能设备互操作成功率	与主站间通信成功率
智能设备即插即用率	1.000	0.500	2.000
智能设备互操作成功率	2.000	1.000	3.000
与主站间通信成功率	0.500	0.333	1.000

可计算得规约统一化相关底层指标相对于规约统一化二级准则的权重分别为0.297、0.540、0.163。

表 9.13 通信网络化相关底层指标判断矩阵

	网络带宽	以太网通信覆盖率
网络带宽	1.000	0.500
以太网通信覆盖率	2.000	1.000

可计算得通信网络化相关底层指标相对于通信网络化二级准则的权重分别为0.333、0.667。

表 9.14 运行高效性相关底层指标判断矩阵

	平均每日值班人数	平均倒排操作时间
平均每日值班人数	1.000	3.000
平均倒排操作时间	0.333	1.000

可计算得运行高效性相关底层指标相对于运行高效性二级准则的权重分别为0.750、0.250。

表 9.15 运行可靠性相关底层指标判断矩阵

	年停电时间	年操作事故率	设备故障率	站内数据通信保障率
年停电时间	1.000	1.000	2.000	0.333
年操作事故率	1.000	1.000	3.000	0.500
设备故障率	0.500	0.333	1.000	0.200
站内数据通信保障率	3.000	2.000	5.000	1.000

可计算得运行可靠性相关底层指标相对于运行可靠性二级准则的权重分别为0.189、0.232、0.089、0.490。

表 9.16 保护可靠性相关底层指标判断矩阵

	故障平均处理时间	保护动作成功率
故障平均处理时间	1.000	0.500
保护动作成功率	2.000	1.000

可计算得保护可靠性相关底层指标相对于保护可靠性二级准则的权重分别为0.333、0.667。

表 9.17 资源节约性相关底层指标判断矩阵

	变电站建筑面积	光伏发电装机容量
变电站建筑面积	1.000	2.000
光伏发电装机容量	0.500	1.000

可计算得资源节约性相关底层指标相对于资源节约性二级准则的权重分别为0.667、0.333。

对于三阶和四阶判断矩阵，需要进行一致性检验。

对于表9.7，可计算得最大特征根 $\lambda_{max}=4.045\,1$，一致性指标 $CI=(\lambda_{max}-k)/(k-1)=(4.045\,1-4)/(4-1)=0.015\,0$，随机一致性比例 $CI=CI/RI=0.015\,0/0.9=0.016\,7<0.1$，满足一致性检验。

对于表9.12，可计算得最大特征根 $\lambda_{max}=3.008\,8$，一致性指标 $CI=(\lambda_{max}-k)/(k-1)=(3.008\,8-3)/(3-1)=0.004\,4$，随机一致性比例 $CI=CI/RI=0.004\,4/0.58=0.007\,6<0.1$，满足一致性检验。

对于表9.15，可计算得最大特征根 $\lambda_{max}=4.024\,3$，一致性指标 $CI=(\lambda_{max}-k)/(k-1)=(4.024\,3-4)/(4-1)=0.008\,1$，随机一致性比例 $CI=CI/RI=0.008\,1/0.9=0.009\,0<0.1$，满足一致性检验。

所有判断矩阵全部通过一致性检验，说明所建立的判断矩阵没有逻辑矛盾性，可以应用于权重确定中。

根据各级所求得的权重进行权重合成，可以得到各级准则、指标相对于总目标的权重如表9.18所示。

表9.18 指标体系各级准则、指标权重

一级准则权重		二级准则权重		底层指标权重	
智能性	0.381	规约统一化	0.254	智能设备即插即用率	0.075
				智能设备互操作成功率	0.137
				与主站间通信成功率	0.042
		通信网络化	0.127	网络带宽	0.042
				以太网通信覆盖率	0.085
高效性	0.167	运行高效性	0.084	平均倒排操作时间	0.063
				平均每日值班人数	0.021
		维护高效性	0.084	设备平均检修周期	0.084
可靠性	0.107	运行可靠性	0.071	年停电时间	0.013
				年操作事故率	0.017
				设备故障率	0.006
				站内数据通信保障率	0.035
		保护可靠性	0.036	故障平均处理时间	0.012
				保护动作成功率	0.024
绿色性	0.345	资源节约性	0.230	变电站建筑面积	0.153
				站内二次电缆总长度	0.077
		环境友好性	0.115	光伏发电装机容量	0.115

由表9.6的指标数据和表9.18的指标权重，可以加权求和获得变电站的技术成熟度评估值，如表9.19所示。

表 9.19 层次分析法综合评估值

变电站编号	1	2	3	4	5	6	7	8
评估值	0.848 9	0.262 8	0.667 3	0.151 6	0.211 2	0.945 2	0.825 1	0.708 1

9.4.3 灰色聚类分析法评估应用

根据表 9.6 中变电站技术成熟度相关数据，结合相关指标体系，采用灰色聚类分析法进行评估，评估具体计算步骤参考 9.3.3 节的内容。

根据 9.3.2 节论述，在该评估中，将评估灰类划分为三个等级，分别为{常规变电站、数字化变电站、智能变电站}。

综合考察现有数据，选取三个灰类默认白化数的值，参见表 9.20。

表 9.20 各指标三个灰类的默认白化数

指标编号	末灰类默认白化数 λ_1	中灰类默认白化数 λ_2	上灰类默认白化数 λ_3
1	0.100	0.840	0.870
2	0.100	0.900	0.960
3	0.915	0.920	0.925
4	0.200	0.800	0.900
5	0.500	0.750	0.900
6	0.550	0.780	0.900
7	0.350	0.840	0.920
8	0.300	0.500	0.750
9	0.300	0.550	0.700
10	0.500	0.600	0.800
11	0.300	0.400	0.700
12	0.200	0.700	0.870
13	0.300	0.550	0.900
14	0.993	0.994	0.997
15	0.270	0.550	0.600
16	0.300	0.770	0.880
17	0.050	0.100	0.200

根据表 9.20 各指标在灰类下的默认白化数，由 4.3.3 节所确定的白化权函数形式，选取默认白化数确认率 $k=0.5$，可以求出各指标在三个灰类下的聚类评估值，参见表 9.21、表 9.22 和表 9.23。

表 9.21 各指标对于常规变电站类的聚类评估值

指标编号	变电站 1	变电站 2	变电站 3	变电站 4	变电站 5	变电站 6	变电站 7	变电站 8
1	0.000 0	1.000 0	0.000 0	1.000 0	1.000 0	0.000 0	0.000 0	0.000 0
2	0.000 0	1.000 0	0.000 0	1.000 0	1.000 0	0.000 0	0.000 0	0.000 0

续 表

指标编号	变电站1	变电站2	变电站3	变电站4	变电站5	变电站6	变电站7	变电站8
3	0.000 0	0.500 4	0.000 0	0.000 0	0.000 0	0.000 0	0.000 0	0.000 0
4	0.000 0	0.750 0	0.000 0	0.950 0	0.950 0	0.000 0	0.000 0	0.000 0
5	0.000 0	0.468 0	0.000 0	0.606 9	0.563 2	0.000 0	0.000 0	0.000 0
6	0.000 0	0.501 5	0.384 1	1.000 0	0.736 1	0.000 0	0.000 0	0.000 0
7	0.000 0	1.000 0	0.000 0	0.542 0	0.704 1	0.000 0	0.000 0	0.000 0
8	0.000 0	0.622 0	0.000 0	1.000 0	0.561 9	0.000 0	0.000 0	0.000 0
9	0.000 0	0.545 5	0.000 0	0.700 6	1.000 0	0.000 0	0.000 0	0.000 0
10	0.000 0	0.066 7	0.000 0	0.520 0	0.590 0	0.000 0	0.000 0	0.000 0
11	0.000 0	0.824 9	0.000 0	0.547 8	1.000 0	0.000 0	0.000 0	0.309 1
12	0.000 0	0.000 0	0.000 0	0.000 0	0.000 0	0.000 0	0.000 0	0.000 0
13	0.000 0	1.000 0	0.000 0	0.579 4	0.553 5	0.000 0	0.000 0	0.107 0
14	0.000 0	0.500 3	0.000 0	0.450 0	0.000 0	0.000 0	0.000 0	0.000 0
15	0.000 0	0.511 3	0.000 0	1.000 0	0.911 4	0.000 0	0.000 0	0.000 0
16	0.000 0	0.754 2	0.000 0	1.000 0	0.656 3	0.000 0	0.000 0	0.000 0
17	0.000 0	1.000 0	1.000 0	1.000 0	1.000 0	0.000 0	1.000 0	0.313 9

表 9.22 各指标对于数字化变电站类的聚类评估值

指标编号	变电站1	变电站2	变电站3	变电站4	变电站5	变电站6	变电站7	变电站8
1	0.466 9	0.000 0	0.557 3	0.000 0	0.000 0	0.347 7	0.321 2	0.516 8
2	0.346 2	0.000 0	0.505 1	0.000 0	0.000 0	0.503 6	0.448 8	0.521 2
3	0.434 0	0.499 6	0.630 0	0.750 0	0.960 0	0.497 3	0.405 3	0.424 0
4	0.000 0	0.250 0	0.000 0	0.050 0	0.050 0	0.000 0	0.000 0	0.000 0
5	0.098 5	0.532 0	0.790 3	0.393 1	0.436 8	0.425 5	0.474 5	0.621 0
6	0.000 0	0.498 5	0.615 9	0.000 0	0.263 9	0.124 1	0.496 3	0.824 0
7	0.000 0	0.000 0	0.526 6	0.458 0	0.295 9	0.299 6	0.496 4	0.594 4
8	0.402 1	0.378 0	0.918 1	0.000 0	0.438 1	0.000 0	0.433 0	0.998 3
9	0.133 5	0.454 5	0.913 4	0.299 4	0.000 0	0.494 2	0.000 0	0.837 7
10	0.000 0	0.933 3	0.966 7	0.480 0	0.410 0	0.425 0	0.000 0	0.666 7
11	0.000 0	0.175 1	0.975 4	0.452 2	0.000 0	0.543 2	0.423 0	0.690 9
12	0.059 6	0.131 2	0.027 3	0.128 5	0.114 2	0.023 1	0.044 2	0.108 1
13	0.000 0	0.000 0	0.551 4	0.420 6	0.446 5	0.629 3	0.436 1	0.893 0
14	0.390 0	0.499 7	0.430 0	0.550 0	0.900 0	0.480 0	0.410 0	0.600 0
15	0.514 3	0.488 7	0.936 7	0.000 0	0.088 6	0.114 6	0.000 0	0.570 3
16	0.000 0	0.245 8	0.576 0	0.000 0	0.343 7	0.213 8	0.495 7	0.535 8
17	0.414 0	0.000 0	0.000 0	0.000 0	0.000 0	0.000 0	0.000 0	0.686 1

表 9.23 各指标对于智能变电站类的聚类评估值

指标编号	变电站1	变电站2	变电站3	变电站4	变电站5	变电站6	变电站7	变电站8
1	0.533 1	0.000 0	0.442 7	0.000 0	0.000 0	0.652 3	0.678 8	0.483 2
2	0.653 8	0.000 0	0.494 9	0.000 0	0.000 0	0.496 4	0.551 3	0.478 8
3	0.566 0	0.000 0	0.370 0	0.250 0	0.040 0	0.502 7	0.594 7	0.576 0
4	1.000 0	0.000 0	1.000 0	0.000 0	0.000 0	1.000 0	1.000 0	1.000 0

续　表

指标编号	变电站 1	变电站 2	变电站 3	变电站 4	变电站 5	变电站 6	变电站 7	变电站 8
5	0.901 5	0.000 0	0.209 8	0.000 0	0.000 0	0.574 5	0.525 5	0.379 0
6	1.000 0	0.000 0	0.000 0	0.000 0	0.000 0	0.875 9	0.503 7	0.176 0
7	1.000 0	0.000 0	0.473 4	0.000 0	0.000 0	0.700 4	0.503 6	0.405 6
8	0.597 9	0.000 0	0.081 9	0.000 0	0.000 0	1.000 0	0.567 0	0.001 7
9	0.866 5	0.000 0	0.086 6	0.000 0	0.000 0	0.505 8	1.000 0	0.162 3
10	1.000 0	0.000 0	0.033 3	0.000 0	0.000 0	0.575 0	1.000 0	0.333 3
11	1.000 0	0.000 0	0.024 6	0.000 0	0.000 0	0.456 8	0.577 0	0.000 0
12	0.940 4	0.868 8	0.972 7	0.871 5	0.885 8	0.976 9	0.955 8	0.891 9
13	1.000 0	0.000 0	0.448 6	0.000 0	0.000 0	0.370 7	0.563 9	0.000 0
14	0.610 0	0.000 0	0.570 0	0.000 0	0.100 0	0.520 0	0.590 0	0.400 0
15	0.485 7	0.000 0	0.063 3	0.000 0	0.000 0	0.885 4	1.000 0	0.429 7
16	1.000 0	0.000 0	0.424 0	0.000 0	0.000 0	0.786 2	0.504 3	0.464 2
17	0.586 0	0.000 0	0.000 0	0.000 0	0.000 0	1.000 0	0.000 0	0.000 0

参考表 9.18 使用层次分析法所得权重，根据式(9.13)，求得各个变电站的灰色聚类评估值向量，并由式(9.14)和式(9.15)求出灰色聚类评估值向量的熵和 Theil 不均衡指数，参见表 9.24。

表 9.24　各变电站灰色聚类综合评估值

变电站编号	末灰类综合聚类评估值	中灰类综合聚类评估值	上灰类综合聚类评估值	熵 $I(\sigma_i)$	Theil 不均衡指数
1	0.000 0	0.282 2	0.717 8	−0.595 0	0.503 6
2	0.697 6	0.272 1	0.030 3	−0.711 4	0.387 3
3	0.138 9	0.570 6	0.290 4	−0.953 4	0.145 2
4	0.845 7	0.113 5	0.040 8	−0.519 3	0.579 3
5	0.749 3	0.215 7	0.035 0	−0.664 3	0.434 3
6	0.000 0	0.236 8	0.763 2	−0.547 4	0.551 2
7	0.114 8	0.277 7	0.607 5	−0.907 1	0.191 5
8	0.039 3	0.590 8	0.369 9	−0.806 0	0.292 7

9.4.4　结果分析

1. 层次分析法结果分析

层次分析法所得的各变电站综合评估值参见表 9.19，评估值所得大小反映该变电站的技术成熟度程度高低。将评估结果做成柱状图，如图 9.7 所示。

由图 9.7，可以对八个变电站的技术成熟度情况进行排序：变电站 6>变电站 1>变电站 7>变电站 8>变电站 3>变电站 2>变电站 5>变电站 4。

2. 灰色聚类分析法结果分析

由灰色聚类分析法所得的各变电站灰色聚类评估值参见表 9.24，由三个灰类的评估值，可以对变电站的技术发展阶段做出定性评估，同时由评估值的具体数值做出定量的评

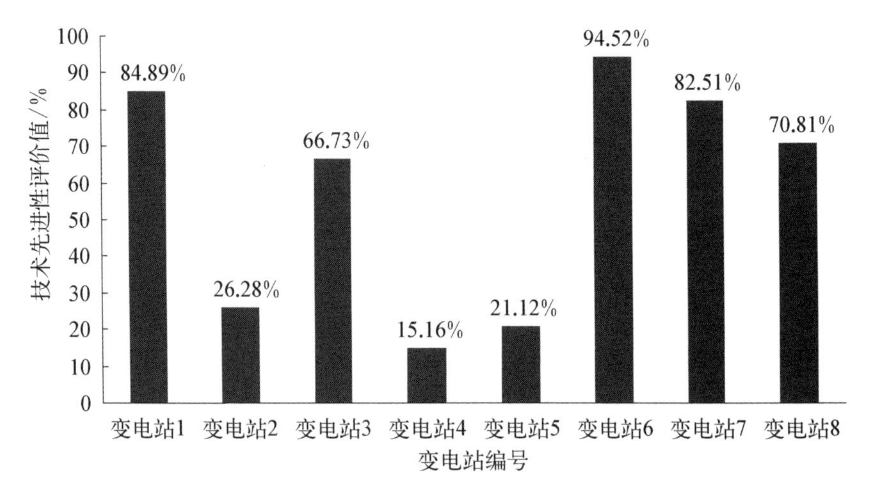

图 9.7 层次分析法所得综合评估值柱状图

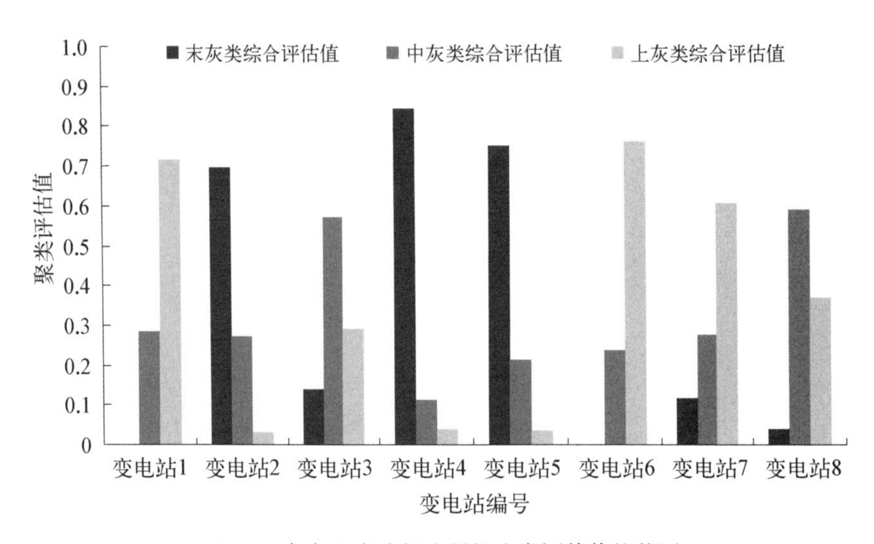

图 9.8 灰色聚类分析法所得聚类评估值柱状图

估结果。将八个变电站三个灰类下的评估值绘制成柱状图，如图 9.8 所示。

下面由所得评估值进行结果分析。

1) 技术发展阶段定性判断

由表 9.24 中每个变电站对于三个灰类的灰色聚类综合评估值，依照白化原理，评估所属灰类为三个评估值中最大值所对应的灰类，由此得出的灰类定性判断参见表 9.25。

表 9.25 变电站技术发展阶段定性评估结果

变电站编号	末灰类综合聚类评估值	中灰类综合聚类评估值	上灰类综合聚类评估值	max k^*	所属技术阶段
1	0.000 0	0.282 2	0.717 8	3	智能变电站
2	0.697 6	0.272 1	0.030 3	1	常规变电站
3	0.138 9	0.570 6	0.290 4	2	数字化变电站

续 表

变电站编号	末灰类综合聚类评估值	中灰类综合聚类评估值	上灰类综合聚类评估值	max k^*	所属技术阶段
4	0.845 7	0.113 5	0.040 8	1	常规变电站
5	0.749 3	0.215 7	0.035 0	1	常规变电站
6	0.000 0	0.236 8	0.763 2	3	智能变电站
7	0.114 8	0.277 7	0.607 5	3	智能变电站
8	0.039 3	0.590 8	0.369 9	2	数字化变电站

由此，可以做出以下定性判断。

(1) 变电站 2、变电站 4、变电站 5 技术发展水平较低，尚处于常规变电站阶段。

(2) 变电站 3、变电站 8 技术发展水平中等，处于数字化变电站阶段。

(3) 变电站 1、变电站 6、变电站 7 技术发展水平较高，已进入智能变电站阶段。

根据表 9.24 中所求得的 Theil 不均衡指数，可知所有变电站的灰色聚类综合评估值向量都具有较大的不均衡性，即有单个评估值较为突出，因此，可以认为定性的判断结果较为可靠。

2) 技术成熟度定量评估

对于常规变电站、数字化变电站、智能变电站三个灰类，可以在各类内做出定量的技术成熟度评估结果。

变电站 2、变电站 4、变电站 5 属于常规变电站，采用末灰类综合聚类评估值进行量化评估，该值可以代表常规变电站的技术落后程度。将三个常规变电站的技术落后程度绘制成柱状图，如图 9.9 所示。

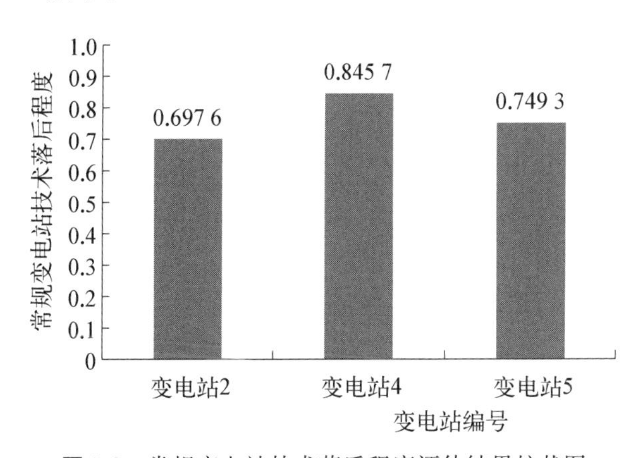

图 9.9 常规变电站技术落后程度评估结果柱状图

由图 9.9 可以看出，从技术落后程度上，变电站 4＞变电站 5＞变电站 2，即变电站 4 的技术成熟度水平最低，变电站 5 其次，变电站 2 在三个常规变电站中的技术成熟度水平最优。

变电站 3、变电站 8 属于数字化变电站，根据 9.3.3 节的论述，采用智能化发展程度来衡量两个数字化变电站的技术成熟度。

$$D_3 = 2\sigma_3^3/(\sigma_3^2+\sigma_3^3) = 2\times 0.290\,4/(0.290\,4+0.572\,6) = 67.45\%$$

$$D_8 = 2\sigma_8^3/(\sigma_8^2+\sigma_8^3) = 2\times 0.369\,9/(0.369\,9+0.590\,8) = 77.01\%$$

可以看出，变电站 8 的智能化发展程度比变电站 3 高，因此具有更高的技术成熟度。将这两个数字化变电站的智能化发展程度评估结果绘制成柱状图，如图 9.10 所示。

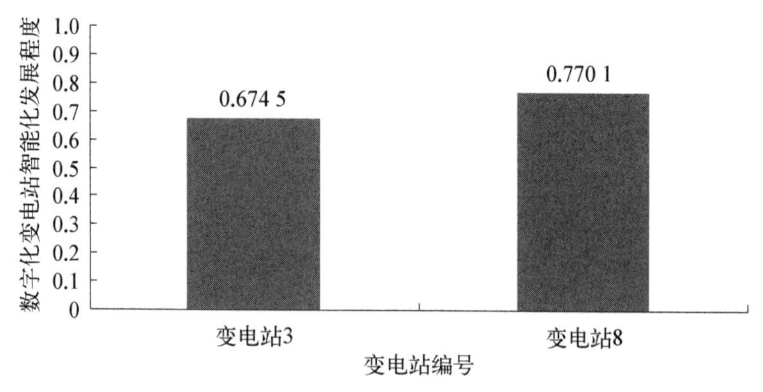

图 9.10 数字化变电站的智能化发展程度评估结果柱状图

变电站 1、变电站 6、变电站 7 属于智能变电站，采用上灰类综合聚类评估值进行量化评估，该值可以代表智能变电站的技术先进程度。将三个智能变电站的技术先进程度绘制成柱状图，如图 9.11 所示。

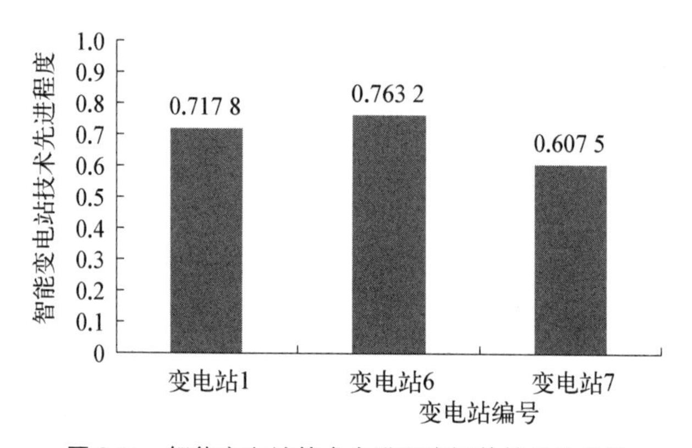

图 9.11 智能变电站技术先进程度评估结果柱状图

由图 9.11 可以看出，从技术先进程度上，变电站 6＞变电站 1＞变电站 7，即变电站 6 的技术成熟度最高，变电站 1 次高，变电站 7 在三个智能变电站中的技术成熟度水平最低。

结合定性与定量的评估结果，通过灰色聚类分析法，将八个变电站按照技术发展水平分为三个灰类。其中常规变电站有变电站 2、变电站 4、变电站 5；数字化变电站有变电站 3 和变电站 8；智能变电站有变电站 1、变电站 6 和变电站 7。通过定量评估的方法对每一类变电站的技术成熟度进行排序，常规变电站中，变电站 2＞变电站 5＞变电站 4；数字化变电站中，变电站 8＞变电站 3；智能变电站中，变电站 6＞变电站 1＞变电站 7。

3. 不同方法结果比较分析

之前分别使用层次分析法和灰色聚类分析法对 8 个变电站的技术成熟度进行了评

估，由于层次分析法是一个在电力行业评估中有较多应用经验的成熟方法，本节以层次分析法的结果作为基准，验证灰色聚类分析法评估结果的准确性，从而得出灰色聚类分析法在评估智能变电站技术成熟度上的适用性，并分析灰色聚类分析法应用于智能变电站技术成熟度评估的特点。

前面分别对层次分析法和灰色聚类分析法下的评估结果进行了分析，下面以层次分析法的结果作为基准，验证应用灰色聚类分析法后所得结果的准确性。

(1) 采用灰色聚类分析法后，在定性上将 8 个变电站归为三类，常规变电站{变电站 2，变电站 4，变电站 5}、数字化变电站{变电站 3，变电站 8}、智能变电站{变电站 1，变电站 6，变电站 7}，在总体技术成熟度上，应满足智能变电站>数字化变电站>常规变电站的总体趋势。对照层次分析法的结果，可以看出三个智能变电站的技术成熟度排序位于前列、数字化变电站居中、常规变电站的排序位于最后，因此灰色聚类分析法的定性判断与层次分析法的结果没有矛盾。

(2) 采用灰色聚类分析法后，对于定性所得三个常规变电站，用末灰类综合聚类评估值衡量技术落后程度，得出在技术成熟度上，变电站 2>变电站 5>变电站 4 的定量评估结果，与层次分析法所得的排序结果相符。

(3) 采用灰色聚类分析法后，对于定性所得两个数字化变电站，用智能化发展程度来衡量其在向智能变电站阶段发展过程中的发展程度，并以此体现数字化变电站的技术成熟度，得出变电站 8>变电站 3 的定量评估结果，与层次分析法所得的排序结果相符。

(4) 采用灰色聚类分析法后，对于定性所得三个智能变电站，用上灰类综合聚类评估值衡量技术先进程度，得出在技术成熟度上，变电站 6>变电站 1>变电站 7 的定量评估结果，与层次分析法所得的排序结果相符。

通过结果的比较，可以得知灰色聚类分析法评估结果是科学而准确的。由此，可以验证灰色聚类分析法在智能变电站技术成熟度评估这一问题上具有足够的适用性。

此外，通过两种方法的比较，可以得出灰色聚类分析法在评估智能变电站技术成熟度时的特点。

(1) 定量评估的准确性。通过灰色聚类分析法，可以得出不同变电站的正确定量评估结果，从而对变电站的技术成熟度进行排序。

(2) 定性判断的科学性。通过灰色聚类分析法，可以对变电站所处的技术发展阶段进行定性的判断。由于层次分析法通过权重与指标的合成所得的综合评估值仅保留了整体的评估意义，而失去了底层的指标意义，因此依据层次分析法所得的评估值进行定性划分是困难且不具备科学性的。而灰色聚类分析法依据灰色系统理论，从底层指标和灰类间的关系入手，保证了定性判断结果具有理论性和科学性。

灰色聚类分析法不仅能够对智能变电站的整体技术成熟度做出定量评估，还能对变电站所处的技术发展阶段做出定性判断。与层次分析法相比，在同样具有良好定量特征的基础上，增加了定性评估的能力，具有较好的实用意义。

4. 灰色聚类分析法对于默认白化数确认率的灵敏度分析

在灰色聚类分析法中，白化权函数的确定对评估结果有很大的作用，而在 4.3.3 节所述白化权函数的设计方法上，默认白化数确认率 k 的值会影响白化权函数的形式，从而影响评估结果。下面以变电站 1 为例，对默认白化数确认率进行灵敏度分析。

通过改变默认白化数确认率 $k(k \in [0.5, 1])$，得出不同 k 下变电站 1 的技术成熟度评估结果和灰色聚类评估值矩阵的 Theil 不均衡指数，做出技术成熟度结果和不均衡指数随 k 变化的曲线，如图 9.12 和图 9.13 所示。

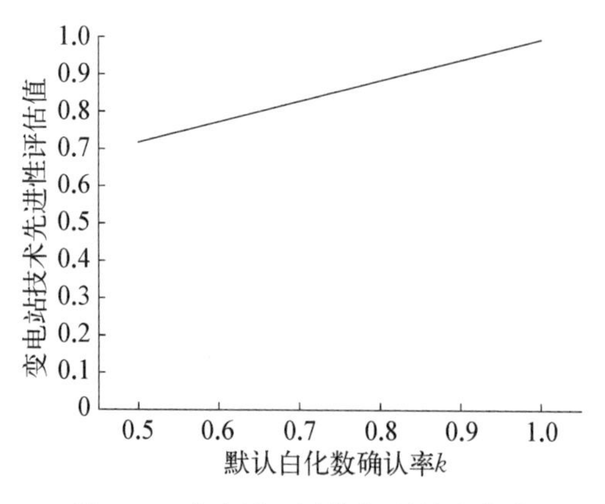

图 9.12 变电站 1 评估值-默认白化数确认率 k 关系曲线

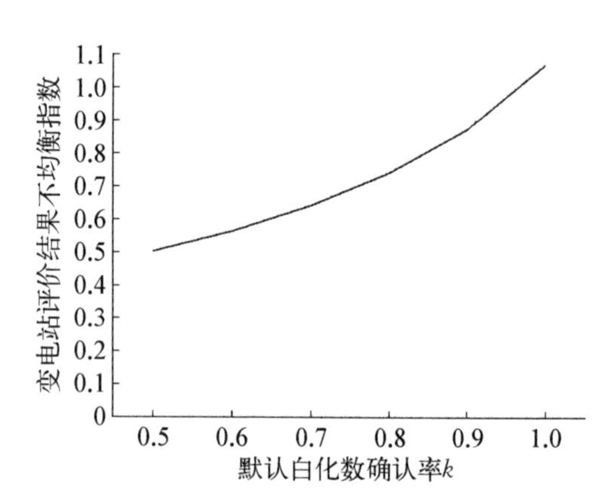

图 9.13 变电站 1 评估结果不均衡指数-默认白化数确认率 k 关系曲线

可以看出，评估结果的量化值和不均衡指数都与 k 呈正相关，其中不均衡指数与默认白化数确认率的关系表明，当提升 k 时，可以提高定性评估结果的可靠程度。

同时，分别计算三个智能变电站——变电站 1、变电站 6 与变电站 7 在 $k=0.5$、$k=0.8$、$k=1$ 三种情况下的评估值，计算结果参见表 9.26。

表 9.26 不同 k 值下的智能变电站评估值

k 值	变电站 1	变电站 6	变电站 7
0.5	0.717 8	0.763 2	0.607 5
0.7	0.828 9	0.856 1	0.718 5
0.8	0.884 5	0.902 5	0.774 1
1.0	0.985 6	0.995 4	0.885 2

将不同 k 值下的评估值绘制成柱状图，如图 9.14 所示。

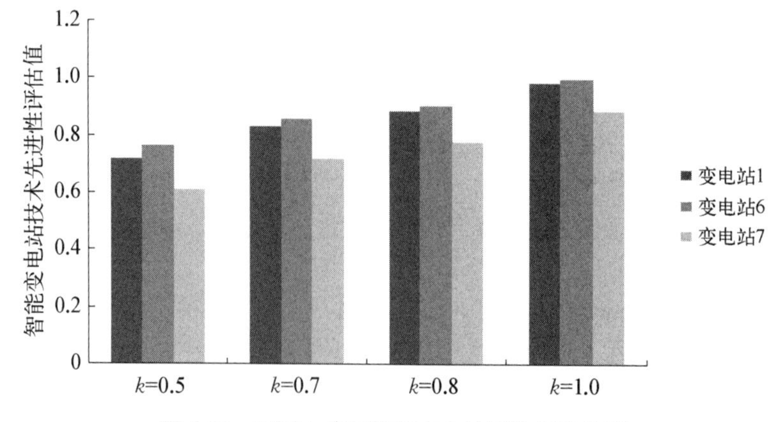

图 9.14 不同 k 值下智能变电站评估值柱状图

由图 9.14 可以看出，当 k 值增大时，三个变电站评估值的排列顺序没有发生变化，但相互间的区分度变差，导致量化性能减弱。同时，由于人为将默认白化数的确认率设置过高，导致评估值存在虚高的情况。因此，k 值增大会对定量评估产生不利影响。

综合以上情况，可以得出结论：默认白化数确认率 k 的设置是灰色聚类分析法中定性评估与定量评估的一个权衡。k 值的提高能够提升定性评估的可靠度，但会降低定量评估的区分度。一般，当定性评估的可靠度满足要求时，应该尽量选择较小的 k 值，从而使评估方法具备更好的定量评估效果。

参考文献

[1] 国家电网公司.智能变电站技术导则(Q/GDW_383—2009)[S]. 北京：中国电力出版社，2009.

[2] 刘东，张沛超，李晓露.面向对象的电力系统自动化[M].北京：中国电力出版社，2009.

[3] 覃剑.智能变电站技术与实践[M].北京：中国电力出版社，2012.

[4] 高翔.智能变电站技术[M].北京：中国电力出版社，2012.

第10章

智能电网中黑启动恢复方案评估

10.1 概述

随着社会经济的不断发展,电力作为主要能源供应方式,健康、通信、交通、食物等生活的各个方面都离不开可靠的电力供应。随着对电力需求的不断增加,电力系统的运行越来越复杂,并不断接近其运行极限,可能导致大规模的停电事故的发生,如2003年的美加大停电[1]。大停电事故发生之后,需要制定详细的恢复方案安全地、有效地和尽快地恢复电力供应[2]。

一般来说,电力系统的恢复可以分为三个主要阶段,即黑启动阶段、网架重构阶段和负荷恢复阶段[3]。黑启动阶段是电力系统大停电后恢复的首个阶段,包括黑启动电源、待启动机组和系统恢复路径的选取及确定,并形成用于系统重建的子系统。由于现代电力系统复杂性的增加,对特定的黑启动电源及待启动机组,一般有多个同时满足拓扑和技术要求的黑启动方案可供选择。对可供选择的黑启动方案进行评估,选择最优的黑启动方案可以减少系统的恢复总时间,是影响系统整体恢复进程的关键因素[4]。

作为成熟的评估方法之一,文献[5]和[6]采用数据包络分析(DEA)方法对系统黑启动方案进行评估。在文献[5]和[6]中,黑启动方案作为DEA模型中的决策单元(DMU),通过DEA模型计算得到黑启动方案的效率指数(efficiency score, ES)。当采用标准DEA模型(如CCR模型)时,若黑启动方案的效率指数等于1(ES=1),称该方案为有效方案。标准DEA模型中,由于有效方案的效率指数均为1,无法进一步进行比较,文献[7]中通过引入一种初始的超效率数据包络分析(super efficiency-data envelopment analysis, SE-DEA)模型对有效的黑启动方案进行排序,但初始的SE-DEA模型在一些情况下会遭遇不可行性(infeasibility)问题。

本章中,基于云模型建立N阶评价云系统将DEA评估模型中的定性指标定量化。通过联合使用CCR(Charnes, Cooper and Rhodes)模型和LJK(Li, Jahanshahloo and Khodabakhshi)模型建立联合DEA模型克服SE-DEA模型中的不可行性问题。在建立

的 N 阶评价云系统和联合DEA模型的基础上，提出了可行性和鲁棒性更好的云-数据包络分析方法(Cloud - DEA)用于黑启动方案评估。

10.2　总体思路及步骤

在利用DEA模型计算得到不同黑启动方案效率指数之前，DEA模型中的定性指标需要先被转换为定量值。根据前述章节中的介绍，云模型作为定性定量转换的不确定性模型，能够充分体现语言概念的随机性和模糊性，是用以转换定性与定量不确定关系的模型。基于云模型建立 N 阶评价云系统将DEA评估模型中的定性指标定量化，进而建立云-层次分析法实现黑启动方案的评估。

10.2.1　基于云模型的定性指标定量化过程

云模型相关基本概念的介绍可参考本书4.1节，对一个特定的DEA模型中的定性输入或者输出指标，假设共有 N 个定性重要程度概念可被用于表示黑启动方案中此指标的重要程度。利用云模型将每一个定性重要程度概念转换为一个正态云，相关的 N 个正态云即构成 N 阶评价云系统，N 阶评价云系统中正态云参数的确定步骤介绍如下。

假设 U_i 为 N 阶评价云系统中对应第 i 个定性重要程度概念的正态云的论域，则对应于整个 N 阶评价云系统的论域可以表示为

$$U_N = \bigcup_{i=1}^{N} U_i \tag{10.1}$$

假设 N 阶评价云系统中相邻正态云中心间的距离相等，且论域 $U_i(i=1, 2, \cdots, N)$ 的测度均相同。设定 $U_N=[a, b]$(一般有 $a=0$, $b>0$)，则相邻正态云中心间的距离 d 和第 i 个正态云的期望 Ex_i 分别表示如下：

$$d = \frac{b-a}{N} \tag{10.2}$$

$$Ex_i = a + \frac{2i-1}{2}d, \quad i=1, 2, \cdots, N \tag{10.3}$$

根据图10.1中示意，99.74%正态云模型产生的云滴分布在 $[Ex-3En, Ex+3En]$ 范围内。根据正态云模型的“$3En$”定律，分布在 $[Ex-3En, Ex+3En]$ 外的云滴可以被忽略。

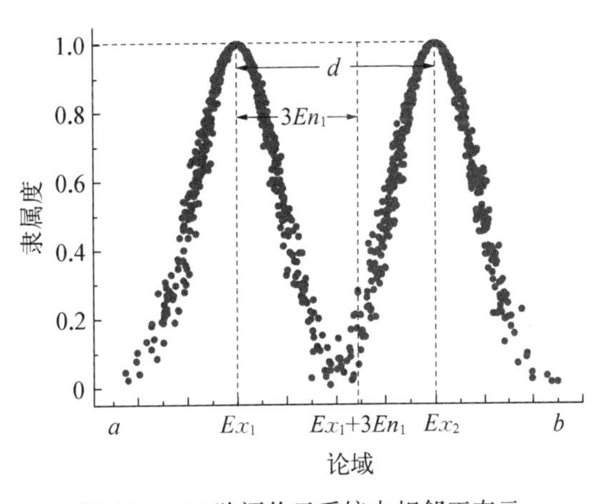

图10.1　N 阶评价云系统中相邻正态云

黄金分割数，满足 $r^2=1-r$，被认为是产生“美”的数值，在实际的科学、技术和工程等问题中得到了广泛的应用。参考图

10.1 中的示意，采用黄金分割的思想计算正态云的熵，N 阶评价云系统中第 i 个正态云的熵 En_i 的计算公式如下：

$$(3En_i)^2 = d(d - 3En_i), \quad i = 1, 2, \cdots, N \tag{10.4}$$

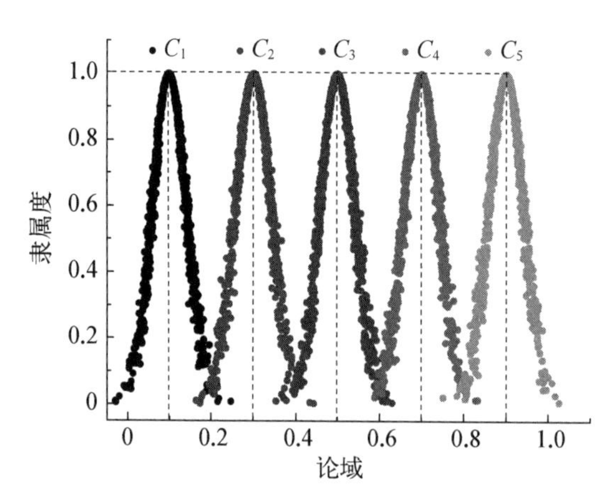

图 10.2 5 阶评价云系统

一般情况下，正态云的超熵和熵相关，采用近似的线性关系计算正态云的超熵，线性系数为 k，k 可取 0.1。N 阶评价云系统中第 i 个正态云的超熵 H_{ei} 的计算公式如下：

$$He_i = kEn_i, \quad i = 1, 2, \cdots, N \tag{10.5}$$

当 N 阶评价云系统中正态云的参数（Ex、En 和 He）确定后，黑启动方案的定性指标可以通过对应的 N 阶评价云系统中正态云产生云滴的方式实现定量化。

举例说明，给定 $N = 5$ 和 $U_N = [0, 1]$，5 阶评价云系统如图 10.2 所示，表 10.1 中为 5 阶评价云系统中正态云的参数。

表 10.1 5 阶评价云系统正态云参数

序 号	正态云参数
1	C_1(0.1, 0.041 2, 0.004 1)
2	C_2(0.3, 0.041 2, 0.004 1)
3	C_3(0.5, 0.041 2, 0.004 1)
4	C_4(0.7, 0.041 2, 0.004 1)
5	C_5(0.9, 0.041 2, 0.004 1)

10.2.2 云-数据包络分析方法主要步骤

确定黑启动方案评估中 DEA 模型的输入和输出指标后，用于计算黑启动方案效率指数的云-数据包络分析方法的主要步骤如下。

（1）通过对应的 N 阶评价云系统将黑启动方案的定性指标定量化。

（2）利用联合 DEA 模型计算得到黑启动方案效率指数。

为了更加准确地显示定性指标的随机性和模糊性，对待评估的 n 个黑启动方案，考虑使用云-数据包络分析方法计算方案效率指数多次，如 m 次。第 i 个黑启动方案的平均效率指数为

$$\bar{h}_i = \frac{1}{m} \sum_{j=1}^{m} h_{ij}, \quad i = 1, 2, \cdots, n \tag{10.6}$$

式中，h_{ij} 为第 j 次计算得到的第 i 个黑启动方案的效率指数。

计算得到黑启动方案的平均效率指数之后，可以利用平均效率指数对黑启动方案进

行排序。更高的平均效率指数表示对应的黑启动方案比其他方案更加有效。

10.3　黑启动方案评估模型

10.3.1　联合 DEA 模型

在本书 2.2 节中对数据包络分析方法介绍的基础上，表 10.2 为 DEA 模型的决策单元及其输入和输出。假设 DEA 模型中共包括 n 个 DMU，每个 DMU 都有 m 种类型的输入，以及 s 种类型的输出。特别的，DMU - j 的输入向量为 $\boldsymbol{X}_j=(x_{1j}, x_{2j}, \cdots, x_{mj})$，输出向量为 $\boldsymbol{Y}_j=(y_{1j}, y_{2j}, \cdots, y_{sj})$。DEA 模型的输入矩阵用 $\boldsymbol{X}$ 表示，输出矩阵用 $\boldsymbol{Y}$ 表示。

表 10.2　决策单元及其输入及输出

决策支持单元	输入				输出			
DMU_1	x_{11}	x_{21}	$\cdots$	x_{m1}	y_{11}	y_{21}	$\cdots$	y_{s1}
DMU_2	x_{12}	x_{22}	$\cdots$	x_{m2}	y_{12}	y_{22}	$\cdots$	y_{s2}
$\cdots$	$\cdots$	$\cdots$		$\cdots$	$\cdots$	$\cdots$		$\cdots$
DMU_j	x_{1j}	x_{2j}	$\cdots$	x_{mj}	y_{1j}	y_{2j}	$\cdots$	y_{sj}
$\cdots$	$\cdots$	$\cdots$		$\cdots$	$\cdots$	$\cdots$		$\cdots$
DMU_n	x_{1n}	x_{2n}	$\cdots$	x_{mn}	y_{1n}	y_{2n}	$\cdots$	y_{sn}

CCR 模型是广泛使用的标准 DEA 模型之一，可以表示如下：

$$
\begin{cases}
\min E_{j_0}^{-1}=\sum\limits_{i=1}^{m}\omega_i x_{ij_0} \\
\text{s.t.}\quad \sum\limits_{i=1}^{m}\omega_i x_{ij}\geqslant\sum\limits_{r=1}^{s}\mu_r y_{rj},\quad j=1, 2, \cdots, n \\
\qquad \sum\limits_{r=1}^{s}\mu_r y_{rj_0}=1 \\
\qquad \omega_i, \mu_r\geqslant 0\quad \forall i, r
\end{cases}
\tag{10.7}
$$

式中，ω_i 和 μ_r 分别为第 i 个输入和第 j 个输出的权系数；E_{j_0} 是第 j_0 个 DMU 的效率指数。对所有待评估的 DMU，均有 $E_j\leqslant 1$，若 $E_j=1$，则定义 DMU - j 为 DEA 有效 DMU。

DEA 模型的目的是计算得到所有 DMU 的效率指数，标准 DEA 模型中通过 DMU 效率指数是否为 1 可以从待评估的 DMU 中选择出所有 DEA 有效的 DMU。但通过 CCR 模型或者其他标准 DEA 模型，有效的 DMU 不能区分彼此的有效性。Andersen 和 Petersen[9] 于 1993 年建立了初始的 SE - DEA 模型用于对有效 DMU 进一步排序。

初始的 SE - DEA 模型可以通过执行 CCR 模型得到，但需将待评估的 DMU 排除在参考集之外。由 CCR 模型扩展得到的初始 SE - DEA 模型可以表示如下[9]：

$$\begin{cases} \min E_{j_0}^{-1} = \sum_{i=1}^{m} \omega_i x_{ij_0} \\ \text{s.t.} \quad \sum_{i=1}^{m} \omega_i x_{ij} \geqslant \sum_{r=1}^{s} \mu_r y_{rj}, \quad j = 1, 2, \cdots, n \quad j \neq j_0 \\ \qquad \sum_{r=1}^{s} \mu_r y_{rj_0} = 1 \\ \qquad \omega_i, \mu_r \geqslant 0 \quad \forall i, r \end{cases} \tag{10.8}$$

DMU 新的效率指数可以通过初始 SE-DEA 模型计算得到,并可实现 DMU 的全排序。但当 DEA 模型中的一些输入接近于 0 时,初始的 SE-DEA 模型会出现不稳定和不可行的情况[10]。当采用规模效益不变(constant-return-to-scale)的 DEA 模型时,若输入中有一个 0,则会导致初始 SE-DEA 模型出现不可行性问题[11]。

为克服初始 SE-DEA 模型的不可行性问题,考虑采用文献[12]中建立的 LJK 模型对标准 DEA 模型识别出的有效 DEA 进行进一步排序。LJK 模型可以表示如下:

$$\begin{cases} \min E_{j_0} = 1 + \frac{1}{m} \sum_{i=1}^{m} \frac{s_{i2}^{+}}{R_i^{-}} \\ \text{s.t.} \quad \sum_{\substack{j=1 \\ j \neq j_0}}^{n} \lambda_j x_{ij} + s_{i1}^{-} - s_{i2}^{+} = x_{ij_0}, \quad i = 1, 2, \cdots, m \\ \qquad \sum_{\substack{j=1 \\ j \neq j_0}}^{n} \lambda_j y_{rj} - s_r^{+} = y_{rj_0}, \quad r = 1, 2, \cdots, s \\ \qquad R_i^{-} = \max_j (x_{ij}) \\ \qquad \lambda_j, s_{i1}^{-}, s_{i2}^{+}, s_r^{+} \geqslant 0, \quad \forall i, j, r \end{cases} \tag{10.9}$$

式中,λ_j 为 DMU_j 的权重系数;R_i^{-} 为所有 DMU 第 i 个输入的最大值;s_{i1}^{-}、s_{i2}^{+} 和 s_r^{+} 均为松弛变量。

联合 DEA 模型通过 CCR 模型和 LJK 模型的联合使用,可行地(feasibly)、鲁棒地(robustly)计算得到 DMU 效率指数并实现 DMU 全排序。联合 DEA 模型的计算步骤如下。

(1) 采用 CCR 模型计算所有 DMU 的效率指数,并筛选出 DEA 有效 DMU。

(2) 采用 LJK 模型对有效 DMU 重新计算,并更新有效 DMU 的效率指标。

利用更新后的 DMU 效率指标可以实现所有 DMU 的全排序,更大的效率指标表示对应的 DMU 比其他 DMU 更加有效。

10.3.2 黑启动方案评价模型

1. 黑启动方案评估影响因素

在黑启动方案评估中,需要分析影响黑启动方案的基本因素,叙述如下。

(1) 黑启动方案中恢复路径承担着为非自启动机组提供启动功率的任务。黑启动阶段的输电线路运行在空载或轻载状态,充电过程中的电容效应将会引起操作过电压、工频过电压、发电机组的自励磁等[13]。同时,电压转换次数的增加将会增加三相不同期合闸和变压器发生铁磁谐振的概率[14]。因此,黑启动方案中期望恢复路径的电压转换次数尽量少,恢复路径的长度尽量短。

(2) 恢复路径中断路器、隔离开关等开关设备的操作次数会影响黑启动方案的恢复,开关设备操作次数的增加会降低黑启动方案的成功率[15]。同时,开关设备的操作次数会影响黑启动阶段的系统恢复时间。因此,应降低黑启动方案中的开关设备操作次数。

(3) 被启动机组的容量会直接影响后续恢复进程中可以恢复的负荷量[16],在启动功率充足的前提下,被启动电源的容量应尽可能大。同时,黑启动方案中负荷恢复的紧急程度在黑启动方案的评估中也应得到考虑[17]。

(4) 被启动机组的优先级是黑启动方案评估中的重要因素。一般情况下,根据启动条件的不同,被启动机组具有热态启动、温态启动和冷态启动三种启动方式[18]。热态启动方式由于较短的启用时间对应较高优先级,温态启动方式对应一般优先级,冷态启动方式对应较低优先级。

(5) 最后,需要校验黑启动方案的技术可行性,由于过电压、自励磁等不满足技术可行性的黑启动方案应该被剔除出黑启动方案组[19]。

2. DEA 模型输入和输出指标确定

考虑采用 DEA 模型对黑启动方案进行评估,根据黑启动方案评估影响因素,表 10.3 为提炼出的 DEA 模型的输入和输出指标。其中,输入指标由电压转换次数、恢复路径长度、开关设备操作次数和被启动机组的优先级组成;输出指标由被启动机组容量和负荷恢复紧急程度组成。

表 10.3　DEA 模型输入和输出指标

指标分类	指标序号	指标含义
输入指标	A	电压转换次数
	B	恢复路径长度
	C	开关设备操作次数
	D	被启动机组优先级
输出指标	E	被启动机组容量
	F	负荷恢复紧急程度

采用 DEA 方法评估黑启动方案时,黑启动方案集中每个方案作为 1 个 DEA 模型中的 DMU。如果黑启动方案的输入和输出指标值确定,可以通过 DEA 模型计算得到方案的效率指数。更高的效率指数说明对应的黑启动方案比其他黑启动方案更加有效。

10.4　算例分析

算例部分采用 savnw 23 节点系统验证云-数据包络分析方法在黑启动方案评估中的

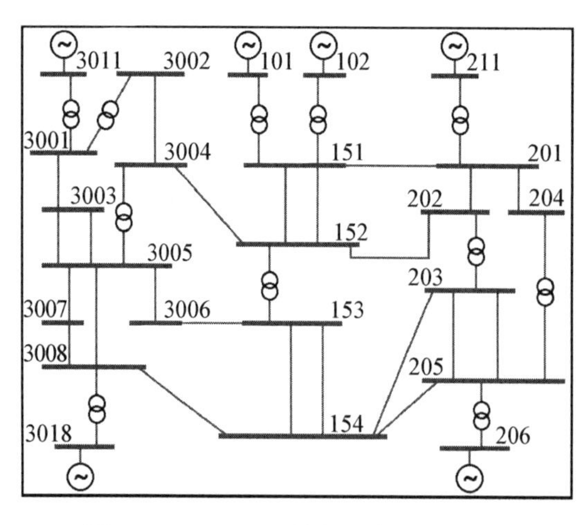

图 10.3　savnw 23 节点系统网络结构图

有效性。savnw 23 节点系统由 6 台发电机组、23 条线路、11 条变压器支路构成，系统参数可参考 PSS/E University 33。

图 10.3 为 savnw 23 节点系统网络结构图，机组名称用机组所在母线序号表示。考虑最大容量为 117 MW 的燃气轮机组 3018 为系统常规黑启动电源，表 10.4 为 savnw 23 节点系统候选的黑启动方案，包括黑启动电源、待启动机组和恢复路径。

表 10.5 为 savnw 23 节点系统候选黑启动方案的输入和输出指标值，其中，恢复路径采用电抗标幺值和表征。对定性指标 D 和 F，对应的定性重要程度概念集合分别为{高，中，低}和{不紧急，较不紧急，一般紧急，比较紧急，紧急}。设定 $U_N=[0,\ 1]$，表 10.6 和表 10.7 分别为定性指标 D 和 F 对应的 3 阶评价云系统和 5 阶评价云系统。

表 10.4　savnw 23 节点系统黑启动方案

方案序号	黑启动电源	待启动机组	恢 复 路 径
1	3018	101	3018→3008→154→153→152→151→101
2	3018	102	3018→3008→154→153→152→151→102
3	3018	206	3018→3008→154→205→206
4	3018	211	3018→3008→154→205→204→201→211
5	3018	3011	3018→3008→3005→3003→3001→3011
6	3018	101	3018→3008→3005→3004→152→151→101
7	3018	101	3018→3008→154→203→202→152→151→101
8	3018	101	3018→3008→154→203→202→201→151→101
9	3018	101	3018→3008→154→205→204→201→151→101

表 10.5　黑启动方案输入和输出指标

方案序号	A (次数)	B/p.u.	C (次数)	D	E/MW	F
1	3	0.225 6	21	高	810	较不紧急
2	3	0.225 6	21	中	810	较不紧急
3	2	0.123 7	14	中	900	紧急
4	3	0.176 6	21	低	616	比较紧急
5	2	0.207 0	17	中	900	不紧急
6	3	0.240 8	21	高	810	不紧急
7	3	0.232 8	24	高	810	一般紧急
8	3	0.216 8	24	高	810	比较紧急
9	3	0.183 9	24	高	810	紧急

表 10.6　指标 D 对应的 3 阶评价云系统

阶　次	指 标 值	正态云参数
1	高	C_1(0.166 7，0.068 7，0.006 9)
2	中	C_2(0.500 0，0.068 7，0.006 9)
3	低	C_3(0.833 3，0.068 7，0.006 9)

表 10.7　指标 F 对应的 5 阶评价云系统

阶　次	指 标 值	正态云参数
1	不紧急	C_1(0.1，0.041 2，0.004 1)
2	较不紧急	C_2(0.3，0.041 2，0.004 1)
3	一般紧急	C_3(0.5，0.041 2，0.004 1)
4	比较紧急	C_4(0.7，0.041 2，0.004 1)
5	紧急	C_5(0.9，0.041 2，0.004 1)

考虑通过云-数据包络分析重复计算黑启动方案的效率指数 10 次，表 10.8 为对应的方案效率指数及平均效率指数。根据表 10.8 中结果，黑启动方案 3 具有最高的平均效率指数，因此被选为最佳的黑启动方案。

表 10.8　黑启动方案效率指标

方案序号	h_{i1}	h_{i2}	h_{i3}	h_{i4}	h_{i5}	h_{i6}	h_{i7}	h_{i8}	h_{i9}	h_{i10}	$\bar{h}_i$
1	0.874 3	0.912 0	1.028 9	0.970 3	0.994 6	0.886 6	0.922 2	1.027 0	0.952 0	1.010 2	0.957 8
2	0.728 1	0.713 1	0.662 1	0.634 7	0.706 8	0.652 9	0.708 6	0.765 1	0.741 7	0.722 1	0.703 5
3	1.300 5	1.315 1	1.283 8	1.318 1	1.290 9	1.282 7	1.292 7	1.305 4	1.281 3	1.304 0	1.297 5
4	0.555 0	0.521 9	0.574 2	0.562 5	0.553 0	0.632 9	0.519 3	0.550 4	0.560 1	0.492 2	0.552 2
5	1.020 4	1.002 1	1.020 3	1.009 7	1.035 1	1.003 1	1.021 0	1.034 5	1.004 9	1.015 2	1.016 6
6	1.028 1	1.013 9	0.852 4	0.890 6	1.014 2	0.999 1	1.038 7	0.949 6	0.874 6	0.980 7	0.964 2
7	1.001 2	1.008 5	0.919 0	0.934 8	0.958 3	0.902 4	0.943 4	0.966 4	0.931 7	0.912 2	0.947 8
8	0.990 5	0.997 7	0.922 3	0.973 7	0.931 3	1.033 7	1.004 4	0.943 7	1.022 6	1.012 8	0.983 3
9	1.069 3	1.057 8	1.093 1	1.022 6	1.082 2	1.056 1	1.075 9	1.076 5	1.089 6	1.078 5	1.070 1

表 10.9 为一组用于比较试验的黑启动方案定量输入和输出指标值，其中，包含 1 个接近于 0 的输入指标值(方案 1 指标 D)。表 10.10 为对应表 10.9 中数据的不同 DEA 模型计算得到的黑启动方案效率指数。通过表 10.10 中的比较试验结果，在出现接近于 0 的输入指标值的情况下，初始 SE - DEA 模型计算得到的方案 1 的效率指标值过大(>100)，出现不稳定情况。

表 10.9　黑启动方案定量输入和输出指标值

方案序号	A	B	C	D	E	F
1	3	0.225 6	21	0.000 7	810	0.317 2
2	3	0.225 6	21	0.549 4	810	0.313 6

续　表

方案序号	A	B	C	D	E	F
3	2	0.123 7	14	0.530 5	900	0.903 0
4	3	0.176 6	21	0.785 5	616	0.763 4
5	2	0.207 0	17	0.511 9	900	0.093 3
6	3	0.240 8	21	0.185 1	810	0.087 3
7	3	0.232 8	24	0.111 1	810	0.553 7
8	3	0.216 8	24	0.258 2	810	0.706 9
9	3	0.183 9	24	0.148 3	810	0.825 2

表 10.10　不同 DEA 模型比较试验结果

方案序号	CCR	初始 SE - DEA	LJK	联合 DEA
1	1.000 0	158.656 6	1.061 8	1.061 8
2	0.684 9	0.684 9	1.000 0	0.684 9
3	1.000 0	1.893 1	1.323 2	1.323 2
4	0.592 1	0.592 1	1.000 0	0.592 1
5	1.000 0	1.014 2	1.003 9	1.003 9
6	0.866 1	0.866 1	1.000 0	0.866 1
7	0.955 8	0.955 8	1.000 0	0.955 8
8	0.867 7	0.867 7	1.000 0	0.867 7
9	1.000 0	1.600 4	1.076 3	1.076 3

为进一步验证联合 DEA 模型的可行性和鲁棒性，将表 10.9 中方案 1 指标 D 值进一步设为 0，表 10.11 为包含 0 指标值的不同 DEA 模型比较试验结果。当方案 1 指标 D 值取 0 时，初始 SE - DEA 模型出现不可行性问题，而联合 DEA 模型保持了可行性和鲁棒性。

表 10.11　包含 0 指标值的不同 DEA 模型比较试验结果

方案序号	CCR	初始 SE - DEA	LJK	联合 DEA
1	1.000 0	不可行	1.062 0	1.062 0
2	0.684 8	0.684 8	1.000 0	0.684 8
3	1.000 0	1.893 1	1.323 2	1.323 2
4	0.592 1	0.592 1	1.000 0	0.592 1
5	1.000 0	1.014 2	1.003 9	1.003 9
6	0.865 7	0.865 7	1.000 0	0.865 7
7	0.955 4	0.955 4	1.000 0	0.955 4
8	0.867 6	0.867 6	1.000 0	0.867 6
9	1.000 0	1.600 4	1.076 3	1.076 3

参考文献

[1] Allen E H, Stuart R B, Wiedman T E. No light in august: power system restoration following the 2003 north American blackout [J]. IEEE Power & Energy Magazine, 2014, 12(1): 24 - 33.

[2] Feltes J, Grande-Moran C. Down, but not out: a brief overview of restoration issues [J]. IEEE Power & Energy Magazine, 2014, 12(1): 34 - 43.

[3] Adibi M, Clelland P, Fink L, et al. Power system restoration-a task force report [J]. IEEE Transactions on Power Systems,1987,2(2): 271 - 277.

[4] Mota A A, Mota L T M, Morelato A. Restoration Building Blocks Identification Using A Heuristic Search Approach [C]//IEEE Power Engineering Society General Meeting. Montreal, 2006.

[5] Liu Y, Gu X, Zhang D. Data Envelopment Analysis Based Strategy of Assessing Schemes for Power System Black Start [C]// Transmission and Distribution Conference and Exhibition: Asia and Pacific, 2005 IEEE/PES. Dalian, 2005: 1 - 5.

[6] Ye W, Xin Y F, Zheng Y. Optimal power grid black start using fuzzy logic and expert system [J]. European Transactions on Electrical Power, 2009, 19(7): 969 - 977.

[7] Wu Y, Fang X. GSM based algorithm for decision-support expert system to assess black-start plans[C]// The third International Conference on Electric Utility Deregulation and Restructuring and Power Technologies, Nanjing, 2008: 2339 - 2342.

[8] Charnes A, Cooper W W, Rhodes E. Measuring the efficiency of decision making units [J]. European Journal of Operational Research, 1978, 2(78): 429 - 444.

[9] Andersen P, Petersen N C. A procedure for ranking efficient units in data envelopment analysis [J]. Management Science, 1993,39(10): 1261 - 1264.

[10] Thrall R M. Duality, classification and slacks in DEA [J]. Annals of Operations Research, 1996, 66(2): 109 - 138.

[11] Zhu J. Robustness of the efficient DMUs in data envelopment analysis [J]. European Journal of Operations Research, 1996,90(3): 451 - 460.

[12] Li S, Jahanshahloo G R, Khodabakhshi M. A super-efficiency model for ranking efficient units in data envelopment analysis [J]. Applied Mathematics and Computation, 2007, 184 (2): 638 - 648.

[13] Adibi M M, Fink L H. Power system restoration planning [J]. IEEE Transactions on Power Systems, 1994,9(1): 22 - 28.

[14] 刘艳,顾雪平.评估黑启动方案的层次化数据包络分析方法[J].电力系统自动化,2006,30(21): 33 - 38.

[15] Islam S, Chowdhury N. A case-based windows graphic package for the education and training of power system restoration [J]. IEEE Transactions on Power Systems, 2001,16(2): 181 - 187.

[16] Liu S, Hou Y, Liu C C. The healing touch: tools and challenges for smart grid restoration [J]. IEEE Power and Energy Magazine, 2014,12(1): 54 - 63.

[17] 吴烨,房鑫炎.基于模糊 DEA 模型的电网黑启动方案评估优化算法[J].电工技术学报,2008,23(8): 101 - 106.

[18] Simoglou C K, Biskas P N, Bakirtzi A G. Optimal self-scheduling of a thermal producer in short-term electricity markets by MILP [J]. IEEE Transaction on Power Systems, 2010, 25(4):

1965 - 1977.

[19] Gao Y, Gu X, Liu Y. Automatic derivation and assessment of power system black start schemes [J]. Automation of Electric Power Systems, 2004,28(13): 50 - 54.

第11章

智能电网中电磁环网运行方案评估

11.1 概述

电磁环网是指2组不同电压等级运行的线路通过两端变压器磁回路并联运行。在高一级电压发展初期,高低压线路并联运行供电,高低压电磁环网通过的潮流不大,它的存在可以提高电网供电的可靠性,增强网络结构。但是随着高一级电压的发展、传输负荷的不断增大,电磁环网运行方式会对短路电流、系统稳定、电压水平和继电保护整定等方面产生一定的影响。在华东交流特高压投产初期原有500 kV/220 kV电磁环网尚不具备解环条件,将进一步形成三级电磁环网,可能带来特高压故障后事故扩大的隐患,或影响相关断面输送能力。基于电力系统仿真软件和实用编程语言研究电磁环网开环策略[1],分析华东电网电磁环网的运行特性和解环策略,为华东地区特高压电网的安全稳定运行提供依据。

电磁环网主要分为以下几种。

(1) 重要输电断面的电磁环网。对于系统中重要输电断面上的电磁环网,如省间联络线、网间联络线、本省内重要的送受电断面,在满足电力系统安全稳定导则中规定的有关各项安全稳定标准的情况下应首先考虑解环运行,此类电磁环网运行不仅降低了电网运行的经济性,而且是威胁电网稳定运行的重大隐患,此类电磁环网解环条件一旦成熟,应及时安排解环。

(2) 受端电网上的电磁环网。此类电磁环网在系统中众多,且随着电网的发展已经到了不得不解决的地步。其主要问题是处于负荷中心的受端电网密集度高,短路容量增长较快,严重影响电网安全运行。对此类电磁环网应主要从限制短路电流、分区电网的供电能力综合进行计算分析,选择能够满足较大供电能力的方案。

(3) 输电通道上的电磁环网。对于此类电磁环网,当高电压等级线路跳闸时,将引起潮流向低电压等级线路转移,可能引起连锁故障。针对此类电磁环网应进行充分的潮流计算。若解环后可以增大输电能力并减少窝电效应,应及时解环;若潮流转移比不高且可能带来更大的问题，考虑暂缓解环。

电磁环网的运行主要会引起以下问题[2]。

(1) 短路电流问题。限制短路电流要求最迫切的时候往往出现在高低压电磁环网运行时期。因为在这个过渡阶段，原有电压等级的电网已经接近其传输负荷能力的极限，接有更大容量机组的高压线路的投入运行使该地区电网容量更大，联系更紧密，从而使短路电流问题更突出。电力系统的短路电流水平主要取决于装机规模和电网的密集程度。电磁环网运行使得电网规模的密集度增加，短路电流水平增高。当短路电流水平上升超过了系统中开关的遮断容量时，必须想办法解决，若不解开电磁环网，必须更换更高遮断容量的开关，使得电网的投资成本大大增加。

(2) 系统热稳定问题。如果在受端负荷中心用高低压电磁环网供电而又带重负荷，当高一级电压线路断开后，所有原来带的负荷将通过低一级电压线路送出，容易出现超过导线热稳定电流的问题。因此如果采用多级电磁环网方式运行，必须保证 1 000 kV 线路断开后，通过 500 kV 线路的电流低于其热稳定电流。否则 500 kV 线路长期过电流，终因弧垂造成对树木等放电中断供电，大量的输送功率转移到 220 kV 系统，远远超过其极限传输功率，导致系统稳定性破坏。

(3) 系统动态稳定性问题。当系统的送端与受端电网间通过高低压电磁环网进行联系时，高压线路故障断开将导致送受端的联络阻抗突增，潮流向低电压等级的线路转移易造成功率超过稳定极限，引起两侧系统间的振荡。有时为了避免超稳定极限的故障发生，通常限制由高低压电磁环网构成的输电断面的稳定限额，通过削弱电网运行的经济性以换取运行的稳定性。

(4) 系统电压水平下降。多级电磁环网运行方式下，1 000 kV、500 kV 和 220 kV 线路之间的功率传输能力相差很大。当特高压线路断开后，输送功率转移到并列运行的 500 kV 线路上，超过了其自然功率，从而使系统无功功率损耗增大，引起 500 kV 线路末端电压下降。如果 500 kV 线路超过其极限传输功率而断开，大量的输送功率转移到 200 kV 线路上，由于缺乏足够的无功电源支持，220 kV 线路末端电压水平显著下降，甚至造成电压稳定性的破坏。

(5) 电网调度运行风险增大。电磁环网的存在，使得网架结构不清晰，开机方式、负荷水平及本网通过联络线交换的电力对系统潮流走向影响较大，增加了运行中的不可控因素。同时在事故处理过程中，当电网发生 N－2 及以上事故情况下，网架结构及潮流转移的复杂性增加了调度员处理的难度，若发生振荡，则不容易判断振荡中心，也无法迅速进行解列操作，有扩大事故的风险。

(6) 继电保护整定复杂。电磁环网运行时，保护定值的整定复杂，被迫在“选择性、速动性、可靠性、灵敏性”中做出取舍。由于电磁环网的存在，继电保护必须配置双重的纵联保护，以满足可靠性和选择性的要求，通讯信道建设必须及时跟上，才能保证保护动作的可靠性。同时有时为了满足电力送出及断面受电的要求等还需配置控制策略复杂的安控装置，满足远距离切负荷切机的要求，而装置的勿动及拒动将给系统带来巨大的运行风险。

11.2　PSS/E 和 Python 介绍

打开电磁环网这一决策过程是个多目标、非结构性优化问题，难以用数学语言描述为完整、统一的数学模型，然后用优化理论求解。孤立的计算潮流、短路容量、N-1、暂态稳定和网损等指标中的几个或全部，缺乏系统分析的科学性和决策性，无法严谨地比较各个解环策略的优劣顺序。层次分析法[3]把复杂问题分解成各个组成因素，又将这些因素按支配关系分组形成递阶层次结构。通过两两比较的方式确定层次中诸因素的相对重要性，然后综合决策者的判断，确定决策方案相对重要性的总排序。层次分析法是一种定量和定性相结合，将人的主观判断用数量形式表达和处理的方法。在大部分情况下，决策者可直接使用层次分析法进行决策，大大提高了决策的有效性、可靠性和可行性。

基于 Python 和 PSS/E 开发电磁环网运行决策系统[4]。基于 PSS/E 的电力系统分析模块，采用 Python 进行二次开发，所研发的决策系统不仅能用于电磁环网解环策略评价，也可以应用于一般电网运行方案的综合比较分析。

电力系统仿真器(power system simulator/engineering，PSS/E)是美国电力技术公司(Power Technology Inc.， PTI)于 1976 年推出的电力系统仿真计算的综合性软件，历经多次更新和完善，至今已发行 version33。由于其强劲的计算功能，目前为止，世界上已有超过 600 家不同的公司和组织、100 多个国家使用该软件，是应用最为广泛的电力系统分析程序。PSS/E 包含了电力系统机电暂态分析计算的常见模块[5, 6]。其最大优点在于：

(1) 所允许的仿真规模非常大，利于超大规模系统计算。

(2) 灵活的模型自定义。它是第一含有用户自定义动态模型功能的商业化程序。对模型的复杂性没有任何限制，可以适用于暂态及“长过程”稳定计算中。

(3) 用户可参与的强劲的交互式计算过程控制。用户可以根据需要随时随地观测或修改仿真计算中的各变量。

(4) 向用户提供了可供调用的功能函数接口，用户可以利用内置编程软件。

IPLAN 是传统的结构化编程语言，不支持面向对象开发。当用于大型电力系统分析软件开发时，开发效率较低，且代码难以维护；更重要的是，IPLAN 不是通用语言，它无法与其他广泛采用的编程语言集成，也不支持数据库、网络等应用。它是一种为 PSS/E 所独有的、封闭的开发语言。

Python 是一种简单易学、功能强大的编程语言，它有高效率的高层数据结构，能简单而有效地实现面向对象编程。Python 简洁的语法和对动态输入的支持，再加上解释性语言的本质，使得它在大多数平台上的很多领域都是一个理想的脚本语言，特别适用于快速的应用程序开发。采用 Python 能有效地进行基于 PSS/E 的二次开发。首先，Python 能够直接调用 PSS/E 内部提供的 API，从而完全控制 PSS/E 以实现各种计算功能；其次，PSS/E 能调用其他通用语言编写的程序库，只需要写少量的包装类，就可以在 Python 中调用 C/C++ 程序库，这使得扩充 Python 的功能非常方便；最后，Python 还支持各种数据库应用和网络应用，从而实现计算参数的高效存储管理以及数据的传输与共享。

11.3 电磁环网运行评估方法

11.3.1 电磁环网运行指标

电网运行时,需要综合考虑其稳态和动态特性[7,8],全面分析电力系统运行的各个因素,提出了一套综合考虑各个因素的运行指标,并给出各个指标的计算方法。具体指标如下。

1) 网损指标

电网结构的不同会导致潮流计算结果的不同,从而对网损产生影响。电网的合理布局,实现分层分区的运行模式,能有效减小系统网损,提高经济效益。本项目将系统网损作为评价方案优劣的指标之一,其指标计算方法为

$$I_{\text{ploss}} = \Delta P_{\text{s}} \tag{11.1}$$

式中,ΔP_{s} 为系统网损。

2) 重载元件指标

假设在某种运行方式下,负载率超过某一阈值的线路条数为 m,负载率超过某一阈值的变压器个数为 n,则根据以下公式定义重载元件指标。

线路重载指标

$$I_{\text{overload\_line}} = \sum_{i=1}^{n} (L_i - \text{CV}_{\text{L}}) \tag{11.2}$$

式中,CV_{L} 为线路负载率阈值;L_i 为超过阈值的线路负载率。

变压器重载指标

$$I_{\text{overload\_tran}} = \sum_{i=1}^{m} (L_i - \text{CV}_{\text{T}}) \tag{11.3}$$

式中,CV_{T} 为变压器负载率阈值;L_i 为超过阈值的变压器负载率。

3) 短路电流指标

我国中东部地区负荷中心网架结构坚强,运行可靠性较高,但密集的网架也带来短路电流水平超标的问题。如果不采取拉停相关线路或线路出串等控制措施,部分变电站的短路电流水平将超过开关遮断能力,因此电网运行可靠性水平受到短路电流控制措施的制约。在短路电流指标中考虑单相短路电流和三相短路电流。

单相短路电流指标

$$I_{\text{scclg}} = \sum_{i=1}^{p} (\text{Iscl}_i - I_{\text{rate}}) / I_{\text{rate}} \tag{11.4}$$

式中,I_{rate} 为遮断容量;Iscl_i 为超过遮断容量的母线 i 的单相短路电流;p 为单相短路电流超过遮断容量的母线个数。

三相短路电流指标

$$I_{\text{scc3ph}} = \sum_{i=1}^{q} (\text{Isc3}_i - I_{\text{rate}})/I_{\text{rate}} \tag{11.5}$$

式中，Isc3_i 为超过遮断容量的母线 i 的三相短路电流；q 为三相短路电流超过遮断容量的母线个数。

一般情况下，220 kV 开关的遮断容量为 50 kA，500 kV 开关的遮断容量为 63 kA，且需要保持 1 kV 的裕度。

4）暂态稳定性指标

常用的电力系统暂态稳定分析方法包括直接法和时域仿真法。相比于其他暂态稳定性指标，如能量函数裕度，极限切除时间(critical clearing time, CCT)[9]更为直观，可以使运行人员甄别故障的严重程度。本项目采用 CCT 作为表示系统暂态稳定性的指标。

$$I_{\text{cct}} = \sum_{i=1}^{k} \text{Tc}_i / k \tag{11.6}$$

式中，k 为预想故障个数；Tc_i 为第 i 个故障的 CCT。

PSS/E 只能根据固定的 CCT 进行动态仿真，无法直接计算 CCT。本项目采用二分法计算 CCT，在简化动态仿真步骤的同时自动求取 CCT。计算步骤如图 11.1 所示，其中 t_1 和 t_2 的设置使得当 CCT 为 t_1 时系统稳定，当 CCT 为 t_2 时系统失稳，Tc 为所求极限切除时间，系统稳定的条件为所有发电机相对功角小于 180°。

5）静态电压稳定指标

(1) 系统有功裕度指标。系统有功裕度是指从当前运行点到系统所能承受最大负荷的距离，其中负荷增长的方式为系统所有负荷节点同步增长，指标计算方法如下：

$$I_{\text{ks}} = (P_{\text{cr}} - P_0)/P_0 \tag{11.7}$$

式中，P_0 为当前运行点负荷；P_{cr} 为系统所能承受的最大负荷。

(2) 节点有功裕度指标。节点有功裕度描述单个节点所能承受的负荷扰动能力，是衡量该节点电压稳定程度的标志。指标计算公式为

$$I_i = (P_{\text{cr}i} - P_{0i})/P_{0i} \tag{11.8}$$

式中，P_{0i} 为当前运行点节点 i 上的负荷；$P_{\text{cr}i}$ 为节点 i 所能承受的最大负荷。

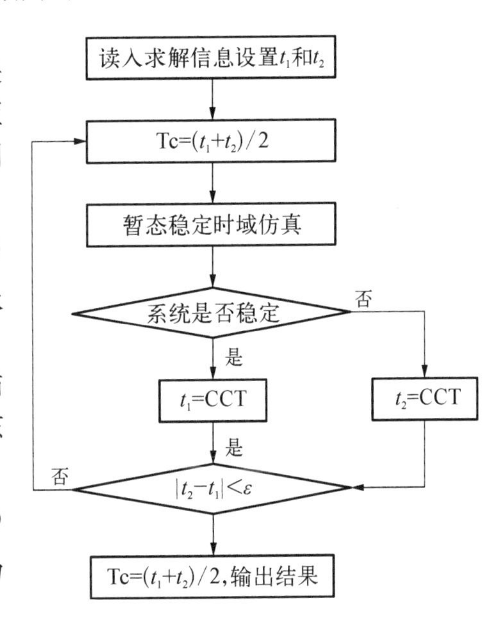

图 11.1　采用二分法计算 CCT 步骤

由于系统的薄弱性主要由薄弱节点决定，因此将式(11.8)中单个节点的裕度从小到大排列，取最小的 s 个值的平均值作为节点有功裕度指标，即

$$I_{kl} = \sum_{i=1}^{s} I_i / s \tag{11.9}$$

6）概率可靠性指标

PSS/E 提供了概率可靠性评估(probabilistic reliability assessment，PRA)模块[10,11]以进行电力系统运行风险评估。相比于确定性的可靠性评估方法，PRA 综合考量事故发生的严重性和可能性，更为全面地反映系统的可靠性。本项目采用以下可靠性指标。

（1）潮流过载概率指标

$$I_{\text{pra\_overload}}=\sum_{i=1}^{t}\sum_{j=1}^{l}P_i a_{ij}(L_{ij}/R_j-1) \tag{11.10}$$

式中，P_i为故障i发生的概率；L_{ij}为故障i时线路j的潮流；R_j为线路j的额定容量；t为故障总数；l为线路总数。当线路潮流越限时$a_{ij}=1$，否则$a_{ij}=0$。

（2）电压越限概率指标

$$I_{\text{pra\_v}}=\sum_{i=1}^{t}\sum_{j=1}^{r}P_i b_{ij}\mid V_{ij}-V_{\text{limit}}\mid \tag{11.11}$$

式中，V_{ij}为故障i时节点j的电压；V_{limit}为电压界限；r为节点总数。当节点电压越限时$b_{ij}=1$，否则$b_{ij}=0$。

（3）电压失稳概率指标。造成潮流发散的原因包括有解但是算法不收敛和本身无解的情况。本项目考虑后者造成的潮流发散情况，其实际上对应于电压失稳，因此用潮流发散概率指标来衡量电压失稳的可能性。

$$I_{\text{pra\_nc}}=\sum_{i=1}^{t}P_i c_i \tag{11.12}$$

式中，当故障i造成潮流不收敛时$c_i=1$，否则$c_i=0$。

（4）负荷中断概率指标

$$I_{\text{pra\_load}}=\sum_{i=1}^{t}P_i \text{LL}_i \tag{11.13}$$

式中，LL_i是故障i导致的中断负荷量。

以上所有电网评价指标可以在全系统中计算；当系统规模很大时，为研究特定区域的运行方案，也可以在选定子系统中进行分析。根据以上指标，建立指标层次结构图[12]如图 11.2 所示。根据专家打分，构造判断矩阵如表 11.1～表 11.3 所示，判断矩阵中的元素也可以根据实际情况进行修改。

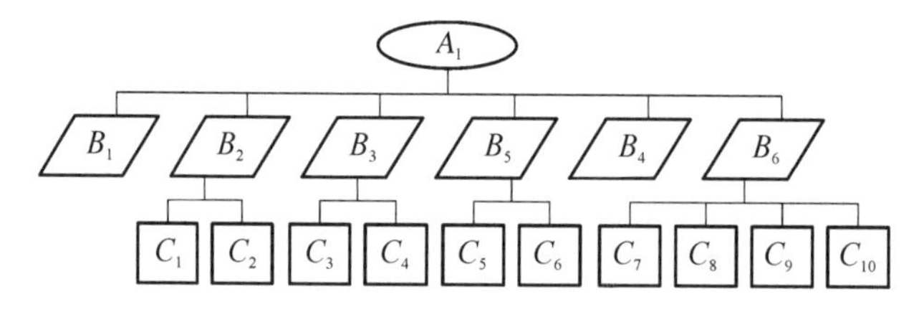

图 11.2　指标层次结构图

A_1：综合评价指标；B_1：网损指标；B_2：重载元件指标；B_3：短路电流指标；B_4：暂态稳定指标；B_5：静态电压稳定指标；B_6：概率可靠性指标；C_1：线路重载指标；C_2：变压器重载指标；C_3：单相短路电流指标；C_4：三相短路电流指标；C_5：系统有功裕度指标；C_6：节点有功裕度指标；C_7：潮流过载概率指标；C_8：电压越限概率指标；C_9：电压失稳概率指标；C_{10}：负荷中断概率指标

表 11.1　对准则 A_1 的判断矩阵

A_1	B_1	B_2	B_3	B_4	B_5	B_6
B_1	1	1/3	1/7	1/7	1/7	1/7
B_2	3	1	1/5	1/5	1/5	1/5
B_3	7	5	1	1	1	1
B_4	7	5	1	1	1	1
B_5	7	5	1	1	1	1
B_6	7	5	1	1	1	1

表 11.2　对准则 B_2、B_3 和 B_5 的判断矩阵

B_2	C_1	C_2	B_3	C_3	C_4	B_5	C_5	C_6
C_1	1	1	C_3	1	1	C_5	1	1
C_2	1	1	C_4	1	1	C_6	1	1

表 11.3　对准则 B_6 的判断矩阵

B_6	C_7	C_8	C_9	C_{10}
C_7	1	1	1/5	1/5
C_8	1	1	1/5	1/5
C_9	5	5	1	1
C_{10}	5	5	1	1

11.3.2　电磁环网运行决策系统

传统的电网分析手段需要借助于人工调整，并进行数据二次分析，采用 Python 编程，调用 PSS/E 内置函数，自动进行数据处理和分析[13]，并实现了电网安全运行决策系统。所开发的决策系统流程图如图 11.3 所示，假设备选方案共有 M 个，电网分析模块共有 N 个。

11.4　算例分析

11.4.1　sawvn 算例分析

sawvn 为 PSS/E 测试算例，共有 23 条母线、34 条线路、6 台发电机，总有功负荷为 3 200 MW，总无功负荷为 1 950 MW。根据计算分析，该系统短路电流较小，但有部分线路负载较重，如线路 153～154 负载率为 90.31%；并且预想事故 154～205 断开会造成系统电压下降、线路潮流过载等可靠性问题。

设原始网架为方案 1，提出方案 2(在 153～154 新增一条线路)和方案 3(在 154～205 新增一条线路)，采用电网决策系统分析备选方案。在潮流分析中，线路和变压器负载阈值为其额定值的 85%；在短路电流分析中，220 kV 母线和 500 kV 母线的阈值分别设为

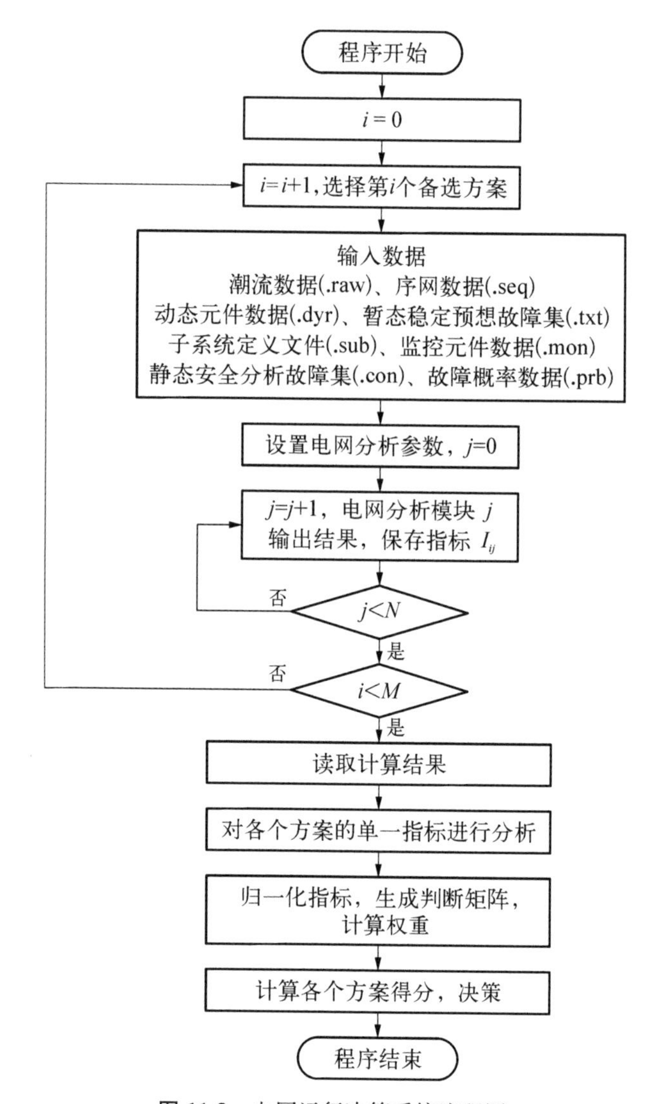

图 11.3 电网运行决策系统流程图

49 kA 和 62 kA；在暂态稳定分析中，预想故障为所有母线依次三相短路，仿真时间为 5s；在可靠性评估中，电压上下界分别为 1.05 和 0.94。各指标计算结果如表 11.4 所示。

表 11.4 sawvn 三个方案的指标计算结果

评价指标	方案 1	方案 2	方案 3
B_1/MW	58.51	54.72	57.74
C_1/%	5.31	0	3.67
C_2/%	18.01	18.21	18.02
C_3/%	0	0	0
C_4/%	0	0	0
B_4/s	0.176 2	0.175 8	0.176 2
C_5/%	18.04	21.00	18.41

续　表

评价指标	方案 1	方案 2	方案 3
C_6/%	47.64	59.09	48.92
C_7/(h/y)	36.77	35.46	27.73
C_8/(p.u.h/y)	132.46	133.44	123.6
C_9/(h/y)	457.5	292.7	457.5
C_{10}/(p.u.h/y)	75.23	75.23	75.23

在方案 1 中，短路电流不是抑制系统运行的因素，同时元件重载和系统可靠性值得运行人员关注。方案 2 中由于在 153～154 新增线路，缓解了原系统线路负载较重的问题，使得 $C_1=0$；同时加强并优化了网架结构，使得网损(B_1)、静态电压稳定性(C_5 和 C_6)和可靠性(C_9)得到了一定的提升；变压器重载(C_2)、暂态稳定性(B_4)和可靠性(C_7、C_8 和 C_{10})变化不大。方案 3 一定程度上缓解了系统可靠性问题(C_7 和 C_8)，减少了节点电压和线路潮流越限的可能性，但是对系统整体性能的改善并不显著。在三个方案中，C_{10} 指标都是相同的，这是由 3005～3008 线路断开导致负荷丢失所产生的，方案 2 和 3 并未对此做出改进。

由于各个指标单位和量纲不同，其数值的大小并不能说明问题的严重程度，且有的指标是越大越好，有的指标是越小越好。因此将指标归一化处理，得到表 11.5。进一步计算三个方案的得分分别为 0.568 2、0.668 7、0.587 3，所以方案 2 为最优方案。

表 11.5　三个方案归一化的指标结果

评价指标	方案 1	方案 2	方案 3
B_1	0.94	1.00	0.95
C_1	0	1.00	0.31
C_2	1.00	0.99	1.00
C_3	0	0	0
C_4	0	0	0
B_4	1.00	1.00	1.00
C_5	0.86	1.00	0.88
C_6	0.81	1.00	0.83
C_7	0.75	0.78	1.00
C_8	0.93	0.93	1.00
C_9	0.64	1.00	0.64
C_{10}	0	0	0

11.4.2　华东交流特高压电网皖南站附近电磁环网分析

华东电网是管理我国华东四省一市的区域电网，到 2014 年共有 8 347 条母线、11 904 条线路、1 128 台发电机。随着 1 000 kV 特高压交流输电线路的投产，形成了安徽福建电源中心向苏沪浙负荷中心输送电能的最高电压等级新通道，显著增加了电力送出能力。在特高压投产初期，1 000 kV 电网和 500 kV 电网合环运行，在特高压沿线形成了 1 000/

500/220 kV 三级电磁环网，改变了原有的拓扑结构、潮流分布、短路电流、稳定特性等。项目研究皖南特高压站附近电磁环网，为华东地区特高压的安全稳定运行提供依据。

以 2014 年夏季负荷高峰期间和 2015 年夏季负荷高峰期间华东网架为基础，以皖南—浙北 1 000 kV 特高压线路为中心，选取与之构成电磁环网的线路。因此得到 2014 年夏高的电磁环网为皖南—楚城—当涂(—迴峰山—繁昌)—溧阳—惠泉—武南—瓶窑(—仁和—浙北)—王店—含山—妙西—浙北—皖南。2015 年夏高的电磁环网为皖南—楚城—当涂(—迴峰山)—溧阳—惠泉—武南—瓶窑—王店—汾湖—桐乡—含山—妙西—浙北(—仁和—瓶窑)—皖南、迴峰山(溧阳)—当涂—楚城—皖南—淮南—南京—(安澜)—泰州。

1) 2014 年皖南附近电磁环网分析

在 2014 年夏高皖南—浙北特高压线路 N－2 后，低电压等级线路上的潮流大范围波动，最大转移比例为 84.84%，皖南—楚城线路、楚城—当涂线路、当涂—迴峰山线路负载率超过 80%。1 000 kV 特高压线路若发生故障，如果不采取有效措施，会引起低电压等级线路的潮流大范围波动。计算结果如表 11.6 所示。

表 11.6 2014 年夏高皖南—浙北特高压线路 N－2 线路潮流转移情况

线路	2014 年夏高			2014 年夏高皖南—浙北特高压线路 N－2		
	有功/MW	额定容量/MW	负载率/%	有功/MW	负载率/%	转移率/%
皖南—楚城(双)	−211.4	4 546.6	−4.65	3646	80.19	84.84
楚城—当涂(双)	518.6	4 346.6	11.93	3 917.6	90.13	78.2
当涂—迴峰山(单皖苏)	1 453.7	2 273.3	63.95	2 578	113.4	49.45
迴峰山—繁昌(单苏皖)	−500.5	2 273.3	−22.02	−594.9	−26.17	4.15
繁昌—当涂(单)	−284.3	2 173.3	−13.08	−915.8	−42.14	29.06
当涂—溧阳(双皖苏)	2 044.6	5 437.8	37.6	3 332.4	61.28	23.68
溧阳—惠泉(双)	1 039.8	5 437.8	19.12	2 132.6	39.22	20.1
惠泉—武南(双)	−710	5 437.8	−13.06	−305.4	−5.62	7.44
武南—瓶窑(双苏浙)	576.2	4 346.6	13.26	1 313.8	30.23	16.97
瓶窑—王店(单)	−360.9	2 173.3	−16.61	500.5	23.03	39.64
王店—含山(单)	996.9	2 173.3	45.87	1 654.2	76.11	30.24
含山—妙西(双)	−307.6	5 819.7	−5.29	596	10.24	15.53
妙西—浙北(双)	−1 553.2	5 892.4	−26.36	−609.6	−10.35	16.01
瓶窑—仁和(单 200 kV)	72.9	504.3	14.46	271.4	53.82	39.36
仁和—浙北(双)	−1 245.2	5 892.4	−21.13	−139.6	−2.37	18.76

2014 年夏高，皖南站特高压站附近 1 000 kV/500 kV/220 kV 三级电磁环网如图 11.4 所示。其中黑色节点为 1 000 kV 变电站，红色节点为 500 kV 变电站，蓝色节点为 220 kV 变电站。电磁环网的构成线路为：皖南—浙北 1 000 kV 线路，皖南特高压主变，浙北特高压主变，皖南—楚城 500 kV 线路，楚城 500 kV 主变，繁昌 500 kV 主变，繁昌—江苏 500 kV 线路，江苏—浙江 500 kV 线路，芜湖地区 220 kV 繁昌变，芜湖地区 220 kV 楚城变。在楚城—当涂双线检修，皖南—浙北 N－2 时，淮南特高压机组和团洲电厂双机出力均通过楚城主变下受，再经过芜湖地区 220 kV 系统及繁昌主变将特高压机组出力上

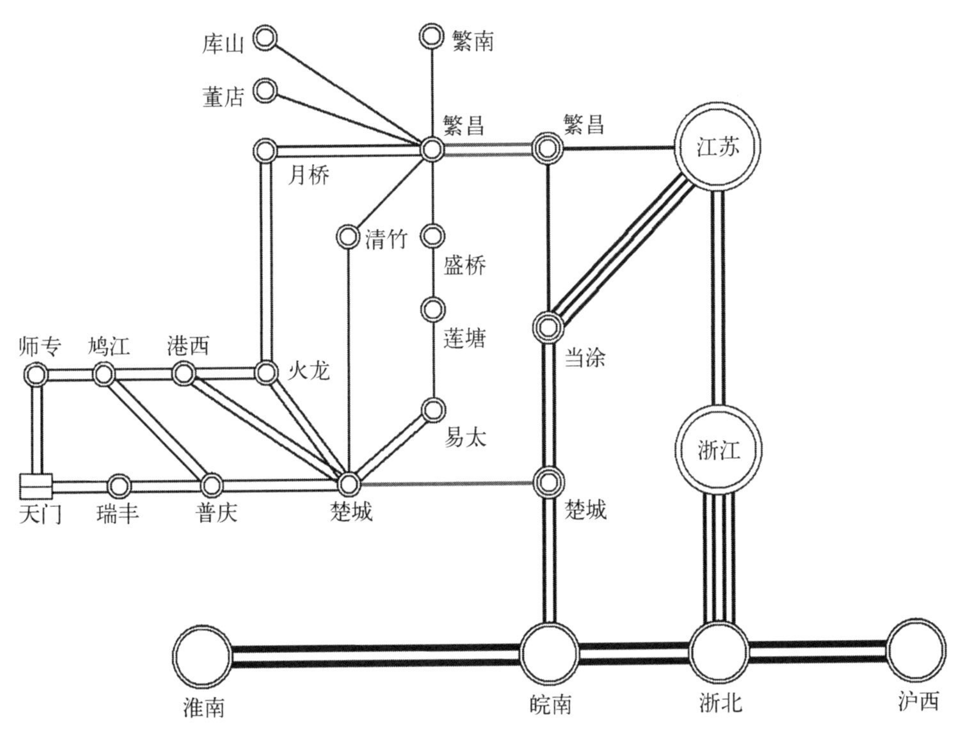

图 11.4　2014 年夏高皖南特高压站附近电磁环网示意图

送到江苏方向，会引起 500 kV 楚城变和部分 220 kV 线路潮流严重过载。

2) 2015 年皖南附近电磁环网分析

2015 年夏高，在皖南—浙北或者皖南—淮南特高压线路 N－2 后，低电压等级线路潮流波动较小，最大转移比为 22.04%，线路最大负载率为 56.79%（当涂—迴峰山线），如表 11.7 和表 11.8 所示。在 2015 年夏，特高压线路已经成环运行，特高压线路断开对低电压等级线路的潮流影响较小。图 11.5 为 2015 年夏高皖南特高压站附近网架结构示意图。由图可知，从 2014～2015 年，当涂—繁昌单线、繁昌—迴峰山单线断开、当涂—迴峰山新增单线（双线运行），1 000 kV/500 kV/220 kV 三级电磁环网断开。

表 11.7　2015 年夏高皖南—浙北特高压线路 N－2 线路潮流转移情况

线　　路	2015 年夏高			2015 年夏高皖南—浙北特高压线路 N－2		
	有功 /MW	额定容量 /MW	负载率 /%	有功 /MW	负载率 /%	转移率 /%
皖南—楚城（双）	−363.2	4 546.6	−7.99	638.6	14.05	22.04
楚城—当涂（双）	585.2	4 346.6	13.46	1 405.58	32.34	18.88
当涂—迴峰山（皖苏双）	2 256.4	4 546.6	49.63	2 581.8	56.79	7.16
当涂—溧阳（皖苏双）	1 913.2	5 437.8	35.18	2 227.2	40.96	5.78
溧阳—惠泉（双）	887.6	5 437.8	16.32	1 178.6	21.67	5.35
惠泉—武南（双）	−483	5 437.8	−8.88	−319.4	−5.87	3.01
武南—瓶窑（苏浙双）	23.2	4 346.6	0.53	358.6	8.25	7.72
瓶窑—王店（双）	−775.6	4 446.6	−17.44	−548.5	−12.34	5.1

续 表

线 路	2015年夏高			2015年夏高皖南—浙北特高压线路N-2		
	有功/MW	额定容量/MW	负载率/%	有功/MW	负载率/%	转移率/%
王店—汾湖(双)	1 891.4	4 346.6	43.51	2 109.8	48.54	5.03
汾湖—桐乡(双)	−53.2	5 437.8	−0.98	258.6	4.76	5.74
桐乡—含山(双)	418.6	5 437.8	7.7	676	12.43	4.73
含山—妙西(双)	−541.2	5 819.7	−9.3	−295	−5.07	4.23
妙西—浙北(双)	−847.4	5 892.4	−14.38	−589.8	−10.01	4.37
瓶窑—仁和(单220 kV)	118.4	504.3	23.48	178.9	35.47	11.99
仁和—浙北(双)	−863.2	5 892.4	−14.65	−710	−12.05	2.6

表11.8 2015年夏高皖南—淮南特高压线路N-2线路潮流转移情况

线 路	2015年夏高			2015年夏高皖南—淮南特高压线路N-2		
	有功/MW	额定容量/MW	负载率/%	有功/MW	负载率/%	转移率/%
皖南—楚城(双)	−363.2	4 546.6	−7.99	−835.2	−18.37	10.38
楚城—当涂(双)	585.2	4 346.6	13.46	137	3.15	10.31
当涂—迴峰山(皖苏双)	2 256.4	4 546.6	49.63	1 878.8	41.32	8.31
当涂—溧阳(皖苏双)	1 913.2	5 437.8	35.18	1 808.8	33.26	1.92
淮南—南京(双1 000 kV)	3 567.4	32 895.1	10.84	5 591	17	6.16
南京—安澜(双)	955.6	5 437.8	17.57	1 539.8	28.32	10.75
南京—泰州(双1 000 kV)	2 564.2	32 895.1	7.8	4 031.4	12.26	4.46

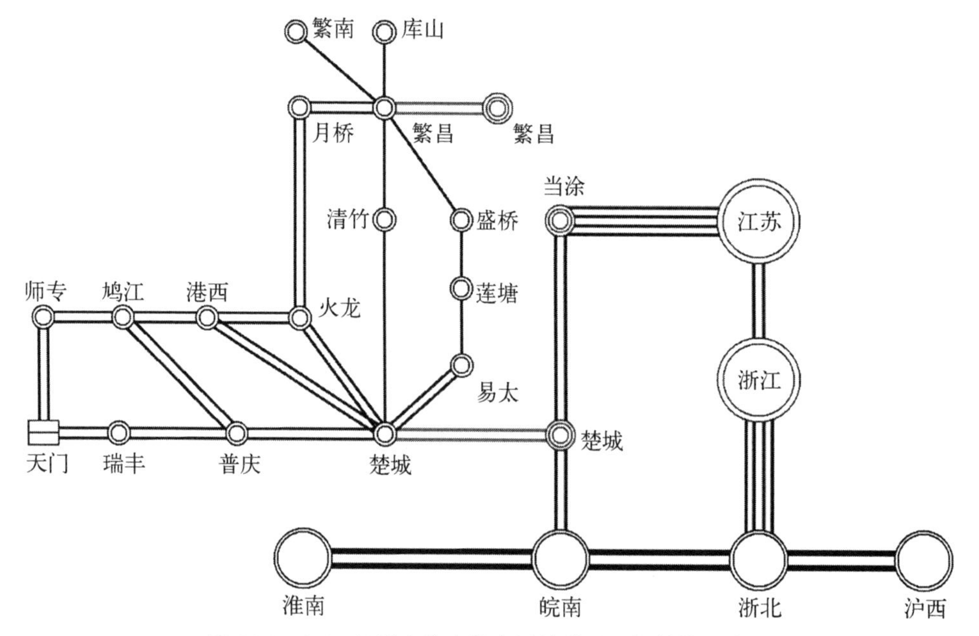

图11.5 2015年夏高皖南特高压站附近网架结构示意图

3）采用电磁环网运行决策系统分析皖南站附近电网

图 11.6 为 2014 年夏皖南特高压站附近网架结构示意图。定义研究子系统包括国调淮南—皖南和皖南—浙北线路、安徽马鞍山分区和芜湖分区，并分析比较华东 2014 年夏高、2014 年冬高、2015 年夏高 1 和 2015 年夏高 2 等 4 个运行方式。在潮流分析中，线路和变压器阈值为其额定值的 90%；在短路电流分析中，对于 220 kV 母线和 500 kV 母线其阈值分别为 49 kA 和 62 kA；在暂态稳定分析中，预想故障为所有 500 kV 和 1 000 kV 母线依次三相短路，仿真时间为 3 s；在可靠性评估中，电压上下界分别为 1.10 和 0.94。需要说明的是，由于没有华东 PSS/E 动态元件数据，将 BPA 的 swi 文件中的发电机模型近似转换为 PSS/E 经典二阶模型以进行暂态稳定仿真，指标计算结果如表 11.9 所示。

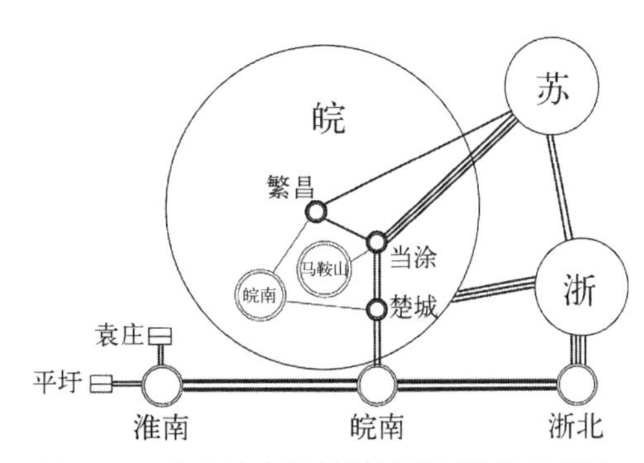

图 11.6　皖南特高压站附近网架结构示意图

表 11.9　华东电网四个运行方案的评价指标

指　标	HD14X	HD14D	HD15X1	HD15D2
B_1/MW	93.93	72.27	78.20	86.32
C_1/%	169.58	113.86	145.96	144.60
C_2/%	0	0	0	0
C_3/%	65.88	86.13	59.30	67.13
C_4/%	19.32	43.81	18.80	26.31
B_4/s	0.97	1.22	1.15	1.14
C_5/%	56.38	59.30	57.82	58.56
C_6/%	830.21	952.31	855.06	862.15
C_7/(h/y)	1.3	50.96	3.68	25.37
C_8/(p.u.h/y)	77.91	51.42	60.32	55.74
C_9/(h/y)	0	0	0	0
C_{10}/(p.u.h/y)	2.02	1.81	2.17	2.17

从 2014～2015 年，在华东电网皖南特高压交流站附近，静态电压稳定裕度变化较小，暂态稳定性得到一定的提高，且由于冬季负荷较小，所以 HD14D 的稳定裕度较大。线路重载率有所下降，变压器负载率都在 90%以内。根据 C3 和 C4 指标，HD15X1 的短路电流控制情况最好。在系统可靠性方面，预想故障会造成节点电压和线路潮流越限，其中 HD14X 和 HD15X1 越限风险较小，根据 C10 指标，存在负荷中断问题，这是由于负荷节点皖热轧和系统只通过单线连接，断开连接线会造成负荷丢失。归一化的指标如表 11.10 所示。

表 11.10　华东电网四个运行方案的归一化指标

指　标	HD14X	HD14D	HD15X1	HD15D2
B_1	0.77	1.00	0.92	0.84
C_1	0.67	1.00	0.78	0.79

续 表

指 标	HD14X	HD14D	HD15X1	HD15D2
C_2	0	0	0	0
C_3	0.90	0.69	1.00	0.88
C_4	0.97	0.43	1.00	0.71
B_4	0.80	1.00	0.94	0.93
C_5	0.95	1.00	0.98	0.99
C_6	0.87	1.00	0.90	0.91
C_7	1.00	0.03	0.35	0.05
C_8	0.66	1.00	0.85	0.92
C_9	0	0	0	0
C_{10}	0.90	1.00	0.83	0.83

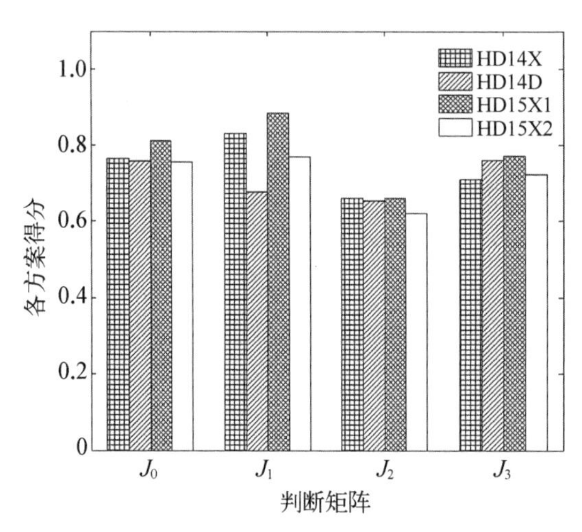

图 11.7 根据不同判断矩阵计算的四个方案得分

为了分析判断矩阵变化对各个方案得分的影响，在表 11.10 的基础上修改判断矩阵元素，如表 11.11 所示，J_0 为初始判断矩阵，J_1、J_2 和 J_3 在表 11.10 的基础上修改对应的元素。计算得到各个方案的得分如图 11.7 所示。当判断矩阵保持不变时，HD15X1 为最优运行方案；在 J_1 中短路电流指标最为重要，此时 HD15X1 和 HD14X 得分较高；在 J_2 中可靠性指标最为重要，此时 HD14X、HD14D 和 HD15X1 表现基本相同；在 J_3 中，所有 $B_i(i=1, 2, \cdots, 6)$ 指标相对于准则 A_1 的重要性相同，此时 HD15X1 和 HD14D 表现最为出色。总之，从 2014～2015 年，皖南特高压站附近电网结构得到优化，系统对特高压线路的适应性更强，在运行时仍然需要关注短路电流、线路潮流和母线电压控制问题。

表 11.11 判断矩阵的改变元素

判断矩阵	修改元素
J_0	无
J_1	$B_{31}=9$, $B_{32}=7$, $B_{34}=7$, $B_{35}=7$, $B_{36}=7$
J_2	$B_{61}=9$, $B_{62}=7$, $B_{63}=7$, $B_{64}=7$, $B_{65}=7$
J_3	$B_{ij}=1$，其中 $i=1\sim6$, $j=1\sim6$

参考文献

[1] 孔涛，王洪涛，刘玉田，等.500 kV—220 kV 电磁环网开环研究[J].电力自动化设备，2003，23(12)：

13 - 16.
[2] 成涛，成连生.电力系统的电磁环网运行[J].湖南电力，2001，21(5)：3 - 5.
[3] Saaty T L. How to make a decision: The analytic hierarchy process [J]. European Journal of Operational Research, 1990, 48(1): 9 - 26.
[4] 廖晓晖，张沛超.基于 Python 开发 PSS/E 高级应用程序[J].电力系统保护与控制，2008，36(11)：9 - 12.
[5] Power Technologies Inc(PTI). PSS/E 32 Program Operation Online Documentation [Z]. 2010.
[6] Power Technologies Inc(PTI). PSS/E 32 Application Program Interface Online Documentation [Z]. 2010.
[7] 段满银.电磁环网解环决策的分析和评判[D].保定：华北电力大学，2006.
[8] 蒋菱，袁月，王峥.智能电网创新示范区能源互联网评估指标及评价方法[J].电力系统及其自动化学报，2016，28(1)：39 - 45.
[9] 段献忠，何仰赞.仿真计算中暂态电压稳定性的判断[J].华中科技大学学报：自然科学版，1995，(4)：25 - 28.
[10] Maruejouls N, Sermanson V, Lee S T, et al. A practical probabilistic reliability assessment using contingency simulation [J]. Power Systems Conference and Exposition, 2004，3: 1312 - 1318.
[11] Park J, Liang W, Choi J, et al. A probabilistic reliability evaluation of Korea power system [C]// The 3rd International Conference on Innovative Computing Information and Control. Dalian, 2008: 137.
[12] 李春叶，李胜，尚敬福，等.电磁环网方式与分层分区运行方式之决策[J].电力学报，2006，21(2)：160 - 163.
[13] 黄莹，徐政，贺辉.电力系统仿真软件 PSS/E 的直流系统模型及其仿真研究[J].电网技术，2004，28(5)：25 - 29.

第12章

电动汽车充电决策方案评估

12.1 概述

随着化石燃料的逐渐枯竭和环境问题的日益严峻，节能减排和减少对化石燃料的依赖已成为政府和社会各界的共识。电动汽车作为一种新型交通工具，在缓解能源危机、实现污染的异地排放、减少环境污染等方面具有非常大的优势，电动汽车的普及已成为一种趋势[1,2]。大量电动汽车接入电网充电将会极大地影响系统的负荷曲线，会给电网的安全和经济运行带来一系列问题。因此，减少大量电动汽车的接入对电网带来的负面影响，实现电动汽车充电的优化管理具有重要的意义。研究电动汽车的负荷模型及其充电优化策略，充分发挥电动汽车对电网负荷削峰填谷等作用，对提高电网供电可靠性和资源利用效率具有重要的意义。

12.2 电动汽车充放电特性分析

12.2.1 影响电动汽车充电负荷的因素

影响电动汽车充电负荷的因素主要是电动汽车的保有量、汽车类型、充电时间、充电方式、充电特性以及充电频率。

1. 电动汽车的保有量

电动汽车的普及程度不同对电网的影响大小不同。单辆电动汽车入网充电对电网影响非常小，甚至可以认为是电网的一个微小扰动。而当电动汽车数量较大时，其对电网的影响将不容忽视。

电动汽车的保有量受很多方面的影响，其中影响较大的是电动汽车技术的发展水平。当技术很成熟而且价格较低时，电动汽车的数量较多，此时其对电网的影响也较大。另外，电动汽车市场也依赖政府的政策，电动汽车的市场份额短期内取决于政府补贴的规模，当电动汽车的使用成本不大于燃油汽车时，电动汽车市场份额将会大量增加。

目前，我国政府推出了一系列相关政策规划以扶持电动汽车的发展，结合我国的电动汽车发展现状，我国电动汽车未来发展趋势大体可归纳为：2010～2015年，电动汽车主要在公交车、公务车、出租车中示范运营；2016～2020年在公共交通系统、公务车中实现电动汽车规模化运营，私家车大力发展；2021～2030年电动私家车加速发展，其比例上升[3]。

2. 电动汽车的类型

本章所指的电动汽车的类型主要是不同用途的汽车，如私家车、公用车等。不同类型电动汽车的电池特性、充电时间和频率都不同。

公用电动汽车日均行驶里程较大、行车时间较长，如目前示范运营的电动公交车额定行驶里程约为200 km，电动出租车日平均行驶里程约为300 km。考虑到安全等因素，公用车一次充电难以满足一天的运营需求，并且难以长时间停留，均需要快速充电或更换电池。

与公用车不同，私人电动汽车的运行方式比较灵活。私家车主要用于车主上、下班以及休闲娱乐等，相应的充电地点主要包括单位、居民附近充电站或充电桩。通常在一天内90%的时间中私家车处于停驶状态，充电时间与用户习惯密切相关，主要为下班回家后至次日早晨上班前以及上班时间至下班时间，可以在电网负荷非高峰时段自动充电，在不影响自身续驶里程要求的前提下，甚至可以在负荷高峰时段将部分能量回馈电网，作为V2G电源。

3. 电动汽车的充电时间

充电时间场景需要根据电动汽车使用者的用车习惯、上下班时间以及引导政策等来进行设置。不同的充电时间对电网的影响差异较大，在峰荷时段进行充电将加重电网负担，而在非峰荷时段进行充电将减小充电对电网的冲击，甚至起到削峰填谷的作用。研究表明[4]，如果对电动汽车充电不加以控制或引导，大量电动汽车将于工作日的下午4～6点开始充电，导致此时充电负荷迅速增加，可能会显著增大配电系统网损，并恶化电能质量；反之，夜间充电则可以减轻上述负面影响，增加基荷机组的利用率。

4. 电动汽车的充电方式

目前，电动汽车电能供给方式主要分充电模式和更换电池模式。充电模式可分为普通充电和快速充电。普通充电又叫慢速充电，它每次充电所需的时间较长；快速充电是利用大电流给电动汽车充电，这种充电方式不仅会给电网带来较大的冲击，而且会减少电池使用寿命。更换电池模式是将需要更换的电池留在充电站利用小电流进行长时间充电。不同的电能供给方式可以应用于不同类型的汽车，如更换电池模式适合在公交公司、出租车公司使用，而对于私家车，可以选择在夜间电价便宜时慢速充电。

5. 电动汽车的充电特性

充电汽车接入电网时的电力需求由充电的电压和电流决定。不同类型汽车的电池充电特性不同，充电功率不同，对电网的影响也不相同。

表12.1给出了MIT[5]、USABC和EPRI[6]研究的几种典型电动汽车电池的电池特性，其中PHEV X 中 X 表示该电动汽车能够行驶的最大里程(以英里计)。如表12.1中

所示，随着电动汽车行驶里程数增加，其电池容量增加。充电功率的大小同时还取决于充电方式。正常充电的充电功率为 $0.2C$，电池从零电量至充满电需要 5 h，快速充电的充电功率为 $1C$ 或 $2C$，电池从零电量至充满电需要 1 h($1C$)或半小时($2C$)。

表 12.1　几种典型电动汽车充电特性

	PHEV30	PHEV40	PHEV60	BEV
最大充电功率/kW	44	46	99	80
电池容量/(kW·h)	8	17	18	48
0.2 倍容量充电功率/kW	1.6	3.4	3.6	9.6
1 倍容量充电功率/kW	8	17	18	48

6. 电动汽车的充电频率

较高的充电频率会减小电动汽车电池的寿命，而较低的充电频率会影响电动汽车车主的正常使用需求。综合考虑到电动汽车的电池寿命以及用户习惯等，可以认为私家电动汽车充电频率为每天每车至多充电一次。

12.2.2　电动汽车电池特性

电池的特性也是影响电动汽车充电的一个重要因素。一般电动汽车电池容量 C 为 1～30 kW·h。电池具有快速响应能力，通常只需要毫秒级即可达到其最大输出功率，同时一般完全充满电需要少于等于 5 h。因此，普通容量电动汽车每小时充电功率为 0.2～6 kW。

当电动汽车接入电网充电时，电动汽车电池荷电状态(state of charge, SOC)不断增大，电池充满时 SOC 为 100%。反之当汽车处于行驶状态时，SOC 不断减小。因此，电动汽车车主早晨上班、停车、下午下班以及晚上充电时，电动汽车电池 SOC 的变化大致如图 12.1 所示。

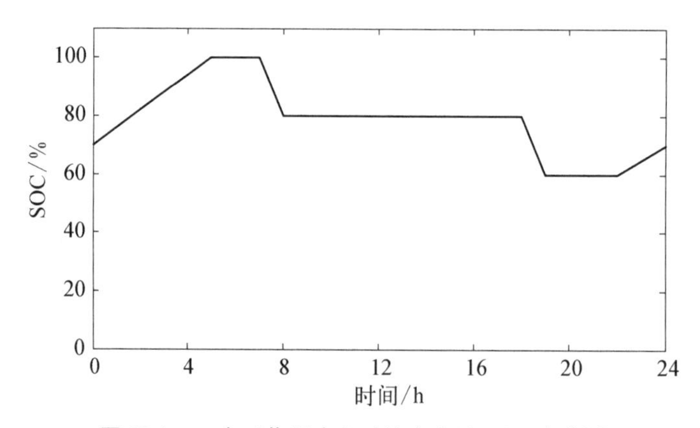

图 12.1　一个工作日内电动汽车电池 SOC 变化图

假设电动汽车充电前 SOC 符合正态分布 $N(0.6,\ 1^2)$[7]，则几种典型的电动汽车的恒功率充电负荷曲线如图 12.2 所示。正常充电模式下，电动汽车每小时充电功率为 $0.2C$，充电时间为 5 h，快速充电模式下，电动汽车每小时充电功率为 $1C$，充电时间为 1 h。

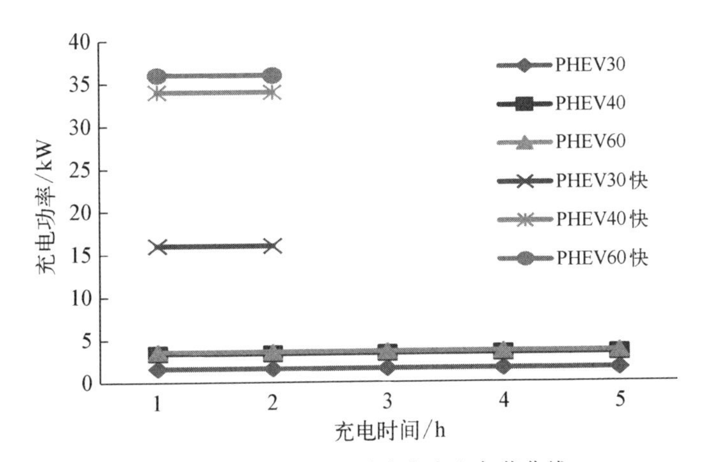

图 12.2　几种典型电动汽车充电负荷曲线

一旦电动汽车接入电网充电，每辆电动汽车都将变成一个电力系统负荷。但是，单辆电动汽车充电功率非常小，对电网来说仅仅是一个小的负荷扰动。因此，更多的研究需要集中在大量电动汽车接入电网充电对电网负荷造成的影响。

电动汽车电池主要分为铅酸、镍氢、锂离子等类型。衡量电池性能的指标主要有比能量、比功率、能量体积密度和循环寿命等。综观三种电池的性能指标，锂离子电池具有较高的比能量和循环寿命。同时锂离子电池还具有工作电压较高、体积小、质量小、无污染且无记忆效应等优点。在纯电动汽车中，一般使用锂离子电池组作为电源。目前获得公众广泛认可的特斯拉电动汽车中使用的便是 18650 锂离子电池，本书以锂离子电池为例进行研究。

12.2.3　电动汽车的行驶特性

电动汽车的行驶特性主要指用户的出行时刻、日行驶里程、返回时刻等。这些因素决定了用户的充电总量及充电时间。在当前基于用户驾驶习惯的仿真方法中，一般认为电动汽车对传统汽车的替代使用并不会对用户的出行特征产生影响[8]。因此可以利用传统汽车用户出行特征的统计数据进行仿真研究。

采用 2009 年美国交通部对全美家用车辆的出行进行统计得出的调查结果[9]，将统计数据归一化处理后，用极大似然估计法可以分别将车辆返回时刻、第一次出行时刻表示为正态分布函数。

返回时刻，即用户接入电网内进行充电的起始时刻，满足正态分布，其概率密度函数为

$$
f_s(x)=\begin{cases}\dfrac{1}{\sqrt{2\pi}\sigma_s}\exp\left[-\dfrac{(x+24-\mu_s)^2}{2\sigma_s^2}\right], & 0<x\leqslant\mu_s-12\\ \dfrac{1}{\sqrt{2\pi}\sigma_s}\exp\left[-\dfrac{(x-\mu_s)^2}{2\sigma_s^2}\right], & \mu_s-12<x\leqslant 24\end{cases} \tag{12.1}
$$

式中

$$\mu_s = 17.47, \quad \sigma_s = 3.41 \tag{12.2}$$

电动汽车接入电网起始时间的概率密度函数如图 12.3 所示。

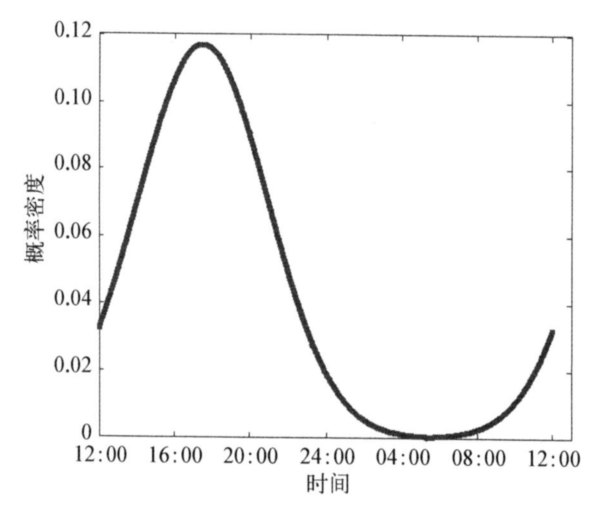

图 12.3 起始充电时间的概率密度函数

从图 12.3 中可以直观地看出，电动汽车多集中在傍晚 18 点左右接入电网等待充电。而在晚上 0 点到早上 8 点接入的电动汽车数量非常少。

第一次出行时刻，即用户取车的时刻，满足正态分布，其概率密度函数为

$$f_e(x) = \begin{cases} \dfrac{1}{\sqrt{2\pi}\sigma_e}\exp\left[-\dfrac{(x-\mu_e)^2}{2\sigma_e^2}\right], & 0 < x \leqslant \mu_e + 12 \\ \dfrac{1}{\sqrt{2\pi}\sigma_e}\exp\left[-\dfrac{(x-24-\mu_e)^2}{2\sigma_e^2}\right], & \mu_e + 12 < x \leqslant 24 \end{cases} \tag{12.3}$$

式中

$$\mu_e = 8.92, \quad \sigma_e = 3.24 \tag{12.4}$$

日行驶里程服从对数正态分布，其概率密度函数为

$$f_m(x) = \frac{1}{\sqrt{2\pi}\sigma_m x}\exp\left[-\frac{(\ln x - \mu_m)^2}{2\sigma_m^2}\right] \tag{12.5}$$

式中

$$\mu_m = 2.98, \quad \sigma_m = 1.14 \tag{12.6}$$

本章将应用上述概率分布模型对电动汽车的有序充电进行仿真。

12.2.4 电动汽车充电负荷模型

1. 单台电动汽车充电负荷模型

(1) 变量和参数。表 12.2 列举了单台电动汽车充电优化所考虑的主要变量和参数。

表 12.2　单台电动汽车充电时主要变量定义

变　量	描　　述
B_c	电池容量
P_r	额定充电功率
η_c	充电效率
S_{SOC}	充电起始时的荷电状态量
E_{SOC}	充电结束时的期望荷电状态量
R_{SOC}	充电结束时的实际荷电状态量
T_a	接入电网的时间
T_d	预计离开电网的时间
T_s	充电的起始时刻
T_r	实际完成充电所需的时长
M_d	日行驶里程

充电时间可以通过下面公式计算：

$$T_r=(E_{SOC}-S_{SOC})B_c/(P_r\eta_c) \tag{12.7}$$

(2) 荷电状态量约束。以下公式给出了单台电动汽车的荷电状态量约束：

$$1\geqslant R_{SOC}\geqslant E_{SOC} \tag{12.8}$$

$$E_{SOC}\geqslant S_{SOC}\geqslant 0.2 \tag{12.9}$$

式(12.8)表明充电结束时电动汽车的实际荷电状态量应不小于用户所期望的荷电状态量，同时实际荷电状态量的最大值为 1。出于保护电池循环寿命的考虑，一般认为充电起始的荷电状态量大于 0.2，如式(12.9)所示。

(3) 充电时间约束。其表达式为

$$T_r\leqslant T_d-T_s \tag{12.10}$$

即电动汽车电池完成充电所需的最短时间应小于用户给出的可用充电时长。若该条件无法满足，则询问用户是否需要修改充电需求参数的设置。

2. 基于蒙特卡罗法的电动汽车充电负荷计算

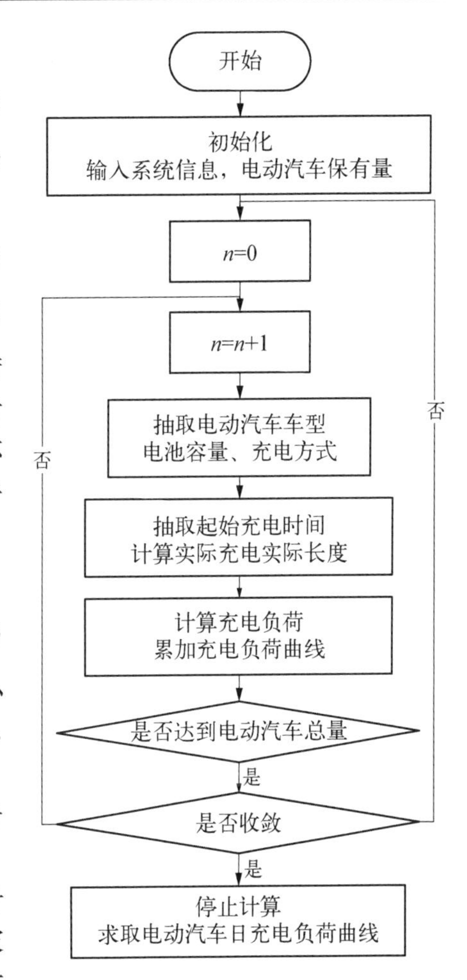

图 12.4　电动汽车行为抽样利用蒙特卡罗法的流程

蒙特卡罗(Monte Carlo, MC)方法，又称统计模拟法、随机抽样技术，最早由 Neuman 等数学家提出用来分析一些科学现象，是一种随机模拟方法，以概率和统计理论方法为基础的一种计算方法，是使用随机数(或更常见的伪随机数)来解决很多计算问题的方法。在应用蒙特卡罗方法求解实际问题时，首先需要知道随机变量的概率分布，随后根据概率分布通过随机抽样获取数据，最后将结果的数值特征统计出来[10]。

对于电动汽车行为，因为每辆电动汽车的充电过程(包括起始时间、方式以及电池特性)与其他电动汽车个体互相独立，所以可以使用蒙特卡罗方法进行抽取。从单辆电动汽车入手分析，进而得到所有电动汽车的负荷曲线，其流程图如图 12.4 所示。

12.3 电动汽车充电站内有序充电策略

12.3.1 电动汽车有序充电管理模式

1. 电动汽车充电管理模式

目前，我国尚未对电动汽车的管理模式进行明确的规定。就有序充电而言，根据控制充电的主体不同，电动汽车的有序充电可以分为以下三类，如图 12.5 所示。

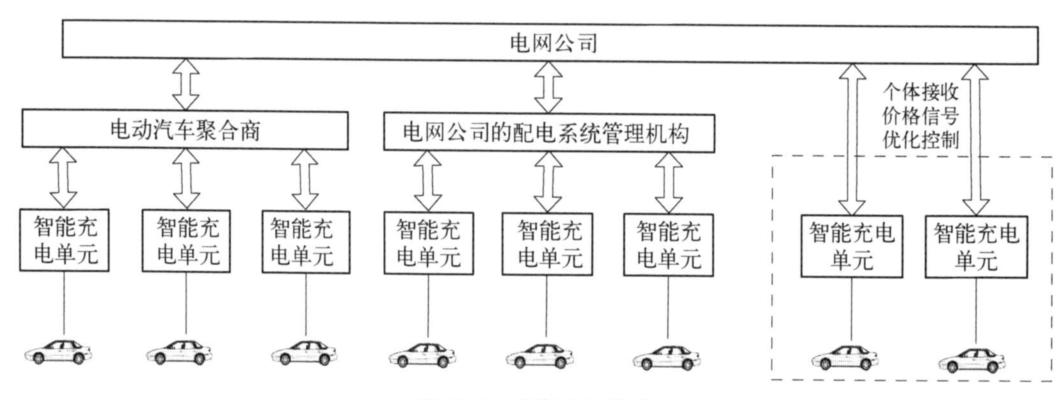

图 12.5 有序充电模式

第一类是以电动汽车聚合商为主体的有序充电。在此种有序充电模式中，电动汽车聚合商为电动汽车用户提供智能充电单元以搜集用户的充电需求并实施充电控制，在满足用户充电需求的前提下以最大化自身效益(主要是充电收益)为目标优化充电安排。电动汽车将根据聚合商制定的充电计划进行充电。

第二类是以电网公司为主体的有序充电。在此种有序充电模式中，电网公司为电动汽车用户提供智能充电单元。电网公司以最小化负荷峰谷差为目标优化充电安排，而电动汽车将依据电网公司发布的充电计划进行充电。

第三类是以个体电动汽车用户为主体的有序充电。此时个体电动汽车用户自行安装智能充电单元进行优化控制充电，其优化目标可能是最小化充电费用也可能是尽早完成充电。在这种充电模式中，将分析大量电动汽车进行个体优化充电时总充电负荷对电网运行的影响。

2. 集中优化与分散优化

集中优化和分散优化为常见的两种优化方法。在集中优化充电管理中，电网公司或聚合商收集配电变压器下所有电动汽车的充电需求，由电网公司或聚合商的控制中心对充电进行统一优化安排。在分散优化管理中，电网公司或聚合商将控制信号或价格信号传递给每个底层的智能充电单元，由智能充电单元根据各车的充电需求完成优化并将优化结果上传给电网公司或聚合商。

12.3.2 以电动汽车聚合商为主体的有序充电

电动汽车聚合商作为电动汽车充电服务的提供商，按照一定的价格收取充电费用，按购电价格向电网公司支付费用，之间的差价为其提供充电服务的盈利。在国外的研究中，电动汽车聚合商多指如“Charge Point”[11]之类的充电服务公司。在国内的研究中，电动汽车聚合商这一概念使用较少，而对充电站的有序充电策略研究较多。实质上，电动汽车充电站也可以看成一种特殊的聚合商。本节假定聚合商可以通过智能充电单元对电动汽车的充电过程进行控制。同时本节暂不考虑电网公司可能出台的相关政策对电动汽车聚合商充电策略的影响。

1. 充电场景描述

以电动汽车聚合商对单台配电变压器下电动汽车充电的优化控制为例进行阐述。在电动汽车的充电控制中，可间断充电与不可间断充电为两种主要的充电控制方式。其中，不可间断充电主要优化控制电动汽车的起始充电时间。可间断充电往往将整个可充电时段划分为不同的控制区间，优化各区间内的通断。当采用可间断充电时，由于充电过程是受聚合商控制的，所以应该采用统一的价格收取充电费用。图12.6为以聚合商为主体的有序充电场景示意图。

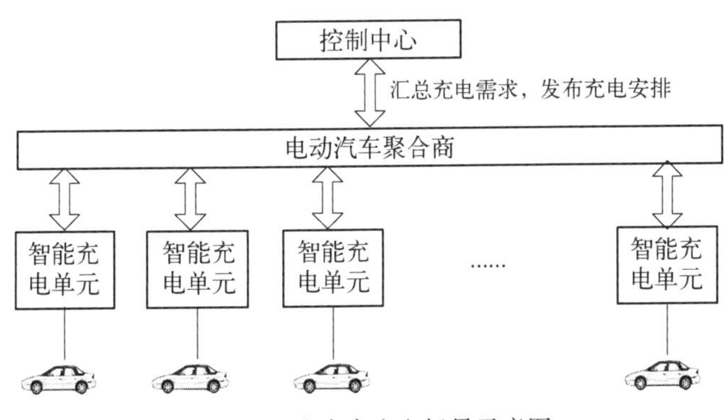

图12.6 聚合商充电场景示意图

当电动汽车用户接入充电桩充电时，电动汽车的电池管理系统将电池当前的剩余电量、电池的类型、电池的总容量等信息上传至智能充电单元。与此同时，用户需要设置期望的取车时间以及充电结束时期望的电量状态。随后，智能充电单元将电池信息及用户的充电需求上传至电动汽车聚合商的控制中心。在此基础上，控制中心以满足用户的充电需求为前提制定充电计划，并将计划发布给智能充电单元，由智能充电单元按照充电计划控制充电的过程。

2. 最优充电策略简述

1）全局最优充电策略

全局最优充电策略要求已知一天内所有电动汽车的接入时间及其充电需求，采用类似于日前调度的机制，对一天内所有电动汽车的充电进行优化安排。该策略的实现要求能准确预测每辆车的接入时间和充电需求或是要求每辆电动汽车必须在日前向电动汽车聚合商申报次日的充电计划。在现阶段，由于无法获得未来电动汽车的准确接入时间及充电需求，对电动汽车的充电进行全局最优化安排是不现实的。加入全局优化的讨论是为了对比现实中可用的充电策略的最优值与理想中全局最优值的差距。

2）局部最优充电策略

在局部最优充电策略中，将一天划分为不同的充电控制时段，分别优化各控制时段内电动汽车的充电。根据负荷预测的时间间隔，本节将每一天划分为96个控制时间段。在每个控制时段的尾端（称为该控制时段的优化计算点）优化该时间段内接入的电动汽车的充电计划。在优化计算点处可以优化控制的总时段集合称为该优化计算点的控制窗口。图12.7为局部最优充电策略的实例图，在控制时间段3中，电动汽车2和电动汽车3请求充电，在优化计算点3，对这两辆车的充电进行优化安排。而优化计算点3的控制窗口包含控制时段4～控制时段9。

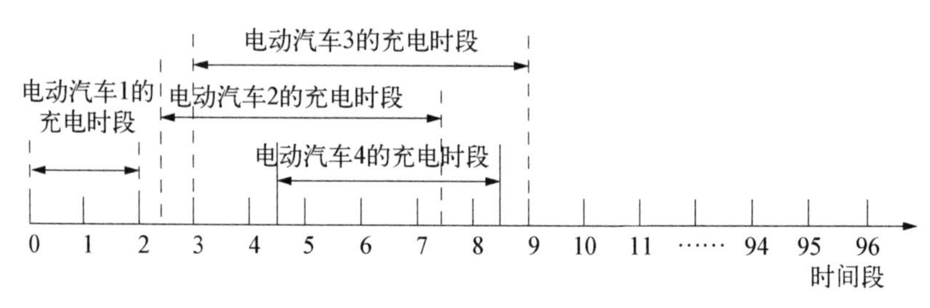

图12.7 充电控制时段示意图

3. *以最大化利益为目标的集中优化充电策略*

下面，首先介绍电动汽车代理商利益最大化的全局集中优化充电策略。

（1）目标函数。

以电动汽车聚合商充电收益最大化为目标，电动汽车聚合商的目标函数设置如下：

$$\max C = \sum_{i=1}^{N} \sum_{j=1}^{96} P_{\mathrm{r}} S_{i,j} \Delta t (c - p_j) \tag{12.11}$$

式中，N 为一天中所接入的总电动汽车辆数；Δt 为控制时间段的时长，本节取15 min；C 为电动汽车聚合商在一天之内的总收益；c 为聚合商向用户收取的比能量价格，为常数；p_j 为第 j 个时间段内的分时电价；$S_{i,j}$ 为第 i 辆电动汽车在第 j 个充电时段内的充电状态，其表达式定义如下：

$$S_{i,j} = \begin{cases} 1, & \text{第 } i \text{ 辆车在第 } j \text{ 个时间段内处于充电状态} \\ 0, & \text{第 } i \text{ 辆车在第 } j \text{ 个时间段内处于非充电状态} \end{cases} \tag{12.12}$$

（2）约束条件。

① 考虑每辆车的电量需求的约束。在一天之中，对任意要求充电的电动汽车 i，在充电结束时，其电量状态应大于用户设定的期望电量状态，同时应小于电池的容量：

$$S_{\mathrm{SOC},i} B_{\mathrm{c}} + \sum_{j=1}^{96} P_{\mathrm{r}} \eta_{\mathrm{c}} S_{i,j} \Delta t \geqslant E_{\mathrm{SOC},i} B_{\mathrm{c}}, \quad i = 1, \cdots, N \tag{12.13}$$

$$S_{\mathrm{SOC},i} B_{\mathrm{c}} + \sum_{j=1}^{96} P_{\mathrm{r}} \eta_{\mathrm{c}} S_{i,j} \Delta t \leqslant B_{\mathrm{c}}, \quad i = 1, \cdots, N \tag{12.14}$$

② 充电时间约束。设电动汽车接入电网的时间 T_a处于控制时间段 J_a之中，T_a与 J_a的关系式如下：

$$J_a = \lfloor T_a/\Delta t \rfloor \tag{12.15}$$

式中，“$\lfloor \cdot \rfloor$”表示取整。

设车主设置的期望取车时间 T_d处于控制时段 J_d内，则在控制时段 $J_a+1 \sim J_d$之外，电动汽车必将处于非充电状态，即

$$S_{i,j}=0, \quad j=1, \cdots, J_{a,i}, i=1, \cdots, N \tag{12.16}$$

$$S_{i,j}=0, \quad j=J_{d,i}+1, \cdots, 96, i=1, \cdots, N \tag{12.17}$$

③ 考虑变压器容量的约束。考虑该约束主要是因为一些聚合商(如充电站)将配有自己专用的配电变压器。而在另一种更为一般性的场景(如聚合商管辖一片居民小区的充电场景)中，设该电动汽车聚合商所管理的电动汽车均处于最大负载能力为 P_{MTF}的配电变压器下。从保障电网安全运营的角度出发，假定电网公司会将日前预测的负荷数据及配电变压的最大负载能力发送给电动汽车聚合商，并要求聚合商的优化结果要满足配电变压器容量约束。则在每个控制时段内，充电负荷与原有基础负荷之和应小于变压器的最大负载能力：

$$L_{0,j}+\sum_{i=1}^{N} P_r S_{i,j} < P_{MTF}, \quad j=1, \cdots, 96 \tag{12.18}$$

式中，$L_{0,j}$为控制时段 j 内基础负荷的大小。

该优化模型是以 $S_{i,j}$为决策变量的线性整数优化模型。

与全局优化不同的是，在局部优化模型中，电动汽车聚合商需要在 96 个时段内分别对本时段内接入的电动汽车的充电安排进行优化。同时为了进一步减少优化变量的个数，在局部优化充电中仅考虑当前控制窗口内的优化。

(1) 目标函数。

以充电收益最大化为目标，电动汽车聚合商在控制时段 t 内的目标函数设置如下：

$$\max C_t=\sum_{i=1}^{N_t} \sum_{j=t+1}^{J} P_r S_{i,j} \Delta t (c-p_j) \tag{12.19}$$

式中，N_t为控制时段 t 内所接入的总车数，设其中电动汽车最晚离开时间为 $\max(T_{d,i})$，则在优化计算点 t 所需考虑的最晚控制时段，

$$J=\lfloor \max(T_{d,i})/\Delta t \rfloor \tag{12.20}$$

此优化计算点的控制窗口为：$[t+1, \cdots, J]$。

(2) 约束条件。

约束条件的设置与全局最优充电模型类似，包括电量需求约束、充电时间约束及变压器容量约束：

$$E_{SOC,i} B_c \leqslant S_{SOC,i} B_c + \sum_{j=t+1}^{J} P_r \eta_c S_{i,j} \Delta t \leqslant B_c, \quad i=1, \cdots, N_t \tag{12.21}$$

$$S_{i,j}=0,\quad j=J_{\mathrm{d},i}+1,\cdots,J,i=1,\cdots,N_t \tag{12.22}$$

$$L_{t-1,j}+\sum_{i=1}^{N_t}P_{\mathrm{r}}S_{i,j}<P_{\mathrm{MTF}},\quad j=t+1,\cdots,J \tag{12.23}$$

式(12.23)中，$L_{t-1,j}$ 为第 $t-1$ 个控制时段优化安排充电负荷后第 j 个时间段内的负荷，其递推关系式如下：

$$L_{t,j}=L_{t-1,j}+\sum_{i=1}^{N_t}P_{\mathrm{r}}S_{i,j},\quad j=t+1,\cdots,J \tag{12.24}$$

由式(12.11)～式(12.18)构成的全局优化模型及式(12.19)～式(12.24)构成的局部优化模型均为大规模线性整数优化模型。随着电动汽车数量的增加，问题的求解维度会显著上升。对于这类问题，常见的优化算法主要有分支路径法、拉格朗日松弛法、离散粒子群算法以及遗传算法等。

同时随着计算机技术的发展，一批性能优越的规划软件如 Gurobi[12]、Mosek[13]、CPLEX[14]被开发出来。其中 CPLEX 在求解线性规划(linear programming，LP)问题上有着卓越的表现。在本章算例的求解过程中，如无特殊说明，均为利用 MATLAB 调用 CPLEX 进行优化求解。

4. *以最大化利益为目标的分散优化充电策略*

随着电动汽车数量的增长，全局优化和局部优化模型的求解规模均会显著上升。问题维度的上升将导致求解时间大大增长，甚至会出现维数灾的情况。同时，通过集中优化得到所有电动汽车的充电安排之后，需要将充电安排于几乎同一时间传递给各智能充电单元，由智能充电单元控制充电。即在优化计算点之后需要进行大量的数据传输，给通信网络的承载能力和带宽提出了极高的要求。在这种背景下，本节将对分散优化的充电策略进行探讨，为了行文简洁起见，这里只讨论对全局集中优化模型进行分散化处理。多时段的局部集中优化也可以利用完全一致的办法进行分解。

分散算法允许优化问题以一种分布式的方式进行计算，这将对问题的求解带来极大的简化，尤其是对于含复杂变量或者复杂约束的情况。常见的分解技术有 Dantzig-Wolfe 分解算法(多用于含复杂约束的线性规划)、Benders 分解(多用于含复杂变量的线性规划)、对偶分散法中的拉格朗日松弛法和增广拉格朗日松弛法(多用于非线性规划)等。

拉格朗日松弛法为对偶优化方法的一种。其起始应用研究始于 20 世纪 70 年代，而在 90 年代之后成为一种主流优化方法，并被认为是求解机组组合问题的研究中应用最成功的算法。拉格朗日松弛法是有着丰富理论基础的算法，适用于解决组合优化问题。

拉格朗日松弛法的基本思想为将造成优化问题难以求解的难约束松弛到目标函数中，从而使得原问题变得容易求解。这种算法提出的初衷为：在一些优化问题中存在难约束，在将这些约束去掉之后，优化问题变得容易求解。同时这种算法也是一种应用广泛的分解算法，在将一些存在变量耦合的约束松弛掉之后，可以将原问题分解成若干易于求解的子问题。下面简要介绍拉格朗日松弛法的基本原理。

为了应用拉格朗日松弛法，一个优化问题，称为原问题，可以写成如下通用形式：

$$z^*=\min f(\boldsymbol{x})$$

$$\begin{aligned} \text{s.t.} \quad & h(\boldsymbol{x})=d, \quad \lambda \\ & g(\boldsymbol{x}) \leqslant b, \quad \mu \\ & \boldsymbol{x} \in \mathbf{X} \end{aligned} \tag{12.25}$$

式中，决策变量 $\boldsymbol{x}$ 为 n 维列向量；$\mathbf{X}$ 为欧几里得空间 $\mathbf{E}^n$ 的一个子集。原问题的可行域 D_p 由约束条件 $h(\boldsymbol{x})=d$，$g(\boldsymbol{x}) \leqslant b$，$\boldsymbol{x} \in \mathbf{X}$ 所定义，可行域 D_p 如图 12.8 所示。

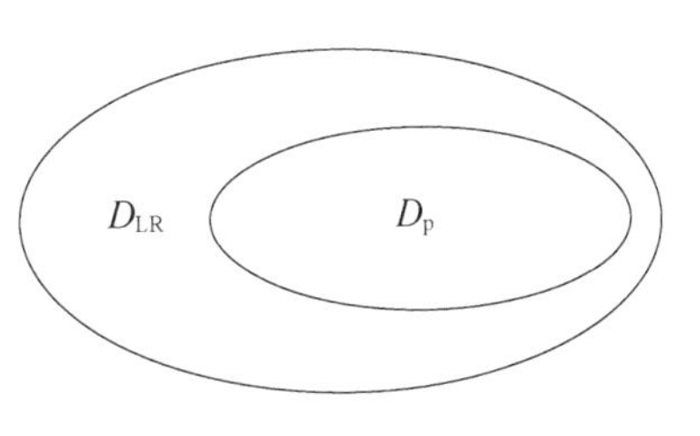

图 12.8　D_p 与 D_{LR} 关系示意图

分别定义对应于约束 $h(\boldsymbol{x})=d$，$g(\boldsymbol{x}) \leqslant \mathrm{b}$ 的拉格朗日乘子 λ、μ，其中 $\mu \geqslant 0$。将这两个约束条件松弛到目标函数中得到拉格朗日(LR)函数的定义形式，每个被松弛到目标函数中的约束都将有对应的拉格朗日乘子。

拉格朗日函数可以写成如下形式：

$$L(\boldsymbol{x}, \lambda, \mu)=f(\boldsymbol{x})+\lambda^\mathrm{T}[d-h(\boldsymbol{x})]+\mu^\mathrm{T}[g(\boldsymbol{x})-b] \tag{12.26}$$

基于拉格朗日方程，原问题(12.11)的拉格朗日松弛(LR 优化问题)可以用如下形式表示：

$$\begin{aligned} \phi(\lambda, \mu)=\min L(\boldsymbol{x}, \lambda, \mu)=\min\{f(\boldsymbol{x})+\lambda^\mathrm{T}[d-h(\boldsymbol{x})]+\mu^\mathrm{T}[g(\boldsymbol{x})-b]\} \\ \text{s.t.} \quad \boldsymbol{x} \in \mathbf{X} \end{aligned} \tag{12.27}$$

LR 优化问题(12.27)的可行域为 D_{LR}，如图 12.8 所示。若拉格朗日乘子 λ、μ 确定之后，则求解式(12.27)比较简单。所求的最优解位于可行域 D_{LR} 中。

定理 12.3.1　对任意拉格朗日乘子 λ、μ，以下关系式成立

$$\phi(\lambda, \mu) \leqslant \min f(\boldsymbol{x}) \tag{12.28}$$

证明：如图 12.8 所示，可行域为 D_{LR} 包含可行域 D_p，则必有

$$\{\phi(\lambda, \mu) \mid D_{\mathrm{LR}}\} \leqslant \{\phi(\lambda, \mu) \mid D_\mathrm{p}\} \tag{12.29}$$

对任意 $\boldsymbol{x}$ 属于可行域 D_p，有如下关系式

$$\min\{f(\boldsymbol{x})+\lambda^\mathrm{T}[d-h(\boldsymbol{x})]+\mu^\mathrm{T}(g(\boldsymbol{x})-b)\} \leqslant \min f(\boldsymbol{x}) \tag{12.30}$$

故由以上各式可得 $\phi(\lambda, \mu) \leqslant \min f(\boldsymbol{x})$。

由上述定理 12.3.1 可知对任意拉格朗日乘子 λ、μ，由式(12.27)所得的最优值一定小于求解原问题所得的最优值，即求解式(12.27)所得的最优值提供了原问题的一个下界。在应用拉格朗日松弛法时，需要考虑将该约束松弛掉之后能否获得一个足够好的最优解。为求得最紧的下界，令

$$\begin{aligned} q^* = \max \phi(\lambda, \mu) \\ \text{s.t.} \quad \mu \geqslant \mathbf{0} \end{aligned} \tag{12.31}$$

式(12.31)又称为原问题的对偶问题，由以上各式可以得到如下关系：

$$\phi(\lambda, \mu) \leqslant q^* \leqslant z^* \leqslant f(\boldsymbol{x}) \tag{12.32}$$

若求出的 $q^*=z^*$，则称该问题无对偶间隙，否则定义对偶间隙为 z^*-q^*。所有的凸规划问题均无对偶间隙，可由对偶问题直接求得原问题的最优解和最优值。

通过上述分析，可以得到利用拉格朗日松弛法求解优化问题的一般流程[15]。

(1) 首先设置迭代标志 $v=1$，初始化拉格朗日乘子，并设置原问题的下界 $\phi_{\text{down}}(\lambda,\mu)=-\infty$。

(2) 随后求解松弛后的原问题，得到其相应的最优解 $\boldsymbol{x}^{(v)}$ 和相应的最优值 $\phi_{\text{down}}^{(v)}$。若 $\phi_{\text{down}}^{(v)}>\phi_{\text{down}}^{(v-1)}$，则将原问题的下界更新为 $\phi_{\text{down}}^{(v)}$。

(3) 采用次导数方法更新拉格朗日乘子。

(4) 进行收敛性检查。若 $\|\lambda^v-\lambda^{v-1}\|/\|\lambda^v\|\leqslant\varepsilon$ 并且 $\|\mu^v-\mu^{v-1}\|/\|\mu^v\|\leqslant\varepsilon$，则终止迭代过程，得到由 ε 所确定的最优解为 $\boldsymbol{x}^*=\boldsymbol{x}^{(v)}$，否则设置 $v=v+1$，跳转到步骤(2)继续进行计算。

本节下面将重点讨论次导数法更新拉格朗日乘子的步骤。为表述清晰起见，拉格朗日乘子 λ、μ 被重新命名为 $\boldsymbol{\theta}=\begin{pmatrix}\lambda\\ \mu\end{pmatrix}$，每次迭代时约束条件的偏差值组成了对偶方程的次导数[16]，即

$$\boldsymbol{s}^{(v)}=\begin{pmatrix}\boldsymbol{h}(\boldsymbol{x})\\ \boldsymbol{g}(\boldsymbol{x})\end{pmatrix} \tag{12.33}$$

则拉格朗日乘子 λ、μ 可按照如下规则迭代：

$$\boldsymbol{\theta}^{(v+1)}=\boldsymbol{\theta}^{(v)}+k^v\frac{\boldsymbol{s}^v}{\|\boldsymbol{s}^v\|} \tag{12.34}$$

其中要求

$$\lim_{v\to\infty}k^{(v)}\to 0 \tag{12.35}$$

并且要求

$$\sum_{v=1}^{\infty}k^{(v)}\to\infty \tag{12.36}$$

一种典型的选取 k 的方案为

$$k^{(v)}=\frac{1}{a+bv} \tag{12.37}$$

式中，a、b 为常数。

需要注意的是，在应用式(12.34)时，所求得 $\|\boldsymbol{s}^v\|$ 有可能为 0，式(12.34)无意义。$\|\boldsymbol{s}^v\|$ 为 0 表明所求得的最优解满足所有的约束条件，此时所求得的 $\boldsymbol{x}^*$ 一定是原问题的最优解，故此时应直接跳出对拉格朗日乘子的迭代更新。在设置式(12.37)的参数 a 和 b 时，为了平衡收敛速度与局部寻优精确性之间的关系，一般设置 $b<a$。

次导数迭代法具有应用简单并且计算量较小的特点，但是当对偶方程不可微时，它将以一种振荡的方式缓慢收敛向最优解。这种振荡行为使得找到一种合适的终止准则变得艰难。利用次导数法进行乘子迭代时，一般令其在迭代一定次数之后终止。

在本节中，考虑基于拉格朗日松弛法将全局集中优化充电模型进行分解。同样，对于局部优化模型也可以用类似的方法进行分解。

原问题为式(12.11)～式(12.18)，观察原问题的形式可以发现约束(12.18)为难约束。设约束(12.18)对应的拉格朗日乘子为 $\mu \geqslant 0$。

原问题目标函数(12.11)可改写成

$$\min C=\sum_{i=1}^{N}\sum_{j=1}^{96}P_{\mathrm{r}}S_{i,j}\Delta t(p_j-c) \tag{12.38}$$

则原问题的拉格朗日函数可以写成如下形式：

$$L(S_{i,j},\mu)=\sum_{i=1}^{N}\sum_{j=1}^{96}P_{\mathrm{r}}S_{i,j}\Delta t(p_j-c)+\sum_{j=1}^{96}\mu_j\left(L_{0,j}+\sum_{i=1}^{N}P_{\mathrm{r}}S_{i,j}-P_{\mathrm{MTF}}\right) \tag{12.39}$$

该拉格朗日函数可以改写成如下形式：

$$\begin{aligned}
L(S_{i,j},\mu)&=\sum_{i=1}^{N}\sum_{j=1}^{96}P_{\mathrm{r}}S_{i,j}\Delta t(p_j-c)+\sum_{j=1}^{96}\mu_j\left(L_{0,j}+\sum_{i=1}^{N}P_{\mathrm{r}}S_{i,j}-P_{\mathrm{MTF}}\right)\\
&=\sum_{i=1}^{N}\sum_{j=1}^{96}P_{\mathrm{r}}S_{i,j}\Delta t(p_j-c)+\sum_{j=1}^{96}\mu_j\sum_{i=1}^{N}P_{\mathrm{r}}S_{i,j}+\sum_{j=1}^{96}\lambda_j(L_{0,j}-P_{\mathrm{MTF}})\\
&=\sum_{i=1}^{N}\sum_{j=1}^{96}P_{\mathrm{r}}\Delta t(p_j-c)S_{i,j}+\sum_{j=1}^{96}\sum_{i=1}^{N}P_{\mathrm{r}}\mu_jS_{i,j}+\sum_{j=1}^{96}\mu_j(L_{0,j}-P_{\mathrm{MTF}})\\
&=P_{\mathrm{r}}\sum_{i=1}^{N}\sum_{j=1}^{96}(\Delta t(p_j-c)+\mu_j)S_{i,j}+\sum_{j=1}^{96}\mu_j(L_{0,j}-P_{\mathrm{MTF}})
\end{aligned} \tag{12.40}$$

则此时优化模型(12.11)～(12.18)可以写成 N 个子优化问题，第 i 个子优化问题具有如下形式：

(1) 目标函数

$$\min C_i=P_{\mathrm{r}}\sum_{j=J_{\mathrm{a},i}}^{J_{\mathrm{d},i}}(\Delta t(p_j-c)+\mu_j)S_{i,j}+\sum_{j=1}^{96}\mu_j(L_{0,j}-P_{\mathrm{MTF}})/N \tag{12.41}$$

(2) 约束条件

$$E_{\mathrm{SOC},i}B_{\mathrm{c}}\leqslant S_{\mathrm{SOC},i}B_{\mathrm{c}}+\sum_{j=J_{\mathrm{a},i}+1}^{J_{\mathrm{d},i}}P_{\mathrm{r}}\eta_{\mathrm{c}}S_{i,j}\Delta t\leqslant B_{\mathrm{c}} \tag{12.42}$$

通过上述分析可以得出，求解原问题的最优解可以转化为求解对偶问题的最优解。通过将难约束松弛进入目标函数，使得求解对偶问题最优解的过程分解为求 N 个子问题最优解的过程，并且其中每个子问题都是易于计算的问题。在这里，拉格朗日松弛法可以看成原问题的一种解法。或者，亦可以基于拉格朗日松弛法设计出电动汽车充电优化的分散优化机制。两者的区别主要在于前者主要利用电动汽车聚合商处控制中心的计算能力，后者将计算任务分配到每一个电动汽车智能充电单元处。

子问题的优化模型为线性整数优化模型。

下面介绍基于拉格朗日松弛法的分散优化策略。

（1）分散优化管理机制。基于拉格朗日松弛法的分散优化需要通过多次迭代收敛到最优解，其分散优化管理机制如图 12.9 所示。

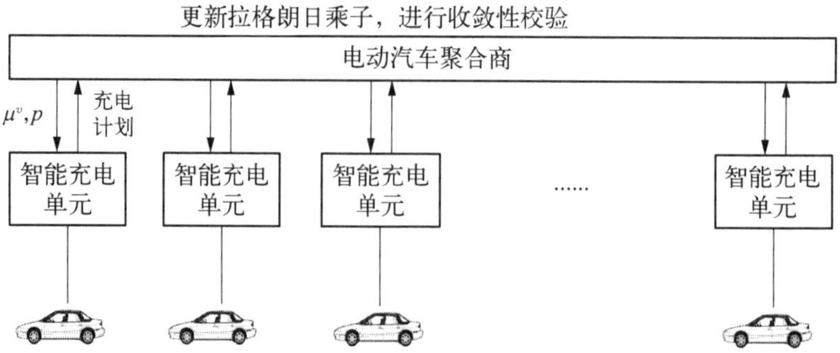

图 12.9 基于拉格朗日松弛法的分散优化机制

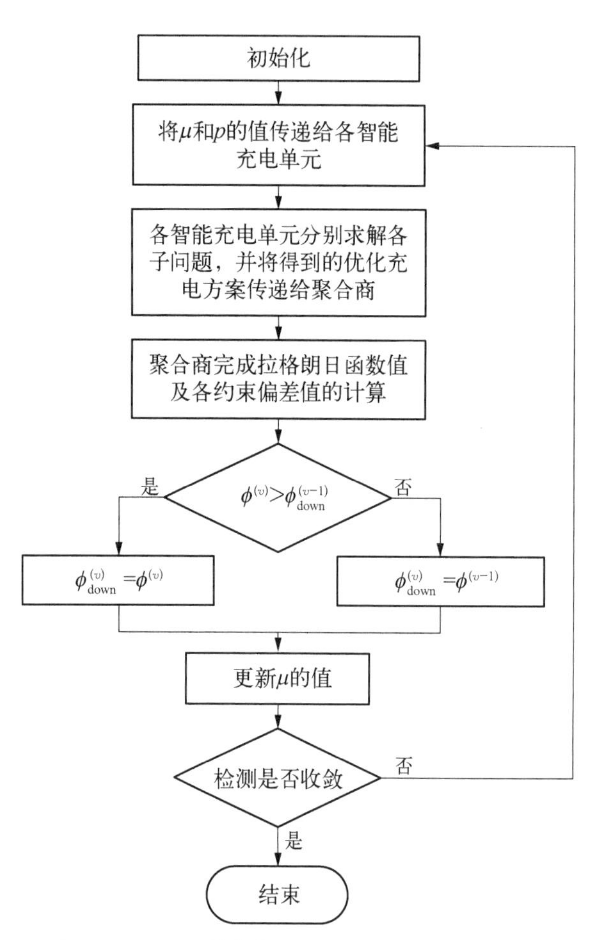

图 12.10 基于拉格朗日松弛法的分散优化流程图

如图 12.9 所示，电动汽车聚合商将拉格朗日乘子及 $p_j - c$ 传送给智能充电单元，智能充电单元内存有用户的充电需求。随后，由智能充电单元按照优化模型(12.41)和(12.42)进行优化充电安排，并将所得的最优解和最优值上传给电动汽车聚合商的控制中心。随后由电动汽车聚合商按照式(12.34)和式(12.37)更新拉格朗日乘子，并进行收敛性校验。若不收敛，则将更新的拉格朗日乘子再次传送给电动汽车智能充电装置。

在完成将复杂的约束松弛掉，把求解原问题转换为求解对偶问题，并将子问题的优化模型传输到智能充电装置后，基于拉格朗日松弛法的电动汽车分散优化流程图如图12.10 所示。

若对全局集中优化模型进行分解，则只需执行一次上述流程图。若对局部集中优化模型进行分解，则在每个控制时段处均需执行一次上述流程。全局优化和局部优化所对应的各子问题并无不同，区别仅在于更新拉格朗日乘子时的计算公式。

12.3.3 以电网公司为主体的有序充电

当电网公司作为电动汽车充电的管理主体时，其管理方式和优化模型的目标函数将会和电动汽车聚合商作为管理主体时有所不同。本节首先分析电网公司作为管理主体时可采取的有序充电策略,然后探讨以个体电动汽车用户为主体的有序充电。在以个体用户为主体有序充电的仿真中,将侧重分析大量电动汽车进行个体优化充电后总充电负荷的特性及其对电网运行的影响。

1. 充电场景描述

图12.11为以电网公司为主体的电动汽车充电组织结构示意图。电动汽车主要接入到配电变压器下进行充电。随着分布式能源的发展及电动汽车数量的增多,在配电网处的协同调度越来越受到重视。本节假设在配电系统处同样存在配电系统管理机构负责协调管理电动汽车的充电。

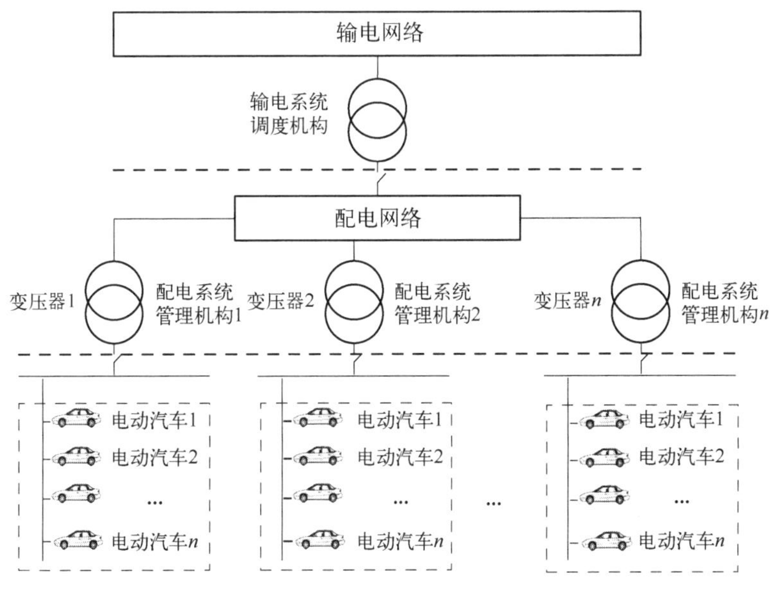

图12.11 以电网公司为主体的电动汽车组织结构图

在本节中,首先对受电网公司直接管理的电动汽车的优化充电进行研究。如图12.12所示,此时电网公司可采用两种不同的优化控制方案来管理电动汽车,分别是集中优化充电和分散优化充电。两种优化充电架构的不同之处在于执行优化计算的地点。在集中优化充电管理中,电网公司收集配电变压器下所有电动汽车的充电需求,由电网公司的控制中心进行统一优化安排。在分散优化管理中,电网公司将控制信号或价格信号传递给每个底层的智能充电单元,由智能充电单元根据电动汽车的充电需求进行优化充电。

2. 最优充电策略简述

以电网公司为主体的最优充电策略有全局集中优化充电策略、局部集中优化充电策略和分散优化充电策略等。其中全局集中优化充电需要知道未来一天内所有电动汽车的接入时间及其充电需求,在现实中难以实现。如前面所述,局部优化充电将一天划分为96个时段,分别优化各时段内接入电动汽车的充电。而分散优化为一种更灵活、计算更高效的优化充电方案。详细的充电策略将在以下章节中描述。

3. 以最小化峰谷差为目标的集中优化充电策略

以电网公司为主体制定优化充电策略时,其优化目标将不再单纯是最大化充电收益。

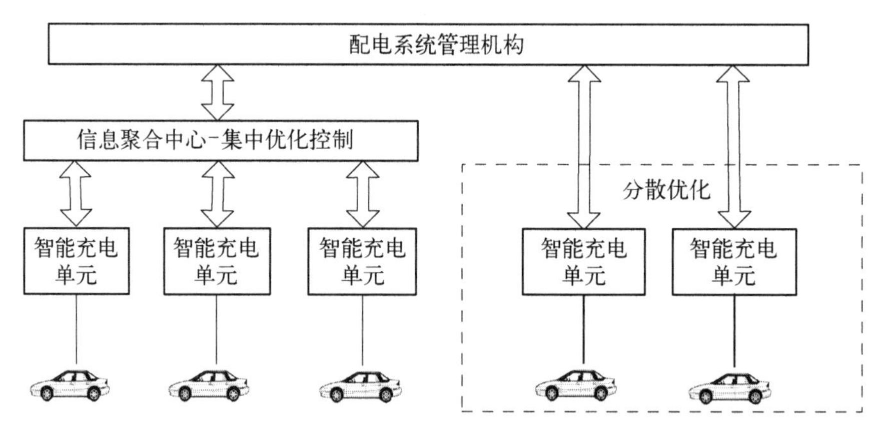

图 12.12 以电网公司为主体的电动汽车充电架构图

从系统的安全性角度及从优化机组组合时的经济性角度分析，电网公司更关注总负荷的峰谷差。同时，总负荷峰谷差的降低也更有利于降低系统的网损，从而进一步提升电网公司的经济效益。在本节中，以配电变压器下总负荷峰谷差的最小化为目标构建优化模型。

下面，首先对其全局最优充电模型进行介绍。

(1) 目标函数。

以配电变压器下负荷峰谷差最小化为目标，配电系统管理机构的目标函数设置如下：

$$\min L_{96}^{p-v}=\max_{j}(L_{96,j})-\min_{j}(L_{96,j}) \tag{12.43}$$

式中，L_{96}^{p-v} 为一天之中总负荷的峰谷差；$L_{96,j}$ 为第 j 个时段内总负荷的大小。

(2) 约束条件。

① 仍然考虑每辆车的充电需求约束。对电动汽车 i，在充电结束时，其电量状态应大于用户设定的期望电量状态，同时应小于电池的容量：

$$E_{\mathrm{SOC},i}B_{\mathrm{c}}\leqslant S_{\mathrm{SOC},i}B_{\mathrm{c}}+\sum_{j=1}^{96}P_{\mathrm{r}}\eta_{\mathrm{c}}S_{i,j}\Delta t\leqslant B_{\mathrm{c}},\quad i=1,\cdots,N \tag{12.44}$$

② 充电时间约束。设电动汽车接入电网的时间 T_{a}处于控制时间段 J_{a}之中，设车主设置的期望取车时间 T_{d}处于控制时段 J_{d}内，则电动汽车充电时段必然位于 $J_{\mathrm{a}}+1\sim J_{\mathrm{d}}$，见公式(12.16)和公式(12.17)。

③ 考虑变压器容量的约束，见公式(12.18)。

在局部优化模型中，配电系统管理机构需要在 96 个时段内分别对各时段内接入的电动汽车进行优化。同时为了进一步减少优化变量的个数，在局部优化充电中仅考虑当前控制窗口内的优化。

(1) 目标函数。

在控制时段 t 内，以该时段过后配电变压器下负荷峰谷差最小化为目标，配电系统管理机构的目标函数设置如下：

$$\min L_{t}^{p-v}=\max_{j}(L_{t,j})-\min_{j}(L_{t,j}) \tag{12.45}$$

式中，L_{t}^{p-v} 控制时段 t 过后总负荷峰谷差；$L_{t,j}$ 为控制时段 t 过后时段 j 内总负荷的大小。通过前面所述的计算方法可得时段 t 的优化计算点的控制窗口为：$[t+1, \cdots, J]$。

(2) 约束条件。

约束条件的设置与全局最优充电模型类似，包括电量需求约束、充电时间约束及变压器容量约束，见式(12.21)～式(12.23)。

12.3.4 以个体电动汽车用户为主体的有序充电

在以个体电动汽车用户为主体的有序充电中，电动汽车用户可以自主控制充电行为，在满足自身充电需求的前提下，其主要有两个目标，第一个目标为最小化自身充电费用，第二个目标为尽可能比较快地完成充电。其中第一个目标的设置是出于用户最大化自身经济效益的考虑，第二个目标的设置是考虑若电池充满得越早，则用户使用越便捷并且用户应对突发事件(如突然需要用车去医院)的能力越强。为同时考虑这两个目标，需要用到多目标优化理论。下面简要介绍多目标优化的背景知识及实现多目标优化的算法。

1. 多目标优化浅析

多目标优化研究多于一个目标在给定区域上的最优化问题。最早于1896年由法国科学家帕雷托提出。他从政治经济学出发把本质上不可比较的多目标化优化转化成单个目标的最优化，他的研究首次涉及多目标规划领域。“1947年，从对策论的角度出发，冯诺伊曼和莫根施特恩提出了多个目标在彼此有矛盾的情况下的规划问题。1951年，在生产和分配的活动中，库普曼斯引入了多目标规划中的有效解的概念。同年，库恩和塔克尔提出了向量极值问题，引入库恩-塔克尔有效解概念，并对其必要和充分条件进行了研究。”[17]

多目标规划定义为在一组给定的约束条件下，优化多个不同的目标函数。多目标优化的一般形式如下：

$$\begin{cases} \max\left[f_1(x),\ f_2(x),\ \cdots,\ f_m(x)\right] \\ \text{s.t.}\quad g_j(x) \leqslant 0,\quad j=1,\ 2,\ \cdots,\ p \end{cases} \tag{12.46}$$

式中，$x=(x_1, x_2, \cdots, x_n)$ 为 n 维决策变量；$f_i(x)(i=1, 2, \cdots, m)$ 为 m 个不同的目标函数；$g_j(x) \leqslant 0\ (j=1, 2, \cdots, p)$ 为系统的约束条件。

m 个不同的目标函数往往存在相互冲突的情况，通常不存在最优解使得所有的目标函数同时取得最优值。为此，引入有效解的概念，有效解表示“在不牺牲其他目标函数的前提下，不可能再改进任何一个目标函数值的可行解”。x^* 为一个有效解，则不存在 $x \in S$，使得对任意 $i=1, 2, \cdots, m$，均有

$$f_i(x) \geqslant f_i(x^*) \tag{12.47}$$

并且其中有一个不等式严格成立。有效解也称为Pareto解、非劣解或非支配解。在目标函数及约束条件均连续的前提下，所有的有效解将组成有效前沿面(或称为Pareto平面)。

求解多目标优化问题的主要方法为将多目标优化成单目标优化。常见的方法有以下两种。

(1) 构建实值偏好函数法。若把 m 个不同的目标函数集合在一起，则构成一个实值偏好函数。在相同约束条件下极大化该函数的模型称为妥协模型，所求得最优解称为妥

协解。构建实值偏好函数的常用方法为线性加权法：

$$\begin{cases}\max \ \sum_{i=1}^{m}\lambda_i f_i(x) \\ \text{s.t.} \quad g_j(x)\leqslant 0, \quad j=1, 2, \cdots, p\end{cases} \tag{12.48}$$

式中，$\lambda_i \geqslant 0$，并且 $\sum_{i=1}^{m}\lambda_i=1$。

(2) 极小化距离函数法。即极小化目标函数向量 $(f_1(x), f_2(x), \cdots, f_m(x))$ 到理想向量 $(f_1^*, f_2^*, \cdots, f_m^*)$ 的距离函数,其中 f_i^* 为不考虑其他目标时的最优值。即

$$\begin{cases}\max \ \left(\sum_{i=1}^{m}\lambda_i \parallel f_i(x)-f_i^* \parallel^k\right)^{\frac{1}{k}} \\ \text{s.t.} \quad g_j(x)\leqslant 0, \quad j=1, 2, \cdots, p\end{cases} \tag{12.49}$$

式中，$1\leqslant k \leqslant +\infty$，并且 $\lambda_1, \lambda_2, \cdots, \lambda_m$ 为凸组合系数,可取 $\lambda_i=1/m$。

此外求解多目标优化的方法还有利用交互式的方法来寻找妥协解,以及利用目标规划(可以看成多目标优化的一种特殊的妥协模型)的方法来寻找妥协解。

2. 多目标优化建模

前面分析了在电动汽车个体自主控制充电时的优化目标并简要介绍了多目标优化的概念和求解方法。电动汽车用户个体的优化目标主要为最小化充电费用及尽早完成充电,下面描述两个优化目标的数学表达形式。

(1) 第一个优化目标：最小化充电费用。对于个体电动汽车,其充电费用的函数为

$$\sum_{j=1}^{96}P_r S_{i,j}\Delta t p_j \tag{12.50}$$

第一个优化目标的数学表示为：$\min \sum_{j=1}^{96}P_r S_{i,j}\Delta t p_j$。

(2) 第二个优化目标：尽早完成充电。为了定量地描述该优化目标,可以给各优化控制时间段赋予时间耗费系数 h。令在时间上越靠前的控制时段的时间耗费系数越小,一种较为简单的定义方法为

$$h_j=j, \quad j=1, 2, \cdots, 96 \tag{12.51}$$

则在完成充电时,总的时间耗费量可以用如下公式计算：

$$\sum_{j=1}^{96}h_j S_{i,j} \tag{12.52}$$

总时间耗费量越小表明电动汽车完成充电的时间越早,第二个优化目标的数学表示为：$\min \sum_{j=1}^{96}h_j S_{i,j}$。

该多目标优化的目标函数可表示为

$$\min \left[\sum_{j=1}^{96}P_r S_{i,j}\Delta t p_j, \ \sum_{j=1}^{96}h_j S_{i,j}\right] \tag{12.53}$$

采用构建实值偏好函数的方法求解该多目标优化模型，通过线性加权方法可以得到该目标函数为

$$\min \lambda_1 \sum_{j=1}^{96} P_{\mathrm{r}} S_{i,j} \Delta t p_j + \lambda_2 \sum_{j=1}^{96} h_j S_{i,j} \tag{12.54}$$

式中，λ_1，$\lambda_2 \geqslant 0$，并且 $\lambda_1 + \lambda_2 = 1$。对于电动汽车个体，需要满足其充电需求如下：

$$E_{\mathrm{SOC},i} B_{\mathrm{c}} \leqslant S_{\mathrm{SOC},i} B_{\mathrm{c}} + \sum_{j=1}^{96} P_{\mathrm{r}} \eta_{\mathrm{c}} S_{i,j} \Delta t \leqslant B_{\mathrm{c}} \tag{12.55}$$

$$S_{i,j} = 0, \quad j = 1, \cdots, J_{\mathrm{a},i} \text{ 或 } j = J_{\mathrm{d},i} + 1, \cdots, 96 \tag{12.56}$$

式中，$J_{\mathrm{a},i}$、$J_{\mathrm{d},i}$ 分别为电动汽车接入电网要求充电的时间段以及设定的充电结束离开电网的时间段。

一般情况下，在两个优化目标（最小化充电费用和尽早完成充电）中，第一个目标更为重要；而在特殊情况下，如用户为应对可能出现的突发情况可能希望电动汽车越早完成充电越好时，第二个优化目标更为重要。绝大多数情况下，认为第一个目标较为重要，可设置 $\lambda_1 \gg \lambda_2$，即设置第一个目标函数的权重系数远大于第二个目标函数的权重系数。对于绝大多数电动汽车，可设置：

$$\lambda_2 = 10^{-3} / \left(\sum_{j=1}^{96} j\right) = 2.15 \times 10^{-7}, \quad \lambda_1 = 1 - \lambda_2 \approx 1 \tag{12.57}$$

按照式(12.57)设置权系数，则在优化目标中 $\lambda_2 \sum_{j=1}^{96} h_j S_{i,j}$ 的值会充分小，即会首先满足第一个优化目标，也就是会求得满足充电费用最小化的帕累托最优解作为满意解。

3. 优化充电流程

以个体电动汽车用户为主体进行优化充电时仍需要接受电网公司的电价信号，整体流程如下。

(1) 电网公司将价格信号传递给电动汽车智能充电装置。

(2) 电动汽车接入之后，在满足用户需求的前提下，智能充电装置按照当前的价格信号进行充电优化。

(3) 将优化所得的充电安排上传给电网公司，执行充电。

为考虑配电网中的安全约束，如配电变压器容量约束等，在该有序充电场景中可以采取如下措施：实时校验措施，即电网公司需要对上传的充电安排进行安全校验，若满足安全约束，则允许该充电；价格引导措施，在发生配电变压器容量越限概率较高的时间段内设置较高的电价以减少该时段的充电负荷。

从整体上讲，以个体用户为主体的有序充电同样可以达到削峰填谷的效果，但需为其设置专门的充电价格。若电价信号能起到较好的引导作用，则在该有序充电场景中仍可获得较好的削峰填谷的效果，否则，在该有序充电场景中将产生新的负荷尖峰。

12.3.5　有序充电中的电价机制及激励机制

前面两节分别从电动汽车聚合商、电网公司及个体电动汽车用户的角度出发，分析了

其各自的有序充电策略。仿真算例的结果表明，在现行的分时电价体制下，电动汽车聚合商和个体电动汽车用户的优化充电将在谷电价时段引起新的负荷尖峰。随着电动汽车的数量增多，新的负荷尖峰将会逼近甚至超过原始的负荷尖峰。本节将从电网公司的角度出发，研究针对不同有序充电管理方式下进一步降低峰谷差、平抑负荷波动的电价政策或激励政策。针对以个体电动汽车用户为主体的有序充电，本节将探讨适用于电动汽车充电的电价机制(该电价机制也可应用到电动汽车聚合商的优化充电中)；同时，考虑到更改电价机制潜在的困难，针对电动汽车聚合商的有序充电，本节还将探讨可行的激励机制。

1. 分时电价在电动汽车充电管理中的弊端

分时电价机制提出于 20 世纪 60 年代的美国，现今已经广泛应用于世界各地。我国工业和居民用电主要采用分时电价机制[18]。分时电价是提前发布的，并且一旦发布未来 24 h 的电价将不再发生变化。在过去，对于工业用电负荷、商业和居民用电负荷，分时电价均能起到很好的引导作用。然而当分时电价应用到电动汽车有序充电管理中时，将产生新的问题。

若电动汽车聚合商的购电电价为分时电价，则在谷电价时段将产生新的负荷尖峰。产生这种现象的原因在于大多数私家电动汽车于傍晚接入充电桩请求充电，电动汽车聚合商及个体用户通过优化充电将电动汽车优先安排在电价较低的时段进行充电。在中国现行的工业分时电价中，在 0:00 进入谷电价时段，而在 24:00 之前已经积累了大量请求充电的电动汽车。此时，大量电动汽车将由 0:00 开始充电，因此，在 0:00 时将产生新的负荷尖峰，如图 12.13 所示。

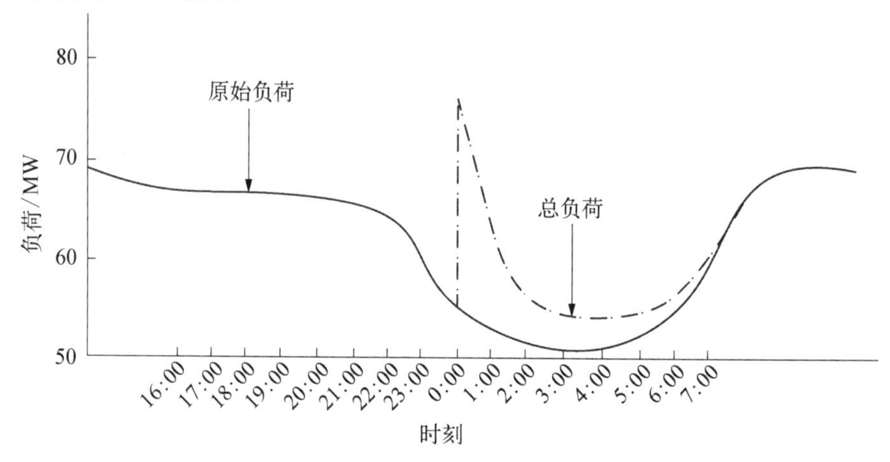

图 12.13 大量电动汽车集中于电价低谷时充电

相对于普通家用电器负荷，电动汽车的充电负荷相对较大。随着电动汽车数量的增加，新的负荷尖峰甚至会超过原有的负荷尖峰，这将对电网的安全经济运行造成不利的影响。对于电网公司，可以采取一定的措施来避免新负荷尖峰的出现并实现峰谷差的减小。为此，本节将研究新的电价机制，新的电价机制适用于自主进行优化充电的个体电动汽车用户，同时该电价机制也可应用到电动汽车聚合商的优化充电中。随后，考虑到更改电价机制潜在的困难，本节还将探讨一种简单的激励机制来鼓励电动汽车聚合商参与削峰填谷。

2. 针对电动汽车用户的动态电价机制

随着电动汽车数量的增多，一些电力公司如太平洋瓦电公司[19]已经出台了针对电动汽车充电负荷的专用电价政策。使用该专用电价政策，需要在电动汽车充电桩处安装专门的表计。

在现有分时电价引导下电动汽车用户自主优化充电的仿真结果如图12.13所示。为了平抑谷电价时段的新的负荷尖峰，进一步缩小峰谷差，参照一些文献提出的与总负荷相关的电价机制[20]，本节提出一种基于实时负荷的动态电价如下：

$$p_{t,j}=aL_{t,j}+b \tag{12.58}$$

式中，$p_{t,j}$为第t个控制时段后时段j内的充电电价；a为斜率；b为截距，并且a和b均为非负实数。

该电价机制可适用于配电网中电动汽车的充电负荷，其应用如图12.14所示。

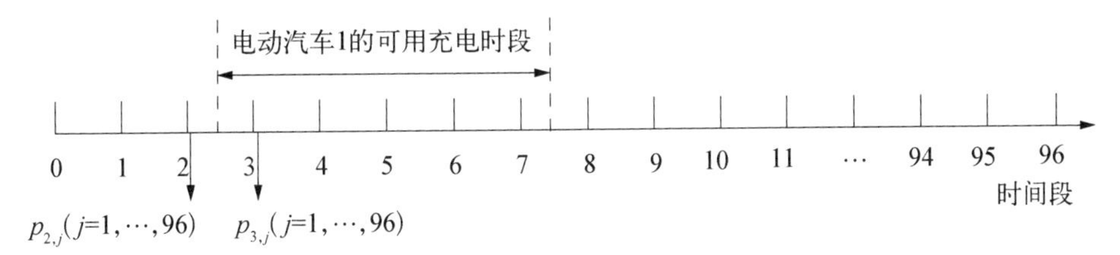

图12.14 与实时负荷相关的电价

该动态电价机制的执行规约如下。

(1) 对于充电时段t接入的电动汽车，智能充电单元将依据第$t-1$个控制时段后发布的充电电价进行优化充电安排。

(2) 制定好的充电计划被要求传递给电网公司。在第t个控制时段的末端，时段$j(j=1, 2, \cdots, 96)$内的负荷按如下公式更新：$L_{t,j}=L_{t-1,j}+\sum_{i=1}^{N_t}P_{\mathrm{r}}S_{i,j}$。

(3) 对于第$t+1$个控制时段内接入的电动汽车，其充电电价将按照式(12.58)进行更新。

选取图12.14为例说明这一电价机制。电动汽车1在时段3内接入请求充电，则电动汽车1的充电电价为$p_{2,j}$，电动汽车1的充电费用为$\sum_{j=t+1}^{J}P_{\mathrm{r}}S_{i,j}\Delta t p_{2,j}$。在优化完成后，电动汽车1的充电安排将会被上传给配电系统管理机构。在时段3的末端，配电系统管理机构将会更新各时段内的负荷及电价信息。

在这种与实时负荷相关、滚动更新的动态电价的引导下，电动汽车用户的目标函数为

$$\lambda_1\sum_{j=1}^{96}P_{\mathrm{r}}S_{i,j}\Delta t p_{t-1,j}+\lambda_2\sum_{j=1}^{96}h_jS_{i,j} \tag{12.59}$$

其约束条件为式(12.55)和式(12.56)。

该动态电价机制可以反映出总负荷的动态变化。在负荷水平较高的时间段内，充电价格将变高；而在负荷水平较低的时间段内，充电价格将比较低。这一特性使得这种电价机制有助于实现填谷的目标，进而实现减少峰谷差的目的。

在该电价机制中，同样可以考虑配网的安全约束。为了在电价中反映配电变压器容量约束，可以采用设置安全域度的方法。安全域度可以设置如下：当总负荷小于一定比例(记为 γ)的配电变压器容量时，电价与总负荷成正比；当总负荷超过这一比例时，电价会迅速增长，并且在总负荷趋于配电变压器容量时，电价将趋于正无穷。符合这种条件的电价机制可定义如下：

$$p_{t,j}=\begin{cases}aL_{t,j}/P_{\mathrm{MTF}}+b, & L_{t,j}<\gamma P_{\mathrm{MTF}}\\(aL_{t,j}+bP_{\mathrm{MTF}})/(P_{\mathrm{MTF}}-L_{t,j}), & \text{其他}\end{cases} \tag{12.60}$$

应当注意的是，本节所提出的动态电价特别针对电动汽车充电负荷。可以理解为对于电动汽车充电负荷，智能充电单元接受的价格信号为动态电价，并且将按照该电价收取电费。而对于日常的家用负荷，将仍然按照分时电价收取相应的费用。

需要指出的是，这种动态电价机制同样可以应用在以电动汽车聚合商为主体的充电管理中。此时，假设聚合商将采用局部优化充电策略响应该动态电价信号。

3. 针对电动汽车聚合商的激励机制

在分时电价的基础上，电动汽车聚合商进行优化充电所得的负荷曲线往往会在低电价时段呈现新的负荷尖峰。新的峰荷甚至会超过原有的峰荷，这对电网公司来说是难以接受的。而若采用前面所述的动态电价作为聚合商的购电电价，则需要对现有的电价机制及电网公司与聚合商之间的通信机制做较大的改动。考虑到以聚合商为主体的充电场景在现实中广为存在，探讨一种更为简便的引导机制是有意义的。

除了采用动态电价机制之外，考虑电动汽车聚合商为管理主体这一有序充电模式的特性，为实现削峰填谷，一种简单的做法便是设置一定的激励机制以激励聚合商采取一定的措施谋求减小峰谷差。假定电网公司将依据充电负荷所引起配电变压器下峰谷差的变化给予电动汽车聚合商一定的激励。该激励机制设置如下：设 L_0^{p-v} 为原始负荷的全局峰谷差，L_{96}^{p-v} 为计入该电动汽车聚合商的充电负荷之后的全局峰谷差，激励系数为 $\alpha(\alpha\geqslant 0)$，则聚合商获得的激励如下：

$$R_{p-v}=\begin{cases}\alpha(L_0^{p-v}-L_{96}^{p-v}), & L_{96}^{p-v}\leqslant L_0^{p-v}\\0, & L_{96}^{p-v}\geqslant L_0^{p-v}\end{cases} \tag{12.61}$$

电动汽车聚合商运营一天的总收入为

$$F=\sum_{t=1}^{96}C_t+R_{p-v} \tag{12.62}$$

当电网公司设定与峰谷差相关的激励机制时，电动汽车聚合商运营一天的总收益如式(12.62)所示。此时电动汽车聚合商的目标函数变为最大化其运营一天的总收益，下面分别从全局集中优化和局部集中优化的角度探讨计及该激励下电动汽车聚合商的优化模型。

1) 计及激励的全局优化充电

由式(12.61)及式(12.62)，电动汽车聚合商运营一天的总收益可写为

$$F=\sum_{i=1}^{N}\sum_{j=1}^{96}P_{\mathrm{r}}S_{i,j}\Delta t(c-p_j)+R_{p-v} \tag{12.63}$$

其约束条件不变，仍为式(12.12)～式(12.18)。

2) 计及激励的局部优化充电

由之前的分析可知，对电动汽车的充电进行全局优化在目前是不现实的。因此，在这里将继续讨论计及激励的局部集中优化充电。

由于当前时间段内无法获得未来电动汽车的准确接入时间及充电需求，当前时间段内的局部峰谷差与全局峰谷差无法建立有效的数量关系。在进行局部优化时，电动汽车聚合商无法获得与局部峰谷差相关的收益。针对该问题，本章提出了通过两阶段优化进行建模。即在第一阶段优化中，电动汽车聚合商以充电收益最大化为目标优化充电安排；在第二阶段优化中，电动汽车聚合商以最小化峰谷差为目标优化充电安排。

基于贪心法的第二阶段优化描述如下：为达到最小化全局峰谷差、最大化峰谷差相关收益的目的，电动汽车聚合商在当前控制时段内需最小化局部峰谷差。为了不影响充电站为电动汽车提供充电服务所获得的基本收益，在第二阶段优化模型中，将考虑第一阶段优化模型所求得的最大充电收益约束。该约束条件的加入可能会导致聚合商整体收益 F 的劣化，但在难以量化局部峰谷差相关收益的情况下，计及该约束条件可以保证聚合商获得不次于仅优化充电收益的满意解，因此本章在讨论中仍加入该约束。

考虑到电网对聚合商设定的激励机制及第一阶段优化模型往往具有多最优解，聚合商可以在充电收益最大化的基础上进一步以最小化峰谷差为目标进行优化。

以最小化峰谷差为目标，即

$$\min L_t^{p-v}=\max_j L_{t,j}-\min_j L_{t,j} \tag{12.64}$$

设第一阶段优化模型求解得到的最优充电收益为 C_t^*，为了保证聚合商在第二阶段优化中至少获得满意解，有如下约束条件：

$$\sum_{i=1}^{N}\sum_{j=t+1}^{J}P_{\mathrm{r}}S_{i,j}\Delta t(c-p_j)=C_t^* \tag{12.65}$$

其余约束条件的设定与第一阶段优化模型约束条件的设定相同，其中电池电量约束如式(12.21)所示，充电时间约束如式(12.22)所示。配电变压器容量约束如式(12.23)和式(12.24)所示。

第二阶段的优化模型仍是以 $S_{i,j}$ 为决策变量的整数优化模型。本章使用 MATLAB 调用 CPLEX 求解该模型，求解效率较高。

至于分散优化策略，在考虑电网公司激励的情况下，目标函数变得难以解耦，考虑激励机制下的分散优化策略仍是有待研究的问题。

12.4 算例分析

12.4.1 假设条件

根据实际情况及电动汽车的发展前景，本节对电动汽车仿真做出如下假设。

(1) 锂电池容量为 32 kW·h。

(2) 额定充电功率为 7 kW,充电效率为 90%。

(3) 基于概率密度分布,利用蒙特卡罗抽样模拟电动汽车接入电网时间、离开电网时间及日行驶里程。如第 2 章所述,电网汽车入网时间、离开时间及日行驶里程的概率密度函数见式(12.1)～式(12.6)。

(4) 仿真从一天的 12:00 开始到次日 12:00 结束。

(5) 默认用户每次设置的期望 SOC 均为 90%。

(6) 行驶百公里耗电量[21] $E_{100}=15$ kW·h,用户充电时的起始电量可由其日行驶里程 M_d得出:

$$S_{SOC}=R_{SOC}-M_d E_{100}/(100B_c) \tag{12.66}$$

(7) 仿真场景设置位于配电网某居民小区的 10 kV 变压器下。该变压器额定容量为 6 300 kVA。假定其功率因数为 0.85、效率为 0.95,则变压器的最大负载能力为

$$P_{MTF}=6\,300\times 0.85\times 0.95=5\,087(\text{kW}) \tag{12.67}$$

(8) 电网电价采用国内工业用电分时电价,充电电价采用统一电价,具体参数如表 12.3 所示。

表 12.3 电价参数设置

时 段	购电电价/[元/(kW·h)]	充电电价/[元/(kW·h)]
谷时段(00:00～08:00)	0.365	1
峰时段(08:00～12:00, 17:00～21:00)	0.869	1
平时段(12:00～17:00, 21:00～00:00)	0.687	1

在本节下面的内容中,将通过蒙特卡罗法分别模拟 150 辆和 300 辆电动汽车在一天内的充电情况,并统计分析无序充电、集中优化充电和分散优化所得的负荷曲线、经济效益和峰谷差等。

12.4.2 无序充电下的仿真计算

无序充电模式下,假定所有电动汽车在接入充电站后立即开始充电直到电池充满,所得的仿真曲线如图 12.15 所示。从图 12.15 中可以看出,大量电动汽车进行无序充电会使负荷出现峰上加峰的情况。在本例中,配电变压器的最大负载能力为 5 087 kW,对 150 辆和 300 辆电动汽车进行无序充电均会超过配电变压器最大负载限制。

12.4.3 以电动汽车聚合商为主体的有序充电仿真计算

电动汽车聚合商以充电收益最大化为目标。本节分别仿真在全局集中优化与局部集中优化以及基于拉格朗日松弛法的分散情况下电动汽车的充电情况,所的仿真结果如下。

1) 全局优化充电

在理想情况下,对电动汽车进行全局优化充电,所得的负荷曲线如图 12.16 所示。从图 12.16 可看出,此时电动汽车基本全部被安排在电价最低的时段进行充电;并且在电价

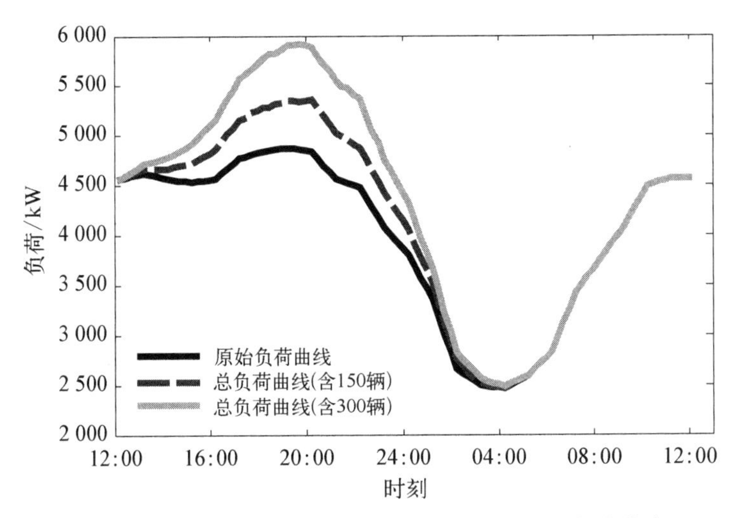

图 12.15　150 辆和 300 辆电动汽车无序充电下的负荷曲线

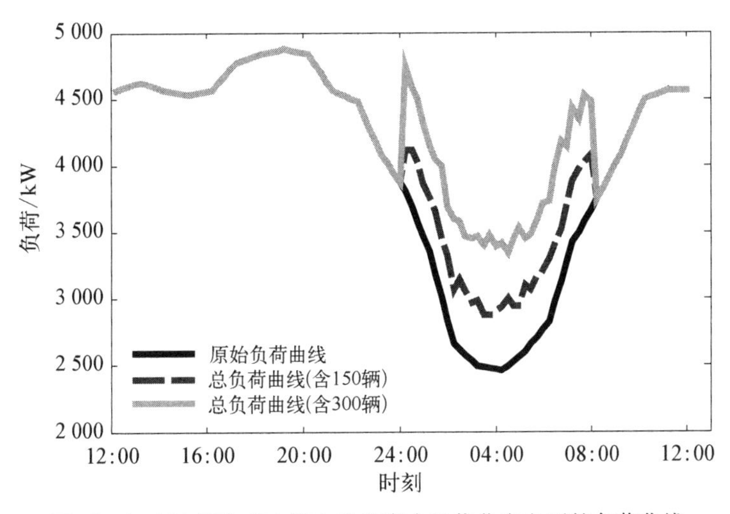

图 12.16　150 辆和 300 辆电动汽车全局优化充电下的负荷曲线

最低时段刚开始时会出现新的负荷尖峰。对 300 辆电动汽车单纯以充电收益最大化为目标进行全局优化充电所产生的新负荷尖峰值逼近原始负荷峰荷。

2）局部优化充电

对电动汽车进行局部优化充电，所得的负荷曲线如图 12.17 所示。从图 12.17 可看出，此时电动汽车基本全部被安排在电价最低的时段进行充电，所得的结果与图 12.16 类似。对 300 辆电动汽车单纯以充电收益最大化为目标进行局部优化充电所产生的新负荷尖峰值已经超过原始负荷峰荷。

3）分散优化充电

采用次导数法对拉格朗日乘子进行迭代时需要设置式中参数 a 和 b 的值，设置 $a=1$，$b=0.1$ 并设置最大循环次数为 9 次。对电动汽车进行优化充电所得的负荷曲线如图 12.18 所示。

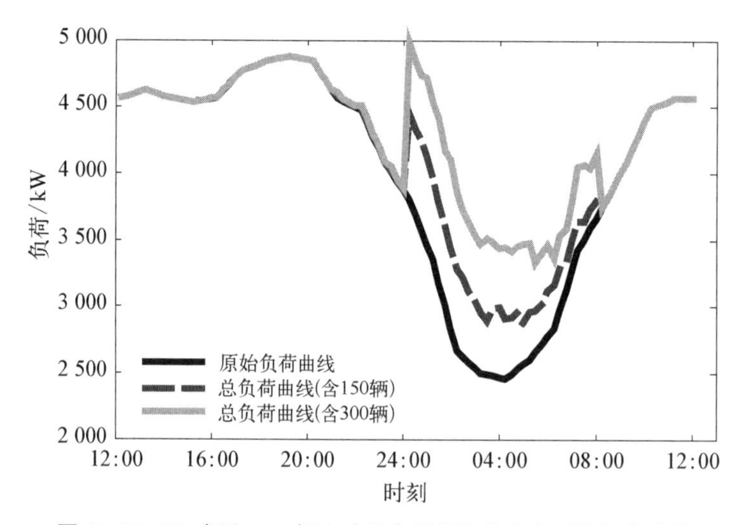

图 12.17 150 辆和 300 辆电动汽车局部优化充电下的负荷曲线

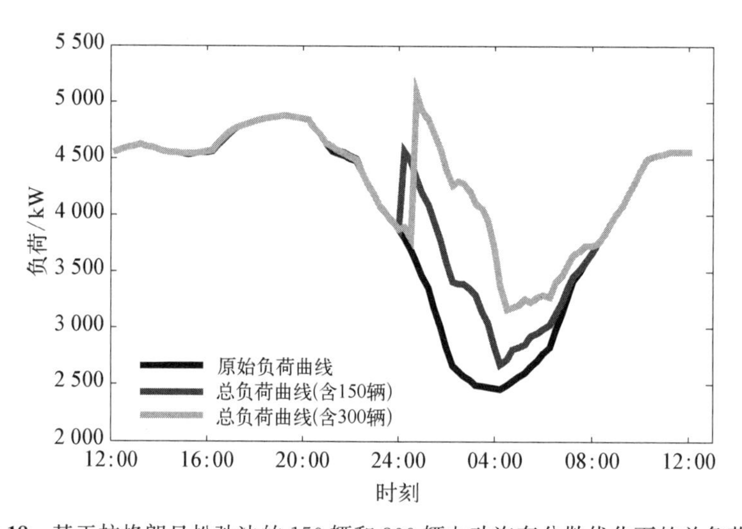

图 12.18 基于拉格朗日松弛法的 150 辆和 300 辆电动汽车分散优化下的总负荷曲线

从图 12.18 可看出，在谷电价时段仍会出现新的负荷尖峰，但是由于考虑了配电变压器的容量约束，经统计得到新负荷尖峰值变为 5 084.3 kW，小于变压器最大负载能力 5 087 kW。

下面主要从电动汽车聚合商的经济效益、峰谷差两个方面对几种方法进行对比。各充电方式的充电收益对比如表 12.4 所示。从表 12.4 中可以看出，电动汽车聚合商通过采用有序充电策略可大幅度提高其充电收益。通过各有序充电策略所获得的充电收益均约为无序充电时所获得充电收益的 2 倍。本章采用统一的抽样结果对各有序充电策略进行仿真，即在本章中，所有的仿真数据均来自一次抽样所得到的结果。但在各有序充电策略的仿真中，聚合商的充电收益略有差异。例如，在仿真 150 辆和 300 辆车时，通过全局集中优化所获得的充电收益大于局部集中优化。

表 12.4 不同优化方案下充电收益对比

车辆数	收益/元			
	无序充电	全局集中优化	局部集中优化	基于 LR 方法优化
150	1 113.2	2 261.4	2 218.5	2 250.1
300	2 314.6	4 653.9	4 605.3	4 638.1

从理论分析的角度，在相同实验数据的情况下，各方法的充电收益应该有以下关系：全局集中优化高于局部集中优化；同时集中优化所得到的最优值应大于或等于其相应分散优化策略所得到的最优值。

各充电模式的峰谷差对比如表 12.5 所示。从表 12.5 中可以看出，无序充电所造成的峰谷差最大，而有序充电策略可以避免“峰上加峰”现象的出现，从而使得整体峰谷差降低。从峰谷差的角度来说，有序充电策略使电网的安全性获得一定程度的提升，并且有利于电动汽车聚合商更充分利用配电变压器的负载能力，为尽可能多的电动汽车提供充电服务。

表 12.5 不同优化方案下峰谷差对比

车辆数	峰谷差/kW			
	无序充电	全局集中优化	局部集中优化	基于 LR 方法优化
150	2 892.4	1 986.9	2 014.7	2 199.0
300	3 441.7	1 541.0	1 561.2	1 910.6

12.4.4 以电网公司为主体的有序充电仿真计算

除个体用户自主进行优化充电时其充电电价设置为工业分时电价，即 1 元/(kW·h) 以外，本章中仿真算例的假设条件与其他章节中仿真算例的假设条件相同。

以最小化配电变压器下负荷峰谷差为目标，本节分别仿真在全局优化与局部优化下电动汽车的充电情况，所得的仿真结果如下。

1）全局优化充电

在理想情况下，以电网公司为主体进行全局优化充电，所得的负荷曲线如图 12.19 所示。从图 12.19 可看出，此时电动汽车全部被安排在谷荷时段进行充电，系统总负荷的峰谷差显著减小，负荷曲线变得更加平滑。

2）局部优化充电

以电网公司为主体对电动汽车进行局部优化充电，所得的负荷曲线如图 12.20 所示。从图 12.20 可以看出，此时电动汽车基本全部被安排在负荷低谷的时段进行充电，峰谷差减小并且系统负荷曲线更加平滑。然而，在以最小化峰谷差为目标的集中优化充电中，对比图 12.19 和图 12.20 可以看出局部优化充电所得到的总负荷曲线与全局优化充电所得到的有显著不同：在全局集中优化充电中，所有的充电负荷均被安排在原始负荷低谷的时段进行充电；然而在局部集中优化充电中，部分充电负荷被安排在了原始负荷较高的时段进行充电。出现这种现象的原因在于在局部优化充电中，每次仅优化当前控制时段内到达的电动汽车，故每次优化的电动汽车的数量较少，容易造成优化结果存在多个最优

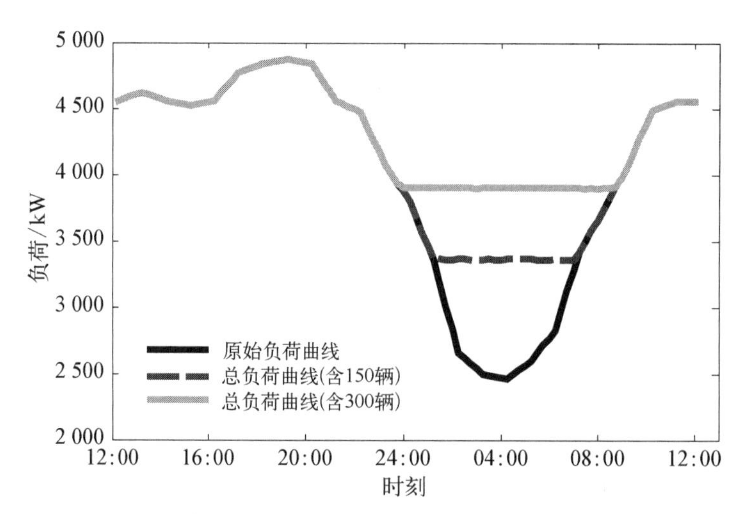

图 12.19 150 辆和 300 辆电动汽车在全局优化充电下的负荷曲线

解。对于较少数量的电动汽车,负荷曲线的最低谷处易被填平,除峰荷部分外,剩余的充电负荷可以被安排在满足充电需求的任意时间段,故出现了如图 12.20 所示的情形。

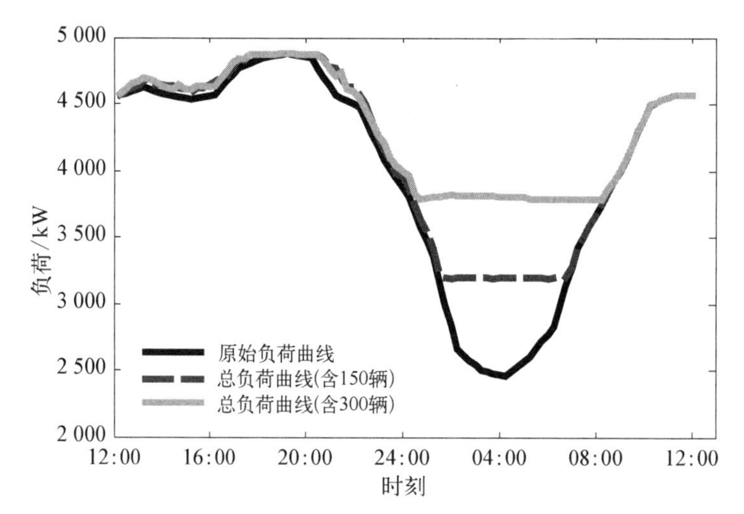

图 12.20 150 辆和 300 辆电动汽车在局部优化充电下的负荷曲线

12.4.5 以个体电动汽车为主体的有序充电仿真计算

采用分时电价作为此时的电价信号,仿真大量电动汽车进行个体优化时的整体充电负荷特性。在仿真单个电动汽车用户的充电安排时,仅考虑一般情况下电动汽车用户的目标,即仅考虑电动汽车用户不急需用车时的充电目标,故按照式(12.56)设置两个目标的权重系数。由于本章侧重分析大量电动汽车进行有序充电时的特性,不再专门针对单台电动汽车进行优化充电后的经济效益和时间效益进行仿真分析。

1) 不进行安全校验

在电网公司不对变压器容量约束进行校验的情况下进行优化充电所得的负荷曲线如图 12.21 所示。从图 12.21 中可以看出此时电动汽车的总负荷呈现如下特性:所有的电动汽车集中在谷电价时段进行充电，并且所有的电动汽车负荷均集中在较早的时间段。在谷电价时段将出现新的负荷尖峰，对 300 辆电动汽车进行无序充电时，经统计得出新的负荷尖峰为 5 749.7 kW，将远超过配电变压器的负载能力 5 087 kW。

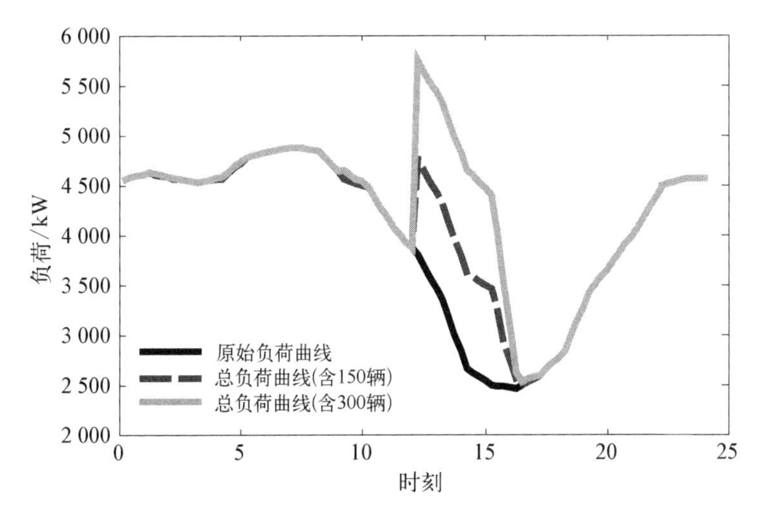

图 12.21　150 辆和 300 辆电动汽车通过个体优化充电得到的负荷曲线

2）由电网公司进行安全校验

考虑变压器容量约束的情况下进行优化充电，假设此时设置安全容量的警戒线为配电变压器负载能力的 97%。当某一时段系统总负荷达到配电变压器负载能力的 97%时，设置该时段为不允许继续接入充电负荷的时段或设置该时段的充电电价趋于无穷大。此时，所得出的负荷曲线如图 12.22 所示。从图 12.22 可以看出，此时电动汽车仍集中在谷电价时段进行充电并且所有的电动汽车负荷均集中在较早的时间段，但是由于采取了安全校验措施，在谷时段新的负荷尖峰未超过配电变压器负载能力的 97%。

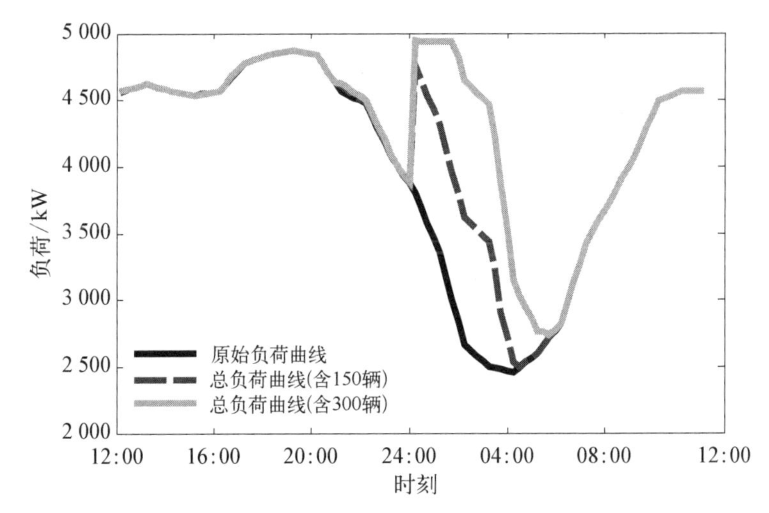

图 12.22　考虑安全校验时，150 辆和 300 辆电动汽车个体优化充电时得到的负荷曲线

从图 12.21 和图 12.22 可以看出在分时电价引导下，以个体电动汽车用户为主体的优化充电在谷电价时段将呈现新的负荷尖峰。新的负荷尖峰甚至要远远超过原始负荷的尖

峰值。造成这一现象的原因在于分时电价不能实时反映各时段负荷的特性。因此在第13章中将从电网公司的角度,详细分析分时电价在电动汽车充电管理中的弊端,并将研究一种新的电价机制以达到有效引导电动汽车充电、平抑峰谷差的目的。

由图12.21和图12.22可知,以个体电动汽车用户为主体进行有序充电时,从整体上来看,其充电负荷均集中在电价低谷并且时间较早的时段。故本章提出的多目标优化充电策略可以同时提升个体用户的经济效益和时间效益。在本节中不再通过具体数据对个体用户的效益提升进行分析。

12.4.6 有序充电中的电价机制以及激励机制仿真计算

在本节中将分别仿真新电价机制下电动汽车的有序充电,以及考虑电网公司激励下电动汽车聚合商的有序充电。该仿真算例对电动汽车充电的基本假设与第3章仿真算例所做的假设相同。

动态电价引导下个体电动汽车进行优化充电所得的仿真结果如图12.23所示。在动态电价的引导下,尽管所有电动汽车仍选择在电价较低的时段进行充电,但是由于动态电价可以反映出各时段的负荷特性,动态电价引导下的个体优化充电仍能起到较好的平抑负荷波动、减小峰谷差的作用。

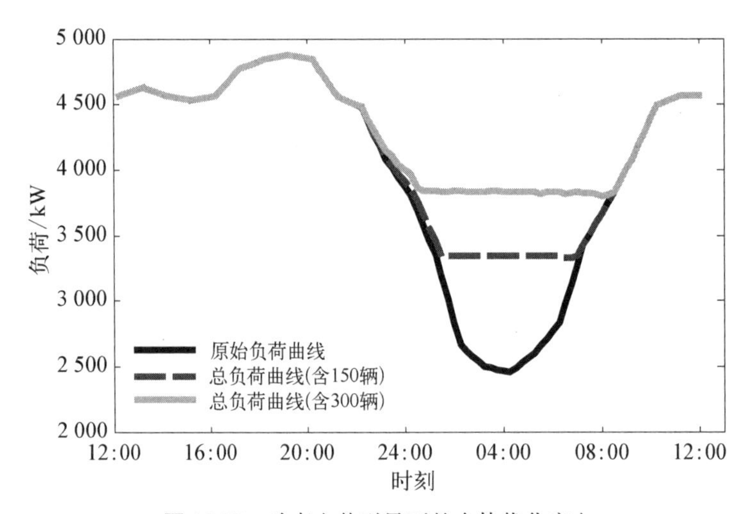

图 12.23 动态电价引导下的个体优化充电

设激励系数 $\alpha = 0.1$,在考虑激励时电动汽车聚合商进行全局优化和两阶段优化所得的结果如下所示。

1) 全局优化

在考虑电网公司给予激励的情况下进行全局优化仿真。本次仿真所使用电脑的处理器为:Intel Core i5-2430M,处理器主频为2.4 GHz,内存为4.0 GB。利用MATLAB调用CPLEX进行仿真时无法得出有效的结果。在仿真两个小时后,出现内存不足的报错。可认为在本次仿真中出现维数灾的情形,未能得出有效的仿真结果。

该模型难以求解的原因在于考虑了电网公司设置的激励之后,优化模型的目标函数如式(12.62)所示,此时优化模型不再是线性整数优化模型,而是非线性整数优化模型,给求解增加了难度。

2）两阶段优化模型

在考虑电网公司给予激励的情况下，通过两阶段模型优化电动汽车充电所得的负荷曲线如图 12.24 所示。由图 12.24 可以看出，此时电动汽车仍然被安排在电价最低的时段进行充电；但由于考虑了电网公司的激励，在谷时段的负荷趋于平坦，没有产生明显的新负荷尖峰。当电动汽车数量较少时，激励政策产生的效果较好；当电动汽车数量多到一定程度时，谷时段负荷会呈现微小的波动。总体来说，在电动汽车聚合商对电动汽车进行有序充电管理的场景中，电网公司可以通过设定与峰谷差相关的激励实现削峰填谷的目的。

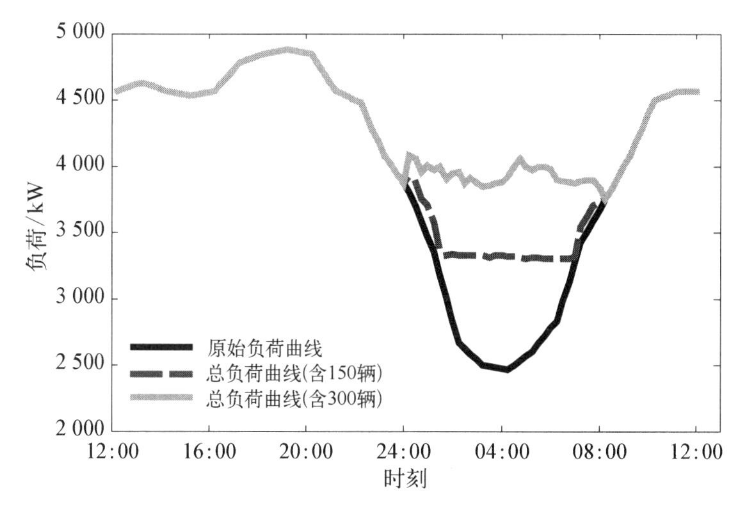

图 12.24　考虑激励时聚合商有序充电下的总负荷曲线

表 12.6 列出了以个体电动汽车用户为主体进行有序充电时总负荷的峰谷差，同时为了方便对比，列出了以电网公司为主体的各有序充电策略下总负荷的峰谷差。列出的四种有序充电策略分别是：以最小化峰谷差为目标的全局集中优化充电、以最小化峰谷差为目标的局部集中优化充电、考虑安全校验后分时电价引导下的个体优化充电和动态电价引导下的个体优化充电。

表 12.6　不同优化方案下峰谷差对比

车辆数	峰谷差/kW			
	全局集中优化	局部集中优化	分时电价引导下的优化	动态电价引导下的优化
150	1 512.1	1 683.5	2 374.3	1 576.8
300	972.8	1 093.7	2 209.2	1 077.3

对 300 辆电动汽车进行充电时，各有序充电策略下总负荷的峰谷差如图 12.25 所示。

从表 12.6 和图 12.25 中可以看出，在动态电价引导下进行个体优化的有序充电场景中，总负荷的峰谷差将显著降低，其峰谷差甚至要小于局部集中优化下总负荷的峰谷差。同时，对比图 12.23 与图 12.22 可知，动态电价引导下个体电动汽车进行优化充电时在谷电价时段没有引起新的负荷尖峰，填谷效果较好。

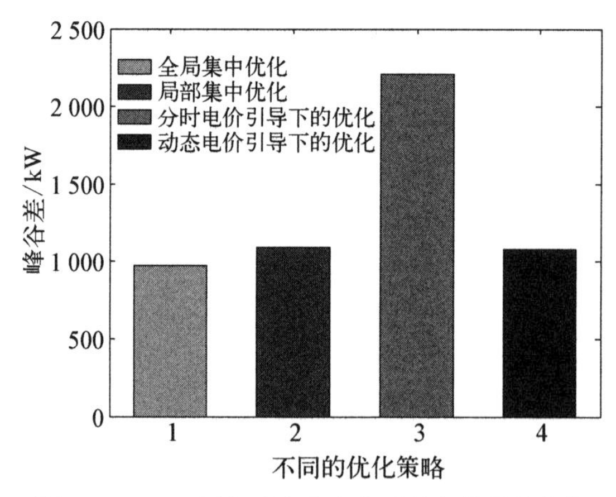

图 12.25 300 辆电动汽车充电时总负荷的峰谷差

参考文献

[1] Bertling L, Carlson O, Lundmark S, et al. Integration of plug in hybrid electric vehicles and electric vehicles — Experience from Sweden[C]// IEEE Power & Energy Society General Meeting. Minneapolis, 2010: 1-3.

[2] Song Y H, Yang X, Lu Z. Integration of plug-in hybrid and electric vehicles: Experience from China[C]// IEEE Power & Energy Society General Meeting. Minneapolis, 2010: 1-6.

[3] 国务院.节能与新能源汽车产业发展规划(2012—2020 年)[R].北京：国务院,2012.

[4] Clement-Nyns K, Haesen E, Driesen J. The impact of charging plug-in hybrid electric vehicles on a residential distribution Grid [J]. IEEE Transactions on Power Systems, 2010,25(1): 371-380.

[5] Kromer M A. Electric powertrains: opportunities and challenges in the US light-duty vehicle fleet [D]. Cambridge: Massachusetts Institute of Technology, 2007

[6] Axsen J, Burke A, Kurani K S. Batteries for Plug-in Hybrid Electric Vehicles (PHEVs): Goals and the State of Technology circa 2008[R]. 2008.

[7] 罗卓伟,胡泽春,宋永华,等.电动汽车充电负荷计算方法[J].电力系统自动化,2011,(14): 36-42.

[8] 田立亭,史双龙,贾卓.电动汽车充电功率需求的统计学建模方法[J].电网技术,2010,34(11): 126-130.

[9] US Department of Transportation. 2009 National household travel survey [EB/OL]. http://nhts.ornl.gov/2009/ pub/stt.pdf[2011-06].

[10] 黄镠.电动汽车有序充电研究[D].天津：天津大学硕士学位论文,2011.

[11] Charge point Inc, charge point webpage [EB/OL]. http://www.chargepoint.com/.[2013-09-30].

[12] Gurobi Inc. Gurobi Optimizer Reference Manual [EB/OL]. Version5.5, 2013 http://www.gurobi.com/pdf/reference-manual.pdf[2013].

[13] Mosek Inc. Mosek Modeling Mannual [EB/OL]. http://docs.mosek[2013-06].com/generic/modeling-a4.pdf.

[14] IBM Inc. User's Manual for CPLEX [EB/OL]. Version12.1, 2009[2009] ftp://public.dhe.ibm.com/software/websphere/ilog/docs/optimization/cplex/ps_usrmancplex.pdf.

[15] Conejo A J, Castillo E, Mínguez R, et al. Decomposition Techniques in Mathematical Programming[M]. Berlin: Springer-Verlag, 2006.

[16] Bazaraa M S, Sherali H D, Shetty C M. Nonlinear Programming, Theory and Algorithms[M]. 2nd editon. New York: John Wiley & Sons, 1993.

[17] 胡毓达.实用多目标最优化[M].上海:上海科学技术出版社,1990.

[18] 王冬容.价格型需求侧响应在美国的应用[J].电力需求侧管理,2010,12(4):74-77.

[19] Pacific Gas and Electric Company. Electricity rats: Choose the plan that works best for you [EB/OL]. https://www.pge.com/en US/residential/rate-plans/rate-plan-options/understanding-rate-plans/understanding-rate-plans.page [2014-02-29].

[20] He Y F, Venkatesh B, Guan L. Optimal scheduling for charging and discharging of electric vehicles[J]. IEEE Transactions on Smart Grid, 2012, 3(3): 1095-1105.

[21] Xu S L, Feng D H, Zheng Y, et al. Ant-based swarm algorithm for charging coordination of electric vehicles [J]. International Journal of Distributed Sensor Networks, 2013,(1): 607-610.

第13章

智能电网下的电力负荷预测

13.1 概述

电力系统负荷预测是根据电力负荷以及经济、社会、气象等相关因素的历史数据，探索电力负荷历史数据变化规律对未来负荷的影响，寻求电力负荷与各种相关因素之间的内在联系，从而对未来的电力负荷进行科学的预测[1]。

负荷预测工作具有非常重要的意义，涉及电力系统规划和设计、系统运行经济性、可靠性、安全性以及电力市场交易等多个方面，已成为一个重要的研究领域。为此，必须对负荷开展较为准确的预测工作，这也正是负荷预测理论和方法不断发展的根本原因。

13.1.1 负荷预测分类

负荷预测工作最主要的分类方式有三种，即按照预测内容不同划分、按照时间尺度长短划分以及按照空间尺度不同划分。

从预测内容上来看，负荷预测主要可分为电力预测和电量预测。前者以最大最小负荷、峰谷差、负荷率等电力指标为预测对象，后者则往往针对全社会用电量、各行业产业用电量等电量指标开展预测工作。

从时间尺度上来看，负荷预测按照时间跨度的大小可以分为超短期、短期、中期及长期四类。超短期负荷预测往往以小时或者分钟为时间跨度，对当前时间之后很短时段的负荷开展预测工作，主要用于实时安全分析、实时经济调度以及自动发电控制等时效性较强的工作；短期负荷预测以日前预测为主，对一天或几天的负荷开展预测工作，多用于日前安排发电计划和开停机计划等；中期负荷预测则往往以月度预测为主，以月为时间单位开展分析预测工作，主要服务于月度检修计划及运行方式、水库调度计划、电煤计划等；而长期负荷预测则多以年度预测为主，是电网规划工作的重要参照，同时为年度运行方式及检修计划的确定提供信息。其中，中期负荷预测与长期负荷预测在预测方法、考虑因素上具有较强的相似性，因此通常将其合称为中长期负荷预测进行研究。

从空间尺度上来看，按照预测范围的大小可依次分为总体负荷预测、分区负荷预测、节点负荷预测以及用户负荷预测等。总体负荷预测往往以一个国家或省市为预测对象，预测范围较大，考虑的相关因素多为人口、GDP、各产业发展情况等宏观性指标，负荷曲线变化也往往较为平缓；分区负荷预测则常以某个地区为预测对象，如某个区县、工业园区、住宅区等，具有较为鲜明的地域特征。因此在开展预测工作时，往往需要分析该地区的行业类型、用地类型及相应的负荷密度等因素；节点负荷预测则多以母线为单元进行预测，往往对于母线的历史负荷数据具有较强的依赖性，强调对其历史数据的分析与建模。需要注意的是，这里的节点也可以是由多个母线共同构成的“虚拟节点”，而且如果能够对节点簇进行科学的分割和划分，将有助于平抑波动，提高分析预测的准确性[2]；用户负荷预测的重点则在于对用户用电行为习惯的分析，并在此基础上开展预测工作。

也有研究从时间角度、空间角度、指标属性、行政级别、口径角度、环节角度以及结构角度七个维度，给出了负荷预测更为详细的分类，构成负荷预测的分类雷达图，如图13.1所示[1]。任何类型的预测问题都对应该雷达图上的一个点，图中标注出了一些常见的负荷预测类型，它们与七个属性的对应关系如表13.1所示。

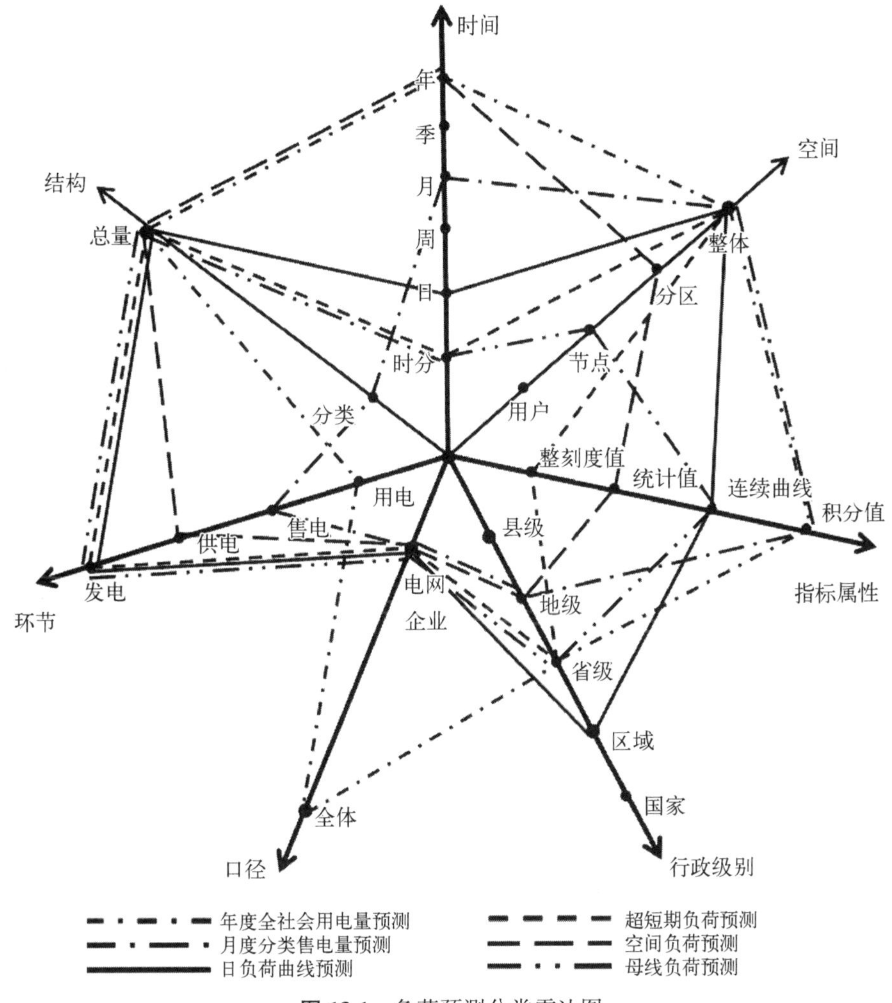

图13.1 负荷预测分类雷达图

表 13.1 常见的负荷预测类型及其与属性的对应关系

类别	时间	空间	指标属性	行政级别	口径	环节	结构
年度全社会用电量预测	年	整体	积分值	均可	全体	用电	总量
月度分类售电量预测	月	整体	统计值	均可	电网企业	售电	分类(按照电价类别划分)
日负荷曲线预测	日	整体	连续曲线	均可	电网企业	发电	总量
超短期负荷曲线预测	时分	整体	整刻度值	均可	电网企业	发电	总量
空间负荷预测	年	分区	统计/积分值	地市	电网企业	供电	总量
母线负荷预测	时分	节点	连续曲线	均可	电网企业	供电	总量

13.1.2 负荷预测一般步骤

电力系统负荷预测工作整体上可以分为以下几个步骤[1]。

1）确定预测对象

首先，根据研究的需要，确定预测内容，包括确定是电力预测还是电量预测、预测的时间跨度以及预测的范围大小等。

2）历史资料的搜集与分析处理

首先，根据所确定的预测内容的需求，收集开展负荷预测工作所需要的历史数据资料。这些资料既包括电力负荷的历史数据，同时也包括与负荷相关的其他要素的历史数据。例如，在中长期负荷预测中，往往需要经济、人口、气候等方面的相关数据。数据资料的收集要尽可能全面、系统、连贯、准确。

随后，对收集到的历史数据资料开展分析工作。由于历史数据在长期的保存过程中，很可能存在遗漏、错误等现象，因此需要通过数据处理的手段，剔除异常数据值，并对缺失的数据进行合理的补全，以便开展后期的建模预测工作。此外，若历史数据时间跨度较大，还应着重注意数据统计口径的一致性。若存在统计口径前后不一致的现象，应对数据进行合理的一致性处理，如等比例缩放等。

3）建模

在建模之前，首先应根据预测问题的特点以及历史数据的特点，开展模型的选择取舍工作。一般而言，中长期负荷预测工作由于以月度或年度为时间单位，数据量相对较少，负荷序列较为平滑，且受到经济人口等因素的影响明显，因此多采用时序外推法或相关性分析法进行建模。而短期负荷预测由于负荷序列非线性强、数据量大，且受气温影响显著，多采用诸如人工神经网络、支持向量机等人工智能算法，通过大量样本的训练来构建输入与输出之间的非线性关系，进而实现预测。此外，模型的选取还需要考虑实际数据的支撑情况。一般而言，可选择一些较为成熟的数学模型开展建模预测工作。

当确定所选模型之后，则需要开展模型参数辨识工作，根据实际数据求取模型中的参数值。为进一步判断模型的合理性，还应根据假设检验原理判断模型的显著性。若模型不够适合，则要放弃该模型，重新进行模型的选取工作。

需要注意的是，一味地追求高拟合精度，并不一定能够保证预测精度。拟合效果好只能说明模型很好地体现了历史规律，但由于事物处在不断的发展变化过程中，因此，好的拟合并不等价于好的预测。为进一步检验模型的预测能力，可通过开展虚拟预测工作来初步检验模型的预测效果。

4）预测及结果评价

所选模型检验通过后，即可开展负荷预测工作，通过所建立的模型给出预测结果。为提高结果的可信度，可同时采用多种模型并行开展预测工作，并对所得结果进行分析对比，实现综合预测。对所得到的预测结果，也可结合专家经验根据实际情况进行适度的修正调整。

13.2　负荷预测常用方法

负荷预测方法与模型的选择是负荷预测中最为核心的部分。目前国内外的预测方法主要可概括为四大类。

1. 基于时序外推的预测法

事物的发展相对于时间的推移，往往呈现出某种规律。如果能够使用数学模型来模拟该规律，并且有理由相信这种规律会延伸到未来，可以使用时序外推法。时序外推法通过数学模型对已有的负荷数据以时间为自变量进行拟合，并通过该模型预测未来的负荷值，即根据负荷序列的历史值来预测其未来值，其建模过程相对简单，应用范围广泛，适合变化规律较为明显的负荷序列预测。但时序外推法只是纯粹地从数学的角度对变化趋势进行机械延伸，无法反映出因变量与自变量之间的因果关系，往往会忽略掉大量与之相关的数据。

较为基础的时序外推预测法有动平均法、指数平滑法、生长曲线法及增长速度法等。动平均法对时间序列数据进行某种平均值计算，并以此为依据进行预测工作[3]。如一次动平均法，对特定长度的数据列进行平均并依次滑动，直至处理完所有数据样本。可取最近一期的一次动平均值作为下一期的预测值。然而，一次动平均法只有单期预测能力。二次动平均法弥补了上述不足，通过对一次动平均序列进行再次动平均实现了多期预测的功能。需要注意的是，当序列具有线性增加或减少的趋势时，采用动平均法预测会出现较大的偏差。此时，可以在动平均模型的基础上建立线性趋势模型进行预测。

指数平滑法的特点是按照“近大远小”的原则对历史序列进行加权平均，即近期数据权重大，远期数据权重小。因为从事实的角度来看，近期数据更能真实地反映出目前的变化规律，因而具有更高的参考价值。简单指数平滑法中，通过乘方关系来确定权重；而在二次指数平滑法中，通过对一次指数平滑之后的序列再次进行平滑处理。二次指数平滑法一方面解决了数据序列不能有明显变化趋势的不足，另一方面提供了多期预测的能力[4]。

生物学中，一个群体的生长往往会经历生长前期、快速增长期及生长后期三个阶段，其变化曲线称为生长曲线，多呈 S 形。与之类似，在电力系统的发展中，负荷的增长往往也要经历开始的低速增长期、中期的快速增长期以及后期的平稳发展期。因此，可以利用生长曲线来对负荷进行拟合，从而进行负荷预测工作，这就是生长曲线法。常用的生长曲线模型有简单 S 形曲线、修正指数曲线、Logistic 曲线以及 Gomperts 曲线等[5]。

增长速度法将预测目标绝对量的预测转化为预测目标增长速度相对值的预测，从变化率的角度来寻找规律，以期达到更好的预测效果。

灰色系统理论在1986年由我国邓聚龙教授提出，并成功应用于电力系统负荷预测中。灰色系统是指信息不完全的系统，如系统因素不完全明确、因果关系不完全清楚等[6]。这与电力系统中系统因素复杂多样、因果关系难以完全梳理清楚的特点相吻合。灰色系统应用于负荷预测的模型为GM(1, 1)模型，即1阶、1变量的灰色模型。其思想是，将负荷的变化过程看成是一个灰色过程，通过对原始数据序列进行累加处理，弱化其随机性，揭示出其内在的变化规律并进行建模预测。最后再对预测值进行还原，从而得到真实的预测值。GM(1, 1)模型的实质为一个类指数模型，适合较为平稳的增长序列，且要求数据量少，算法便于实现，预测精度较高。但对于波动性较大的序列预测效果不佳甚至无法建模，且长期预测误差较大。

为了弥补上述不足，不少专家学者提出了改进方法。推广梯度预测法将GM(1, 1)模型中的参数不再看作是常量，而是一个随时间变化的量，首先对参数进行预测得到其预测值，再利用该变化的参数进行建模，从而实现对预测效果的改善[7]；等维递补灰色预测通过不断地将最新的预测值加入原始数据序列并剔除最老的数据进行数据更新，实现滚动的动态预测，从而改善预测效果；灰色Verhulst模型将GM(1, 1)类指数模型改为类似于S形生长曲线的模型，更加适合具有S形发展特征的负荷预测，但首先需要确定该负荷的发展阶段。

马尔可夫预测法是基于概率论中马尔可夫链理论而诞生的预测方法，强调事物的变化过程只与事物当前的状态有关，而与其之前的状态无关，即无后效性[8]。一重链相关预测罗列出当前状态向所有可能状态转移的概率，并取其中最大概率所对应的状态作为下一时刻的预测结果。为实现多期预测，需进行马尔可夫模型预测，即确定初始状态以及状态转移矩阵，实现多期预测。但由于事物的客观发展规律很难在长时间之内保持一致，因此该方法一般只适用于有限步骤的预测。

灰色马尔可夫预测法将灰色预测法和马尔可夫预测结合起来，形成一种新的预测方法。灰色预测法强调弱化序列的随机性，并将其拟合为类指数曲线，能够反映出事物内在的整体变化规律，适合平稳序列的预测，而对波动序列预测效果不佳；马尔可夫预测法强调无后效性以及状态转移，反映了各种随机因素的影响，适合于随机波动较大的预测。因此，灰色GM(1, 1)预测可与马尔可夫预测进行互补，从而形成灰色马尔可夫模型预测法：首先利用灰色GM(1, 1)模型对已有数据进行拟合与模拟预测，并求得其与历史真实值之间的相对误差。随后，利用聚类思想，以相对误差大小进行分类，划分出若干种状态类别，再构造状态转移矩阵，并取概率最大状态作为预测结果。

2. 考虑相关因素的相关性分析预测法

相关性分析预测，强调分析找寻自变量对因变量的影响规律，进而将其运用到预测过程之中，以期达到更好的预测效果。主要分为考虑单相关因素的分析预测以及考虑多相关因素的分析预测。

1) 考虑单相关因素的预测法

考虑单相关因素的预测法主要有单因素回归分析、弹性系数法、GDP综合电耗法、人均用电量法、产业产值单耗及人均生活用电法[9]。

单因素回归分析法通过选取合适的数学模型进行拟合，并利用该模型进行预测，建模过程简单，拟合精度较好。但由于因素的选取和模型的选择往往只是一种经验上的推测，这增加了模型的不可靠性。而且考虑实际情况，往往影响预测对象的因素不止一个而是有多个，采用单因素回归分析法忽略了众多次要因素的影响，不能很好地反映出实际情况。

弹性系数法是电力行业一种经典的预测方法。弹性系数指两个变量的变化率之比，其种类繁多，最常用的是全社会用电量对国民经济指标（如 GDP）的弹性系数，称为电力弹性系数。其运用于预测时，思想是将对电量指标的直接预测转化为先预测弹性系数，再结合经济指标预测计算出电量指标预测值的间接预测。弹性系数法建模简单、实用性强，是电力行业常用的预测法，可以较好地反映出预测量与影响因素之间的关系。

GDP 综合电耗法和人均用电量法适用于全社会用电量的预测，分别通过对 GPD 综合电耗以及人均用电量的预测，并结合 GDP 及人口的预测值实现对全社会用电量的间接预测。

产业产值单耗及人均生活用电法则将总的用电量分为三产用电量及居民生活用电量分别进行预测。

最大负荷利用小时数预测法适用于最大负荷的预测。最大负荷利用小时数为年用电量与年最大负荷的比值。一般年最大负荷利用小时数的变化比较有规律，可通过对其进行预测并结合未来年份电量预测值，间接预测未来年份的最大负荷。

2）考虑多相关因素的预测法

考虑多相关因素的分析预测法主要有多元回归分析法、聚类预测法、决策树法、计量经济学法及系统动力学法等[10]。

多元回归分析法建立多个因素与预测量之间的函数关系来实现预测功能。

聚类预测法的思想是，搜集预测量及影响预测量相关因素的历史值，对由此构成的样本按照一定的标准进行分类，形成参考体系。随后将待预测时段相应因素特征与参考体系进行比较，判断其与哪个历史类最为近似，则预测时段预测量的值即与该历史类中的值具有相似的变化模式。在一般聚类的基础上，基于模糊理论引进了模糊聚类法，即用模糊数学的方法对样本进行分类，并判断预测时段的归属。

决策树法强调样本的训练，首先利用负荷影响因素历史数据，用决策树算法生成一棵决策树，并由此产生分类规则；随后依据预测年负荷影响数据，按照规则预测出负荷增长率，计算得到负荷预测值。

计量经济学法从分析国民经济循环入手，建立预测未来经济情况的预测模型，再根据经济指标与电量之间的关系进行负荷预测。

系统动力学法由 MIT 学者 Forrester 于 1961 年提出，是一门研究信息反馈系统的科学，其本质是带时滞的一阶微分方程组[11]。系统动力学是面向实际的建模方法，将人的观察分析能力与计算机的计算能力相结合，适合多因素、多变量且各因素之间相互作用关系复杂的情况。但建模难度大，参数难以确定，且时间长之后对初值较为敏感。

3. 人工智能预测法

人工智能预测法的特点是模拟人脑的学习过程，通过样本的训练拟合输入输出之间的非线性映射关系，适合应用于解决复杂多元非线性问题[12]。常用的预测方法有人工神经网络法（ANN）、支持向量机法（SVM）。

人工神经网络法起源于 McCulloch 和 Pitts 于 20 世纪 40 年代创立的神经元模型。在 Rumelhart 等提出反向传播神经网络（BPNN）后，逐渐发展成熟并应用于多个领域，试图通过模拟大脑神经网络处理、记忆信息的模式进行信息处理[13]。人工神经网络是并行分布式系统,具有巨量并行性、信息处理及存储合一性以及自适应、自组织以及实时学习功能。常用的误差逆向传播算法简单易实现,应用较多,但学习速度慢且容易陷入局部最优解。目前已经有不少专家学者提出了改进算法。

支持向量机由 Cortes 和 Vapnik 等于 1995 年首先提出。它不同于传统算法基于经验风险的原则,提出了结构风险最小化原理,具有更为出色的学习性能及适应性能,在样本容量较小的情况下性能优越,能收敛于全局最优解[14]。目前,支持向量机已成为中长期负荷预测的研究热点之一,但仍有待进一步深化。

4. 综合预测法

目前在电力系统负荷预测领域,已经有较为完善的方法体系,方法的多样性已经得到普遍的认可。然而由于负荷预测存在较多不确定因素,所以采取单一预测方法往往难以得到令人满意的结果。因此,需要选择多种方法进行预测,并进行分析比较。综合预测法由 Bates 和 Granger 首次提出以来,因其操作简单且有效,受到了普遍的重视[15]。

优选组合预测技术通常有两种含义:一种是指选用多种单一预测方法进行预测,对其预测结果通过合理的赋权形成组合模型;另一种是指在选取的几种单一预测方法中,以拟合误差最小为原则选取一种最佳预测方法。综合预测法建立在多种模型之上,通过进行优选组合给出预测结果,通常可以达到改善预测结果的目的。

13.3 智能电网环境下的负荷预测

随着智能电网建设的不断深入,我国电力系统正在逐步走出"大上大建"的粗犷型发展模式,朝着集约化、精益化的方向发展。究其根源,是我国社会正处于城市化进程快速发展的时期,经济结构开始转型,产业结构不断优化。在这样的社会新常态下,许多大城市的电力负荷也走出了"单边上扬"的快速增长模式,开始呈现出一定的饱和趋势,波动特性也更加明显。以上海为例,2001~2010 年十年间,上海市年用电量快速稳定增长,平均增速达 8.83%。而从 2011 年开始,增速明显放缓,波动性显现,2011~2014 年平均增长率仅为 1.42%,2014 年甚至罕见地出现了负增长,为-2.94%。此外,在上海市"十三五"规划中,给出的全社会用电量平均增速规划值为 3.2%,亦有明显的下降。

负荷所呈现出的波动特性与饱和趋势,一方面加大了中长期负荷预测工作的难度,另一方面也使得饱和负荷预测不再是一个远期的概念,而具有了更强的迫切性与现实意义[1,16]。为提高负荷预测工作的准确性,就必须从城市化的视角出发,总结影响电力负荷的城市化主要构成要素,分析其对电力负荷的影响机理,并通过建立关联模型实现预测工作。

13.3.1 城市化定义与特征

城市化(urbanization)是指由以农业为主的乡村社会向以工业、服务业以及高技术产业为主的城市社会转型的历史进程,其实质是资源和生产力在城乡间的重新配置[17,18]。对于城市化水平较高的大城市或特大城市,城市化进程的特征及其对电力负荷的影响主要体现在以下三个方面。

(1) 人口城市化：城市人口高度聚集并趋于饱和。人口聚集使得居民生活用电总量较大，而人口趋于饱和，也使得该部分负荷的增速放缓。

(2) 经济城市化：城市非农经济比例持续增加，产业结构优化调整。现代大型城市的出现往往是由于工业的带动。而到了城市化后期，这些城市要进行战略转型与产业结构的调整：传统高能耗重工业逐步减少或迁出，相应的用电负荷下降；而高技术产业与第三产业的发展，将带来相应用电负荷的增长。这个动态的调整过程，使得城市负荷的整体增速放缓，并且负荷呈现出明显的波动性。

(3) 地域城市化：城市空间布局逐步完善，土地功能趋于稳定。这使得电力负荷具有较为明显的区域性特征。

13.3.2　城市化主要构成要素提取

为深入分析城市化对电力负荷的影响，考虑从人口、经济以及地域这三个城市化方面提取城市化主要构成要素。综合考虑全面性与可量化性，最终筛选出16个城市化主要构成要素，如图13.2所示。

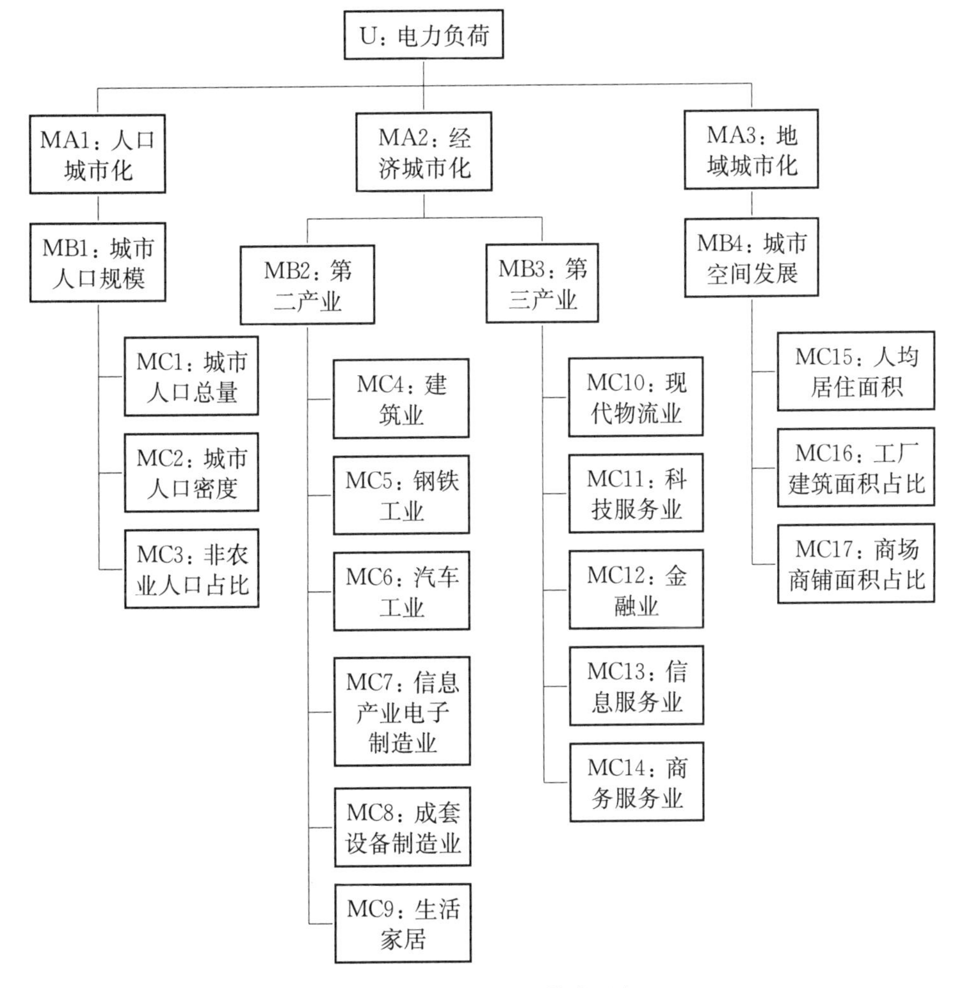

图13.2　城市化主要构成要素

13.4 基于城市化特性的中长期负荷预测

传统中长期负荷预测的方法中，时序外推法通过对已知负荷序列的拟合来实现外推预测，较为适用于规律性较强、较为平稳的负荷序列，而对于城市化背景下波动性较强的负荷序列预测效果欠佳，且难以很好地揭示影响负荷的内在因素[19]。单因素相关性分析法如弹性系数法、产值单耗法等方法，通过把握负荷与主要影响因素之间的相关关系来进行预测[15]。但该类方法仅考虑单一因素，逐渐难以适应城市化过程中影响电力负荷因素多元化的特点。如人工神经网络、支持向量机等人工智能法，通过大量样本的训练来建立输入与输出之间的非线性关系，较为适用于波动性较强序列的预测[20, 21]。但由于中长期负荷预测中样本量往往较少，该类方法难以实际应用。

已有不少研究从产业产值、GDP等角度出发开展负荷预测工作。文献[22]、[23]分别提出基于物元模型与基于数据挖掘的中长期负荷预测方法，通过归类的思想，结合各产业产值、GDP等经济指标进行预测，一定程度上体现了城市化的特性。但城市化是一个人口、经济及地域全面变化的过程，包含因素众多，对电力负荷影响各异，因此仅从经济角度出发研究电力负荷的变化规律仍稍显片面。

本节提出基于城市化特性的中长期负荷预测方法。在城市化要素提取的基础上，运用层次分析法对各主要构成要素对电力负荷的影响大小进行主观赋权。最后，利用模糊聚类分析法，结合权重，通过聚类实现预测。该方法系统地考虑了城市化进程的特点，量化其对电力负荷的影响，并在此基础上实现了考虑多城市化因素的中长期负荷预测。

13.4.1 基于城市化特性的中长期负荷预测建模思路

基于图13.2中筛选出的城市化主要构成要素，采用结合权重的模糊聚类法进行预测分析。主要建模思路是：首先运用层次分析法，对各城市化主要构成要素进行主观赋权，以反映其对电力负荷的影响大小；随后，利用模糊聚类法，将已知样本年和预测年进行聚类，并通过对聚类结果进行进一步处理来获得预测值。整体建模预测流程图如图13.3所示。

13.4.2 基于层次分析法的权重计算

层次分析(analytic hierarchy process, AHP)赋权法是一种主观赋权的方法。通过利用人的经验判断两两不同因素之间的相对重要程度，最终计算得到组合权重，实现定性到定量的转换[24]。这里，使用层次分析法，结合专家的经验来对城市化各主要构成要素对电力负荷的影响大小进行赋权。

1) 建立递阶层次结构

递阶层次结构即如图13.2所示。图中，U代表目标层，MA、MB、MC分别代表从上到下三个准则层，MC即为城市化主要构成要素。拟以上海市作为研究对象，将经济城市化中的劳动密集型产业、资本密集型产业以及先进制造业分别替换为上海市具有代表性

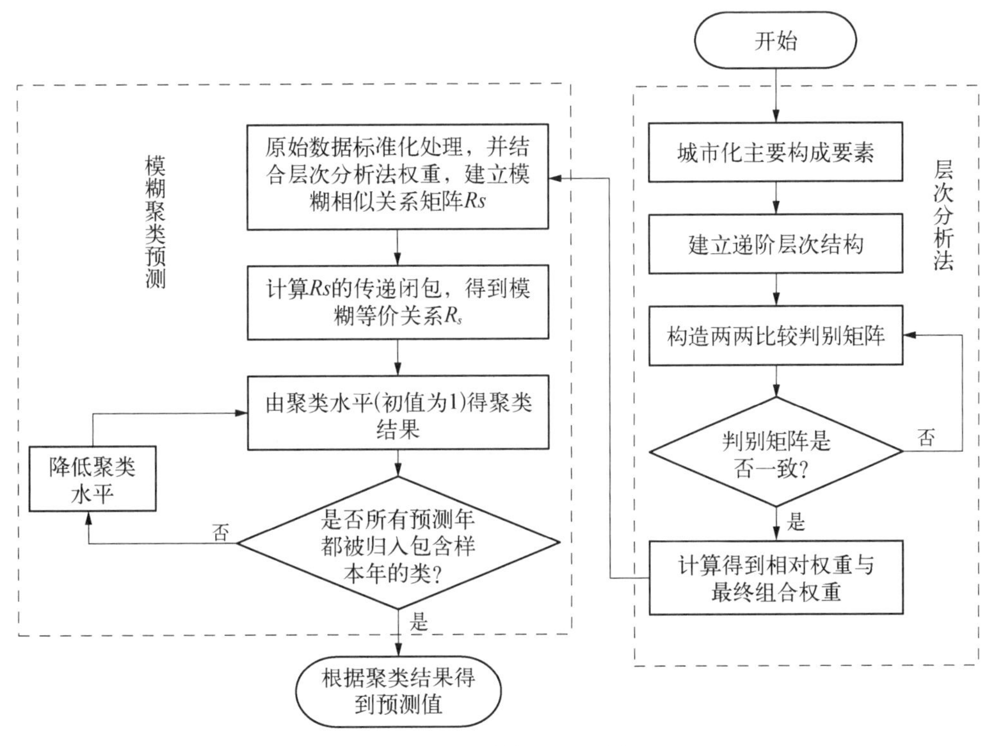

图 13.3 建模思路示意图

的钢铁工业、汽车工业以及信息产业电子制造业。在这里，由于只需要计算权重而不需要进行方案决策，所以方案层空缺。

2）构造两两比较判别矩阵

利用专家经验，判断同一层次中各因素两两间的相对重要性。设某一层次中共有 n 个要素。对其中任意两个要素 c_i 和 c_j，用 b_{ij} 表示 c_i 和 c_j 的重要程度之比。b_{ij} 的取值参照表 13.2。

表 13.2 b_{ij} 取值参照表

b_{ij}	定性描述	b_{ji}
1	c_i 与 c_j 同等重要	1
3	c_i 比 c_j 稍微重要	1/3
5	c_i 比 c_j 明显重要	1/5
7	c_i 比 c_j 强烈重要	1/7
9	c_i 比 c_j 极端重要	1/9

当 b_{ij} 取值处于上述各值之间时，其表示的相应含义也处于各个定性等级之间。于是可得到判别矩阵 $X-Y=(b_{ij})_{n\times n}$，$X-Y$ 表示 Y 中各要素相对于其上一层因素 X 构成的判别矩阵。所得 6 个判别矩阵分别为 U-MA(1-3)、MB1-MC(1-2)、MA2-MB(2-3)、MB2-MC(3-8)、MB3-MC(9-13)、MB4-MC(14-16)。

3）计算相对权重，判断各个判别矩阵一致性，并计算组合权重

判断矩阵一致性的一致性比率指标为

$$CR=\frac{CI}{RI} \tag{13.1}$$

当 CR < 0.1 时，认为判断矩阵的一致性是可以接受的，则 λ_{max} 对应的归一化特征向量可以作为该层次指标相对于上一层中某元素的排序权重向量。

其中一致性指标 CI 为

$$CI=\frac{\lambda_{max}-n}{n-1} \tag{13.2}$$

随机一致性指标 RI 可根据判别矩阵 $X-Y$ 的维数过查表可得。

最后，将某元素与其隶属的所有上层元素的权重相乘，即得到该元素相对于目标层的最终权重值。

13.4.3 基于模糊聚类分析法的中长期负荷预测

模糊聚类分析是一种基于模糊理论的聚类技术，通过确定不同对象之间的相似度进而实现聚类，体现了样本的中介性，更能反映真实世界对象往往具有的“亦此亦彼”的特点[25]。模糊聚类分析运用于中长期负荷预测，其主要思想是将已知年样本与预测年样本放在一起进行聚类。在同一类别中，用已知年份的负荷增长率来作为预测年的负荷增长率，从而实现负荷预测[26]。模糊聚类分析法可以同时考虑多个相关因素，与城市化具有众多相关因素的特征相符。

常用的模糊聚类方法有基于等价关系的模糊聚类分析法、模糊 C 均值聚类法等。基于等价关系的模糊聚类法计算速度佳，具有良好的聚类效果。

1) 原始数据标准化

设原始数据样本数为 s，影响因素数为 n，则原始数据矩阵为 $\mathbf{A}=(x_{ij})_{n\times s}$。由于不同因素的量纲与大小均不同，需对数据进行标准化处理。首先按照式(13.3)计算每一维因素的平均值与方差：

$$\bar{x}_k=\frac{1}{n}\sum_{i=1}^{n}x_{ik},\quad S_k^2=\frac{1}{n}\sum_{i=1}^{n}(x_{ik}-\bar{x}_k) \tag{13.3}$$

再按照式(13.4)对数据进行初步标准化：

$$x'_{ik}=\frac{x_{ik}-\bar{x}_k}{S_k} \tag{13.4}$$

为将数据进一步压缩至[0, 1]区间内，采用极值标准化公式

$$x''_{ik}=\frac{x'_{ik}-x'_{k\min}}{x'_{k\max}-x'_{k\min}} \tag{13.5}$$

式中，$x'_{k\max}$ 和 $x'_{k\min}$ 分别指 x'_{1k}，x'_{2k}，…，x'_{nk} 中的最大值和最小值。

2) 确定相关度，建立模糊相似关系矩阵

采用数量积法，结合各个主要构成要素的权值，计算样本间的相似度 r_{ij}。

$$r_{ij}=\frac{\sum_{k=1}^{s}(\omega_k x_{ik}\cdot\omega_k x_{jk})}{\sqrt{\sum_{k=1}^{s}(\omega_k x_{ik})^2\sum_{k=1}^{s}(\omega_k x_{jk})^2}} \tag{13.6}$$

式中，ω_k 为第 k 个主要元素所占权重，且有 $\sum_{k=1}^{s}\omega_k=1$。

依此建立模糊相似关系矩阵为 $\boldsymbol{R}_s=(r_{ij})_{s\times s}$。

3) 计算相似关系矩阵 $\boldsymbol{R}_s$ 的传递闭包 $\widetilde{\boldsymbol{R}}_s$，获取动态聚类图

传递闭包是指定义在集合上的二元关系的最小传递关系。为了求取 R_s 的传递闭包，按照式(13.7)进行合成运算：

$$\boldsymbol{R}_s^2=\boldsymbol{R}_s\circ\boldsymbol{R}_s,\quad \boldsymbol{R}_s^4=\boldsymbol{R}_s^2\circ\boldsymbol{R}_s^2,\ \cdots \tag{13.7}$$

其中，合成运算如式(13.8)：

$$\boldsymbol{C}_{m\times n}=\boldsymbol{A}_{m\times s}\circ\boldsymbol{B}_{s\times n},\quad c_{ij}=\vee\{(a_{ik}\wedge b_{kj})\mid 1\leqslant k\leqslant s\} \tag{13.8}$$

式中，$\vee$ 与 $\wedge$ 分别表示取大运算与取小运算。这样下去，必定存在正整数 l，使得 $\boldsymbol{R}_s^{2l}=\boldsymbol{R}_s^l\circ\boldsymbol{R}_s^l$。此时，$\widetilde{\boldsymbol{R}}_s=\boldsymbol{R}_s^l$ 即是 $\boldsymbol{R}_s$ 的传递闭包，是一个模糊等价关系。

13.4.4 算例分析

本节以上海市为例，搜集上海市 2001～2014 年全社会用电量数据以及 16 个城市化主要构成要素数据，并对 2011～2014 年的负荷增长率进行虚拟预测。以 2001 年作为基本年，将数据处理为相对于前一年的增长率见附表 3。首先，结合专家经验，利用层次分析法对这 16 个城市化主要构成要素对用电量的影响进行主观赋权。各个判别矩阵计算结果如表 13.3 所示。

表 13.3　各个判别矩阵计算结果

判别矩阵	CI	RI	CR	最大特征值对应的特征向量(归一化后)
U - MA(1 - 3)	0.003 9	0.58	0.006 8	$(0.223\,0,\ 0.615\,3,\ 0.161\,7)^{\mathrm{T}}$
MB1 - MC(1 - 2)	0	0	0.000 0	$(0.250\,2,\ 0.749\,8)^{\mathrm{T}}$
MA2 - MB(2 - 3)	0	0	0.000 0	$(0.400\,0,\ 0.600\,0)^{\mathrm{T}}$
MB2 - MC(3 - 8)	0.023 0	1.24	0.018 6	$(0.089\,8,\ 0.160\,5,\ 0.216\,7,\ 0.299\,1,\ 0.125\,2,\ 0.109\,3)^{\mathrm{T}}$
MB3 - MC(9 - 13)	0.007 2	1.12	0.006 4	$(0.158\,7,\ 0.153\,0,\ 0.328\,0,\ 0.153\,0,\ 0.206\,9)^{\mathrm{T}}$
MB4 - MC(14 - 16)	0.000 9	0.58	0.001 5	$(0.221\,4,\ 0.319\,1,\ 0.460\,1,\ )^{\mathrm{T}}$

从表 13.3 可以看出，表中各矩阵的 CR 均小于 0.1，各判别矩阵均满足一致性检验，其最大特征值对应的归一化特征向量可以作为相应因素的权重。各个要素相对于总目标的权重，等于该要素在自身层次中所得权重与其所有母层次所得权重的乘积。计算得到各个城市化主要构成要素的最终权重如表 13.4 所示。

表 13.4 各城市化主要构成要素对用电量影响的最终权重

要素	权重	要素	权重
MC1	0.055 8	MC9	0.058 6
MC2	0.167 3	MC10	0.056 5
MC3	0.022 1	MC11	0.121 1
MC4	0.039 5	MC12	0.056 5
MC5	0.053 2	MC13	0.076 4
MC6	0.073 6	MC14	0.035 8
MC7	0.030 8	MC15	0.051 6
MC8	0.026 9	MC16	0.074 4

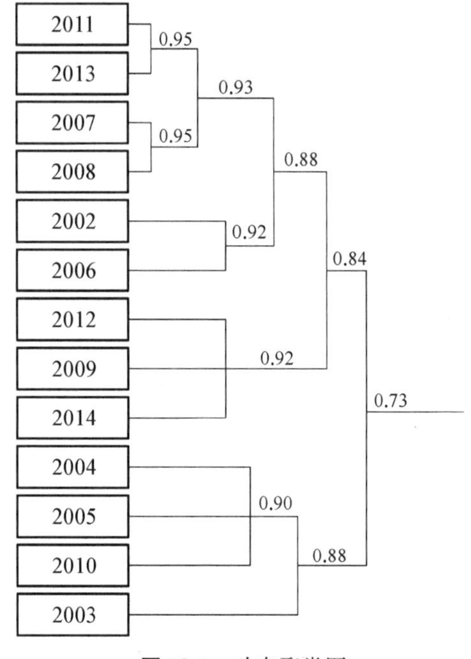

图 13.4 动态聚类图

聚类水平 $\lambda \in [0, 1]$ 表征聚类结果的置信度。λ 越接近 1，表明聚类结果中各个样本间相似度越高，聚类效果较好；反之，λ 越接近 0 则表明聚类结果中各个样本间相似度越低，聚类效果较差。计算样本相似矩阵的模糊等价矩阵见附表 4。使聚类水平 λ 从 1 到 0 连续变化，并将模糊等价矩阵中大于 λ 的元素所对应的两个对象归为一类。当 $\lambda = 1$ 时，每个对象各成一类。随着 λ 的逐渐减小，所分类别逐渐随之减少，直到所有预测年份样本均被归入包含已知年份的类别中，这样便得到了动态聚类图，如图 13.4 所示。

图 13.4 中数字表示当聚类水平降低到该值时，相应左边的对象聚为一类。当某预测年首次被归入包含已知年份的类别中时，可对这些已知年份的负荷增长率进行处理来获得同类中预测年的负荷增长率。从图 13.4 中可以看出，当聚类水平为 0.93 时，待预测的 2011 年、2013 年和样本年 2007 年、2008 年归入一类。因此，可对 2007 年、2008 年的负荷增长率进行一定处理来得到 2011 年、2013 年的预测值。同理，通过对 2009 年的负荷增长率进行处理来得到 2012 年、2014 年的负荷增长率预测值。各年份实际负荷增长率如表 13.5 所示。

表 13.5 上海市 2002～2014 年实际负荷增长率(%)

年份	实际负荷增长率	年份	实际负荷增长率
2002	8.890 5	2009	1.331 9
2003	15.527 1	2010	12.354 1
2004	10.117 0	2011	3.376 1
2005	12.238 3	2012	1.032 4
2006	7.395 0	2013	4.222 5
2007	8.304 8	2014	−2.947 0
2008	6.139 6		

传统的模糊聚类分析预测法，通过将同一类中样本年负荷增长率的平均值来作为该类中预测年的负荷增长率预测值。但这种处理方式使用了单一的负荷增长率来预测未来负荷，且无法反映负荷的整体变化趋势，难以适应城市化背景下负荷逐渐趋于饱和的情形。为此，对聚类结果使用以下两种方法进行修正。

(1) 采用“近大远小”原则对同类中各样本年进行赋权。考虑到靠近预测年的样本年，其负荷变化规律与预测年相似的可能性更高，因此赋予其较大的权重。取各样本年负荷增长率的加权平均值作为预测值。

(2) 利用小波分析法处理所有样本年构成的负荷序列。小波分析是一种信号分析处理的方法，可以将信号在频域上进行分解。对负荷序列进行小波分析，其中的基频分量可以较好地表征出负荷的整体变化趋势[27]。对提取出的基频分量进行外推预测，得到预测年的基频分量值，并利用该预测值与样本年的基频分量提取值，对“近大远小”赋权得到的预测值进行修正。某预测年修正量的大小为该年的基频分量预测值与同类中最近一年样本年的基频提取值之差，则各预测年的最终预测结果为各年对应的修正量与其所在类中“近大远小”赋权所得预测值之和。

将未考虑权重的模糊聚类预测结果、加权模糊聚类预测结果、“近大远小”修正后的预测结果以及进一步采用小波分析提取基频分量修正后的预测结果放在一起进行对比。同时，与等维递补灰色 GM(1, 1)模型、GDP 弹性系数法等传统预测方法进行对比，结果如表 13.6 所示。

表 13.6 模糊聚类预测结果及其精度对比(%)

年 份	实际负荷增长率	未考虑权重的模糊聚类预测值	加权模糊聚类预测值	“近大远小”修正后预测值	小波分析提取基频分量修正后预测值	等维递补灰色 GM(1, 1) 预测值	GDP 弹性系数法预测值
2011	3.376 1	6.139 6	7.222 2	7.005 7	6.008 9	6.987 9	4.193 2
2012	1.032 4	1.331 9	1.331 9	1.331 9	0.243 9	6.573 8	3.704 1
2013	4.222 5	6.139 6	7.222 2	7.005 7	5.303 1	6.199 2	3.272 0
2014	−2.947 0	5.454 0	1.331 9	1.331 9	−0.425 6	5.879 3	2.890 2
平均预测误差		3.345 3	2.856 1	2.747 9	1.757 2	4.989 1	3.514 9

从预测结果可以看出，相较之下灰色 GM(1, 1)模型预测精度最差，这是因为在城市化背景下，负荷序列的波动性明显加强，外推预测难以适应；GDP 弹性系数法考虑了负荷与 GDP 之间的相关关系，但在城市化发展到一定阶段时，影响负荷的因素逐渐多样化，仅从 GDP 的角度进行考虑显得过于单一，因此预测精度也不够高。

模糊聚类分析法同时考虑了多个因素，通过样本间的相似聚类实现预测，因此受负荷序列的波动性影响较小，较为适合城市化背景下的负荷预测工作；而加权模糊聚类法在此基础上，考虑了不同因素对负荷影响大小的不同，因此改善了聚类的效果，提高了预测精度。

在实现加权模糊聚类之后，考虑到用样本年负荷增长率的平均值来作为预测值存在预测结果单一、无法反映负荷整体变化趋势的不足，因此，使用“近大远小”原则以及小波分析提取样本年负荷序列基频分量的方法对结果进行修正。经过修正后的预测体系在发挥模糊聚类预测法处理波动序列优势的同时，也更好地和负荷的整体变化趋势相吻合，预测精度得到了较大的提高。

13.4.5 总结

本节提出了考虑城市化因素的中长期负荷预测方法，采用层次分析法对各主要构成要素对用电量的影响大小进行了主观赋权，并在此基础上，采用结合权重的模糊聚类分析法实现聚类预测。最后，结合上海市实际数据进行了算例分析。结论如下。

（1）相较于时序外推等通过拟合负荷序列来实现预测的方法，本节提出的方法在聚类的基础上进行预测，因此不会受到负荷序列形状的影响，与城市化发展到一定阶段时负荷序列波动性逐渐凸显、规律难以把握的特点相适应。

（2）相较于弹性系数法等考虑单相关因素的预测方法，本节提出的方法综合考虑了多个影响电力负荷的城市化要素，并在此基础上利用层次分析法对各要素进行赋权，与城市化背景下影响负荷的因素众多，且影响大小不同的特点相适应。

（3）算例结果表明，相较于时序外推法中的等维递补灰色 GM(1，1)预测法、GDP 弹性系数法以及未考虑权重的模糊聚类分析法，本节提出的方法具有一定的优势；在采用“近大远小”加权以及小波分析法提取负荷序列基频分量的方法进行结果修正之后，预测精度得到进一步提升。

13.5 基于城市化特性的饱和负荷预测

饱和负荷预测是电力规划中的重要环节，对于开展经济合理的电网建设工作意义重大。国内外针对饱和负荷预测的研究，主要可分为时序外推预测法与相关性分析预测法两大类。时序外推预测法以 Logistic[28]模型、灰色 Verhulst[29]模型为主，认为负荷随时间的增长符合 S 形生长曲线，从而根据历史负荷数据对饱和负荷进行建模外推预测。相关性分析预测法从影响负荷的相关因素出发，通过构建负荷与其相关因素之间的关联模型实现预测，常用的方法如人均用电量法、负荷密度法，通过参照负荷已达到饱和的发达国家地区的人均用电量、负荷密度，并结合研究地区在人口、地域方面的对应特征实现预测。

近年来，考虑因素更加全面、建模更加精细化的相关性分析预测法逐渐涌现，其中具有代表性的如人工神经网络模型，通过构建输入变量与输出变量之间的映射关系实现预测。文献[30]采用局部回归的神经网络算法对希腊开展长期负荷预测；文献[31]将模糊理论与人工神经网络进行结合，考虑了天气、顾客数量、人口以及经济等共计 9 个相关要素，改善了预测效果；文献[32]运用人工神经网络对日本各个电力公司开展了达到 2020 年的负荷预测工作，考虑了 GDP、GNP、人口、户数等 10 个相关要素。此外，系统动力学模型[33]通过构建负荷及其影响要素之间的定量关系来实现预测；用地仿真模型[34]按照地块功能不同从空间上对预测对象进行划分，不同类型的地块采用相应的负荷密度，从而加总获得最终饱和负荷预测结果；组合预测模型通过对多种预测方法进行有机结合，也都取得了较好的预测效果。

综上，饱和负荷预测发展迅速，预测效果不断改善，但认为在以下两个方面仍有一定的改进空间：一是在相关性分析预测中，所选取的因素多为传统的 GDP、GNP、人口等宏观指标，相对缺乏一个系统化、层次化的因素体系；二是预测思路一定程度上存在“重结果，轻分析”的现象，侧重于通过数学模型给出最终的饱和负荷预测值，而对于饱和负荷的内在构成，即哪类负荷先饱和、哪类负荷仍有较大增长空间、各自的饱和时间与饱和容量分别是多少等问题的回答稍显欠缺。而在城市化不断深化的背景下，负荷变化规律更加复杂。为提高饱和负荷预测精度，需要系统地梳理影响电力负荷的城市化要素，深入分析不同城市化侧面的电力需求状况，把握负荷变化的内在规律。

本节提出复杂城市化因素下的饱和负荷预测模型。首先利用主成分分析法，提取城市化主要构成要素的主成分，达到降维并增强数据独立性的目的。在此基础上，采用小波分析法，提取各个主成分以及负荷序列的基频分量，突出变化趋势。最后，通过对主成分与负荷基频分量的分析建模实现饱和时间与饱和容量预测。针对上海市的算例分析表明，该方法在给出预测结果的同时，较为清晰地揭示了负荷的饱和点及未来的增长点。

13.5.1 基于城市化特性的饱和负荷预测建模思路

基于图 13.2 中提取出的城市化主要构成要素，开展复杂城市化因素下的饱和负荷预测工作，主要分为数据处理与建模预测两大部分。

首先对原始数据进行分析处理，使用主成分分析法提取城市化要素主成分，降低数据维数，增强数据独立性；使用小波分析法提取负荷序列以及各个主成分的基频分量来凸显变化趋势。在此基础上进一步开展建模预测工作，通过分析各个主成分的变化规律并建立其与电力负荷间的关联模型，从而实现饱和时间与饱和容量的预测，并由此分析饱和负荷的机理与构成。整个建模流程如图 13.5 所示。本章中，“其余主成分”指提取出的除第一主成分外的所有主成分。

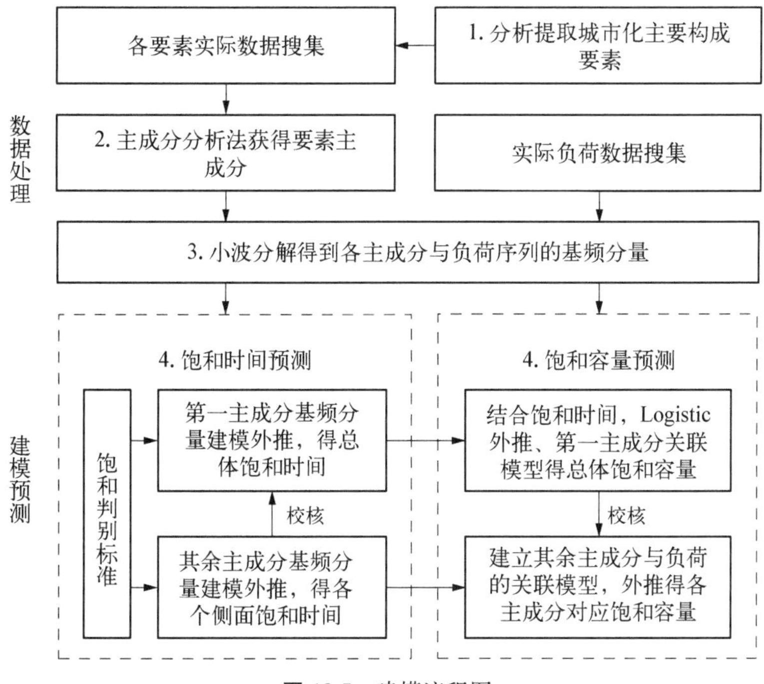

图 13.5　建模流程图

13.5.2 城市化要素主成分提取

城市化主要构成要素涵盖人口、经济、地域三个方面，数量众多，且相互之间往往关联性较强，给直接分析建模带来一定困难。为此，采用主成分分析法对构成要素的实际数据进行处理，在尽可能保留原始信息的前提下，达到减少数据维数、增强数据间的独立性的目的，为进一步的分析建模提供方便。

主成分分析(principal component analysis，PCA)法是多元统计学中一种常用的降维方法，其基本思想是用较少的几个不相关的新变量代替原有较多的相关联变量，并且新变量为原有变量的线性组合，获得的新变量即被称为主成分。目前，主成分分析法已广泛应用于综合评价、状态估计、信号处理等多个领域[35]。主成分分析法的主要步骤如下。

(1) 原始数据的标准化。设由城市化要素数据构成的数据矩阵为 $\boldsymbol{X}=(x_{ij})_{m\times n}$，其中 m 表示数据的长度，n 表示要素的个数。对数据进行标准化

$$z_{ij}=\frac{x_{ij}-\bar{x}_j}{\bar{s}_j} \tag{13.9}$$

式中，$\bar{x}_j=\frac{1}{n}\sum_{i=1}^{n}x_{ij}$、$\bar{x}_j=\frac{1}{n}\sum_{i=1}^{m}x_{ij}$ 分别表示第 j 个要素的均值与方差。

(2) 建立相关系数矩阵。计算相似度的方法较多，这里采用数量积法计算各个主要构成要素间的相关系数，如式(13.10)：

$$r_{ij}=\frac{\sum_{k=1}^{m}x_{ik}x_{jk}}{\sqrt{\sum_{k=1}^{m}x_{ik}^2\sum_{k=1}^{m}x_{jk}^2}} \tag{13.10}$$

形成相关系数矩阵 $\boldsymbol{R}=(r_{ij})_{n\times n}$。

(3) 求取相关系数矩阵特征值，选取主成分。可以证明，相关系数矩阵的特征值表征主成分所对应信息量的大小。因此，在减少数据维数的同时，尽可能保留信息量，计算相关系数矩阵的正特征值，并从大到小排列为

$$\lambda_1>\lambda_2>\cdots>\lambda_m \tag{13.11}$$

定义前 $p(p<m)$ 个主成分累积方差贡献率 ρ 为

$$\rho=\sum_{i}^{p}\lambda_i\Big/\sum_{j}^{n}\lambda_j \tag{13.12}$$

一般认为，若 ρ 达到70%～90%，则可取前 p 个主成分来代替原有的 n 个指标。

13.5.3 主成分与负荷序列基频分量提取

饱和负荷是指一个地区发展到一定阶段时，受人口、资源、环境等因素的制约，电力负荷达到增速放缓甚至停止增长的状态，具有宏观性。因此，在开展饱和负荷预测工作时，关注的重点在于负荷序列及其影响因素的总体变化趋势，而不是短时期内的波动，即关注

的是“本质的饱和”，而不是“偶然的饱和”。

小波变换(wavelet transform, WT)是一种时频信号分析方法，可将信号分解为不同频率尺度上的子序列，从而分别进行分析。采用小波变换处理负荷序列及主成分序列，其提取出的基频分量剔除了波动性的影响，较好地凸显出了变化趋势，便于进一步开展分析建模工作。

信号 $x(t)$ 的连续小波变换定义为

$$\mathrm{WT}_x(a,\ \tau)=\frac{1}{\sqrt{|a|}}\int x(t)\ \hat{\Psi}\left(\frac{t-\tau}{a}\right)\mathrm{d}t \tag{13.13}$$

式中，a 为尺度因子；τ 为平移因子；$\hat{\Psi}(w)$ 为母小波函数 $\Psi(t)$ 的傅里叶变换，其要满足容许性条件

$$\int_{-\infty}^{\infty}\frac{|\hat{\Psi}(w)|^2}{|w|}\mathrm{d}w=C_{\Psi}<+\infty \tag{13.14}$$

此时，可由信号的小波变换恢复出原始信号。

在实际应用中，数据列往往是离散形式，如 $x(k\Delta t)$，则变为连续形式为

$$\mathrm{WT}_x(a,\ \tau)=\frac{1}{\sqrt{|a|}}\Delta t\ \sum_k x(k\Delta t)\ \hat{\Psi}\left(\frac{k\Delta t-\tau}{a}\right) \tag{13.15}$$

这里，利用式(13.15)对负荷序列以及提取出的主成分序列进行三层小波分解，保留其基频分量。

13.5.4 饱和负荷预测实现

基于提取出的负荷序列及城市化要素主成分的基频分量，建模实现复杂城市化因素下的饱和负荷预测工作。预测内容主要分为饱和时间预测及饱和容量预测两部分。

1. 饱和时间预测

对于饱和时间预测，从电力需求侧出发，以电力需求饱和的时间作为负荷的饱和时间，采用城市化要素第一主成分基频分量建模外推为主，其余主成分基频分量建模外推进行辅助校核的方式开展。

从人口、经济、地域三个方面提取出的城市化主要构成要素，涵盖了导致电力需求增长的主要因素，是拉动负荷增长的原动力。因此，当这些城市化要素总体趋于饱和时，意味着电力需求增长的动力趋于枯竭。此时，有理由认为电力负荷已开始进入饱和时期。而第一主成分往往包含了最大的信息量，在各要素上系数分布均匀，正是代表着这些要素的整体变化规律。因此，对第一主成分进行建模外推，并结合饱和判别标准得到其饱和时间，则认为该时间点即为城市总体负荷进入饱和的时间。

对其余各个主成分分别开展同样的工作，也具有重要的意义。其余各个主成分从不同侧面反映出城市化要素的变化规律，对其分别进行建模外推并预测饱和时间，可以进一步了解城市化各个方面电力负荷的饱和情况，并对由第一主成分预测得到的总体饱和时间进行佐证。关于饱和判别标准，国内外学者开展了不少的研究，但尚未达成较为一致的

观点。在本章中采取的判别标准为：当主成分基频分量首次递减至2%及以下时，认为该主成分对应的电力负荷达到饱和。

2. 饱和容量预测

在饱和时间预测的基础上，通过建立其余各个主成分基频分量与电力负荷基频分量之间的关联模型，进一步开展饱和容量预测。

虽然第一主成分代表了城市化要素总体的变化规律，然而如果直接构建第一主成分基频分量与电力负荷基频分量间的二元关联模型来实现预测，则仅仅能得到一个总体饱和值，难以从中进一步获得城市化不同方面的饱和容量。因此，将其作为一种校核手段，而非主要预测方式。由前面分析可知，其余各个主成分恰恰能够体现出城市化不同侧面的变化规律。因此，分别构建其余各个主成分与电力负荷基频分量间的关联模型，并计算关联度，可以得到城市化不同侧面各自的饱和负荷值。将其进行加总，可获得城市整体饱和容量。其中，关联度的获取采取主客观结合的方法，客观关联度来自主成分分析法中各个主成分对应的特征值，主观关联度来自专家经验。由于所提取的各个主成分相互间具有不相关性，也有利于分别开展建模工作。

最后，采用 Logistic 模型对负荷序列直接进行建模外推，并结合饱和时间预测获得总体饱和容量，对关联模型预测结果进行对比校核。

13.5.5 算例分析

以上海市为例，开展复杂城市化因素下的饱和负荷预测工作。

(1) 以 2001～2014 年为样本年，搜集图 13.2 中所提取出的城市化主要构成要素实际数据，并将其处理为相对于前一年的增长率，见附表 1。

(2) 利用式(13.9)、式(13.10)，计算得 16 个城市化主要构成要素形成的相似矩阵 $\boldsymbol{R}$，并计算其特征值，将大于 1 的特征值[36]从大到小排列为

$$7.162 > 2.941 > 1.634 > 1.337 > 1.067$$

这五个特征值的累积方差贡献率为

$$\frac{14.141}{16} \times 100\% = 88.38\% > 85\%$$

因此，可以使用这五个特征值对应的五个主成分来替代原有的 16 个城市化主要构成要素，较大程度地降低了数据的维数，增强了数据间的独立性，并保留了原有 16 组数据信息量的 88.38%。

五个主成分各自对应的特征向量，也即对应于 16 个主要构成要素的载荷系数如表 13.7 所示。

表 13.7 各个主成分的载荷系数

序 号	第一主成分 F1	第二主成分 F2	第三主成分 F3	第四主成分 F4	第五主成分 F5
城市人口规模	0.181 6	0.205 8	0.418 5	−0.067 5	0.296 6
非农人口占比	0.311 3	−0.142 3	0.321 9	−0.028 5	0.051 3
建筑业	0.293 3	0.207 0	−0.077 4	0.183 7	0.007 7

续　表

序　号	第一主成分 F1	第二主成分 F2	第三主成分 F3	第四主成分 F4	第五主成分 F5
钢铁工业	0.268 3	0.337 2	0.110 8	−0.129 7	−0.359 2
汽车工业	−0.066 9	0.475 2	−0.078 2	0.074 4	0.191 7
信息产业电子制造	0.310 1	0.263 0	0.007 0	−0.170 4	−0.135 5
成套设备制造	0.306 8	0.230 9	0.169 0	−0.082 2	−0.014 5
生活家居	0.162 5	−0.043 7	0.039 9	−0.747 2	0.092 0
现代物流业	0.284 4	−0.242 0	0.126 7	0.003 5	−0.098 7
科技服务业	0.285 9	−0.305 0	0.014 1	0.301 8	0.116 2
金融业	−0.166 3	0.129 5	0.202 4	0.517 1	0.270 8
信息服务业	0.312 8	−0.189 5	−0.050 1	−0.023 4	0.006 8
商务服务业	0.288 8	−0.282 8	0.054 0	0.272 4	0.164 6
人均居住面积	0.293 0	0.134 1	−0.379 4	0.122 8	0.351 0
工厂建筑面积占比	0.090 1	0.168 5	0.158 0	0.270 7	0.526 6
商场商铺面积占比	0.160 3	−0.105 6	−0.458 4	−0.051 9	0.265 3

利用表 13.7，结合实际增长率数据得到五个主成分变化曲线，如图 13.6 所示。

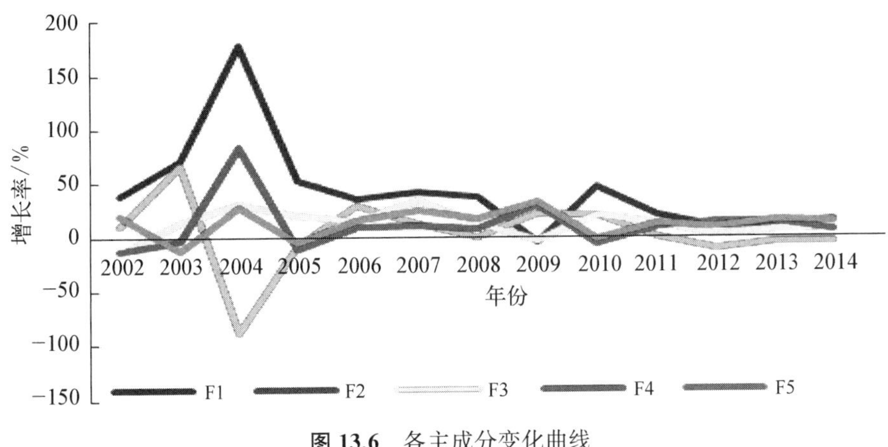

图 13.6　各主成分变化曲线

从图 13.6 中可以看出，各个主成分随着时间的推移，由明显的波动逐步趋于平稳，且部分已趋近于 0。由于这五个主成分源自 16 个城市化构成要素的增长率，反映着不同侧面电力需求的增速变化。因此，它们从波动状态逐步趋于平稳，意味着各方面的电力需求经过了深刻的变化调整已逐步趋于稳定。部分趋于 0，则意味着某些方面的电力需求已趋于饱和。

主成分的实质是各个要素的线性组合，因此其实际含义是模糊的。然而通过表 13.7 的载荷系数，仍可以大致判断主成分所反映的侧重点[37]。第一主成分除与金融业、汽车工业呈现负相关之外，在其余各个要素上的载荷系数多处于 0.15～0.3，分布均匀，因此反映 16 个城市化主要构成要素总体的变化规律。第二主成分主要与钢铁工业、汽车工业、信息产业电子制造业、成套设备制造业正相关，侧重反映工业领域的变化趋势。同样，从载荷系数可以看出，第三、四、五主成分分别侧重于反映人口、金融科技等服务业以及城市空间建设情况。

(3) 利用小波变换提取各个主成分的基频分量见附表 5,绘制曲线如图 13.7 所示。

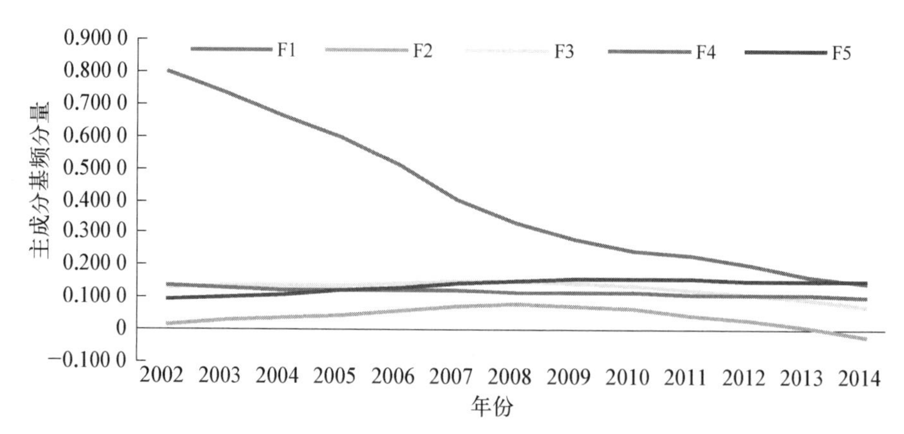

图 13.7 各主成分基频分量变化曲线(后附彩图)

从图 13.7 中可以看出,第一主成分基频分量具有明显的下降趋势,且逐步趋于平稳;第二主成分基频分量先升后降,在 2013 年已降为负值;第三、四、五主成分基频分量相对较为稳定,位于 10%上下,但具体变化规律仍有不同。第三主成分基频分量在经历了 2002~2009 年的稳步增长后,于 2010 年左右增速开始放缓;第四与第五主成分基频分量近十几年来保持稳步快速增长。

(4) 结合前面所给饱和标准可知,第二主成分于 2011 年其基频分量增速已降至 1.152 8%,已达到饱和,因此不再对其进行预测。对提取出的其余四个主成分进行最优拟合建模,并外推预测饱和时间点,结果如表 13.8 所示。

表 13.8 饱和时间预测

主成分	拟合结果	饱和时间/年	饱和增速/%
F1	$y = 99.282e^{-0.149x}$	2028	1.777 1
F3	$y = -0.132\,2x^2 + 1.419\,5x + 11.187$	2017	0.055 8
F4	$y = -0.249\,6x + 13.528$	2048	1.796 8
F5	$y = -0.083\,1x^2 + 1.668\,9x + 7.294\,2$	2024	1.719 0

从表 13.8 结果可以看出,由第一主成分得到上海市整体饱和时间为 2028 年。由其余四个主成分得到各个侧面的饱和时间分别为 2011 年、2017 年、2024 年、2048 年,说明在 2028 年时虽然仍存在负荷增长点,但总体负荷已达到饱和,可初步判断 2028 年的饱和时间预测结果合理。

(5) 上海市实际负荷及其基频分量见附表 6。分别以其余各个主成分基频分量为自变量,以电力负荷基频分量为因变量构建回归模型实现饱和容量预测,并通过第一主成分关联模型、Logistic 外推模型对该结果进行校核,如表 13.9 所示。其中,由于第二主成分已于 2011 年进入饱和,因此其对应饱和容量不再需要建模预测,只需将 2011 年实际负荷与第二主成分关联度相乘即得其饱和容量。

表 13.9　饱和时间预测

对　象	模　型	关联度	饱和容量/(亿 kW・h)
F2	—	0.503 8	674.874 1
F3	$-0.064\,30x^3+0.037\,96x^2+1\,463.529$	0.098 6	166.448 4
F4	$-68.419\,5x+2\,137.334\,3$	0.440 3	886.939 5
F5	$8\,434.042\,6\mathrm{e}^{-0.117\,7x}$	0.051 4	183.681 6
F1	$0.195\,1x^2-30.155\,2x+1\,881.603\,4$	—	1 828.630 7
Logistic	$\dfrac{1}{0+0.000\,772\,5\times 0.979\,2^x}$	—	1 889.801 7

从表 13.9 可以看出，通过其余各个主成分建立关联模型加总得到的总体饱和值约 1 911亿 kW・h，与通过第一主成分关联模型预测得到的 1 828 亿 kW・h 以及 Logistic 外推模型得到的 1 889 亿 kW・h 相近。

进一步分析以上结果可知，最先达到饱和的是第二主成分，饱和时间为 2011 年，对应饱和容量为 674.874 1 亿 kW・h。第二主成分侧重反映工业领域，说明上海市工业负荷已基本达到饱和，与上海市近年来大力开展产业结构调整与节能减排、传统高能耗工业逐步迁出密切相关。最晚达到饱和的为第四主成分，饱和时间为 2048 年，饱和容量为 886. 939 5 亿 kW・h。第四主成分主要反映金融科技等服务业，说明金融科技服务业等第三产业将成为上海市未来主要的负荷增长点，与上海市产业结构转型方向及其国际金融中心的定位相符。近年来上海市服务业发展势头强劲，产值占比逐年提高，且仍有很大的发展空间。随着互联网、云计算、大数据等概念的兴起，上海市正在开展大规模的计算中心建设，这也将成为上海市第三产业负荷长期稳步增长的重要组成部分。此外，侧重反映人口的第三主成分将于 2017 年饱和，体现出上海市目前紧缩的人口控制政策；侧重反映城市建设的第五主成分将于 2024 年饱和，说明上海市的产业聚集与土地功能转换将继续在一定时期内保持活跃。

(6) 为进一步验证预测结果的合理性，结合文献[38]及国际能源署数据，整理部分发达国家人均用电量如表 13.10 所示。

表 13.10　部分发达国家人均年用电量　(单位：kW・h)

国　家	1990 年	2000 年	2002 年	2013 年
加拿大	16 106	16 986	16 939	17 119
美　国	11 717	13 668	13 228	13 791
澳　洲	7 570	10 035	10 502	10 767
日　本	6 671	8 103	8 220	8 208
法　国	6 136	7 493	7 367	7 949
意大利	4 146	5 231	5 447	5 511
英　国	5 327	6 135	6 159	5 827

从表 13.10 可以看到，以上发达国家自 2002 年起，人均用电量已基本达到饱和。其中，加拿大、美国、澳洲由于资源丰富、人口密度较低，人均用电水平较高，对我国参考价值

有限。其余国家人均饱和用电量在6 000～8 000 kW·h。日本在人口密度及城市发展状况等方面与上海较为相似，因此将其作为主要参照。

根据本章预测结果，上海市全社会用电量饱和值为1 911亿kW·h，饱和时间为2028年。由于上海严格控制人口总量不超过2 500万人，则按照该值计算得上海市人均饱和用电量为7 644 kW·h，与日本等发达国家相仿。此外，文献[39]和[40]结合发达国家电力饱和特征与我国国情，提出人均年用电量>7 500 kW·h、|常住人口增长率|<0.8%、|电量持续增长率|<2%等饱和判据，也均支持本章预测结果。

从官方分析规划的角度看，根据上海市电力公司的预测，"十三五"期间上海市用电量年均增速约为3.2%，2020年将达到1 670亿kW·h。《中国能源报》[41]分析指出，2020～2030年，我国用电量年均增速预计为2.5%，饱和时间在2035～2040年。参照该增速，结合上海电力公司预测值计算得2028年上海市用电量为2 034亿kW·h，与本章预测结果相近。考虑上海市经济社会发展具有超前性，负荷增长空间相对更小，因此实际饱和容量应低于2 034亿kW·h，饱和时间也将早于全国水平，更为接近本章预测结果。该分析还指出，我国人均用电量饱和值约为7 500 kW·h，并最终稳定在8 000 kW·h左右，也与本章预测结果较为一致。

13.5.6 总结

在城市化发展迅速，部分大城市电力负荷增速放缓甚至出现饱和趋势的背景下，本节提出了复杂城市化因素下的饱和负荷预测模型。主要结论如下。

(1) 通过主成分分析与小波分析，将16个城市化主要构成要素提炼为具有低维数、高独立性、变化趋势清晰的主成分及其基频分量，较好地解决了影响电力负荷因素多、影响机理复杂所带来的分析困难。在此基础上，通过构建主成分与电力负荷间的关联模型实现预测，在给出饱和时间与饱和容量预测值的同时，可清楚地看到城市化不同侧面对电力负荷的影响，凸显出饱和负荷的内在构成。

(2) 上海市整体负荷饱和时间约为2028年，饱和容量约为1 911亿kW·h。导致上海市负荷饱和的主要因素是工业与人口，未来主要的负荷增长点在于金融科技服务业等第三产业。结合发达国家负荷饱和经验以及上海市相关电力分析规划，验证了预测结果的合理性。

参考文献

[1] 康重庆，夏清，刘梅.电力系统负荷预测[M].北京：中国电力出版，2007.

[2] 童星，康重庆，陈启鑫，等.虚拟母线技术及其应用(二)：虚拟母线负荷预测[J].中国电机工程学报，2014，34(7)：1132-1139.

[3] 陈伟，吴耀武，娄素华，等.基于累积式自回归动平均法和反向传播神经网络的短期负荷预测模型[J].电网技术，2007，31(3)：73-76.

[4] 陈娟，吉培荣，卢丰.指数平滑法及其在负荷预测中的应用[J].三峡大学学报：自然科学版，2010，32(3)：37-41.

[5] 王吉权，赵玉林.生长曲线在电力负荷预测中的应用[J].电网技术，2004，28(22)：36-39.

[6] 韩红彩.灰色系统预测的研究与分析[J].中国科技信息，2010，(14)：29-30.

[7] 李彩虹.两类组合预测方法的研究及应用[D].兰州：兰州大学博士学位论文,2012.

[8] Gan X, Duan M J, Cong W, et al. Research on flight mishap 10000-hour-rate prediction method based on Markov chain [J]. Energy Procedia, 2011,11: 5023 - 5027.

[9] 王白玲.电力负荷组合预测的理论方法及影响因素分析[D].北京：华北电力大学硕士学位论文,2005.

[10] 陈贝.电力系统中长期负荷预测方法研究[D].上海：上海交通大学硕士学位论文,2009.

[11] Nuhoğlu H, Nuhoğlu M. System dynamics approach in science and technology education[J]. Journal of Turkish Science Education, 2007, 42(2): 91 - 108.

[12] 冯丽.数据挖掘和人工智能理论在短期电力负荷预测中的应用研究[D].杭州：浙江大学硕士学位论文,2005.

[13] Kang S, Cho S. Approximating support vector machine with artificial neural network for fast prediction[J]. Expert Systems with Applications, 2014, 41(10): 4989 - 4995.

[14] Yuan Y. Forecasting the movement direction of exchange rate with polynomial smooth support vector machine[J]. Mathematical and Computer Modelling, 2013, 57(3 - 4): 932 - 944.

[15] 袁铁江,袁建党,晁勤,等.电力系统中长期负荷预测综合模型研究[J].电力系统保护与控制,2012,(14): 143 - 146.

[16] 肖欣,周渝慧,张宁,等.城市电力饱和负荷分析技术及其应用研究综述[J].电力自动化设备,2014,34(6): 146 - 152.

[17] Yusuf S, Saich T. China Urbanizes: Consequences, Strategies, and Policies[M]. World Bank Publications, 2008.

[18] 方创琳,王德利.中国城市化发展质量的综合测度与提升路径[J].地理研究,2011,30(11): 1931 - 1946.

[19] 王伟,房婷婷.人均用电量法在区域饱和负荷预测中的应用研究[J].电力需求侧管理,2012,(1): 21 - 23.

[20] Carpinteiro O A S, Leme R C, de Souza A C Z, et al. Long-term load forecasting via a hierarchical neural model with time integrators[J]. Electric Power Systems Research, 2007, 77(3): 371 - 378.

[21] 李瑾,刘金朋,王建军.采用支持向量机和模拟退火算法的中长期负荷预测方法[J].中国电机工程学报,2011,31(16): 63 - 66.

[22] 顾洁.基于物元模型的电力系统中长期负荷预测[J].电力系统及其自动化学报,2004,16(6): 68 - 71.

[23] 崔旻,顾洁.基于数据挖掘的电力系统中长期负荷预测新方法[J].电力自动化设备,2004,24(6): 18 - 21.

[24] 周潆,任海军,李健,等.层次结构下的中长期电力负荷变权组合预测方法[J].中国电机工程学报,2010,(16): 47 - 52.

[25] 严骏.模糊聚类算法应用研究[D].杭州：浙江大学硕士学位论文,2006.

[26] 伍力,吴捷,叶军.负荷中长期预测中一种改进的模糊聚类算法[J].电网技术,2000,24(1): 36 - 38.

[27] 邰能灵,侯志俭,李涛,等.基于小波分析的电力系统短期负荷预测方法[J].中国电机工程学报,2003,23(1): 46 - 51.

[28] Jia Y, Li S, Tan Y, et al. Improved parametric estimation of logistic model for saturated load forecast [C]//Power and Energy Engineering Conference (APPEEC). Thailand, 2012 Asia-Pacific. IEEE. 2012: 1 - 4.

[29] Zhou D Q. Application of improved gray verhulst model in middle and long term load forecasting

[J]. Power System Technology, 2009,33(18): 124 - 127.

[30] Barbounis T G, Theocharis J B, Alexiadis M C, et al. Long-term wind speed and power forecasting using local recurrent neural network models [J]. IEEE Transactions on Energy Conversion, 2006, 21(1): 273 - 284.

[31] Daneshi H, Shahidehpour M, Choobbari A L. Long-term load forecasting in electricity market [C]//IEEE International Conference on Electro/Information Technology, Ames, 2008: 395 - 400.

[32] Kermanshahi B, Iwamiya H. Up to year 2020 load forecasting using neural nets[J]. International Journal of Electrical Power & Energy Systems, 2002, 24(9): 789 - 797.

[33] 王芳东,林韩,李传栋,等.基于经济曲线饱和态势分析的饱和负荷宏观预测研究[J].华东电力,2010,38(10): 1485 - 1490.

[34] 梁锦照,夏清.基于标量场分析的远景负荷预测新方法[J].电力系统自动化,2009,33(17): 91 - 95.

[35] 林海明,杜子芳.主成分分析综合评价应该注意的问题[J].统计研究,2013,30(8): 25 - 31.

[36] 齐敏芳,付忠广,景源,等.基于信息熵与主成分分析的火电机组综合评价方法[J].中国电机工程学报,2013,33(2): 58 - 64.

[37] Abdi H, Williams L J. Principal component analysis [J]. Wiley Interdisciplinary Reviews: Computational Statistics, 2010, 2(4): 433 - 459.

[38] 何永秀,吴良器,戴爱英,等.基于系统动力学与计量经济模型的城市饱和负荷综合预测方法[J].电力需求侧管理,2010,12(1): 21 - 25.

[39] 刘杰锋.饱和负荷分析技术及应用研究[D].上海: 上海交通大学硕士学位论文,2014.

[40] 肖远兵,程浩忠,张晶晶.城市饱和负荷预测方法及判据研究[J].电力与能源,2015,36(4): 459 - 463.

[41] 张卫东."十三五"用电将维持中速增长[N].中国能源报,2015 - 06 - 29(5).

第14章

不确定条件下智能电网源-网-荷协调规划

14.1 概述

传统电力系统中电源规划的任务是确定新建发电机组的投资时间、新增容量、投资机组的类型以及配置位置，在满足系统负荷需求和各种技术经济指标的约束条件下，使规划周期内电力系统实现安全、可靠、经济运行。从数学建模的角度看，一个电源规划问题通常可以表述为多阶段、多目标的混合整数(非)线性规划模型。智能电网环境下，将有众多的先进技术应用到电力系统中，如大规模间歇性能源并网、电动汽车随机充放电、分布式电源的接入等，必将对系统的规划、运行与控制产生不同程度的影响[1]。考虑到新技术应用过程中电力系统面临的不确定性因素的挑战，本章提出一种基于鲁棒优化方法的智能电网电源规划模型，分析在不确定因素影响的情况下，如何获得一个优化、鲁棒、可行的规划方案。鲁棒优化方法在对含不确定因素的电源规划问题建模时，能够使建立的数学模型具有可解性，特别是在不确定参数信息缺失的情况下。

14.2 不确定因素分析

智能电网中电源规划面临的不确定因素包括老化的电力系统元件和设备、可再生能源机组的发电特性、新的智能电网先进技术、低碳经济环境下的负荷增长方式等。新环境下的电源规划问题相对于传统电源规划模式，面临更多、更复杂的不确定的因素，使得常规的电源规划模型和方法难以适应未来电网对规划方案鲁棒性与经济性的要求。针对传统电源规划方法和模型的不足，国内外学者在不确定因素建模方面开展了大量的研究工作。常用的不确定因素的建模方法主要有概率统计法和蒙特卡罗仿真法两类。概率统计法是根据不确定因素样本观测数据的特征，将其抽象成概率函数的一种建模方法[2,3]；而蒙特卡罗仿真法是一种将不确定因素进行多场景模拟的数值仿真方法[4]。两者相比较可以发现，前者通过获得的概率特征函数在计算分析上具有较强的可操作性，后者在规划建模过程中，需要对每一个场景进行优化计算，当场景模拟数量过多时，求解极其困难。

随着智能电网的建设与发展不断深化，众多新技术尚在试点阶段中，获取相关的运行数据往往较为困难，并且有时面临着统计数据不完整、可用性较低等问题。如何从数学的角度刻画在信息缺失情况下的不确定因素特性，是电源规划研究新的挑战[5,6]。对此，文献[7]提出了一种基于鲁棒优化方法的两阶段电源扩展规划方法，针对系统中不确定的负荷预测和运维成本，以鲁棒集合的形式对不确定因素进行数学建模，获得了具有可解的确定性的混合整数优化模型，用于表述含不确定参数的原问题。

一般说来，对于任何一种处理不确定因素的建模方法，其基本解决问题的思路大多是将不确定问题通过某种方式转换为相应的确定性问题进行分析研究。本章沿用此类不确定因素的建模思路，结合鲁棒优化方法的特点，研究不确定因素影响下的电源规划模型，以此反映智能电网技术对电源规划带来的影响。

14.3 不确定条件下规划模型

本节提出了一个多阶段多目标的电源规划的确定性模型，以规划成本和运行成本最小化为目标准则，兼顾系统对可靠性以及环保性的要求，同时满足系统和发电机组日常运行的约束条件。各子目标函数的数学形式如下。

(1) 投资成本

$$C_1=\sum_{t=1}^{T}(1+r)^{-t}\sum_{s=1}^{S}a_{ts}x_{ts} \tag{14.1}$$

式中，r 表示折现率；a_{ts}表示 t 时刻新建机组 s 的单位投资成本，美元/MW；x_{ts}表示 t 时刻新建机组 s 的规划容量，MW；T 表示规划周期。

(2) 运行和维护成本

$$C_2=\sum_{t=1}^{T}(1+r)^{-t}\sum_{s=1}^{S}m_{ts}x_{ts}+\sum_{t=1}^{T}(1+r)^{-t}\sum_{k=1}^{K}g_{tk}q_{tk} \tag{14.2}$$

式中，m_{ts}和 g_{tk} 分别表示 t 时刻新建机组 s 和原有机组 k 的单位运行维护成本，美元/MW；q_{tk}表示 t 时刻原有机组 k 的装机容量，MW。

(3) 发电成本

$$C_3=\sum_{t=1}^{T}(1+r)^{-t}\sum_{s=1}^{S}e_{ts}f_{ts}+\sum_{t=1}^{T}(1+r)^{-t}\sum_{k=1}^{K}b_{tk}d_{tk} \tag{14.3}$$

式中，e_{ts}和b_{tk}分别表示t 时刻新建机组s 和原有机组k 的发电输出功率，MW；f_{ts}和d_{tk}分别表示t 时刻新建机组s 和原有机组k 的单位发电成本，美元/MW。

智能电网中，考虑到需求响应技术参与电力市场主能量、辅助服务交易的影响，其产

生的效果表现为节约系统总的发电容量，并具有降低未来规划中系统装机容量的潜在优势。式(14.3)可以进一步写成

$$C_3=\Big[\sum_{t=1}^{T}(1+r)^{-t}\sum_{s=1}^{S}e_{ts}f_{ts}+\sum_{t=1}^{T}(1+r)^{-t}\sum_{k=1}^{K}b_{tk}d_{tk}\Big]-p_t h_t b_t \tag{14.4}$$

$$b_t=\sum_{k=1}^{K}b_{tk}+\sum_{s=1}^{S}e_{ts} \tag{14.5}$$

式中，p_t表示需求响应技术对节约系统装机容量的比例；h_t表示减少系统单位装机容量获得的经济效益，美元/MW。

(4) 可靠性成本。可靠性是保证电力系统安全稳定运行的基础。电源规划模型中定义可靠性成本的数学形式为

$$C_4=\sum_{t=1}^{T}(1+r)^{-t}l_t v_t \tag{14.6}$$

式中，l_t表示系统 t 时刻电力负荷损失容量，MW；v_t表示系统 t 时刻电力负荷损失的单位成本，美元/MW。

(5) 环境成本。为了减少能源结构中化石能源机组的碳排放量，促进智能电网朝着清洁环保方向发展，电源规划模型中定义环境成本指标为

$$C_5=\sum_{t=1}^{T}\sum_{n\in\boldsymbol{\Lambda}}\Big(\sum_{k=1}^{K}b_{tmk}B_{tnk}+\sum_{s=1}^{S}e_{tms}E_{tns}\Big) \tag{14.7}$$

式中，$\boldsymbol{\Lambda}$ 表示化石能源机组数量集合；B_{tnk}和 E_{tns}分别表示原有化石能源机组 k 和新建化石能源机组 s 在 t 时刻 CO_2 排放量，t/MW。

综合以上各子目标函数，结合电源规划中需满足的保持系统功率平衡，以及机组有功出力的运行约束条件，建立如下电源规划的数学模型：

$$\begin{aligned}
&\min\theta=\sum_{i=1}^{5}w_i\bar{C}_i\\
&\text{s.t.}\quad \sum_{k=1}^{K}b_{tk}+\sum_{s=1}^{S}e_{ts}\geqslant l_{td}+l_t\\
&\qquad 0\leqslant x_{ts}\leqslant x_{s_\max}\\
&\qquad 0\leqslant e_{ts}\leqslant x_{ts}\\
&\qquad 0\leqslant b_{tk}\leqslant b_{tk_\max}\\
&\qquad \bar{C}_i=\frac{C_i-C_i^{\min}}{C_i^{\max}-C_i^{\min}}
\end{aligned} \tag{14.8}$$

式中，目标函数 θ 表示经标准化后的各子目标 $\bar{C}_i$ 加权之和；变量 l_{td}表示 t 时刻的系统需满足的最大负荷；w_i表示子目标 i 的权重系数；$x_{s_\max}$表示新建机组 s 的最大规划容量；$b_{tk_\max}$表示 t 时刻原有机组 k 的运行最大输出功率。

一般地，电源规划问题可以表述成一个混合整数优化问题，其中二进制整数变量表示对新建机组的决策。在特殊的情况下，可以考虑所有的待选机组均被包含在电源规划方

案中，决策变量仅考虑各机组的规划容量，此种特殊的电源规划问题进而表述成一个线性规划问题[8]。考虑到推导混合整数优化模型的鲁棒问题的复杂性，本章提出的确定性电源规划模型式(14.8)即为特殊情况下的电源规划问题。

相比于确定性的电源规划模型，考虑两种不确定因素，即未来负荷需求的波动以及新技术的有效性，将确定性的原问题转变为含不确定参数的电源规划新问题。针对不确定的数学规划问题，通常的求解方法主要有随机规划方法[9]、机会约束规划方法[10]、场景分析法[11]等。由于智能电网环境下的不确定表现出的复杂性、不完整性、不可观测性等特点，应用现有的电源规划方法难以准确地对不确定因素进行数学描述。换句话说，当不确定因素无法用描述其随机特征的概率密度函数进行数学建模时，随机规划类方法将不能实现电源规划方案的建模分析。对于场景分析方法，采用场景描述不确定因素的特征时，由于场景设计大多依赖人为主观因素或蒙特卡罗模拟，极端场景在优化计算过程中有时会被忽略，对规划方案的安全性与可靠性带来潜在的风险。

考虑到现有不确定的电源规划方法面临的问题，本章采用鲁棒优化的方法对智能电网下的电源规划问题进行建模分析。鲁棒优化方法作为一种建模技术，其主要特点是：① 当不确定参数的概率分布函数未知时，鲁棒优化方法作为随机规划类方法的替代者，将不确定因素以鲁棒集的形式表示，使问题变得具有可解性；② 鲁棒优化方法的计算目标是获得满足任何不确定场景下的数学规划问题的最优解，包括不确定因素产生的极端恶劣场景。因此，相比于场景分析法，尽管优化结果存在保守性，但通过该方法获得的规划方案注重系统运行的安全性，具有极强的鲁棒性。

一般的鲁棒优化模型可以表示为如下极小极大的优化问题[12]：

$$
\begin{aligned}
&\min_{x\in R}\max_{\zeta\in \mathbf{U}} f_0(x,\zeta)\\
&\text{s.t.}\quad \max_{\zeta\in \mathbf{U}} f_i(x,\zeta)\leqslant 0,\quad i=1,\cdots,m
\end{aligned}
\tag{14.9}
$$

式中，x 为决策变量；ζ 为不确定参数；$\mathbf{U}$ 为不确定因素集。

进一步，假设式(14.9)为线性规划模型，则考虑不确定参数为约束条件“左手侧”系数，具体的鲁棒优化模型表达形式为

$$
\begin{aligned}
&\min_{x\in \mathbf{R}}\ \max_{a_i\in \mathbf{U}} \boldsymbol{c}^{\mathrm{T}}x\\
&\text{s.t.}\quad \max_{a_i\in \mathbf{U}} a_i x\leqslant \boldsymbol{b},\quad i=1,\cdots,m
\end{aligned}
\tag{14.10}
$$

式中，$\boldsymbol{c}$ 为目标函数系数向量；a_i 为约束条件左手侧系数；$\boldsymbol{b}$ 为约束条件右手侧系数向量。

鲁棒优化方法在不确定因素建模时的关键问题是确定不确定因素集合 $\mathbf{U}$，亦称为鲁棒集，以及对于给定 $\mathbf{U}$ 如何寻找原问题的鲁棒优化形式的模型[13]。通常情况下，$\mathbf{U}$ 可以取盒式、椭圆、区间等形式的不确定集，其中区间以及盒式形式的鲁棒集能够使得原问题是线性规划、锥二次规划、半定规划等形式的优化问题，更容易推导出其对应的鲁棒优化形式，便于求解。

采用鲁棒优化方法处理不确定的电源规划问题的基本建模思路是通过以鲁棒集形式对不确定参数进行数学描述，将含不确定参数的原问题转变为易处理的确定性优化问题。

本章中考虑的不确定因素：负荷需求的波动性和新技术的有效性，作为不确定参数分别位于原问题中约束条件的“右手侧”和目标函数中。针对这两种类型的电源规划问题，分别建立如下的鲁棒优化问题。

14.3.1　不确定参数在约束条件中

目前关于鲁棒优化的建模研究主要集中在考虑不确定参数位于约束条件“左手侧”问题。本章考虑的电源规划中负荷需求的不确定性参数位于原问题中的约束条件“右手侧”，通过将原问题构造为极小极大问题，经对偶变换获得该问题的鲁棒优化形式。具体的求解推导过程如下。

对于一个含不等式约束的线性规划问题

$$\begin{cases}\min & \boldsymbol{c}^{\mathrm{T}} x \\ \text{s.t.} & \boldsymbol{A} x \geqslant \boldsymbol{b}\end{cases} \tag{14.11}$$

式中，$\boldsymbol{A}$ 为约束条件的 $m \times n$ 系数矩阵；$\boldsymbol{c}$ 为 n 维列向量；x 为决策变量；$\boldsymbol{b}$ 为 m 维列向量。

若约束条件中“右手侧”系数 $\boldsymbol{b}$ 为不确定参数，对于任一约束 i，存在 $b_i \in [b_{i\_\min}, b_{i\_\max}]$。任意参数 b_i，可以表示为 $b_i = b_{i0} + z_i \hat{b}_i$，同时满足 $-1 \leqslant z_i \leqslant 1$。定义列向量 $\boldsymbol{z} = (z_i)_{i=1, \cdots, m}$ 表示不确定参数的扰动偏差。引入一个新的参数，对于任意约束条件 i，存在 $\Gamma_i \in [0, 1]$。令 $z_i = \Gamma_i$，式(14.11)的鲁棒优化形式为

$$\begin{cases}\min & \boldsymbol{c}^{\mathrm{T}} x \\ \text{s.t.} & \boldsymbol{A} x \geqslant \boldsymbol{b}_0 + \Gamma \hat{\boldsymbol{b}}\end{cases} \tag{14.12}$$

根据对偶理论，线性规划的对偶规划模型为

$$\begin{cases}\max & \boldsymbol{b}^{\mathrm{T}} y \\ \text{s.t.} & \boldsymbol{A}^{\mathrm{T}} y \leqslant \boldsymbol{c}\end{cases} \tag{14.13}$$

显然，经过对偶变换，原问题中的不确定参数的位置由约束条件的“右手侧”转移到了目标函数的系数上。那么，式(14.13)的鲁棒优化问题的数学形式为

$$\max_{\boldsymbol{A}^{\mathrm{T}} y \leqslant c}\Big(\boldsymbol{b}_0^{\mathrm{T}} y + \max_{\substack{\sum_{i=1}^{m} z_i \leqslant \Gamma_0 \\ 0 \leqslant z_i \leqslant 1}} z^{\mathrm{T}} \hat{\boldsymbol{B}} y\Big) \tag{14.14}$$

式中，$\boldsymbol{\Gamma}_0$ 为不确定因素的扰动边界向量；$\hat{\boldsymbol{B}}$ 为对角矩阵，且有 $\hat{B}_{ii} = \hat{b}_i$，其中 $i = 1, \cdots, m$。为了方便表述，式(14.14)可进一步写为

$$\begin{cases}\max & \boldsymbol{b}_0^{\mathrm{T}} y + \boldsymbol{z}^{\mathrm{T}} \hat{B} y \\ \text{s.t.} & \boldsymbol{A}^{\mathrm{T}} y \leqslant \boldsymbol{c} \\ & \sum_{i=1}^{m} z_i \leqslant \Gamma_0 \\ & 0 \leqslant z_i \leqslant 1,\ \forall i = 1, \cdots, m\end{cases} \tag{14.15}$$

将式(14.15)转换为其对偶形式，则

$$\begin{cases} \min \quad \boldsymbol{c}^{\mathrm{T}} x \\ \text{s.t.} \quad \boldsymbol{A}x \geqslant \boldsymbol{b}_0^{\mathrm{T}} + \boldsymbol{z}^{\mathrm{T}} \hat{\boldsymbol{B}} \\ \quad\quad \sum_{i=1}^{m} z_i \leqslant \Gamma_0 \\ \quad\quad 0 \leqslant z_i \leqslant 1, \ \forall i = 1, \cdots, m \end{cases} \tag{14.16}$$

式(14.16)即为考虑不确定参数位于约束条件“右手侧”的线性规划问题的鲁棒优化模型。归纳以上推导过程,解决问题的基本研究思路是:首先,将原问题转变为其对偶问题,不确定参数的位置也由约束条件的“右手侧”转变为目标函数中,并且优化模型的形式也由极小极大问题转变为求极大值问题。其次,将得到的对偶问题转变为原对偶问题的形式,即可获得原问题的鲁棒优化模型的形式[14]。

若对不确定因素的鲁棒集做进一步假设,即鲁棒集为区间形式[15],则有 $b_i \in [b_{i\_\min}, b_{i\_\max}]$。对于所有的 $b \in [b_{\min}, b_{\max}]$。式(14.16)可写为

$$\begin{cases} \min \quad \boldsymbol{c}^{\mathrm{T}} x \\ \text{s.t.} \quad \boldsymbol{A}x \geqslant \frac{1}{2}[(b_{\_\min} + b_{\_\max})^{\mathrm{T}} + \boldsymbol{z}^{\mathrm{T}} \hat{\boldsymbol{D}}] \\ \quad\quad \sum_{i=1}^{m} z_i \leqslant \Gamma_0 \\ \quad\quad 0 \leqslant z_i \leqslant 1, \ \forall i = 1, \cdots, m \end{cases} \tag{14.17}$$

式中,$\hat{\boldsymbol{D}}$ 为对角矩阵,其构成元素为 $\hat{D}_{ii} = b_{i\_\max} - b_{i\_\min}$。

当不确定参数 $l_{td} \in [l_{td\_\min}, l_{td\_\max}]$ 时,得到鲁棒优化模型:

$$\begin{cases} \min \quad \theta(x_{ts}, b_{tk}, e_{ts}) \\ \text{s.t.} \quad \sum_{k=1}^{K} b_{tk} + \sum_{s=1}^{S} e_{ts} - l_t \geqslant \frac{1}{2}[(l_{td\_\min} + l_{td\_\max})^{\mathrm{T}} + \boldsymbol{z}^{\mathrm{T}} \hat{\boldsymbol{D}}_{lt}], \ \forall t \\ \quad\quad \sum_{i=1}^{V} z_i \leqslant \Gamma_0 \\ \quad\quad 0 \leqslant z_i \leqslant 1, \ \forall i = 1, \cdots, V \\ \quad\quad 0 \leqslant x_{ts} \leqslant x_{s\_\max}, \ \forall t \\ \quad\quad 0 \leqslant e_{ts} \leqslant x_{ts}, \ \forall t \\ \quad\quad 0 \leqslant b_{tk} \leqslant b_{tk\_\max}, \ \forall t \\ \quad\quad (\hat{D}_{lt})_{ii} = (l_{td\_\max})_i - (l_{td\_\min})_i, \ \forall i = 1, \cdots, V \end{cases} \tag{14.18}$$

式中,$\hat{\boldsymbol{D}}_{lt}$ 为关于不确定参数 l_{td} 的对角矩阵。

14.3.2 不确定参数在目标函数中

本节将考虑智能电网中新技术在应用过程中的有效性作为不确定因素,在确定性电源规划模型中,假定需求响应技术与电动汽车并网技术对降低系统规划发电容量的比例具有不确定性,因此设定模型中目标函数系数 p_t 为不确定参数,建立相应的鲁棒优化模型如下。

考虑不确定参数的鲁棒集合形式 $\mathbf{U}=\{\boldsymbol{\zeta} \mid \boldsymbol{e}^{\mathrm{T}}\boldsymbol{\zeta}=0,\ \boldsymbol{\zeta}_{\min}\leqslant\boldsymbol{\zeta}\leqslant\boldsymbol{\zeta}_{\max}\}$，原问题的目标函数的鲁棒优化形式以极小极大问题表示为

$$\begin{aligned}&\min_{X_t}\ \sup_{\zeta\in\mathbf{U}}\theta(X_t,\ p_t)\\ =&\min_{X_t}\ \max_{\zeta\in\mathbf{U}}\theta(X_t,\ p_{0t}+\boldsymbol{\zeta})\\ =&\min_{X_t}\ \max_{\zeta\in\mathbf{U}}\Big[\sum_{\substack{i=1,\\ i\neq 3}}^{5}w_i\bar{C}_i+w_3\bar{C}_3(X_t,\ p_{0t}+\boldsymbol{\zeta})\Big]\end{aligned}\tag{14.19}$$

式中，p_{0t} 为不确定参数 p_t 的均值。

将式(14.19)展开，得到详细的数学表达式为

$$\begin{aligned}F(X_t)=\max_{X_t}\Big[&\sum_{\substack{i=1,\\ i\neq 3}}^{5}w_i\bar{C}_i\\ &+\frac{w_3}{C_{3\_\max}-C_{3\_\min}}\Big(\sum_{t=1}^{T}(1+r)^{-t}\sum_{s=1}^{S}e_{ts}f_{ts}+\sum_{t=1}^{T}(1+r)^{-t}\sum_{k=1}^{K}b_{tk}d_{tk}-p_{0t}h_tb_t-C_{3\_\min}\Big)\\ &-\frac{w_3}{C_{3\_\max}-C_{3\_\min}}\max_{\zeta\in\mathbf{U}}\Big(\sum_{t=1}^{T}(1+r)^{-t}\boldsymbol{\zeta}h_tb_t\Big)\Big]\end{aligned}\tag{14.20}$$

由于扰动向量 $\boldsymbol{\zeta}$ 仅存在于式(14.20)第三行表达式中，即 $\max\limits_{\zeta\in\mathbf{U}}\Big(\sum\limits_{t=1}^{T}(1+r)^{-t}\boldsymbol{\zeta}h_tb_t\Big)$。建立满足不确定因素集合 $\mathbf{U}=\{\boldsymbol{\zeta} \mid \boldsymbol{e}^{\mathrm{T}}\boldsymbol{\zeta}=0,\ \boldsymbol{\zeta}_{\min}\leqslant\boldsymbol{\zeta}\leqslant\boldsymbol{\zeta}_{\max}\}$ 约束条件的拉格朗日函数，其中各变量以向量的形式表示。

$$L(\boldsymbol{\zeta},\boldsymbol{\lambda},\boldsymbol{\delta},\boldsymbol{\gamma})=\boldsymbol{\zeta}^{\mathrm{T}}bh-\lambda\boldsymbol{e}^{\mathrm{T}}\boldsymbol{\zeta}+\boldsymbol{\delta}^{\mathrm{T}}(\boldsymbol{\zeta}_{\min}-\boldsymbol{\zeta})+\boldsymbol{\gamma}^{\mathrm{T}}(\boldsymbol{\zeta}-\zeta_{\max})\tag{14.21}$$

最优性条件满足：

$$\frac{\partial L}{\partial\boldsymbol{\zeta}}=bh-\boldsymbol{\lambda}\boldsymbol{e}-\boldsymbol{\delta}+\boldsymbol{\gamma}=0\tag{14.22}$$

式中，$\boldsymbol{\lambda}$、$\boldsymbol{\delta}$ 和 $\boldsymbol{\gamma}$ 分别表示松弛向量；$\boldsymbol{e}$ 表示单位向量。

根据优化理论中的对偶定理，存在如下关系

$$\min_{\lambda,\delta,\gamma}\ \max_{\zeta}L(\boldsymbol{\zeta},\boldsymbol{\lambda},\boldsymbol{\delta},\boldsymbol{\gamma})=\min_{\lambda,\delta,\gamma}[\boldsymbol{\delta}^{\mathrm{T}}\boldsymbol{\zeta}_{\min}-\boldsymbol{\gamma}^{\mathrm{T}}\boldsymbol{\zeta}_{\max}]\tag{14.23}$$

同时，满足约束条件

$$\begin{aligned}\text{s.t.}\quad bh-\boldsymbol{\lambda}\boldsymbol{e}-\boldsymbol{\delta}+\boldsymbol{\gamma}&=0\\ \boldsymbol{\delta}&\geqslant 0\\ \boldsymbol{\gamma}&\geqslant 0\end{aligned}\tag{14.24}$$

基于对偶理论，得到

$$\min_{\lambda,\delta,\gamma}\ \max_{\zeta}L(\boldsymbol{\zeta},\boldsymbol{\lambda},\boldsymbol{\delta},\boldsymbol{\gamma})=\max_{\zeta\in\mathbf{U}}\Big(\sum_{t=1}^{T}(1+r)^{-t}\zeta h_tb_t\Big)\tag{14.25}$$

对于式(14.25)，可变换为

$$\min_{X_t} F(X_t)=\Big\{\sum_{\substack{i=1,\\ i\neq 3}}^{5} w_i \bar{C}_i + \frac{w_3}{C_{3\_\max}-C_{3\_\min}}\Big(\sum_{t=1}^{T}(1+r)^{-t}\sum_{s=1}^{S}e_{ts}f_{ts}+\sum_{t=1}^{T}(1+r)^{-t}\sum_{k=1}^{K}b_{tk}d_{tk}-p_{0t}h_t b_t - C_{3\_\min}\Big) - \frac{w_3}{C_{3\_\max}-C_{3\_\min}}[\boldsymbol{\delta}^{\mathrm{T}}\boldsymbol{\zeta}_{\min}-\boldsymbol{\gamma}^{\mathrm{T}}\boldsymbol{\zeta}_{\max}]\Big\} \tag{14.26}$$

$$\text{s.t.}\quad bh-\boldsymbol{\lambda}\boldsymbol{e}-\boldsymbol{\delta}+\boldsymbol{\gamma}=0,\quad \boldsymbol{\delta}\geqslant 0,\quad \boldsymbol{\gamma}\geqslant 0$$

进一步整理，得到目标函数系数为不确定参数的原问题的鲁棒优化形式为

$$\min_{X_t,\lambda,\delta,\gamma}\Big\{\sum_{\substack{i=1,\\ i\neq 3}}^{5} w_i \bar{C}_i + \frac{w_3}{C_{3\_\max}-C_{3\_\min}}\Big(\sum_{t=1}^{T}(1+r)^{-t}\sum_{s=1}^{S}e_{ts}f_{ts}+\sum_{t=1}^{T}(1+r)^{-t}\sum_{k=1}^{K}b_{tk}d_{tk}-p_{0t}h_t b_t - C_{3\_\min}\Big) - \frac{w_3}{C_{3\_\max}-C_{3\_\min}}[\boldsymbol{\delta}^{\mathrm{T}}\boldsymbol{\zeta}_{\min}-\boldsymbol{\gamma}^{\mathrm{T}}\boldsymbol{\zeta}_{\max}]\Big\}$$

$$\begin{aligned}\text{s.t.}\quad &\sum_{k=1}^{K}b_{tk}+\sum_{s=1}^{S}e_{ts}\geqslant l_{td}+l_t,\ \forall t\\ &0\leqslant x_{ts}\leqslant x_{s\_\max},\ \forall t\\ &0\leqslant e_{ts}\leqslant x_{ts},\ \forall t\\ &0\leqslant b_{tk}\leqslant b_{tk\_\max},\ \forall t\\ &bh-\boldsymbol{\lambda}\boldsymbol{e}-\boldsymbol{\delta}+\boldsymbol{\gamma}=0\\ &\boldsymbol{\delta}\geqslant 0\\ &\boldsymbol{\gamma}\geqslant 0\end{aligned} \tag{14.27}$$

14.4 计算复杂度分析

针对电源规划问题的确定性模型、约束条件“右手侧”含不确定参数的鲁棒优化模型以及目标函数含不确定参数的鲁棒优化模型，通过比较优化模型中决策变量的维数，可知三个模型之间在计算复杂度上存在着一定差异。对于表示原问题的确定性模型，决策变量包括规划阶段的新建机组的规划容量和运行阶段的新建机组的发电出力及原有机组的发电出力[16]。在规划周期 T 内，确定性模型决策变量的维数为 $T\times(2S+K)$。考虑含不确定参数的电源规划问题，约束条件含不确定参数的模型中决策变量包括新建机组的规划容量、新建机组的发电出力及原有机组的发电出力，以及扰动变量 z。在规划周期内，约束条件含不确定参数的模型决策变量的维数为 $T\times(2S+K)+V$。对于目标函数中含不确定参数模型，除了包含确定性模型中所有的决策变量外，由于在鲁棒优化建模过

程中又引入了 3 个松弛变量，其决策变量维数为 $4T\times(2S+K)$。通过分析三种模型的计算复杂度，可以明显地看到对原问题进行鲁棒优化的建模过程中，通常会引入新的决策变量，这将扩大原问题的计算规模。因此，相比确定性的原问题，鲁棒优化建模过程在一定程度上可能增大优化问题求解的复杂度。

由前述章节的研究内容可以看出，不确定因素影响规划方案的技术适应性。传统的规划模式中，对电力系统规划方案的评估一般是从经济性角度分析其经济上的成本与收益。智能电网环境下，电力系统规划方案的评估不仅包括经济性，还需要从不确定因素影响的角度，对规划方案中技术的适应性开展综合评价研究。针对电源规划方案的技术适应性评价，应着重解决的问题包括：① 对智能电网中相关的不确定因素实现量化描述和数学刻画；② 评估规划方案是否能适应不确定因素带来的影响；③ 评估不确定因素影响下的规划方案的经济性、安全性等方面的建设效果。从数学建模的角度看，传统的电源扩展规划问题通常表现为多阶段多目标的数学优化问题[17]。考虑不确定因素的电力系统规划方案对技术适应性的评估研究，在建模上常用的方法包括随机规划法[18]、机会约束规划法[19]、情景分析法[20]、序列运算理论法[21]等。然而，在智能电网环境下许多新技术的发展尚不成熟，也缺少实际运行的经验和统计数据，这些新问题将导致描述不确定因素数学特征的概率分布函数无法获取，进而制约常规的不确定性优化方法对电源规划问题的建模分析。

通常对于一个传统的随机规划问题，分析模型中的不确定参数行为特性的必要条件是获取其完整的概率分布函数。然而，当不确定因素面临历史统计数据缺失及概率分布特性较难描述时，较难应用随机规划方法实现电源规划方案评估分析。因此，本章基于鲁棒优化方法处理不确定因素的思路，提出了一种解决不确定信息部分缺失情况下(仅已知不确定因素一阶、二阶矩信息)的两阶段随机优化的电源扩展规划建模问题的研究方法，通过将第二阶段中含有不确定参数的子问题转变为相应的鲁棒优化问题，使得原问题最终可推导成为一个确定性的二阶锥规划(second-order cone optimization, SOCP)问题，从而得到一个技术适应能力较强的电源扩展规划方案，使得经改进的随机规划问题在数学上具有可解性。

两阶段随机优化方法(two-stage stochastic programming)是随机规划类方法体系中最为基础的方法，表示为具有校正调节的随机规划问题[22]。考虑到不同时间阶段决策的耦合性以及不确定参数的影响特性，将随机优化问题分解为两个子问题，即“here-and-now”决策问题(第一阶段)和“wait-and-see”决策问题(第二阶段)。通常认为不确定因素不影响第一阶段子问题的决策，而是出现在第二阶段中，通过对第二阶段不确定因素的作用效果，作为校正反馈输入来调节和改变第一阶段的决策。数学上，一个两阶段随机线性规划问题可以表示为

$$\min_{x\in X}\{\boldsymbol{c}^{\mathrm{T}}x+E_{\mathrm{P}}[Q(x,\tilde{z})]\} \tag{14.28}$$

$$\begin{aligned} Q(x,\tilde{z})=&\min_{y}\boldsymbol{d}^{\mathrm{T}}y\\ \text{s.t.}\quad &\boldsymbol{A}(\tilde{z})x+\boldsymbol{D}y=\boldsymbol{b}(\tilde{z})\\ &y\geqslant 0\end{aligned} \tag{14.29}$$

式中，$x \in \Re^n$ 为第一阶段中的决策变量，其可行域满足 $X \subseteq \Re^n$；$d \in \Re^k$，$b(\tilde{z}) \in \Re^l$，$A(\tilde{z}) \in \Re^{l\times n}$，$D \in \Re^{l\times k}$ 分别表示第二阶段的系数矩阵，其中 $\tilde{z} \in \Omega$ 为不确定参数；P 为$\tilde{z}$的概率分布度量；E_P为 $Q(x, \tilde{z})$ 的期望；$y \in \Re^k$ 为第二阶段的决策变量。

解决不确定问题的一般思路是将其转换为对应的确定性问题，因此式(14.28)、式(14.29)能够被等效为如下的确定性数学规划问题：

$$\begin{aligned} &\min_{x,\, y}\left\{\boldsymbol{c}^{\mathrm{T}} x + \sum_{\tilde{z} \in \Omega} \pi_{\tilde{z}} \boldsymbol{d}^{\mathrm{T}} y\right\} \\ &\text{s.t.} \quad \boldsymbol{A}(\tilde{z}) x + \boldsymbol{D} y = \boldsymbol{b}(\tilde{z}) \\ &\qquad\quad y \geqslant 0 \end{aligned} \tag{14.30}$$

式中，$\pi_{\tilde{z}}$ 为 $\tilde{z}$ 出现的概率。

电源规划问题通常可以采用两阶段的随机优化模型进行建模分析，其中第一阶段为规划阶段，第二阶段为运行阶段[23]。因此，考虑不确定因素的电源规划在数学上可以表述为两阶段随机序列控制决策问题。具体的数学模型可以写成混合整数规划问题的形式：

$$\begin{aligned} &\min \mathrm{Cost} = \sum_{i \in \Omega^{G+}} x_i CG_i + \sum_{s=1}^{S} p_s \boldsymbol{Q}(x, s) \\ &\text{s.t.} \quad x_i = 1 \quad \forall i \in \Omega^G \backslash \Omega^{G+} \\ &\qquad\quad x_i \in \{0, 1\} \quad \forall i \in \Omega^{G+} \\ &\boldsymbol{Q} = \min \sum_{t \in \Omega^T} \Big(\sum_{i \in \Omega^G} g_{its} G_i du_t + r_{ts} R_t du_t \Big) \\ &\text{s.t.} \quad \sum_{i \in \Omega^G} g_{its} + r_{ts} = d_{ts} \quad \forall s,\ \forall t \\ &\qquad\quad 0 \leqslant g_{its} \leqslant x_i g_{i\max} \quad \forall s,\ \forall t,\ \forall i \end{aligned} \tag{14.31}$$

式中，x_i为二进制整数变量，表示新建机组 i 是否被纳入规划方案中的决策变量；CG_i为新建机组 i 的投资成本；Ω^{G+}为新建机组种类集合；Ω^G为包含新建机组与原有机组类型的所有机组种类集合；S 为场景集合；p_s为场景 s 出现的概率；$Q(\cdot)$为校正调节函数，表示给定电源规划方案下运行阶段的期望成本；Ω^T为负荷持续时间集；g_{its}为场景 s 下机组 i 在负荷时段 t 的发电出力；$g_{i\max}$为机组 i 的最大输出功率；G_{it}为机组 i 在负荷时段 t 的运行维护成本；du_t为场景 s 下负荷时段 t 的持续时间；R_t为负荷时段 t 的削减负荷成本。

式(14.31)中规划阶段的目标函数为电源扩展规划的投资成本与期望的运行成本最小化；运行阶段的目标函数为运行阶段所有机组的发电成本与系统失负荷削减成本最小化，同时满足电网运行时系统功率平衡的等式约束条件与机组运行的不等式约束条件。

智能电网环境下，新技术从发电侧来看包括风电、光伏发电、地热能发电等可再生能源发电技术，用户侧新技术包含需求响应、电动汽车、分布式电源、微电网等技术。新技术应用于电力系统中为规划方案带来的不确定因素通常表现为新能源机组发电出力的间歇性和负荷需求的波动性。因此，本章的电源扩展规划方案中考虑两种不确定因素，即可再生能源机组发电输出功率和预测的系统负荷需求，构建相应的电源规划问题的两阶段随机优化模型。

为了后续模型推导简便，将式(14.31)抽象成表达更为简洁的数学形式：

$$\min_{x \in X} \boldsymbol{c}^{\mathrm{T}} x + E_{\mathrm{P}}[Q(x, z)] \tag{14.32}$$

$$\begin{aligned} Q(x, z) = & \min_{y} \boldsymbol{d}^{\mathrm{T}} y \\ \text{s.t.} \quad & x \in \{0, 1\} \\ & \boldsymbol{A}(z)x + Dy = \boldsymbol{b}(z) \\ & y \geqslant 0 \end{aligned} \tag{14.33}$$

式(14.32)、式(14.33)中，x 表示二进制整数变量，并作为规划阶段的决策变量；y 表示运行阶段的决策变量，包括机组发电出力和系统负荷削减量；向量 $\boldsymbol{c}$ 和 $\boldsymbol{d}$ 表示目标函数中变量系数；z 为随机变量；$\boldsymbol{A}(z)$ 和 $\boldsymbol{b}(z)$ 为含不确定参数 z 的系数矩阵。

考虑随机变量 z 在智能电网环境中无法获取完整的信息，以至于 z 准确的概率分布函数也存在无法得到的困难。本章假定不确定因素仅已知其一阶矩和二阶矩信息，将这一假设条件转变为模型的约束条件之一，其具体的数学表达式为

$$\Gamma: = \{P: P(z \in \boldsymbol{\Lambda}) = 1, E_{\mathrm{P}}(z_k) = \mu_k, E_{\mathrm{P}}(z_k^2) \leqslant \sigma_k, \forall k\} \tag{14.34}$$

式中，μ_k 和 σ_k 分别为不确定因素 k 的随机变量 z_k 形式的一阶矩和二阶矩的已知信息。

式(14.32)、式(14.33)、式(14.34)构成了基于非完整不确定信息的智能电网电源扩展规划模型的一般数学表达形式。对于该模型，在优化计算上存在不可解的问题。

为了求解式(14.32)、式(14.33)、式(14.34)所构成的优化模型，本章探索一种基于分布式鲁棒优化方法的电源规划模型，将原问题的两阶段随机规划形式转变为鲁棒优化的形式，获得的鲁棒优化模型为可求解的 SOCP 问题[24]。通过简单的优化计算技术即可得到最终的电源规划扩展方案，进而实现对不确定因素影响下电源规划方案技术适应性的评估分析。

由于运行阶段的子问题中系数矩阵 $\boldsymbol{A}(z)$、$\boldsymbol{b}(z)$，以及决策变量 y 均受到不确定参数 z 影响，为使得优化问题易于求解，需要建立不确定因素 z 与 y、$\boldsymbol{A}(z)$、$\boldsymbol{b}(z)$之间的函数关系。因此，本章采用线性仿射技术构建不确定因素数学模型。

考虑随机变量 z 的不确定集合，用于描述其扰动的边界范围，其数学形式可以写为

$$\mathbf{U} = \{z \in \Re^k: l \leqslant z \leqslant h\} \tag{14.35}$$

式中，向量 $\boldsymbol{l}$ 和 $\boldsymbol{h}$ 分别表示随机变量 z 扰动范围的上下边界。

$$y(z) = y_0 + \sum_{k=1}^{K} z_k y_k \tag{14.36}$$

$$\boldsymbol{A}(z) = A_0 + \sum_{k=1}^{K} z_k A_k \tag{14.37}$$

$$\boldsymbol{b}(z) = b_0 + \sum_{k=1}^{K} z_k b_k \tag{14.38}$$

式(14.36)、式(14.37)和式(14.38)描述的仿射关系主要由决策变量或系数的均值及其线性扰动的加和所构成。根据此仿射线性关系，可将式(14.33)进一步写为

$$
\begin{aligned}
Q(x, z) = &\min_{y,\lambda,\delta} \boldsymbol{d}^{\mathrm{T}}\left(y_0 + \sum_{k=1}^{K} z_k y_k\right) \\
\text{s.t.}\quad & A_k + D y_k = b_k, \quad k = 0, 1, \cdots, K \\
& y_0 + \boldsymbol{l}^{\mathrm{T}}\boldsymbol{\lambda} - \boldsymbol{h}^{\mathrm{T}}\boldsymbol{\delta} \geqslant 0 \\
& \lambda_k - \delta_k \leqslant y_k, \quad k = 1, \cdots, K \\
& \lambda_k \geqslant 0, \quad k = 1, \cdots, K \\
& \delta_k \geqslant 0, \quad k = 1, \cdots, K \\
& x \in \{0, 1\}
\end{aligned}
\tag{14.39}
$$

式中，$\boldsymbol{\lambda}$ 和 $\boldsymbol{\delta}$ 为优化模型中的松弛向量。

分布式鲁棒优化(distributionally robust optimization)问题考虑的是一种特殊情况下的极大极小化问题。在此类问题中，随机变量的概率分布特征通常是无法精确获知的，仅知道其中的部分信息，如随机变量的一阶矩、二阶矩，分布式鲁棒优化问题研究的是如何获得在满足现有约束条件的分布中且能适应极坏情况下的最优解[25]。采用分布式鲁棒优化方法处理不确定信息缺失下的随机规划问题的研究思路为，基于已知的随机变量的一阶矩、二阶矩信息，以及仿射线性关系，通过应用运筹学中半无限规划问题的对偶性，将此类分布式鲁棒优化问题转变为其等价的混合整数二阶锥规划问题，最后对此二阶锥规划问题进行 Benders 分解，将整数变量与连续变量相分离，可得到在计算分析上具有较强可处理性的数学规划问题。

本章针对提出的电源规划问题，建立基于极大极小准则的分布式鲁棒优化模型如下：

$$
\begin{aligned}
&\min_{x\in\mathbf{X}}\left\{c^{\mathrm{T}}x + \max_{P\in\boldsymbol{\Gamma}} E_{\mathrm{P}}\left[\min_{y,\lambda,\delta} \boldsymbol{d}^{\mathrm{T}}\left(y_0 + \sum_{k=1}^{K} z_k y_k\right)\right]\right\} \\
\text{s.t.}\quad & A_k + D y_k = b_k, \quad k = 0, 1, \cdots, K \\
& y_0 + \boldsymbol{l}^{\mathrm{T}}\boldsymbol{\lambda} - \boldsymbol{h}^{\mathrm{T}}\boldsymbol{\delta} \geqslant 0 \\
& \lambda_k - \delta_k \leqslant y_k, \quad k = 1, \cdots, K \\
& \lambda_k \geqslant 0, \quad k = 1, \cdots, K \\
& \delta_k \geqslant 0, \quad k = 1, \cdots, K \\
& E_{\mathrm{P}}(z_k) = \mu_k, \quad k = 1, \cdots, K \\
& E_{\mathrm{P}}(z_k^2) \leqslant \sigma_k, \quad k = 1, \cdots, K \\
& x \in \{0, 1\}
\end{aligned}
\tag{14.40}
$$

式(14.40)中子问题 $\max\limits_{P\in\boldsymbol{\Gamma}} E_{\mathrm{P}}[Q(y, \lambda, \delta)]$ 及模型中相应的约束条件构成了一个半无限规划问题。基于文献[26]的理论，通过采用线性规划的对偶理论，可得到该子问题的对偶问题，进而得到式(14.40)的另一种数学表达式：

$$
\begin{aligned}
&\min_{x,e_0,e,v,y,\lambda,\delta}\left\{\boldsymbol{c}^{\mathrm{T}}x + e_0 + \boldsymbol{\mu}^{\mathrm{T}}e + \boldsymbol{\sigma}^{\mathrm{T}}v\right\} \\
\text{s.t.}\quad & A_k + D y_k = b_k, \quad k = 0, 1, \cdots, K \\
& y_0 + \boldsymbol{l}^{\mathrm{T}}\boldsymbol{\lambda} - \boldsymbol{h}^{\mathrm{T}}\boldsymbol{\delta} \geqslant 0 \\
& \lambda_k - \delta_k \leqslant y_k, \quad k = 1, \cdots, K
\end{aligned}
$$

$$
\begin{aligned}
&\lambda_k \geqslant 0, \quad k=1, \cdots, K \\
&\delta_k \geqslant 0, \quad k=1, \cdots, K \\
&v \geqslant 0 \\
&x \in \{0, 1\} \\
e_0 + \sum_{k=1}^{K} e_k z_k + \sum_{k=1}^{K} v_k z_k^2 &\geqslant \min_{y, \lambda, \delta} d^{\mathrm{T}}\left(y_0 + \sum_{k=1}^{K} z_k y_k\right)
\end{aligned} \tag{14.41}
$$

式中，$e_0 \in \Re$、$e \in \Re^K$ 和 $v \in \Re^K$ 均为优化模型在对偶变换过程中引入的新决策变量。

由于式(14.41)中目标函数对于随机变量 z 是凸的，且有集合Λ为紧的，根据文献[27]中的定理，可将式(14.41)变换为

$$
\begin{aligned}
&\min_{x, e_0, e, v, y, \lambda, \delta} \{\boldsymbol{c}^{\mathrm{T}} x + e_0 + \boldsymbol{\mu}^{\mathrm{T}} e + \boldsymbol{\sigma}^{\mathrm{T}} v\} \\
&\text{s.t.} \quad e_0 + \sum_{k=1}^{K} e_k z_k + \sum_{k=1}^{K} v_k z_k^2 \geqslant \boldsymbol{d}^{\mathrm{T}}\left(y_0 + \sum_{k=1}^{K} z_k y_k\right) \\
&\qquad A_k + D y_k = b_k, \quad k=0, 1, \cdots, K \\
&\qquad y_0 + \boldsymbol{l}^{\mathrm{T}} \boldsymbol{\lambda} - \boldsymbol{h}^{\mathrm{T}} \boldsymbol{\delta} \geqslant 0 \\
&\qquad \lambda_k - \delta_k \leqslant y_k, \quad k=1, \cdots, K \\
&\qquad \lambda_k \geqslant 0, \quad k=1, \cdots, K \\
&\qquad \delta_k \geqslant 0, \quad k=1, \cdots, K \\
&\qquad v \geqslant 0 \\
&\qquad x \in \{0, 1\}
\end{aligned} \tag{14.42}
$$

下一步需要将模型(14.42)转换为原问题的 SOCP 形式进行优化求解。式(14.42)的可行域可以写为

$$
\begin{cases}
e_0 - \boldsymbol{d}^{\mathrm{T}} y_0 + \sum_{k=1}^{K} (e_k - \boldsymbol{d}^{\mathrm{T}} y_k) z_k + \sum_{k=1}^{K} v_k z_k^2 \geqslant 0 \\
A_k + D y_k = b_k, \quad k=0, 1, \cdots, K \\
y_0 + \boldsymbol{l}^{\mathrm{T}} \boldsymbol{\lambda} - \boldsymbol{h}^{\mathrm{T}} \boldsymbol{\delta} \geqslant 0 \\
\lambda_k - \delta_k \leqslant y_k, \quad k=1, \cdots, K \\
\lambda_k \geqslant 0, \quad k=1, \cdots, K \\
\delta_k \geqslant 0, \quad k=1, \cdots, K \\
v \geqslant 0 \\
x \in \{0, 1\}
\end{cases} \tag{14.43}
$$

式(14.43)中第一行约束条件可以等价于如下优化模型：

$$
\min_{l \leqslant z \leqslant h} \left\{ e_0 - \boldsymbol{d}^{\mathrm{T}} y_0 + \sum_{k=1}^{K} (e_k - \boldsymbol{d}^{\mathrm{T}} y_k) z_k + \sum_{k=1}^{K} v_k z_k^2 \right\} \geqslant 0 \tag{14.44}
$$

固定 v_k、e_k、y_k 的数值，式(14.44)左侧表达式为 z 的凸二次规划形式。根据凸二次规划的强对偶性[28]，式(14.44)能够进一步整理成

$$
\begin{aligned}
\max_{z}\ & \sum_{k=1}^{K}[v_k z_k^2 - h_k m_k + l_k n_k + (e_k - \boldsymbol{d}^{\mathrm{T}} y_k + m_k - n_k) z_k] + e_0 - \boldsymbol{d}^{\mathrm{T}} y_0 \geqslant 0 \\
\text{s.t.}\ & 2 v_k z_k + (e_k - \boldsymbol{d}^{\mathrm{T}} y_k + m_k - n_k) = 0 \\
& m_k \geqslant 0, \quad k = 1, \cdots, K \\
& n_k \geqslant 0, \quad k = 1, \cdots, K
\end{aligned}
\tag{14.45}
$$

式中，m_k和n_k为优化模型对偶变换过程中引入的松弛变量。

将式(14.45)代入式(14.44)中，消去z_k得到

$$
\begin{aligned}
\max\ & \left\{\sum_{k=1}^{K}[-h_k m_k + l_k n_k + (e_k - \boldsymbol{d}^{\mathrm{T}} y_k + m_k - n_k)^2/(4 v_k)] + e_0 - \boldsymbol{d}^{\mathrm{T}} y_0\right\} \geqslant 0 \\
\text{s.t.}\ & m_k \geqslant 0, \quad k = 1, \cdots, K \\
& n_k \geqslant 0, \quad k = 1, \cdots, K
\end{aligned}
\tag{14.46}
$$

式(14.46)等价于以下约束条件：

$$
\begin{aligned}
& \sum_{k=1}^{K}[-h_k m_k + l_k n_k - \varepsilon_k] + e_0 - \boldsymbol{d}^{\mathrm{T}} y_0 \geqslant 0 \\
& (e_k - \boldsymbol{d}^{\mathrm{T}} y_k + m_k - n_k)^2 \leqslant 4 v_k \varepsilon_k \\
& m_k,\ n_k,\ \varepsilon_k \geqslant 0
\end{aligned}
\tag{14.47}
$$

式中，ε_k为辅助变量。

由于式(14.47)为式(14.46)的充分必要条件，因此式(14.41)可以等效于如下的SOCP问题：

$$
\begin{aligned}
\min_{x,\, e0,\, e,\, v,\, y,\, \lambda,\, \delta,\, m,\, n,\, \varepsilon}\ & \{\boldsymbol{c}^{\mathrm{T}} x + e_0 + \boldsymbol{\mu}^{\mathrm{T}} e + \boldsymbol{\sigma}^{\mathrm{T}} v\} \\
\text{s.t.}\ & \sum_{k=1}^{K}[-h_k m_k + l_k n_k - \varepsilon_k] + e_0 - \boldsymbol{d}^{\mathrm{T}} y_0 \geqslant 0 \\
& (e_k - \boldsymbol{d}^{\mathrm{T}} y_k + m_k - n_k)^2 \leqslant 4 v_k \varepsilon_k \\
& A_k + D y_k = b_k, \quad k = 0, 1, \cdots, K \\
& y_0 + \boldsymbol{l}^{\mathrm{T}} \boldsymbol{\lambda} - \boldsymbol{h}^{\mathrm{T}} \boldsymbol{\delta} \geqslant 0 \\
& \lambda_k - \delta_k \leqslant y_k, \quad k = 1, \cdots, K \\
& \lambda_k \geqslant 0, \quad k = 1, \cdots, K \\
& \delta_k \geqslant 0, \quad k = 1, \cdots, K \\
& v,\ m,\ n,\ \varepsilon \geqslant 0 \\
& x \in \{0, 1\}
\end{aligned}
\tag{14.48}
$$

本节通过采用分布式鲁棒优化方法，经对偶变换及模型推导，将式(14.41)最终转换为式(14.48)，电源规划模型实现了从含有不确定概率分布特征的两阶段随机规划模型变为确定性的混合整数二阶锥规划问题，降低了原问题在计算上的求解难度。

经推导得到的电源规划的分布式鲁棒优化模型如式(14.48)所示，是一个混合整数二

阶锥规划问题。尽管相对于原问题式(14.41)，经变换后的模型具有一定的可处理性，但在模型求解上，仍然存在一定的困难。本章基于 Benders 分解技术对式(14.48)进行分解处理，将此混合整数二阶锥规划问题分解为整数规划主问题和仅含有连续变量的二阶锥规划子问题。对于 Benders 分解法，最初由学者 Benders 于 1962 年率先提出，主要用来求解大规模混合整数规划问题，即同时含有整数变量和连续变量的优化问题。Benders 分解法的基本思路是利用割平面的方式将线性规划问题作为整数变量的函数的机制和使得线性规划问题具有可行解的整数变量的值的集合恰当地表达出来，这样可以将原有的混合整数规划问题分解为整数规划主问题和线性规划子问题。将主问题与子问题进行交替迭代，根据子问题的优化结果向主问题增加不同的 Benders 割，获得问题的全局最优解[29]。采用 Benders 分解技术求解分布式鲁棒优化模型式(14.41)的具体步骤如下。

为了方便表达分解思路，将式(14.41)进一步抽象成优化模型的一般形式：

$$\begin{aligned}&\min_{x,\,y} f(x_1,\cdots,x_n;\,y_1,\cdots,y_m)\\&\text{s.t.}\quad h_k(x_1,\cdots,x_n;\,y_1,\cdots,y_m)\geqslant 0,\quad k=1,\cdots,q\\&\qquad\ \ g_l(x_1,\cdots,x_n;\,y_1,\cdots,y_m)=0,\quad l=1,\cdots,r\end{aligned}\tag{14.49}$$

式中，x 为整数变量；y 为连续变量，代表式(14.41)中的决策变量，即 e_0、e、v、y、λ、δ、m、n、ε。

(1) 初始化。初始迭代计数，$s=1$。求解初始混合整数规划主问题：

$$\begin{aligned}&\min_{\alpha}\alpha\\&\text{s.t.}\quad x_{i\_\text{down}}\leqslant x_i\leqslant x_{i\_\text{up}},\quad x_i\in\mathbb{N};\,i=1,\cdots,n\\&\qquad\ \ \alpha\geqslant\alpha_{\text{down}}\end{aligned}\tag{14.50}$$

得到式(14.50)的最优解 $\alpha^{(s)}=\alpha_{\text{down}}$；$x_{1(s)},\cdots,x_{n(s)}$。

(2) 子问题求解。求解含连续变量的非线性规划子问题：

$$\begin{aligned}&\min_{y} f(x_1,\cdots,x_n;\,y_1,\cdots,y_m)\\&\text{s.t.}\quad h_k(x_1,\cdots,x_n;\,y_1,\cdots,y_m)\geqslant 0,\quad k=1,\cdots,q\\&\qquad\ \ g_l(x_1,\cdots,x_n;\,y_1,\cdots,y_m)=0,\quad l=1,\cdots,r\\&\qquad\ \ y_{j\_\text{down}}\leqslant y_j\leqslant y_{j\_\text{up}},\quad j=1,\cdots,m\\&\qquad\ \ x_i=x_{i(s)}:\lambda_i;\,i=1,\cdots,n\end{aligned}\tag{14.51}$$

得到子问题(14.51)的最优解 $y_{1(s)},\cdots,y_{m(s)}$ 及对偶变量数值 $\lambda_{1(s)},\cdots,\lambda_{n(s)}$。

(3) 收敛性检验。计算原问题目标函数值的边界值：

$$\begin{aligned}&z_{\text{up}(s)}=f(x_{1(s)},\cdots,x_{n(s)};\,y_{1(s)},\cdots,y_{m(s)})\\&z_{\text{down}(s)}=\alpha_{(s)}\end{aligned}\tag{14.52}$$

若 $z_{\text{up}(s)}-z_{\text{down}(s)}$ 的数值满足收敛精度的设定值，则终止迭代。否则，继续算法的步骤(4)。

(4) 主问题求解。更新迭代计数，令 $s=s+1$。求解如下的混合整数线性规划主问题：

$$
\begin{aligned}
&\min_{\alpha} \alpha \\
&\text{s.t.} \quad \alpha \geqslant \Big[f(x_{1(t)}, \cdots, x_{n(t)}; y_{1(t)}, \cdots, y_{m(t)}) \\
&\qquad\qquad + \sum_{i=1}^{n} \lambda_{i(t)} (x_i - x_{i(t)}) \Big], \ t = 1, \cdots, s-1 \\
&\qquad x_{i\_\text{down}} \leqslant x_i \leqslant x_{i\_\text{up}}, \quad x_i \in \mathbf{N}; \ i = 1, \cdots, n \\
&\qquad \alpha \geqslant \alpha_{\text{down}}
\end{aligned}
\tag{14.53}
$$

得到主问题的最优解 $\alpha^{(s)}$ 及 $x_{1(s)}, \cdots, x_{n(s)}$。返回至算法中的步骤(2),继续迭代求解。

综上分析可知,Benders 分解法实质上是通过分解、对偶、松弛等技术将原问题变换为其对应的主问题与子问题,并对主问题及子问题在有限步内进行交替迭代求取原问题的全局最优解。本章利用 Benders 方法求解混合整数二阶锥规划问题,为研究该类问题的求解提供了一种新的方法和尝试。

14.5 算例分析

14.5.1 原始数据与参考系统

为验证提出的基于鲁棒优化的电源扩展规划模型的有效性,以及评估出相关技术对规划方案中不确定因素的适应性,本章将通过算例分析进行充分论证。设定电源规划方案中规划周期为 10 年,在现有的能源结构中已有 32 台机组,机组类型包括:燃煤凝汽式机组(coal/steam)、燃油凝汽式机组(oil/steam)、核电机组(nuclear)、联合循环燃气机组(combined cycle gas turbine, CCGT)、燃油机组(oil/combustion turbine,CT)。规划方案中新建机组类型有燃煤凝汽式机组、燃油凝汽式机组、核电机组、联合循环燃气机组、风电机组(wind)、具有碳捕集装置(carbon capture storage, CCS)的燃煤机组。考虑到环境影响的相关问题,电源规划方案中除了常规机组外,还包含风电机组以及安装碳捕集装置的常规机组。本章规定风电发电量的渗透率为其装机容量的 30%。根据文献[30]的数据信息,设定规划基准年(取第一年)的最大负荷需求为 2 900 MW,并且负荷以年平均增长率 6%的速度逐年增长。系统单位失负荷成本为 10 000 美元/MW,折现率为 5%。

对于需求响应技术以及电动汽车充放电技术的实施效果,根据美国 PJM 电网的实际运行数据,可知需求响应项目能够减少峰时负荷比例为 5.8%~6.7%,这意味着年平均最大负荷将减少到原有的 93.3%~94.2%。从长期的角度看,电动汽车未来将实现为电网提供辅助服务业务。因此,在本章中考虑规划周期后 5 年电动汽车由于提供辅助服务将有效降低系统的边际备用容量。通常情况下,系统运行中的旋转备用容量留用不超过峰荷的 2%。因此,对于不确定参数 p_t 在规划第 6 年的数值为 0.6%,并以 10%的增长速度逐年提高 p_t 的比例,参数 p_t 的波动范围在±0.1%之间。

关于各指标权重系数 w_i 的确定方式,本章采用了基于目标取向的固定权重分配方式与基于机组特性的层次分析法确定方式两种方法实现对指标赋权。规划模型中有 5 个指标 C_1~C_5,其中 C_1~C_4 表示经济上的成本类指标,C_5 表示环保指标。对于基于目标取向的固定权重分配方式，考虑了两种目标取向，即以节约成本为导向和以低碳环保为导向，不同场景下各指标权重分配如下。

场景 1：任意指标权重 w_i 取值均为 0.2。

场景 2：设定成本类指标 $w_1 \sim w_4$ 取值均为 0.1，环保指标 w_5 取值为 0.6。

场景 1 的权重分配方式中成本类指标权重加和之值远大于环保类指标，表明规划方案的主要关注点是降低经济成本；场景 2 的权重分配方式中成本类指标权重加和之值小于环保类指标，表明规划方案更注重清洁环保的可持续发展特性。

层次分析法作为协调多目标综合评价决策问题的典型方法，能够结合主观意识和专家经验有效地对不同属性的评价指标进行合理赋权[31]。本章采用层次分析法依据各机组经济和环保特性对各指标赋权如下。

设以节约成本为导向的各指标判断矩阵为 $\boldsymbol{A}_1$，以低碳环保为导向的各指标判断矩阵为 $\boldsymbol{A}_2$。两种判断矩阵中元素构成为

$$
\boldsymbol{A}_1 = \begin{array}{c} \\ C_1 \\ C_2 \\ C_3 \\ C_4 \\ C_5 \end{array}
\begin{array}{c} \begin{matrix} C_1 & C_2 & C_3 & C_4 & C_5 \end{matrix} \\
\begin{bmatrix} 1 & 3 & 5 & 7 & 9 \\ \frac{1}{3} & 1 & 3 & 5 & 7 \\ \frac{1}{5} & \frac{1}{3} & 1 & 3 & 5 \\ \frac{1}{7} & \frac{1}{5} & \frac{1}{3} & 1 & 3 \\ \frac{1}{9} & \frac{1}{7} & \frac{1}{5} & \frac{1}{3} & 1 \end{bmatrix} \end{array},\quad
\boldsymbol{A}_2 = \begin{array}{c} \\ C_1 \\ C_2 \\ C_3 \\ C_4 \\ C_5 \end{array}
\begin{array}{c} \begin{matrix} C_1 & C_2 & C_3 & C_4 & C_5 \end{matrix} \\
\begin{bmatrix} 1 & 3 & 5 & 7 & \frac{1}{3} \\ \frac{1}{3} & 1 & 3 & 5 & \frac{1}{5} \\ \frac{1}{5} & \frac{1}{3} & 1 & 3 & \frac{1}{7} \\ \frac{1}{7} & \frac{1}{5} & \frac{1}{3} & 1 & \frac{1}{9} \\ 3 & 5 & 7 & 9 & 1 \end{bmatrix} \end{array}
$$

通过计算判断矩阵 $\boldsymbol{A}_1$ 和 $\boldsymbol{A}_2$ 的最大特征值及相应的特征向量，即可获得含有各指标权重分配信息的权重向量：

$$
\boldsymbol{W}_1 = [0.512\,8 \quad 0.261\,5 \quad 0.128\,9 \quad 0.063\,4 \quad 0.033\,3]
$$
$$
\boldsymbol{W}_2 = [0.261\,5 \quad 0.128\,9 \quad 0.063\,4 \quad 0.033\,3 \quad 0.512\,8]
$$

在两阶段随机规划模型仿真中，对于不确定的负荷需求与风电的发电出力，其在各时段的均值如表 14.1 所示。两者的扰动边界范围分别为[50，100]和[5，10]。不确定的负荷需求的一阶矩和二阶矩取值分别为 65 和 500，而不确定的风电出力的一阶矩和二阶矩取值分别为 3 000 和 80。

表 14.1　算例系统中负荷与风电出力数据

负荷持续时间/h	1 510	2 800	2 720	1 120	610
负荷需求平均值/MW	2 850	3 000	3 550	3 600	2 900
风电出力平均值/MW	72	65	60	58	78

在应用 Benders 分解法的迭代过程中，收敛精度设为 0.001，α_{down} 取值为原有电源结构中系统运行总成本。算例中涉及的所有算法均在 MATLAB 中 GAMS（general algebratic modeling system)的环境中实现,其中求解非线性子问题调用 CONOPT 的优化计算工具,求解混合整数线性规划的主问题时则采用 CPLEX 工具包,计算机的硬件配置为 32 位操作系统以及英特尔双核处理器,内存为 2 GB。

14.5.2 结果分析

基于已给出的原始数据及参考系统假设条件的相关信息,经优化计算分析得到不同权重组合场景下的电源扩展规划方案。表 14.2 和表 14.3 分别为考虑不确定的负荷需求情况下以节约经济成本和低碳环保为导向的电源扩展方案。

表 14.2 针对场景 1 考虑不确定负荷需求因素下电源规划的鲁棒优化方案

机组类型	$t=1$	$t=2$	$t=3$	$t=4$	$t=5$	$t=6$	$t=7$	$t=8$	$t=9$	$t=10$
oil/steam	—	—	—	—	—	—	—	147.8	185.4	203.5
coal/steam	—	—	—	—	—	—	—	—	—	—
wind	—	72	—	62.3	—	—	—	—	—	—
nuclear	—	—	—	—	—	—	—	—	—	—
CCGT	76.5	210	—	231	128	249.1	—	—	—	81.2
CCS	—	—	183	—	—	—	—	—	—	—

表 14.3 针对场景 2 考虑不确定负荷需求因素下电源规划的鲁棒优化方案

机组类型	$t=1$	$t=2$	$t=3$	$t=4$	$t=5$	$t=6$	$t=7$	$t=8$	$t=9$	$t=10$
oil/steam	—	—	—	—	—	—	—	100.5	—	162
coal/steam	—	—	—	—	—	—	—	—	—	—
wind	85.2	124.1	150.9	—	—	—	—	—	—	—
nuclear	—	—	—	—	—	—	—	—	—	—
CCGT	—	71.3	79.5	—	—	176.7	135.2	—	—	—
CCS	—	—	—	162.3	141.5	—	—	—	—	—

系统总成本包括机组的投资成本与运行成本,考虑不确定负荷需求因素场景 1 下总成本为 6 923 M$,场景 2 下系统的总成本为 7 757 M$。若不确定因素为新技术的有效性,即 p_t 不确定参数,以节约经济成本和低碳环保为导向的电源扩展的鲁棒优化方案如表 14.4 和表 14.5 所示。数据结果表明,考虑到降低系统规划与运行的经济成本,在场景 1 中 CCGT 由于其低成本特性,将有更多此类型机组被选入规划方案中。当电网规划者的关注点为规划方案的低碳性、环保性时,风电机组和 CCS 机组将被优选考虑到扩展方案中。常规燃煤机组由于其无论在经济性还是环保性上,都没有表现出相应的价值与潜力,因此在两种场景下规划方案均未将此类型机组考虑其中。另外,对于核电机组,由于其高投入成本和运维成本,在没有相关政策的支撑下和特殊考虑的情况下,与其他类型机组相比也没有显现出其竞争优势。经优化计算还可以得到场景 1 与场景 2 下规划方案的系统总成本,分别约为 6 500 M$ 和 7 200 M$。系统总成本与表 14.2 和表 14.3 的结果相比,表明需求响应技术和电动汽车灵活参与电网运营方式能够减低系统规划容量,从而可以降低系统总的规划成本。

表 14.4　针对场景 1 考虑新技术有效利用的不确定性电源规划的鲁棒优化方案

机组类型	$t=1$	$t=2$	$t=3$	$t=4$	$t=5$	$t=6$	$t=7$	$t=8$	$t=9$	$t=10$
oil/steam	—	—	—	—	—	—	—	154.6	127.4	—
coal/steam	—	—	—	—	—	—	—	—	—	—
wind	—	—	51.7	85.9	—	—	83.3	—	—	—
nuclear	—	—	—	—	—	—	—	—	—	—
CCGT	88.2	128.5	140.1	133.1	142.5	—	137.8	—	—	183
CCS	—	—	—	—	—	—	—	—	—	—

表 14.5　针对场景 2 考虑新技术有效利用的不确定性电源规划的鲁棒优化方案

机组类型	$t=1$	$t=2$	$t=3$	$t=4$	$t=5$	$t=6$	$t=7$	$t=8$	$t=9$	$t=10$
oil/steam	—	—	—	—	—	—	—	139.9	—	—
coal/steam	—	—	—	—	—	—	—	—	—	—
wind	76.2	72.3	75.4	—	125.6	—	—	—	—	—
nuclear	—	—	—	—	—	—	—	—	—	—
CCGT	—	86.1	100.2	—	—	113	124.5	—	—	109.8
CCS	—	—	—	179.8	—	—	—	—	—	—

通过层次分析法确定指标权重，并获得两种不确定因素影响下的鲁棒优化方案，如表 14.6 所示。基于权重分配方式 $\boldsymbol{W}_1$ 得到的规划方案，由于以降低经济成本为目标，方案中选择了较多的 CCGT 机组。在基于 $\boldsymbol{W}_2$ 的规划方案中，由于以环境友好性为目标，规划方案中选择了较多的风电机组与 CCS 机组。与固定权重分配方式相比，采用层次分析法确定指标权重的规划方案由于考虑了机组的特性，在权重制定上更突出和明确了规划者的意图，因此基于层次分析法得到权重的规划方案相对于固定权重分配下的方案，在对方案经济性和环保性的机组选择上表现得更加合理。例如，同样以节约经济成本为导向，采用层次分析法得到的方案具有更少的系统总成本，显示出该方案具有更好的经济性。

表 14.6　采用 AHP 方法计算权重得到的电源规划的鲁棒优化方案

权重分配	不确定因素	系统总成本/M$	新建机组类型及数量	总的新增装机容量/MW
$\boldsymbol{W}_1$	l_{td}	6 275	CCGT×14 oil/steam×3 wind×3 coal/steam×1	1 960
	p_t	6 010	CCGT×14 oil/steam×2 wind×4	1 658
$\boldsymbol{W}_2$	l_{td}	7 301	CCGT×10 oil/steam×3 wind×4 CCS×2	1 861
	p_t	6 921	CCGT×10 oil/steam×1 wind×6 CCS×3	1 632

为了反映不确定参数对模型鲁棒性的影响，需要对不确定参数集合边界变动与最优结果之间作用关系进行灵敏度测试。图 14.1 和图 14.2 分别为不确定因素 p_t 和 l_{td} 鲁棒集边界变动对规划结果的影响关系。

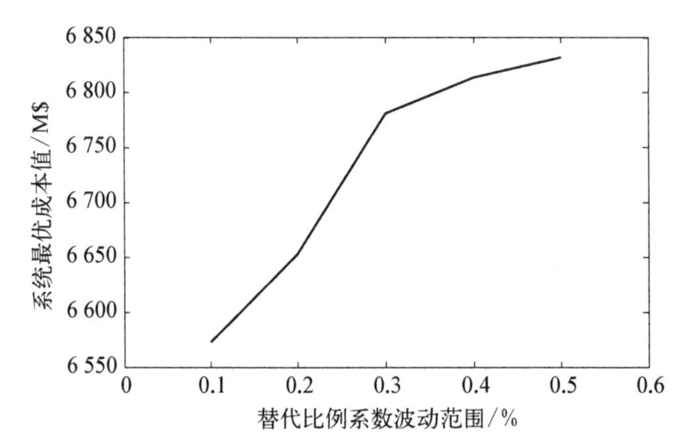

图 14.1 替代比例系数 p_t 的边界值对鲁棒优化模型最优值的影响

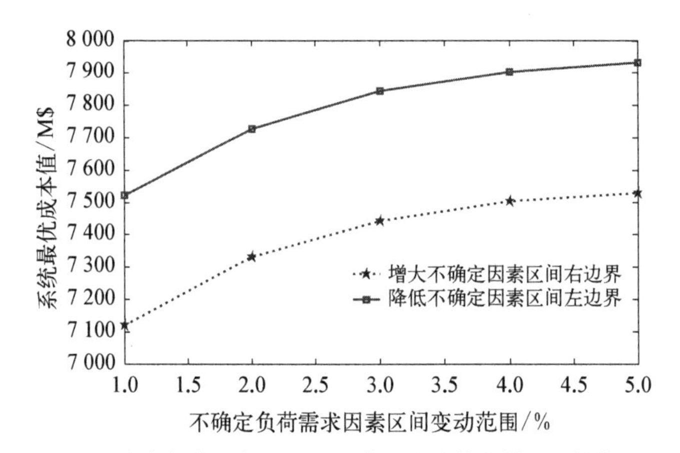

图 14.2 不确定负荷需求 l_{td} 的边界值对鲁棒优化模型最优值的影响

图 14.1 中设定 p_t 的变化范围为 0.1%～0.5%，对应的系统规划总成本最优值也随之不断增大。不确定因素变动范围越大，为了保证模型的鲁棒性，将产生更高的规划成本。对于不确定的负荷需求 l_{td}，其鲁棒集的形式为区间，通过改变不确定因素的区间边界分析区间范围对模型的鲁棒性与最优解之间的影响关系。假定 l_{td} 的区间左右边界分别降低和增大的幅度为 1%～5%，图 14.2 的数据结果显示随着区间范围的逐渐扩大，模型的最优解也随之增大。可见，不确定参数的变动范围越大，鲁棒优化方法为了提高模型的鲁棒性并具有可解性，将选择更为保守的优化解以维持模型的鲁棒性和解的可行性。

鲁棒优化方法计算上的可解性，表现为若传统的随机规划问题无法取得最优解，通过建立原问题的鲁棒优化模型，可得到随机规划问题的逼近解。为了验证这一点，说明本章提出的鲁棒优化模型满足相应随机优化问题的概率准则条件，两种方法的优化计算结果的比较分析如表 14.7 所示。假定随机优化模型中不确定变量的概率密度函数为正态分布函数，均值为对应鲁棒集的中心值，标准差 σ 取值为均值的 5%。考虑不确定参数的扰动范围从 σ 扩大到 5σ，计算不同场景下的鲁棒优化模型和随机优化模型的优化结果。为了证明鲁棒优化模型的有效性，即鲁棒优化解是其对应的随机规划问题的逼近解，本章基于文献[32]的研究思路，采用“随机间隙”概念来评价鲁棒优化解对随机优化解的逼近程度。随机间隙的定义是对于一个原问题，其鲁棒优化解与随机优化解的比值。文献[32]中的研究结果表明，若不确定参数的鲁棒集为对称形式，且当随机间隙数值小于 2 时，则对于原问题的随机规划问题存在一个可行的鲁棒优化逼近解。表 14.7 的数据结果表明由于 l_{td} 的鲁棒集为对称区间形式，p_t 的鲁棒集为对称的“盒式”结构，且本章提出的鲁棒优化模型与其相应随机优化问题之间的随机间隙均满足小于 2 的条件，验证了鲁棒优化解作为逼近解的有效性与合理性。

表 14.7　采用鲁棒优化和随机规划方法的结果比较分析

权重组合	不确定参数扰动范围	不确定参数位于约束条件“右手侧”标准化的最优值		随机间隙	不确定参数位于目标函数中标准化的最优值		随机间隙
		ROM	SPM		ROM	SPM	
以节约成本为导向 $\boldsymbol{W}_1$	σ	0.25	0.18	1.39	0.24	0.18	1.33
	2σ	0.23	0.20	1.15	0.23	0.17	1.35
	3σ	0.22	0.19	1.16	0.23	0.18	1.28
	4σ	0.25	0.22	1.13	0.25	0.20	1.25
	5σ	0.28	0.25	1.12	0.26	0.23	1.13
以低碳环保为导向 $\boldsymbol{W}_2$	σ	0.21	0.15	1.40	0.20	0.14	1.43
	2σ	0.20	0.16	1.25	0.18	0.13	1.38
	3σ	0.18	0.14	1.29	0.16	0.12	1.33
	4σ	0.21	0.18	1.17	0.19	0.15	1.27
	5σ	0.24	0.22	1.09	0.21	0.17	1.24

进一步地，为了反映鲁棒优化模型中权重分配方式及不确定因素扰动范围对最优解的影响，本章从三种关键要素入手，采用灵敏度分析的方法分析相互之间的影响作用关系。图 14.3 和图 14.4 分别给出了考虑不确定因素 l_{td} 和 p_t 的灵敏度分析结果，其中权重比例为成本类指标权重加和与环保类指标权重的比值，即 $(w_1+w_2+w_3+w_4)/w_5$；不确定参数的扰动范围分别从 σ 扩大到 5σ，σ 为满足正态概率密度分布函数的标准差。图 14.3 的数据结果表明，随着不确定因素 l_{td} 的扰动范围及权重比例逐渐扩大，模型的标准化最优解逐渐形成鞍形曲面，最佳规划方案为鞍形曲面的底部构成的最优解，此时的电源规划方案在综合经济、环保等各方面成本效益的基础上更具鲁棒性。相同的规律也于图 14.4 中表现出来，数据表明随着不确定因素 p_t 的扰动范围及权重比例逐渐扩大，兼具经济性、环保性与鲁棒性的电源规划方案同样为鞍形曲面的底部构成的最优解。

采用分步鲁棒优化方法，得到的考虑风电出力的间歇性和负荷预测的不确定性的电源扩展规划方案如表 14.8 和表 14.9 所示。通过改变敏感因素的数值，分析其对电源规划方案的经济性指标的影响。

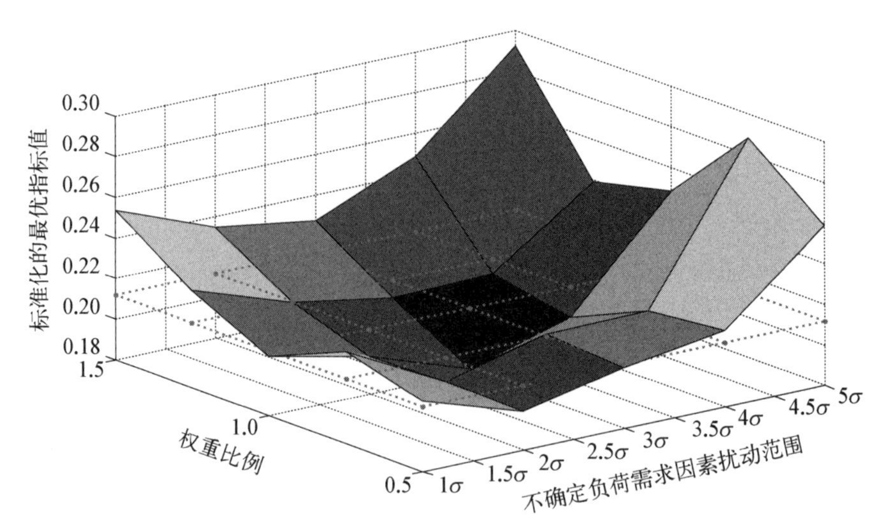

图 14.3 权重分配与不确定因素 l_{td} 对鲁棒优化模型标准化最优解的影响(后附彩图)

橙色虚线表示确定性规划模型的优化解(对于确定性模型,其权重比例为恒定值)

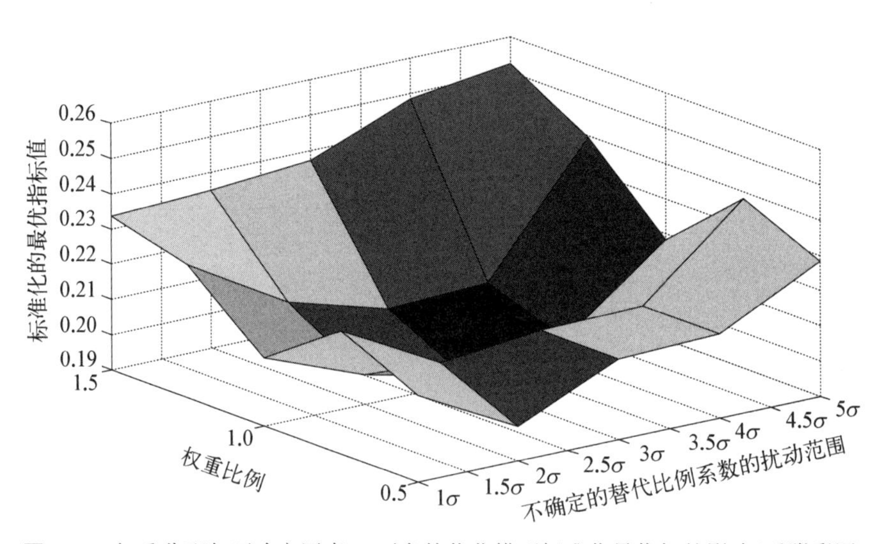

图 14.4 权重分配与不确定因素 p_t 对鲁棒优化模型标准化最优解的影响(后附彩图)

表 14.8 随着风电渗透率逐渐增大的最优电源规划决策

风电渗透率/%	成本指标/M$	新建机组数量	新建机组类型	总装机容量/M$
0	928.343	5	CCGT、ST/coal、ST/oil	4 341
15	747.778	4	CCGT、ST/oil	4 431
30	589.732	4	CCGT、CT/oil	4 140
50	423.334	4	CCGT、CT/oil、ST/oil	3 801

表 14.8 的数据结果表明,随着风电接入电网的规模不断增大,系统对满足未来负荷需求在规划新建机组的装机容量上的需求也随之降低。成本指标描述的是规划方案中常规机组的投资成本与运行成本之和,在风电渗透率逐渐提高的情况下,由于减少了对未来

表 14.9　随着峰荷持续时段逐渐减小的最优电源规划决策

减少的系统峰荷持续时间/h	成本指标/M$	新建机组数量	新建机组类型	总装机容量/M$
0	928.343	5	CCGT、ST/coal、ST/oil	4 341
100	867.223	5	CCGT、CT/oil、ST/oil	4 290
300	763.190	4	CCGT、ST/coal、CT/oil、	4 218
500	693.282	4	CCGT、ST/coal	4 068

规划机组的装机容量需求，使得规划方案的总成本也随之降低。可见，新能源的有效利用，作为一种替代能源可以降低系统对常规机组的依赖需求，还有助于提高规划方案的经济性。从表 14.8 中还可以看到，当新能源能够有效替代常规机组时，系统的总负荷需求将变小，为了保证系统运行的经济性，高成本的机组将不被优先考虑在规划方案中。例如，综合考虑机组的投资成本与运行成本，经济性由最佳到最差的机组依次是 ST/coal、ST/oil、CT/oil、CCGT。因此，在规划方案中 ST/coal 机组由于其较低的经济性，较少被考虑为新建机组，CCGT 机组以其较好的经济性，在多数情况下被优先考虑为未来规划机组。

智能电网下需求响应技术具有实现系统负荷转移的优势和潜力，基于此，本章考虑需求响应技术能够有效降低系统峰荷的持续时间。假定算例中随着需求响应技术应用范围更加广泛，实现负荷转移的效果更加显著，故设定算例系统中的峰荷持续时间减少量数值分别取 0 h、100 h、300 h、500 h。表 14.9 的数据结果显示随着峰荷持续时间的减少，可有效降低规划方案中对新建机组的需求。同时，由于最大负荷需求得到降低，减少了新建机组的投资成本和现有机组的运行成本，使得规划方案的经济性得以提高。另外，为了有效节约系统的运行成本，CCGT 和 ST/coal 类型机组以其较低的运维成本相比于其他类型机组能够被优先考虑于电源规划方案中。

综合考虑两种敏感因素对规划方案经济性指标的影响，可以发现不确定的风电出力因素相比于负荷需求的变化，对方案的经济性影响效果更加显著。

为了进一步反映电源规划方案对不确定因素的技术适应性，以及展现出规划方案的鲁棒性与经济性之间的关系，本章采用灵敏度测试分析不确定因素的扰动范围对规划模型最优解的影响。不确定因素扰动范围的变化方式为固定不确定因素鲁棒集的上限，通过对鲁棒集的下限取一定范围内的不同数值，计算优化模型的最优解并分析解的分布特性。具体操作为将不确定因素扰动集合的下边界 l_1 和 l_2 分别由 0 扩大到 10，以及由 0 增大到 100，而 h_1 和 h_2 均保持恒定。图 14.5 的数据结果显示了随着不确定因素的扰动范围逐渐扩大，规划模型为保证其鲁棒性将以牺牲其经济性为代价，通过提高其系统总的规划成本以达到一个最优的兼具鲁棒性与可行性的规划方案。数据结果间接地反映了优化模型的鲁棒性与不确定因素的扰动集合的边界范围密切相关。因此，基于有效的数据信息，确定合理的鲁棒集对控制电源规划问题的鲁棒性，提高规划方案的经济性有着重大意义和影响。

通过几种电源规划方案的对比，凸显出本章提出的方案在不确定因素影响下技术适应性的特点。表 14.10 中，方案 1 为不确定信息完全可知下的两阶段随机优化方法获得

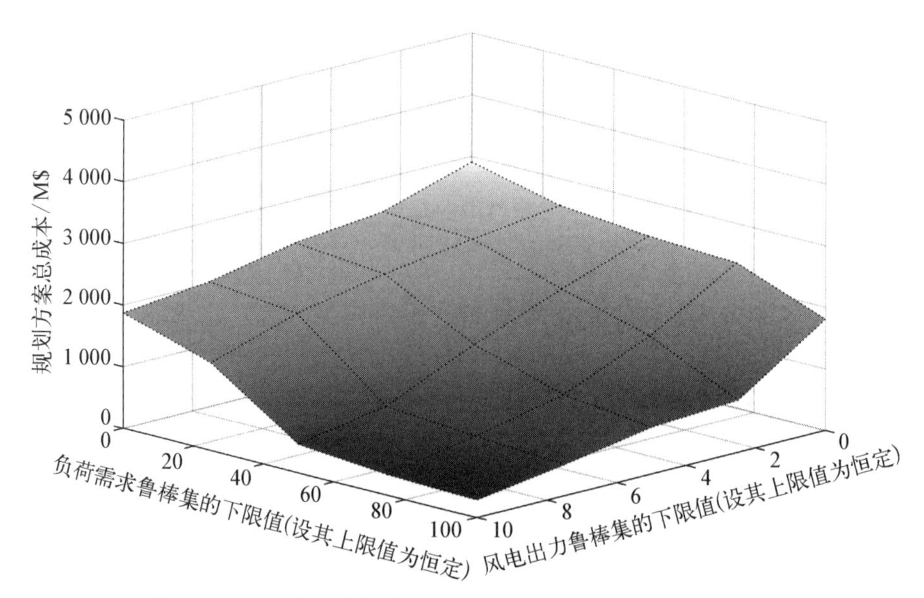

图 14.5 不确定因素扰动范围对模型最优解的影响(后附彩图)

的电源规划方案,其中假设两种不确定因素均服从正态分布特征,均值为不确定因素的一阶矩数值,方差取其均值的 5%;方案 2 为不确定信息完全未知下采用鲁棒优化方法获得的方案(详细方法原理见第 6 章中鲁棒优化模型),其中两种不确定因素的鲁棒集均为区间形式,中心值取值为表 14.9 中数据,扰动边界范围取对应中心值的±5%;方案 3 为本章采用的已知部分不确定信息的分布式鲁棒优化方法得到的电源规划方案,其中风电渗透率为 30%,需求响应技术减少的峰荷持续时间为 300 h。三种电源规划方案的成本指标与新建机组的数量、类型的比较结果如表 14.10 所示。数据结果表明,不确定因素信息越完整,得到的模型越精细,获得其最优解过程中较易保证其鲁棒性,进而规划方案的成本较低,经济性表现较佳。随着不确定信息逐渐缺失至完全无法获取,为保证模型的鲁棒性,其最优解往往偏向更为保守的数值,以降低其经济性,提高方案的总成本来保证解的鲁棒性。由此可见,尽管采用鲁棒优化类方法解决含不确定参数的数学规划问题会获得较为保守的最优解,但其更注重系统规划与运行过程中的安全性。值得强调的是,在信

表 14.10 电源规划方案的技术适应性比较分析

规划方案	不确定因素 1:风电出力		不确定因素 2:负荷需求	
	成本指标/M$	新建机组数量及类型	成本指标/M$	新建机组数量及类型
方案 1	418.2	2×CCGT 2×CT/oil	689.3	2×CCGT 2×CT/oil
方案 2	765.8	3×CCGT 1×CT/oil 1×ST/oil	913.6	3×CCGT 2×CT/oil 1× ST/oil
方案 3	589.7	2×CCGT 2×CT/oil	763.2	2×CCGT 1×ST/coal 1×CT/oil

息缺失的情况下，能够获得精细解的随机规划方法通常无法在此环境下获得其可行解，而采用鲁棒优化方法至少可以获得此环境下全局最优解的一个逼近解，尽管保守，但将原问题变得具有可解性，该方法也不失为解决问题的一种好的方式。

参考文献

[1] 孙伟卿.智能电网规划与运行控制的柔性评价及分析方法[D].上海：上海交通大学，2013.

[2] Zhao J H, Dong Z Y, Lindsay P, et al. Flexible transmission expansion planning with uncertainties in an electricity market[J]. IEEE Transactions on Power Systems, 2009, 24(1): 479-488.

[3] Yu H, Chung C Y, Wong K P, et al. A chance constrained transmission network expansion planning method with consideration of load and wind farm uncertainties[J]. IEEE Transactions on Power Systems, 2009, 24(3): 1568-1576.

[4] Buygi M O, Shanechi H M, Shahidehpour M, et al. Network planning in unbundled power systems[J]. IEEE Transactions on Power Systems, 2006, 21(3): 1379-1587.

[5] Buygi M O, Balzer G, Shanechi H M, et al. Market-based transmission expansion planning[J]. IEEE Transactions on Power Systems, 2004, 19(4): 2060-2067.

[6] Akbari T, Heidarizadeh M, Siab M A, et al. Towards integrated planning: Simultaneous transmission and substation expansion planning[J]. Electric Power Systems Research, 2012, 86: 131-139.

[7] Dehghan S, Amjady N, Kazemi A. Two-stage robust generation expansion planning: a mixed integer linear programming model[J]. IEEE Transactions on Power Systems, 2014, 29(2): 584-597.

[8] Clímaco J, Antunes C H, Matins A G, et al. A multiple objective linear programming model for power generation expansion planning[J]. International Journal of Energy Research, 1995, 19: 419-432.

[9] Kazempour S J, Conejo A J, Ruiz C. Strategic generation investment using a complementarity approach[J]. IEEE Transactions on Power Systems, 2011, 26(2): 940-948.

[10] Mazadi M, Rosehart W D, Malik O P. Modified chance-constrained optimization applied to generation expansion problem[J]. IEEE Transactions on Power Systems, 2009, 24(3): 1635-1636.

[11] Meza J L C, Yildirim M B, Masud A S M. A multiobjective evolutionary programming algorithm and its applizations to power generation expansion planning[J]. IEEE Transactions on Systems Man & Cybernetics Part A Systems & Humans, 2009, 39(5): 1086-1096.

[12] 李斯，周任军，童小娇，等.基于盒式集合鲁棒优化的风电并网最大装机容量[J].电网技术，2011，35(12)：208-213.

[13] 魏韡，刘锋，梅生伟.电力系统鲁棒经济调度：（一）理论基础[J].电力系统自动化，2013，37(17)：37-43.

[14] Gabrel V, Murat C. Robustness and duality in linear programming[J]. Journal of the Operational Research Society, 2010, 61(8): 1288-1296.

[15] 韩杏宁，黎嘉明，文劲宇，等.含多风电场的电力系统储能鲁棒优化配置方法[J].中国电机工程学报，2015，35(9)：2120-2127.

[16] 童小娇，文强，周任军，等.基于鲁棒优化的自发电计划[J].长沙理工大学学报：自然科学版，2010，

7(2): 58-65.

[17] Lopez A, Ponnambalam K, Quintana V H. Generation and transmission expansion under risk using stochastic programming[J]. IEEE Transactions on Power Systems, 2007, 22(3): 1369-1378.

[18] Kamalinia S, Shahidehpour M. Generation expansion planning in wind-thermal power systems[J]. IET Generation Transmission & Distribution, 2010, 4(8): 940-951.

[19] Sanghvi A P, Shavel I H, Spann R M. Strategic planning for power system reliability and vulnerability: an optimization model for resource planning under uncertainty [J]. IEEE Transactions on Power Apparatus and Systems, 1982, 101(6): 1420-1429.

[20] Majumdar S, Chattopadhyay D. A model for integrated analysis of generation capacity expansion and financial planning[J]. IEEE Transactions on Power Systems, 1999, 14(2): 466-471.

[21] 金鹏,艾欣,许佳佳.基于序列运算理论的孤立微电网经济运行模型[J].中国电机工程学报,2012,32(25): 52-59.

[22] Morales J M, Conejo A J, Madsen H, et al. Integrating Renewables in Electricity Markets[M]. New York: the Springer Press, 2014.

[23] Albornoz V M, Benario P, Rojas M E. A two-stage stochastic linear programming model for a thermal power system expansion[J]. International Transactions in Operational Research, 2004, 11: 243-257.

[24] Ang J, Meng F, Sun J. Two-stage stochastic linear programs with incomplete information on uncertainty[J]. European Journal of operational Research, 2014, 233: 16-22.

[25] Delage E, Ye Y. Distributionally robust optimization under moment uncertainty with application to data—driven problems[J]. Operations Research, 2010, 58(3): 595-612.

[26] Vandenberghe L, Boyd S, Comanor K. Generalized Chebyshev bounds via semidefinite programming[J]. Siam Review, 2007, 49(1): 52-64.

[27] Anderson E J, Nash P. Linear Programming in Infinite-Dimensional Spaces: Theory and Applications[M]. Singapore: Wiley, 1987.

[28] Rockafellar R T. Convex Analysis[M]. New Jersey: Princeton University Press, 1970.

[29] Conejo A J, Castillo E, Mínguez R. Decomposition Techniques in Mathematical Programming [M]. Berlin: Springer-Verlag Berlin Heidelberg, 2006.

[30] Tekiner-Mogulkoc H, Coit D W, Felder F A. Electric power system generation expansion plans considering the impact of smart grid technologies[J]. International Journal of Electrical Power and Energy Systems, 2012, 42: 229-239.

[31] Bernardon D P, Sperandio M, Garcia V J, et al. AHP decision-making algorithm to allocate remotely controlled switches in distribution networks[J]. IEEE Transactions on Power Delivery, 2011, 26(3): 1884-1892.

[32] Bersimas D, Goyal V. On the power of robust solutions in two-stage stochastic and adaptive optimization problems[J]. Mathematics of Operations Research, 2010, 35(2): 284-305.

第15章

大数据相关技术用于智能电网评估

15.1 智能电网与大数据的关系

大数据这个术语最早期的引用可追溯到 Apache 软件基金会的开源项目 Nutch。当时,大数据用来描述为更新网络搜索索引需要同时进行批量处理或分析的大量数据集[1]。早在 2008 年 *Nature* 就出版了专刊“Big Data”,从网络经济学、超级计算、互联网技术、生物医药、环境科学等多个方面介绍了海量数据带来的挑战;2011 年 *Science* 推出数据处理的专刊“Dealing With Data”,深入讨论了数据洪流(data deluge,DD)所带来的挑战,并指出如果能够更有效地组织和利用这些海量数据,人们将得到更多的机会发挥科学技术对推动社会发展的巨大作用;2012 年奥巴马宣布美国政府投资 2 亿美元启动“大数据研究和发展计划”,将大数据比喻为“未来的新石油”,将对大数据的研究上升为国家意志,掀起了世界各国大数据的研究热潮。

大数据的定义,业界虽然有一些共识,但是并未有统一的定义。麦肯锡认为“大数据是指其大小超出典型数据软件抓取、储存、管理和分析范围的数据集合”;Gartner 认为“大数据是需要新处理模式才能具有更强的决策力、洞察发现力和流程优化能力的海量、高增长率和多样化的信息资产”。在对大数据的定义中,比较有代表性的定义是 3V 定义,即规模性(volume)、多样性(variety)和高速性(velocity)。规模性是指数据量庞大,数据洪流已经从 GB、TB 级上升到 PB、EB、ZB 级[2];多样性是指数据类型繁多,并且包含结构化、半结构化和非结构化的数据;高速性则是指数据以数据流的形态快速、动态地产生,数据处理的速度也必须达到高速实时处理。另外大数据第 4V 的讨论并没有取得一致的结论,国际数据公司(International Data Corporation,IDC)认为大数据应该具有价值性(value),且价值密度稀疏;IBM 则认为大数据的第 4V 特性是真实性(veracity)。大数据的这些特点决定了在大数据时代,传统的数据处理技术必须有革命性的提升。

电力系统作为经济发展和人类生活依赖的能量供给系统,也具有大数据的典型特征。电力系统是最复杂的人造系统之一,其具有地理位置分布广泛、发电用电实时平衡、传输能量数量庞大、电能传输光速可达、通信调度高度可靠、实时运行从不停止、重大故障瞬间扩大等特点，这些特点决定了电力系统运行时产生的数据数量庞大、增长快速、类型丰富，完全符合大数据的所有特征，是典型的大数据。在智能电网深入推进的形势下，电力系统的数字化、信息化、智能化[2~6]不断发展，带来了更多的数据源，如智能电表从数以亿计的家庭和企业终端带来的数据，电力设备状态监测系统从数以万计的发电机、变压器、开关设备、架空线路、高压电缆等设备中获取的高速增长的监测数据，光伏和风电功率预测所需的大量的历史运行数据、气象观测数据等。因此在电力系统数据爆炸式增长的新形势下，传统的数据处理技术遇到瓶颈，不能满足电力行业从海量数据中快速获取知识与信息的分析需求，电力大数据技术的应用是电力行业信息化、智能化发展的必然要求[7~12]。

智能电网是将信息技术、计算机技术、通信技术和原有输、配电基础设施高度集成而形成的新型电网，具有提高能源效率、提高供电安全性、减少环境影响、提高供电可靠性、减少输电网电能损耗等优点。智能电网的理念是通过获取更多的用户如何用电、怎样用电的信息来优化电的生产、分配及消耗，利用现代网络、通信和信息技术进行信息海量交互来实现电网设备间信息交换，并自动完成信息采集、测量、控制、保护、计量和监测等基本功能[7]，可根据需要支持电网实时自动化控制、智能调节、在线分析决策和协同互动等高级功能，因此相关研究者指出：可以抽象地认为，智能电网就是大数据这个概念在电力行业中的应用。

15.2 大数据在智能电网评估的应用

15.2.1 智能电网的数据特征

随着电力信息化的推进和智能变电站、智能电表、实时监测系统、现场移动检修系统、测控一体化系统以及一大批服务于各个专业的信息管理系统的建设和应用，数据的规模和种类快速增长，这些数据共同构成了智能电网大数据。

根据数据来源的不同，可以将智能电网大数据分为两大类[8]：一类是电网内部数据；另一类是外部数据。内部数据来自用电信息采集系统(collection system information，CIS)、营销系统、广域监测系统(wide area measurement system，WAMS)、配电管理系统、生产管理系统(production management system，PMS)、能量管理系统(energy management system，EMS)、设备检测和监测系统、客户服务系统、财务管理系统等的数据。外部数据来自电动汽车充换电管理系统、气象信息系统、地理信息系统(geographic information system，GIS)、公共服务部门、互联网等。这些数据分散放置在不同地方，由不同单位/部门管理，具有分散放置、分布管理的特性。

这些数据之间并不完全独立，其相互关联、相互影响，存在着比较复杂的关系。例如，气象条件和社会经济形势会影响用户的用电情况、用户用电数据影响电力市场交易情况，电力市场数据可以为相关公共服务部门决策提供依据，而电力企业的 GIS 数据必须以市政规划数据作为参考。此外，这些数据结构复杂、种类繁多，除传统的结构化数据外，还包含大量的半结构化、非结构化数据，如服务系统的语音数据、检测数据中的波形数据、直升机巡检中拍摄的图像数据等。而且这些数据的采样频率与生命周期也各不同,从微秒级到分钟级,甚至到年度级。

综合各种对大数据的数据特征描述,考虑到智能电网数据的特点,智能电网大数据的数据特征可归结为如下几点[13]: ① 数据来自分散放置分布管理的数据源;② 数据量大、维度多、数据种类多;③ 对公司、用户和社会经济均有巨大的价值;④ 数据之间存在着复杂关系需要挖掘,且大多数情况下有实时性要求。

15.2.2 研究方法

大数据的研究方法是传统数据挖掘技术的提升、扩展甚至革命性改变,大数据为数据的处理和分析提供了新的思路和方法。随着大数据理论和技术的发展,新的方法和技术也会随之产生。

(1) 大数据方法适用情况。大数据方法主要适用于如下情况: ① 由于数据规模大,数据处理时效性高,传统的数据处理技术无法满足技术要求或经济要求;② 因数据类型多样,包含半结构化、非结构化数据以及空间矢量数据等,传统的处理技术不能满足要求。

(2) 大数据研究思路。智能电网大数据研究方法与电力系统传统的基于数据计算分析的方法相比,在解决问题的方法和研究过程方面都有很大不同,具体表现为: 传统方法通常基于抽样数据,而大数据方法则采用尽可能多的数据;传统的电力数据分析通常基于某个部门或某个专业的数据,智能电网大数据分析则是在实现跨专业、跨部门数据融合基础上进行多维度数据分析。

(3) 大数据研究过程。传统的科学研究过程通常为: ① 科学假设;② 科学实验;③ 实验结果分析;④ 科学假设得到证实或证伪。而智能电网大数据的研究过程是: ① 科学假设;② 数据获取与整合形成数据资源;③ 数据挖掘和分析;④ 数据结果分析;⑤ 科学实验;⑥ 实验结果分析;⑦ 科学假设的证实、证伪或新知识、新规律的发现。

参考文献

[1] 李国杰,程学旗.大数据研究: 未来科技及经济社会发展的重大战略领域——大数据的研究现状与科学思考[J].中国科学院院刊,2012,27(6): 5-15.

[2] Eisenstein M. Big data: The power of petabytes[J]. Nature, 2015, 527(7576): 2-4.

[3] 姚建国,杨胜春,高宗和,等.电网调度自动化系统发展趋势展望[J].电力系统自动化,2007,31(13): 7-11.

[4] 蔡运清,汪磊,Morison,等.广域保护(稳控)技术的现状及展望[J].电网技术,2004,28(8): 20-25.

[5] 罗建裕,王小英,鲁庭瑞,等.基于广域测量技术的电网实时动态监测系统应用[J].电力系统自动化,2003,27(24): 78-80.

[6] 栾文鹏.高级量测体系[J].南方电网技术,2009,3(2): 6-10.

[7] 赵腾,张焰,张东霞.智能配电网大数据应用技术与前景分析[J].电网技术,2014,38(12): 3305-3312.

[8] Jiang H, Wang K, Wang Y, et al. Energy big data: A survey[J]. IEEE Access, 2016, 4: 3844-3861.

[9] Wang B, Fang B, Wang Y, et al. Power system transient stability assessment based on big data

and the core vector machine[J]. IEEE Transactions on Smart Grid, 2016: 1 - 1.

[10] Simmhan Y, Aman S, Kumbhare A, et al. Cloud-based software platform for big data analytics in smart grids[J]. Computing in Science & Engineering, 2013, 15(4): 38 - 47.

[11] Pan S, Morris T, Adhikari U. Developing a hybrid intrusion detection system using data mining for power systems[J]. IEEE Transactions on Smart Grid, 2015, 6(6): 3104 - 3113.

[12] He X, Ai Q, Qiu R C, et al. A big data architecture design for smart grids based on random matrix theory[J]. 2015, 32(3): 1.

[13] 宋亚奇,周国亮,朱永利.智能电网大数据处理技术现状与挑战[J].电网技术,2013,37(4):927 - 935.

附　　录

附表 1　15 个电网公司的投入数据

序号	电网公司	投入量						
		1：企业员工数/万人	2：运维成本/亿元	3：智能变电站投资总量/亿元	4：线路投资总量/亿元	5：网络损失成本/亿元	6：区外来电购电成本/亿元	7：需求响应投入成本/亿元
1	上海	1.50	24.42	103.54	58.81	11.2	180.5	0.26
2	江苏	8.50	33.3	189.0	168.0	56.7	111.9	0.43
3	浙江	10.0	18.9	247.1	169.2	55.4	332.5	0.21
4	安徽	7.00	9.41	61.1	49.2	49.8	9.4	0.02
5	福建	5.52	14.16	77.48	58.88	37.6	0	0.08
6	河南	3.55	16.24	79.08	52.72	55.3	223.8	0.15
7	重庆	2.77	8.38	74.76	45.82	15.2	108.3	0.03
8	江西	6.30	8.05	62.27	41.51	47.8	0	0.02
9	湖北	4.85	12.1	57.34	33.62	45.3	113.6	0.15
10	湖南	3.73	18.77	63.7	34.3	39.2	102.8	0.11
11	广东	8.78	48.64	241	195	52.3	417.1	0.35
12	广西	5.29	9.56	40.62	22.26	25.3	34.2	0.06
13	云南	4.33	14.34	110.96	40.08	34.5	0	0.15
14	贵州	4.79	11.61	102.36	67.64	38.6	0	0.12
15	海南	1.14	2.6	16.7	12.7	14.3	27.8	0.03

附表 2　15 个电网公司的产出数据

序　号	电 网 公 司	产　出　量	
		1：谷荷时期售电收入/亿元	2：峰荷时期售电收入/亿元
1	上海	260.34	418.27
2	江苏	837.44	1 412.39
3	浙江	648.21	1 073.64
4	安徽	262.4	511.38

续 表

序 号	电 网 公 司	产 出 量	
		1：谷荷时期售电收入/亿元	2：峰荷时期售电收入/亿元
5	福建	285.79	539.33
6	河南	525.65	946.17
7	重庆	112.76	180.39
8	江西	165.35	281.09
9	湖北	254.45	458.02
10	湖南	212.53	382.54
11	广东	1 063.48	1 382.52
12	广西	147.83	295.67
13	云南	210.06	378.12
14	贵州	177.41	301.59
15	海南	32	66

附表 3 上海市各城市化主要构成要素实际增长率 （单位：%）

年 份	城市人口总量	非农人口占比	建筑业	钢铁工业	汽车工业	信息产业电子制造业	成套设备制造业	都市型工业
2002	2.675 7	1.460 8	12.588 8	−14.222 7	30.198 8	28.837 5	13.621 6	26.894 5
2003	3.086 5	1.570 7	45.426 7	36.943 1	44.523 4	68.931 4	44.276 1	8.664 5
2004	3.915 4	4.639 2	44.204 7	32.834 4	−8.243 9	43.530 5	36.342 5	11.644 9
2005	3.012 6	4.064 0	9.559 8	26.648 5	−17.868 5	26.058 3	22.839 4	21.193 2
2006	3.906 9	1.538 5	20.967 6	7.850 9	42.461 6	14.313 9	29.144 7	7.655 2
2007	5.064 4	1.165 5	10.449 0	11.408 1	23.604 6	25.955 8	23.319 2	14.731 4
2008	3.734 8	0.806 5	28.587 1	1.807 0	2.420 4	6.678 0	24.885 8	18.997 8
2009	3.252 8	0.914 3	18.016 1	−21.352 4	38.650 2	−8.644 0	0.051 2	−9.406 4
2010	4.179 6	0.679 5	12.261 0	33.658 4	41.283 9	25.442 3	14.288 9	17.280 4
2011	1.945 6	0.449 9	6.653 0	5.240 7	13.873 6	2.053 7	11.566 6	4.436 2
2012	1.404 5	0.559 9	5.607 2	−14.606 5	4.049 8	−5.742 7	−2.971 1	4.344 2
2013	1.458 6	0.222 7	5.355 7	−2.018 3	13.667 3	−3.978 8	−1.586 9	1.185 9
2014	0.436 0	0.333 3	7.768 2	−2.700 0	8.905 5	−3.607 7	6.365 1	6.780 2

年 份	交通运输、仓储和邮政	科学研究、技术服务和地质勘查业	金融保险业	信息传输、计算机服务和软件业	租赁和商务服务业	人均居住面积	工厂建筑面积占比	商场商铺面积占比
2002	7.184 0	10.232 8	−5.696 9	21.891 5	22.754 4	4.800 0	−5.811 4	12.269 9
2003	4.291 5	5.328 8	6.853 4	17.707 4	5.820 6	5.343 5	15.845 7	11.610 7
2004	60.944 3	131.176 0	−1.967 2	32.989 0	206.201 6	5.797 1	0.979 0	5.302 1
2005	18.030 8	23.921 8	10.232 7	18.223 4	15.357 9	2.054 8	1.415 0	4.810 4
2006	14.831 8	9.962 0	22.230 1	17.287 9	13.960 1	2.013 4	5.257 8	6.759 9
2007	8.089 6	15.214 4	46.519 6	18.831 7	42.741 3	1.973 7	2.706 4	−0.159 6
2008	−1.402 2	21.235 3	16.965 8	12.371 9	28.382 1	2.580 6	−1.786 5	−0.233 9
2009	−10.937 0	11.583 4	27.582 2	6.957 1	5.206 5	3.144 7	0.970 5	8.549 8
2010	31.399 5	7.229 4	8.129 6	12.339 4	20.898 2	1.829 3	2.876 0	0.787 7
2011	4.064 0	14.245 6	16.732 3	16.093 7	17.583 4	1.796 4	−0.988 2	−1.863 5
2012	3.109 5	12.701 9	7.594 6	17.082 7	16.760 9	1.764 7	7.892 9	−3.529 8
2013	4.439 8	13.080 6	15.217 5	12.823 2	15.586 6	1.156 1	−1.456 6	0.167 9
2014	15.195 1	9.513 8	15.766 7	12.909 3	11.865 1	1.714 3	−2.571 1	2.336 5

附表 4　模糊等价关系矩阵(传递闭包)

年份	2002	2003	2004	2005	2006	2007	2008	2009	2010	2011	2012	2013	2014
2002	1.000 0	0.735 3	0.735 3	0.735 3	0.926 0	0.889 7	0.889 7	0.843 7	0.735 3	0.889 7	0.843 7	0.889 7	0.843 7
2003	0.735 3	1.000 0	0.882 6	0.882 6	0.735 3	0.735 3	0.735 3	0.735 3	0.882 6	0.735 3	0.735 3	0.735 3	0.735 3
2004	0.735 3	0.882 6	1.000 0	0.905 5	0.735 3	0.735 3	0.735 3	0.735 3	0.905 5	0.735 3	0.735 3	0.735 3	0.735 3
2005	0.735 3	0.882 6	0.905 5	1.000 0	0.735 3	0.735 3	0.735 3	0.735 3	0.905 5	0.735 3	0.735 3	0.735 3	0.735 3
2006	0.926 0	0.735 3	0.735 3	0.735 3	1.000 0	0.889 7	0.889 7	0.843 7	0.735 3	0.889 7	0.843 7	0.889 7	0.843 7
2007	0.889 7	0.735 3	0.735 3	0.735 3	0.889 7	1.000 0	0.950 2	0.843 7	0.735 3	0.931 8	0.843 7	0.931 8	0.843 7
2008	0.889 7	0.735 3	0.735 3	0.735 3	0.889 7	0.950 2	1.000 0	0.843 7	0.735 3	0.931 8	0.843 7	0.931 8	0.843 7
2009	0.843 7	0.735 3	0.735 3	0.735 3	0.843 7	0.843 7	0.843 7	1.000 0	0.735 3	0.843 7	0.922 5	0.843 7	0.926 0
2010	0.735 3	0.882 6	0.905 5	0.905 5	0.735 3	0.735 3	0.735 3	0.735 3	1.000 0	0.735 3	0.735 3	0.735 3	0.843 7
2011	0.889 7	0.735 3	0.735 3	0.735 3	0.889 7	0.931 8	0.931 8	0.843 7	0.735 3	1.000 0	0.843 7	0.955 7	0.735 3
2012	0.843 7	0.735 3	0.735 3	0.735 3	0.843 7	0.843 7	0.843 7	0.922 5	0.735 3	0.843 7	1.000 0	0.843 7	0.926 0
2013	0.889 7	0.735 3	0.735 3	0.735 3	0.889 7	0.931 8	0.931 8	0.843 7	0.735 3	0.955 7	0.843 7	1.000 0	0.843 7
2014	0.843 7	0.735 3	0.735 3	0.735 3	0.843 7	0.843 7	0.843 7	0.926 0	0.843 7	0.735 3	0.926 0	0.843 7	1.000 0

附表 5　五个主成分及其基频分量　（单位：%）

年份	第一主成分	第一主成分基频分量	第二主成分	第二主成分基频分量	第三主成分	第三主成分基频分量	第四主成分	第四主成分基频分量	第五主成分	第五主成分基频分量
2002	38.471 6	79.710 4	11.357 4	1.729 5	−13.526 3	13.204 9	−12.662 0	13.428 6	20.068 0	9.496 0
2003	71.353 7	73.113 5	66.369 9	2.831 4	13.841 4	13.443 4	−2.175 1	12.926 1	−12.600 7	10.271 5
2004	178.689 4	66.501 7	−88.471 2	3.842 4	30.505 1	13.726 2	83.673 5	12.635 3	28.227 0	11.107 2
2005	53.392 0	59.994 7	−8.180 9	4.738 5	20.950 2	14.047 7	−11.047 1	12.578 2	−4.851 2	11.992 8
2006	36.182 7	51.171 2	29.435 6	5.993 5	15.075 9	14.514 9	9.500 1	12.326 3	15.524 1	13.137 0
2007	41.371 0	40.599 5	12.073 7	7.485 6	34.460 5	15.109 1	11.738 9	12.002 9	24.787 8	14.497 0
2008	37.909 4	32.824 1	−0.100 8	8.014 0	13.452 0	15.125 5	7.525 9	11.735 4	17.335 1	15.375 0
2009	−4.675 6	27.962 5	21.710 6	7.517 7	−2.649 7	14.510 5	29.510 4	11.488 1	32.970 3	15.732 8
2010	46.380 4	24.221 2	20.433 9	6.480 7	20.413 2	13.586 0	−6.233 9	11.285 7	−0.787 8	15.875 1
2011	20.526 1	22.784 5	0.028 55	4.575 5	12.663 2	12.155 9	9.639 3	11.151 9	12.543 6	15.613 5
2012	9.994 0	20.347 4	−10.264 1	2.621 4	1.296 0	10.657 4	13.737 5	10.900 7	10.043 9	15.411 2
2013	10.428 6	16.747 0	−4.358 2	0.648 9	6.323 8	9.111 4	13.615 7	10.531 6	15.327 7	15.292 1
2014	15.607 8	14.648 8	−4.529 8	−2.042 1	7.385 8	7.125 3	6.643 1	10.155 2	13.720 0	14.860 9

附表 6　上海市年用电量及其基频分量　（单位：亿 kW・h）

年　份	用电量	基频分量	年　份	用电量	基频分量
2001	592.99	744.407 6	2008	1 138.22	1 063.7
2002	645.71	715.260 5	2009	1 153.38	1 180.3
2003	745.97	710.564 0	2010	1 295.87	1 277.2
2004	821.44	744.332 9	2011	1 339.62	1 353.1
2005	921.97	797.362	2012	1 353.45	1 391.7
2006	990.15	857.444 8	2013	1 410.6	1 416.4
2007	1 072.38	945.325 6	2014	1 369.03	1 442.7

注：数据来源：上海市统计年鉴、上海市国民经济和社会发展统计公报。

彩　　图

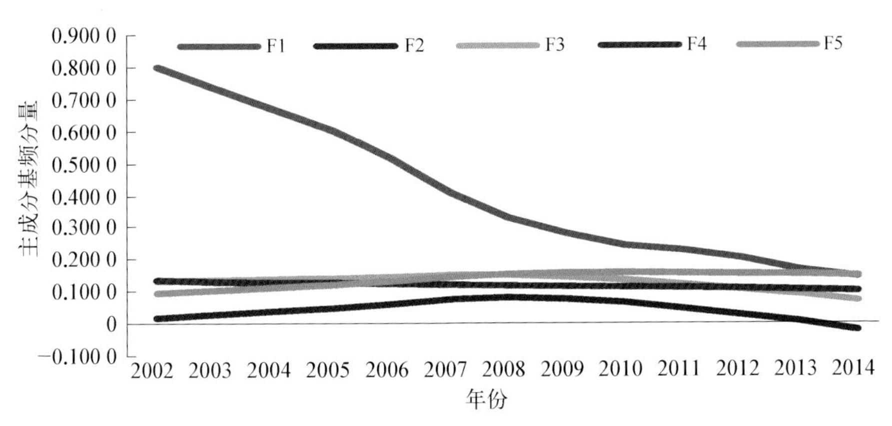

彩图 13.7　各主成分基频分量变化曲线

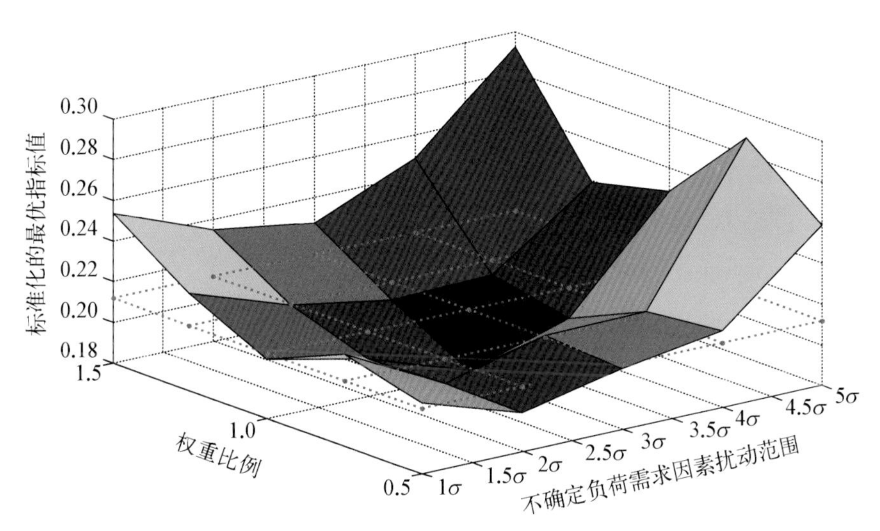

彩图 14.3　权重分配与不确定因素 l_{td} 对鲁棒优化模型标准化最优解的影响

橙色虚线表示确定性规划模型的优化解(对于确定性模型,其权重比例为恒定值)

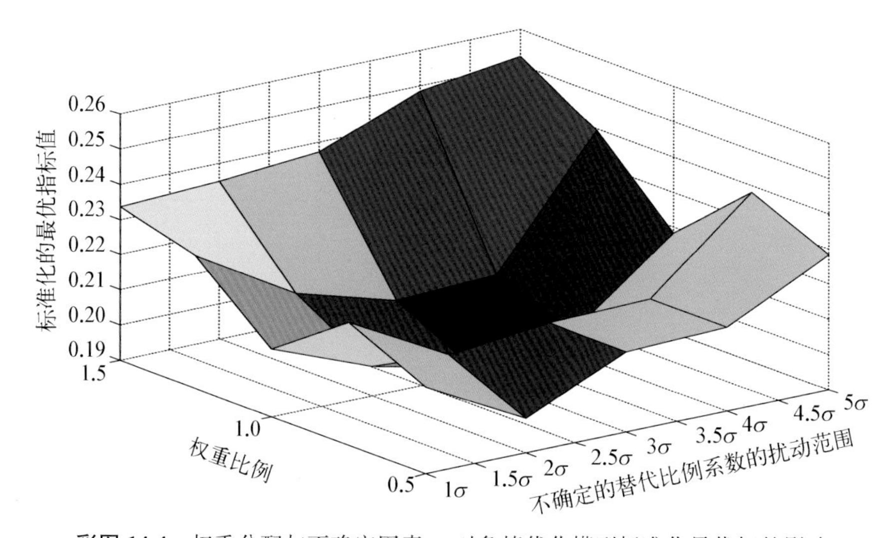

彩图 14.4 权重分配与不确定因素 p_t 对鲁棒优化模型标准化最优解的影响

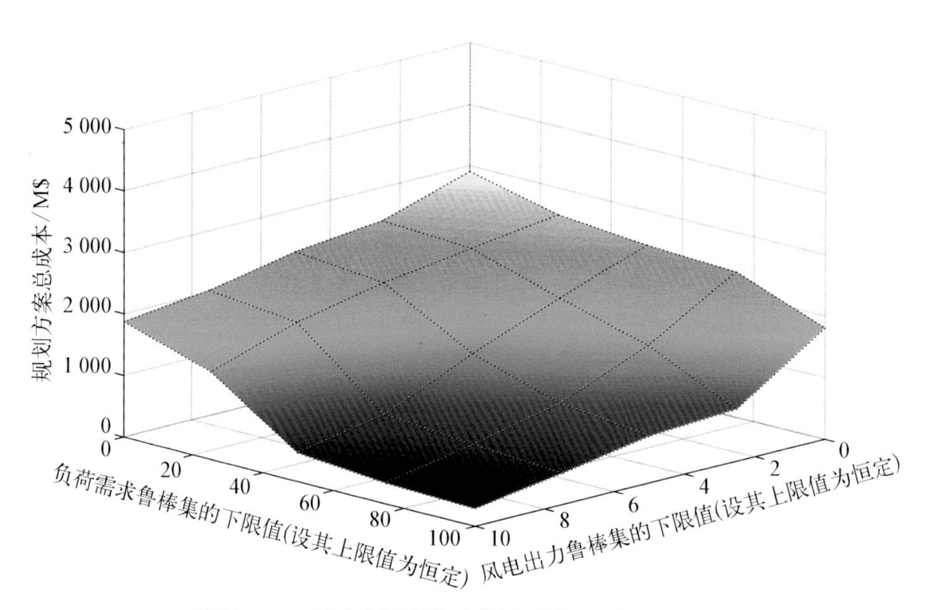

彩图 14.5 不确定因素扰动范围对模型最优解的影响